普通高等学校创新机械工程教育系列规划教材

机械系统动力学

崔玉鑫　编著
赵丁选　主审

科学出版社
北　京

内 容 简 介

本书系统阐述了机械系统运动学与动力学的基本理论和方法。作者对本领域的大量文献进行筛选与分类，将确实行之有效的建模方法，根据作者对机械系统动力学体系的理解奉献给读者。

全书分为四部分：第一部分（第 2 章）介绍机械系统动力学涉及的数学基础知识，包括张量、矢量等内容；第二部分（第 3～7 章）介绍解决“机构”问题的多刚体系统动力学，包括运动学基础、动力学基础、多刚体系统动力学方程、基于 D-H 法的机器人动力学和罗伯森-维登伯格多刚体系统动力学；第三部分（第 8～9 章）介绍解决“结构”问题的弹性力学的有限元法，包括弹性力学的基本概念、基本方程、静态分析的有限元法和动态分析的有限元法；第四部分（第 10～11 章）介绍动力学方程的解法，包括线性方程组的解法、非线性方程组的解法、微分方程组的解法和矩阵特征问题的解法。

本书可作为高等工科院校的力学、机械、航空航天、机器人、车辆与兵器等专业的高年级本科生和研究生以及相关领域科研人员的参考书。

图书在版编目(CIP)数据

机械系统动力学 / 崔玉鑫编著. 一北京：科学出版社，2017.6
普通高等学校创新机械工程教育系列规划教材
ISBN 978-7-03-053447-7

Ⅰ. ①机… Ⅱ. ①崔… Ⅲ. ①机械动力学-高等学校-教材 Ⅳ. ①TH16

中国版本图书馆 CIP 数据核字(2017)第 133821 号

责任编辑：朱晓颖　张丽花 / 责任校对：郭瑞芝
责任印制：吴兆东 / 封面设计：迷底书装

科学出版社出版
北京东黄城根北街 16 号
邮政编码：100717
http://www.sciencep.com
北京京华虎彩印刷有限公司 印刷
科学出版社发行　各地新华书店经销
*
2017 年 6 月第　一　版　开本：787×1092　1/16
2018 年 1 月第二次印刷　印张：14　1/4
字数：352 000

定价：45.00 元

(如有印装质量问题，我社负责调换)

前　言

机械系统动力学是研究机械系统的运行状态与其内部参数、外界条件之间关系的一门学科，其理论分为运动学和动力学两部分。运动学是指在不考虑系统受力的情况下，研究系统内点或刚体的位置、速度、加速度等运动量之间的关系，例如，机器人手末端的位置，速度和加速度与各关节转角、角速度、角加速度的关系。动力学是指在考虑系统受力的情况下，研究系统的力与运动的关系，可以是给定主动力求运动或约束力，也可以是给定运动求主动力和约束力，例如，给定机器人手末端的运动规律，求各关节的驱动力矩。

现代科学和工程技术提出了许多复杂系统的运动学和动力学问题。例如，新兴交叉学科——计算机图形学、计算机视觉、虚拟现实技术等，要求研究人员具备较为扎实的运动学基础知识，否则无法胜任此领域的工作；各种车辆、机械、机器人、水下工作机、航天器等的研制都需要在制造样机以前对系统进行运动学和动力学分析、结构参数的综合优化与全数字仿真，否则可能失败，造成巨大浪费。

但是，目前国内高等教育，尤其是本科教育阶段，对这部分知识的讲授未能达到实际应用所要求的深度。大多数院校在大学物理、理论力学等课程中讲授相关内容，在运动学方面，介绍质点在三维空间的运动以及刚体的“平面运动”；在动力学方面，介绍质点在三维空间的动力学以及刚体“平面运动”的动力学。讲授刚体在三维空间的运动学及动力学的院校较少。而在实际应用中，很多情况下，刚体在三维空间的运动并不能简化为“平面运动”，如行驶的车辆、飞行的飞机、卫星、多关节的机器人等，且两者在理论上区别较大，自学难度较高。由于理论水平未能达到实际应用的要求，大多数科研人员只能借助国外编写的一些仿真软件（如ADAMS、RecurDyn等软件）来解决设计、分析中的问题。而软件的使用需要具备一定的理论基础，欲达到熟练、深入的应用程度，则需要较高的理论水平；另外，借助仿真软件并不能解决所有实际应用中的问题，有时需要自行编写程序，例如，将程序写入不能安装大型软件的微芯片，这种情况对理论知识的要求更高；再者，从自主知识产权、国家科研知识储备以及教育系统学科建设等角度来看，掌握及传授此部分理论知识是必需的。

作者经多年在该领域的教学过程中发现，没有合适的教材是大多数院校未能讲授这部分内容的主要原因。客观来说，国内在该领域研究的优秀著作[1-8]并非没有，如上海交通大学刘延柱教授、洪嘉振教授编著的《多体系统动力学》《计算多体系统动力学》《高等动力学》《多刚体系统动力学》等，天津大学刘又午教授编著的《多体系统动力学》，吉林大学陆佑方教授编著的《柔性多体系统动力学》，北京理工大学袁士杰教授编著的《多刚体系统动力学》，大连理工大学齐朝晖教授编著的《多体系统动力学》等。现有著作对于欲在该领域深入研究的学者来说大有益处，但对于初学者来说，入门过程具有一定难度。其原因在于：一方面，本领域知识理论性较强，而现有著作起点较高，与本科阶段知识没有很好地衔接；另一方面，大多数著作可能是篇幅所限，很多公式未给出详尽的推导过程，给读者的理解带来一定困难。针对以上两方面原因，本书在编写时，将新知识与旧知识的关系进行梳理，使读者由熟悉的知识开始入门，逐渐过渡到新内容，而且尽量做到每个公式给出详尽的说明和推导过程。

作者对本领域的大量文献进行筛选与分类，将确实行之有效的建模方法，根据作者对机械系统动力学体系的理解奉献给读者。全书分为四部分，除绪论、附录之外各章安排如下。

第一部分为数学基础，是第 2 章。考虑到机械系统动力学涉及理论力学、弹性力学、线性代数、矩阵论、数值计算方法、软件工程等多学科知识，为了能让读者顺利地学习本书的内容，将书中经常用到的数学基础知识以较简洁的形式进行介绍。同时也期望通过本部分的学习，将一些常用的数学符号的书写作统一规范。

第二部分介绍解决“机构”问题的多刚体系统动力学，包括第 3～7 章，这部分内容是本书讲授的重点。其中第 3 章为运动学基础，介绍质点和刚体在三维空间的位置、姿态、速度、加速度等运动量的概念与应用；第 4 章为动力学基础，介绍质点系和刚体的质心、动量、动量矩、动能、转动惯量等物理量的概念，以及动力学的基本定理——动量定理和动量矩定理；第 5 章为多刚体系统动力学方程，介绍牛顿-欧拉动力学方程、动力学普遍方程、第一类和第二类拉格朗日方程以及独立广义坐标的统一形式动力学方程，分析五种动力学方程的特点和适用场合；第 6 章为基于 D-H 法的机器人动力学，介绍对于机器人这类机械系统更为有效的动力学建模方法；第 7 章为罗伯森-维登伯格多刚体系统动力学，介绍如何利用“图论”方法来描述机械系统的关联结构，以及在此基础上建立的一种对任意多刚体系统都有效的建模方法，其具有统一的建模过程和方程形式，利用该方法能够编制统一的动力学仿真程序或软件。

第三部分介绍解决“结构”问题的弹性力学的有限元法，包括第 8～10 章，这部分是考虑理论体系的完整性而编写的。其中第 8 章为弹性力学基础，介绍弹性力学的基本概念和基本方程；第 9 章为静态分析的有限元法，介绍有限元法的基本思想、求解流程以及“结构”静态分析问题的总体方程；第 10 章为动态分析的有限元法，介绍 “结构”动态分析问题的总体方程、固有特性以及响应分析。

第四部分介绍动力学方程的解法，包括第 10～11 章。第二部分和第三部分建立机械系统的动力学方程，这部分将介绍如何对这些方程进行求解。

为避免公式推导过于烦琐，多刚体系统动力学相关各章的例题多限于少量构件组成的简单系统。读者用书中叙述的方法推导公式，不一定比传统的牛顿-欧拉方法或拉格朗日方程更简便。例题设置的目的是帮助读者理解各种方法的基本思想和熟悉计算步骤，且能对各种方法的优缺点进行对比。多刚体系统动力学的方法仅在处理由大量刚体组成的复杂系统、利用计算机编程计算时方能显示出优越性。

本书在编写过程中参考了大量国内外优秀学者的著作和文献，并获得了几位前辈的帮助和指导，在此向各位表示由衷感谢！

本书得到国家重点研发计划课题（2016YFC0802902）专项经费资助。

限于作者的水平，疏漏和不妥之处在所难免，敬请读者不吝指正。

崔玉鑫
2016 年 12 月于吉林大学

目　录

第1章　绪　　论

本章知识要点

(1) 了解机械系统动力学在工程实际中的应用情况。
(2) 理解刚体、机构和结构的概念。
(3) 了解机械系统动力学的研究历史。

兴趣实践

在一张桌子上放置一个小米粒和一个四方盒子。如何描述两者相对桌子的位置，在描述上两者有何不同；如果使四方盒子的底面不与桌面平行，只一个角点与桌面接触，此时如何描述四方盒子相对桌子的方位。通过这个例子，体验过去所学知识在处理三维问题时的不足。

探索思考

质点、刚体、弹性体这几种模型都是对客观事物的一种抽象、假设，那么在什么情况下选择何种模型呢？例如，在研究人或汽车在城市地图中的位置时，应该把人或汽车假设为质点还是刚体？在研究飞机的飞行控制时，将其假设为质点是否合适？当用机器人模仿、跟随人的运动时，人的哪些部分可假设为刚体？钢质的杆在受力时是否会变形，在研究其强度时，应该将其假设为刚体还是弹性体？

预习准备

理论力学的内容及其应用。

1.1　机械系统动力学的研究意义

机械系统动力学是研究机械系统的运行状态与其内部参数、外界条件之间关系的一门学科，其理论分为运动学(Kinematics)和动力学(Dynamics)两部分。这些理论主要应用在以下几方面。

1) 机械设计

在目前的高等教育中，机械设计的学科体系主要包括如图 1-1 所示的三个方面：①基础零部件的设计；②通用设计理论与方法；③专业机械的设计。

机械系统动力学属于通用设计理论与方法的内容之一。在基础零部件的设计与专业机械的设计过程中涉及大量的运动学和动力学问题，例如，在传动设计中，传递的速度关系；在典型机构设计中，终端机构的位置、速度、加速度等运动学量与动力源的运动量之间的关系；

在工程机械设计与机器人设计中，终端机构的位置、速度、加速度等运动学量与各关节的角度、驱动力矩等运动量之间的关系。

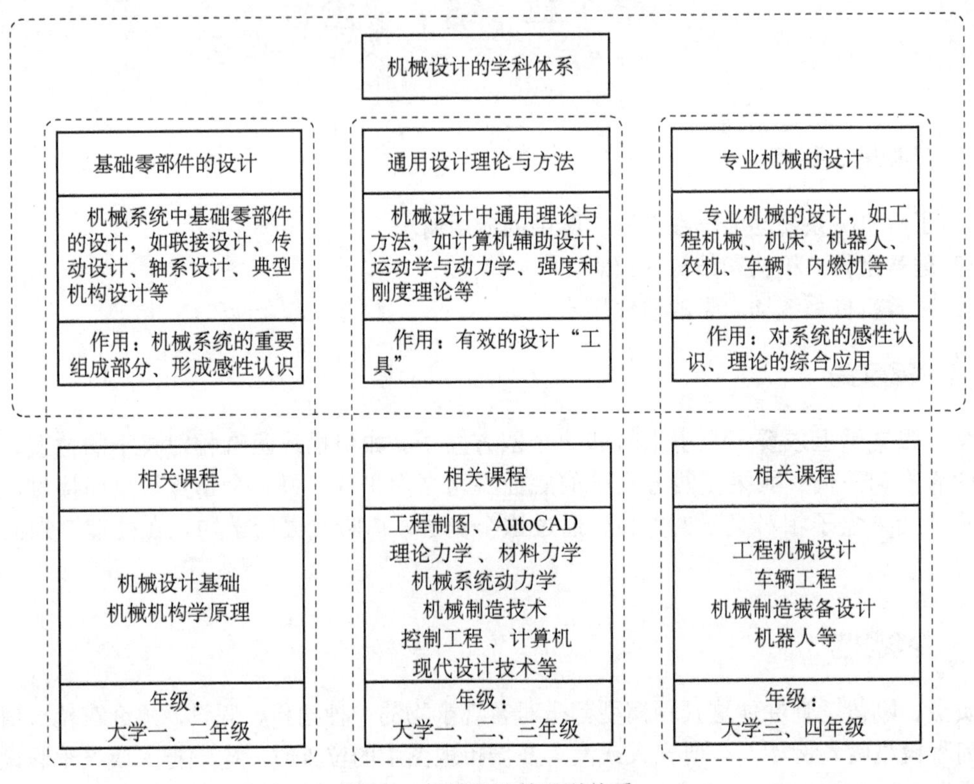

图 1-1　机械设计的学科体系

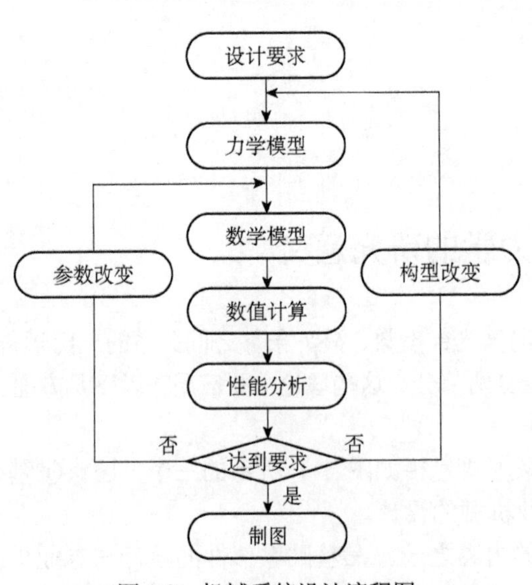

图 1-2　机械系统设计流程图

机械系统设计流程如图 1-2 所示，在正式出工程图纸与加工生产前，必须对产品的构型和参数进行分析与优化，考察所定方案是否能达到设计要求，这个过程称为虚拟设计。虚拟设计的第一步是根据设计要求对产品的构型提出方案，建立相应的力学模型。然后根据力学的基本原理建立数学模型，如系统的运行学与动力学模型。通过数值分析得到运动学与动力学的性能，有的还必须进行运动学与动力学仿真。若经过分析性能没有达到设计要求，则需进行系统参数的修正，或者对系统的力学模型做修改。前者仍可以使用先前的数学模型，后者则需重新推导建立数学模型。显然，数学模型是虚拟设计的关键，而机械系统动力学就是研究建立机械系统的数学模型的科学。

目前国内高等教育，尤其是本科教育阶段，大多数院校在“大学物理”、“理论力学”等课程中讲授相关内容，但未能达到实际应用所要求的深度。在运动学方面，介绍质点在三维空间的运动以及刚体的“平面运动”；在动力学方面，介绍质点在三维空间的动力学以及刚体“平面运动”的动力学。对于传统机械的设计，这样的深度可能是足够的，但随着现代科学和工程技术的发展，传统课程已不能满足需求。在实际应用中，很多情况下，刚体在三维空间的运动并不能简化为“平面运动”，如行驶的车辆、飞行的飞机、卫星、多关节的机器人等，且两者在理论上区别较大。

2) 机械系统仿真与虚拟现实

在机械系统仿真与虚拟现实方面，运动学理论中的关于点在空间中的位置以及刚体在空间位姿的内容，是虚拟现实技术中计算机图形学的基础理论。下面以目前比较流行的用于显示二维和三维图形的计算机图形 API(Application Programming Interface)——OpenGL(Open Graphics Library)为例，来说明运动学理论在其中的应用情况。

在二维的计算机屏幕上显示三维场景或物体的过程如下。

(1) 建立三维场景或物体的数据。这些数据主要是描述三维场景或物体的所有面的顶点坐标和面的颜色、纹理等信息，例如，工程领域一般用 Catia、SolidWorks、ProE 等软件建立三维模型。在单个物体建模时，顶点坐标一般是相对某个局部坐标系的，而在显示时，顶点坐标需转换为相对某个摄像机坐标系。

(2) 在世界坐标系下选择一个点(也称为视点)，放置一个虚拟摄像机，根据摄像机能够拍摄的远、近、上、下、左、右的极限构造一个四棱台体(也称为视锥体)，用四棱台体与三维场景或物体做布尔运算，将四棱台体内部的数据提取出来，并将其转化为摄像机坐标系中的坐标，用于后续显示，如图 1-3 所示。

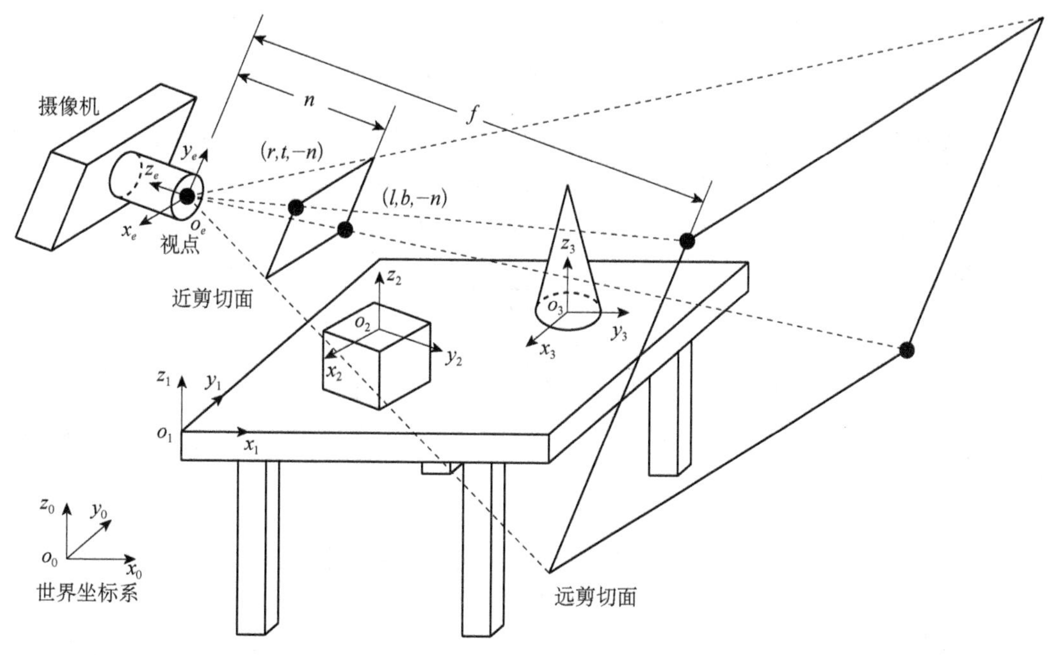

图 1-3 三维场景取景过程

(3) 通过对四棱台体内部数据的缩放变换、透视变换等处理，将三维场景或物体投射到二维平面上。

计算机利用 OpenGL 对三维场景或物体的显示处理（渲染）流程如图 1-4 所示。

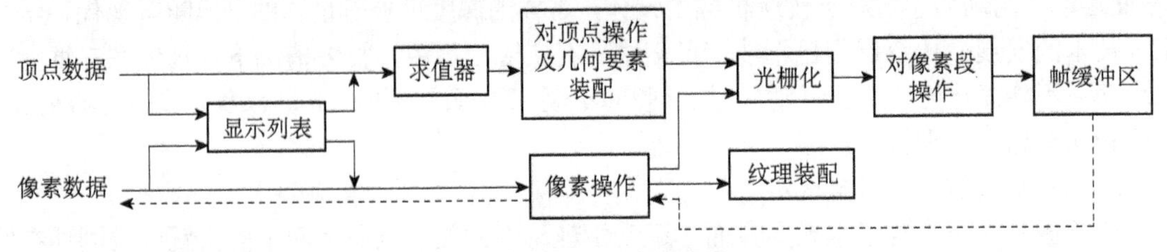

图 1-4　OpenGL 渲染流程

在世界坐标系下的点显示到计算机屏幕窗口中的坐标变换过程如图 1-5 所示。

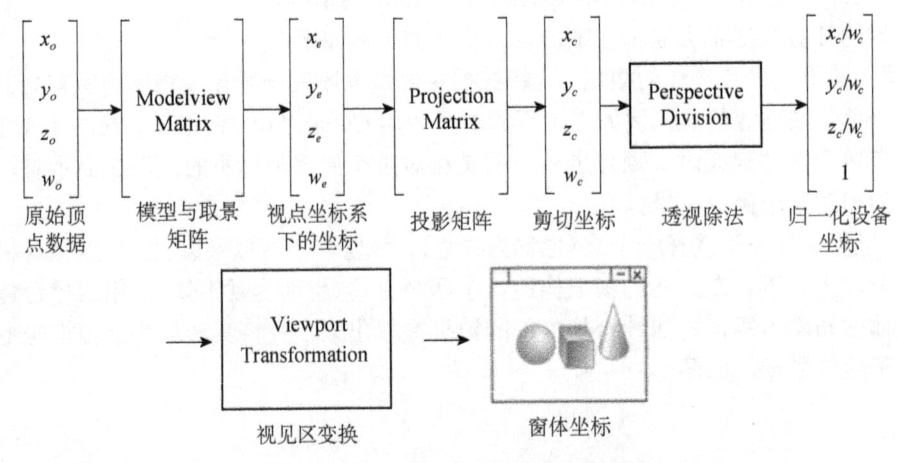

图 1-5　OpenGL 顶点数据处理流程图

设虚拟摄像机的远、近拍摄极限（也称为远、近剪切面）为 f、n，近剪切面右上点在视点坐标系 $o_e x_e y_e z_e$ 下坐标为 $(r, t, -n)$，左下点坐标为 $(l, b, -n)$，则在视点坐标系下的坐标为 (x, y, z) 任意点 K，变换到归一化设备中的坐标为 K''，其坐标为

$$K''=\begin{bmatrix} \dfrac{2n}{r-l} & 0 & \dfrac{r+l}{r-l} & 0 \\ 0 & \dfrac{2n}{t-b} & \dfrac{t+b}{t-b} & 0 \\ 0 & 0 & -\dfrac{f+n}{f-n} & -\dfrac{2nf}{f-n} \\ 0 & 0 & -1 & 0 \end{bmatrix}\begin{bmatrix} x \\ y \\ z \\ 1 \end{bmatrix}=\begin{bmatrix} \dfrac{2n}{r-l}x+\dfrac{r+l}{r-l}z \\ \dfrac{2n}{t-b}y+\dfrac{t+b}{t-b}z \\ -\dfrac{f+n}{f-n}z-\dfrac{2nf}{f-n} \\ -z \end{bmatrix}\xrightarrow{\text{Perspective Division}}\begin{bmatrix} \dfrac{-2nx/z}{r-l}-\dfrac{r+l}{r-l} \\ \dfrac{-2ny/z}{t-b}-\dfrac{t+b}{t-b} \\ -(az+b)/z \\ 1 \end{bmatrix}$$

在上述过程中，需要用户处理的最重要的工作是：将虚拟世界中的所有点在世界坐标系下的坐标转换到在视点坐标系下的坐标。这一问题的复杂原因在于：虚拟世界中的点并不是直接相对世界坐标系给出的，如桌子上的点的坐标是相对桌子坐标系 $o_1x_1y_1z_1$ 的；正方体上的点的坐标是相对正方体坐标系 $o_2x_2y_2z_2$ 的；而正方体的位姿又是相对桌子坐标系给出的。这些

关于点相对不同坐标系坐标的问题，以及刚体位姿的问题，正是运动学要研究的问题。所以，不具备较为扎实的运动学基础知识的科研人员，很难胜任此领域的工作。

另外，为了使在计算机中进行的仿真更符合实际，达到各种仿真的目的，需要建立更精细的实物的数学模型。例如，图 1-6 是一台飞行驾驶模拟器，为了训练飞行员，又要避免在真实飞机上进行训练所带来的危险，一个很好的解决办法是让飞行员在飞行驾驶模拟器上训练。图 1-6(a)是驾驶模拟器的外观，图 1-6(b)是模拟器驾驶舱内部。为了使飞行员的训练更有效，需要使飞行模拟器中飞机的数学模型非常接近于真实飞机的性能。而这些数学模型正是机械系统动力学所研究的内容。

(a) 外观

(b) 驾驶舱内部

图 1-6 飞行驾驶模拟器

此外，应用大型通用的动力学仿真软件，如 ADAMS、RecurDyn、ANSYS 等进行机械系统运动学和动力学仿真分析时，也需要具备一定的理论基础，欲达到熟练、深入的应用程度，则需要具备较高的理论水平。

3) 机械系统控制

在机械系统的控制方面，其控制策略要么是基于运动学的，要么是基于动力学的。例如，对于自由运动机器人来说，其控制器设计[9]可以按是否考虑机器人的动力学特性而分为两类。

一类是完全不考虑机器人的动力学特性，只是按照机器人实际轨迹与期望轨迹间的偏差进行负反馈控制。这类方法通常称为“运动学控制”，其基本的控制系统框图如图 1-7 所示，其中的控制器常采用 PD 或 PID 控制。

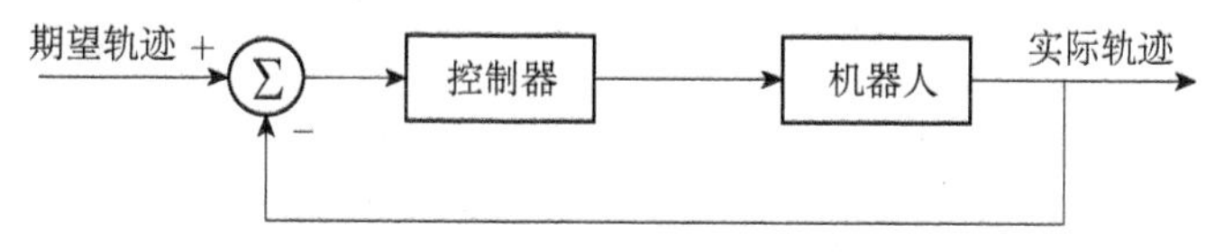

图 1-7 基于运动学的控制系统框图

对于图 1-8 中的机器人，控制中的“期望轨迹”是机械手末端点相对基座坐标系的曲线或离散点，而控制器控制的是在各关节处的驱动元件实现各关节的转动或移动，为了实现控制，就要建立机械手末端点位置、速度、加速度与各关节运动量的关系，也就是运动学理论。

运动学控制的主要优点是控制规律简单，易于实现。但对于控制高速、高精度机器人来说，这类方法有两个明显的缺点：一是难于保证受控机器人具有良好的动态和静态品质；二是需要较大的控制能量。

另一类控制器设计方法通常称为“动态控制”，这类方法是根据机器人动力学模型设计出更精细的非线性控制，所以又称为“以模型为基础的控制”。机器人动态控制方案常常采用如图 1-9 所示的基本结构。

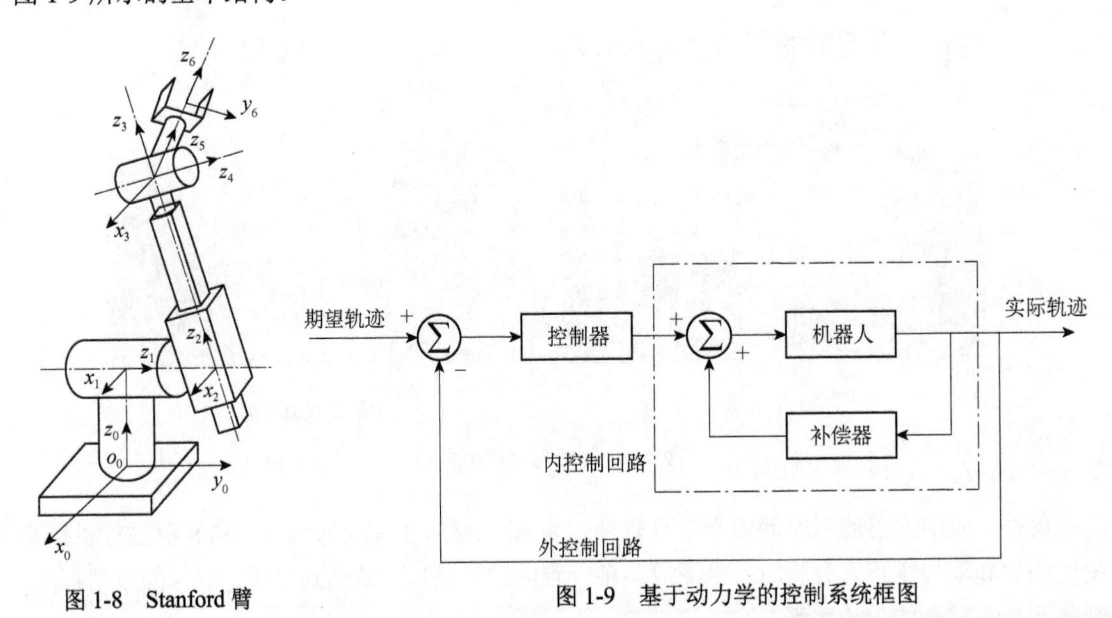

图 1-8　Stanford 臂

图 1-9　基于动力学的控制系统框图

可以看出它与运动控制方法在结构上的差别是引入了一个内控制回路，其作用是根据机器人动力学特性进行动态补偿，使经内控制回路作用后的机器人变为一个更易于控制的系统。用动态控制方法设计的控制器可使被控机器人具有良好的动态和静态品质，克服了运动控制方法的缺点。

由此可见，机械系统的运动学和动力学理论在机械系统控制过程中也是必不可少的。

1.2　机械系统动力学的研究内容

机械系统是由大量零部件组成的复杂系统，在对机械系统进行设计、优化与性能分析时，可以将其分为两大类：机构(Mechanism)和结构(Structure)，如图 1-10 所示。

机构是指在运行过程中各部件间存在大范围相对运动的机械系统，如操作机械臂、机器人。研究机构时，主要关注机构在载荷作用下的运行规律——实时的位置(Position/ Location)、速度(Velocity)和加速度(Acceleration)以及作用反力(Reaction Force)，这些属于多体系统动力学的研究内容。

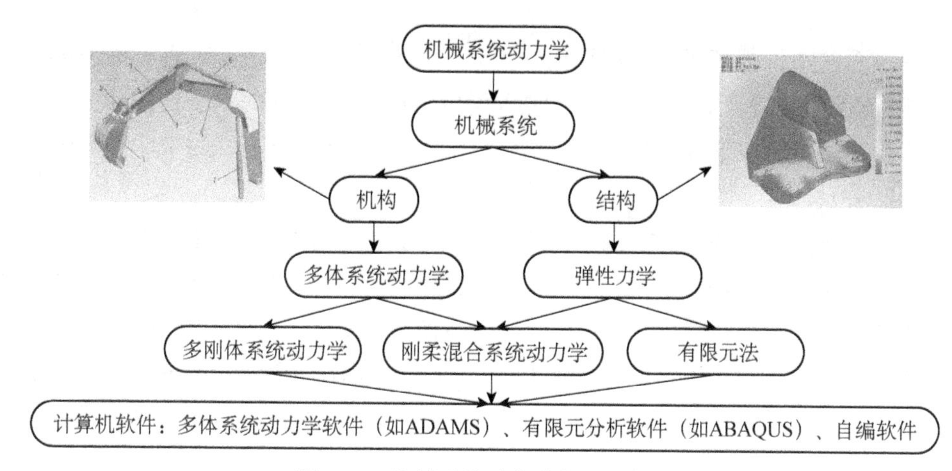

图 1-10 机械系统动力学的研究内容

结构是指在正常的工况下构件间没有相对运动的机械系统，如车辆的壳体、桥梁以及各种零部件。研究结构时，主要关注结构在载荷作用时的强度(Strength)、刚度(Stiffness)、变形量(Strain)与动态特性(Dynamic Characteristics)，这些属于弹性力学的研究内容。

多体系统动力学根据其研究对象的变形程度又可以分为多刚体系统动力学和刚柔混合系统动力学。本书主要介绍多刚体系统动力学。研究弹性力学方法有很多，本书主要介绍目前最常用的方法——有限元法。

所谓刚体(Rigid Body)是指在运动过程中体内任意两点的距离保持不变的物体。刚体是理想化的物体，在现实世界是很难找到的。根据研究目的的不同，一个物体可以看作刚体也可以看作弹性体(Elastic / Flexible Body)，例如，在研究挖掘机机械臂的运动规律时，可以将各个臂看作刚体；而在研究某个臂的强度时，则视其为弹性体。

机械系统动力学理论和方法最终都要以计算机程序或计算机软件的形式应用于实际。根据需求的不同，可以选择自己编写软件，也可以选择使用已经开发好的通用动力学软件。前者的优点是比较灵活，缺点是工作量巨大且容易出错；后者的优点是效率高、稳定可靠，缺点是不够灵活。通常情况下，在机械设计领域的仿真分析中，可以选择通用动力学软件，如多体系统动力学软件 ADAMS(Automatic Dynamic Analysis of Mechanical Systems，机械系统动力学自动分析)，有限元分析软件 ADAQUS；在虚拟现实领域或需要将数学模型程序写入某些微芯片时，一般需要自己编写软件。

1.3 机械系统动力学的研究历史

机械系统动力学源于力学。力学是最早产生并获得发展的科学之一。人们在生产劳动中，创造了一些简单的工具和机械(如斜面、杠杆等)，并在不断使用与改进这些工具和机械的过程中，积累了不少经验，从经验里获得知识，形成了力学规律的起点。我国古代在《墨经》《考工记》《论衡》和《天工开物》等书籍文献中，对于力的概念、杠杆原理、滚动摩擦、材料的强度等方面的知识都有相当多的记载。另外，古希腊杰出的学者阿基米德(Archimedes，公元前287～公元前212年)可以称得上是静力学的创始人。在他的《平面图形的平衡和其重心》一书中给出了杠杆平衡原理的论证，并讨论了一些规则或不规则的平面图形的重心位置或多个重心的关系。

15世纪，欧洲进入了文艺复兴时期。当时由于商业资本的兴起，手工业、城市建筑、航海造船和军事技术等各方面提出的许多迫切问题激励了科学的迅速发展。多才多艺、学识渊博的科学家和工程师达·芬奇(da Vinci，1452～1519年)就是这个时代的杰出代表。达·芬奇研究过落体运动；用虚速度的方法证明了杠杆原理；提出了连通器的原理，极大地丰富了阿基米德的液体压力理论；研究了柱和梁的承载能力。在他的札记中，有许多对机械设计的构想，如飞行器、降落伞、机械传动等。

不久以后，波兰天文学家哥白尼(Copernicus，1473～1543年)提出太阳中心说。这一学说推翻了托勒密陈旧的地球中心学说，结束了1000多年的地心说的统治，引起了人们宇宙观的根本变革，严重地打击了神权统治，从此自然科学开始从神权中解放出来。

开普勒(Kepler，1571～1630年)根据哥白尼学说及大量的天文观测，发现了行星运动三定律。这些定律是后来牛顿发现万有引力定律的基础。

伽利略(Galileo，1564～1642年)在物理学(力学)发展中作出了划时代的贡献。伽利略最早准确地提出并弄清了速度和加速度的概念，并根据运动基本特征量速度把运动分为匀速运动和变速运动两类，并得出了匀变速运动的公式。伽利略由思想实验得出的一个佯谬入手，对亚里士多德的落体学说提出了反驳，他正确指出了自由落体运动的规律并将抛体运动分解为水平匀速运动和竖直自由落体运动。伽利略提出了惯性定律，正确地理解了力学中的相对性原理。在动力学上，伽利略把力的作用同运动状态的变化联系起来，从而奠定了动力学的基础。伽利略于1638年出版了《关于两种新科学的叙述及其证明》一书，这里所说的两种新科学即材料力学和动力学。在该书中，就悬臂梁的应力分布、简支梁受集中载荷的最大弯矩、等强度梁的截面形状以及空、实心圆柱的抗弯强度比较进行了阐述。一般认为，该书是“材料力学”作为一门科学的标志。

动力学在伽利略研究的基础上，经过笛卡儿(Descartes，1596～1650年)、惠更斯(Huygens，1629～1695年)等的努力，后来由牛顿(Newton，1642～1727年)总其大成。牛顿于1687年在他的名著《自然哲学的数学原理》中，完备地提出了动力学的三个基本定律，并从这些定律出发对动力学作了系统的叙述。牛顿运动定律是整个经典力学的基础。

在力学史上，17世纪被看作动力学的奠基时期，与此同时，17～19世纪初，静力学也获得了进一步的成熟。

荷兰学者斯特文(Stevin，1548～1620年)得到了斜面上物体平衡的条件与力合成的平行四边形法则。

法国学者伐利农(Pierre Varignon，1654～1722年)发展了古希腊静力学的几何学观点，提出了力矩的概念和计算方法并用以研究刚体平衡问题。

法国学者潘索(Poinsot，1777～1859年)系统地讨论了力偶的性质并提出了静力平衡的条件。

18世纪转入动力学的发展时期。德国学者莱布尼茨(Leibniz，1646～1716年)与牛顿彼此独立地发明了微积分，为力学由矢量力学朝着分析方向的发展提供了基础。

瑞士学者伯努利(Bernoulli，1667～1748年)最先提出了以普遍形式表示的静力学基本原理，即虚位移原理。

瑞士数学力学家欧拉(Euler，1707～1783年)引入了欧拉角描述刚体的定点转动，并先后建立了刚体定点转动的运动学和动力学方程，并给出了欧拉可积的情况。

1743年，法国学者达朗贝尔(d'Alembert，1717～1785年)在《动力学论》中引入了“惯性力”的概念，而将由牛顿第二定律表示的运动方程看成在每一瞬间的平衡力系，这就是“达朗贝尔原理”。这一原理的引入使动力学问题可以转化为静力学问题进行处理，或者说将动力学与静力学按统一观点来处理。

1788年，法国数学家、力学家拉格朗日(Lagrange，1736～1813年)出版了《分析力学》一书。此书是力学发展新的里程碑。拉格朗日完全用数学分析的方法来解决所有的力学问题，而无需借助以往常用的几何方法，全书一张图也没有。在此基础上，逐步发展为一系列处理力学问题的新方法，称为分析力学。

后来，英国学者哈密顿(Hamilton，1805～1865年)又先后提出了哈密顿正则方程和哈密顿原理，使分析力学变得更为完善。

19世纪初到中期，因大量使用机器而引入的效率问题，促进了“功”的概念的形成，“能”的概念也逐渐在物理学、工程学中普遍形成。在此时期发现了能量守恒和转化定律，这个定律不仅对技术应用有着特别重大的意义，而且在力学和其他科学之间，在物质运动的各种形式之间，起到了沟通作用，使力学的发展在许多方面和物理学紧密地交织在一起。机器的大量使用和技术的迅速进步，促使了工程力学的形成和发展。相应地，力学的几何方法也获得了很大的发展和应用。19世纪中期，先后形成了一系列力学专门学科，如图解力学、机器与机构理论、振动理论。机械振动理论是最后发展起来的机械系统动力学理论。在电动机、发电机和汽轮机出现以后，高速转子引起的振动问题变得突出起来。

随着现代科技的发展，如车辆、飞机、机器人等工业技术，尤其是航天技术的迅速发展，出现了由大量构件以各种方式联系组成的复杂系统，而且有的构件在作大位移运动时，构件本身产生的变形不能忽略。若所有构件的自身变形可忽略，则称该系统为多刚体系统，否则，称为刚柔混合多体系统或直接称为多体系统。对于多刚体系统动力学问题的研究，以牛顿-欧拉方程为代表的矢量力学方法和以拉格朗日方程为代表的分析力学方法仍可加以利用。但随着组成系统的刚体数量增多，刚体之间的联系状况和约束方式复杂化，传统的方法已显得力不从心。20世纪70年代，罗伯森(Roberson)和维登伯格(Wittenburg)[10,11]首先提出利用欧拉提出的图论方法描述多刚体系统的关联结构，使计算机能够识别多体系统内千变万化的关联关系，借助图论的数学工具将系统的结构引入运动学和动力学计算公式，从而推导出具有统一的建模过程和方程形式的动力学方程，利用该方法能够编制统一的动力学仿真程序或软件。1977 年，维登伯格关于多刚体系统动力学的著作最早问世，已成为这门学科的入门读物。

20 世纪 50 年代，飞机设计师发现无法用传统的力学方法分析飞机的应力、应变等问题。波音公司的一个技术小组，首先将连续体的机翼离散为三角形板块的集合来进行应力分析，经过一番波折后获得前述的两个离散的成功。20 世纪 50 年代，大型电子计算机投入了解算大型代数方程组的工作，这为实现有限元技术准备好了物质条件。1960 年前后，美国的克拉夫(Clough)及我国的冯康分别独立地在论文中提出了“有限单元”这样的名词。此后，这样的叫法被大家接受，有限元技术从此正式诞生，并很快风靡世界。

20 世纪 70 年代，刚柔混合系统动力学问题逐渐引起关注，席勒恩(Schiehlen)[12]首先将多体系统作为与有限元系统及连续系统相当的系统来统一考虑。80 年代，豪格(Haug)[13]等确立了计算多体系统动力学的新学科，促使研究重点由多刚体系统转向多柔体系统。

自多体系统动力学这门学科确立以来，众多学者提出了多种不同的研究方法，虽然风格各异，但共同目标都是要实现一种高度程式化、适宜编制计算机程序的动力学模型，只需用最少量的准备工作就能处理任何特殊的多体系统。具体而言，要提供一种有效的计算机软件，只要用户输入具体的系统参数，就能自动完成多种功能的动力学分析、综合、优化和设计工作。由于数学模型的复杂性，关于计算机算法问题的研究已成为多体系统动力学的重要内容。

随着人们对机械系统动力学研究的不断深入以及工程中对其应用的迫切愿望，一些优秀的机械系统动力学软件如雨后春笋般地开发出来，其中最具代表性的多体动力学分析软件[14-16]有 ADAMS、DADS、DISCOS、MEDYNA 等，有限元分析软件有 ABAQUS、ANSYS 等。

1.4　课程学习中需要注意的问题和知识点

1）“机械系统动力学”课程与其他课程的关系

本课程属于学科基础课，先修课程有“高等数学”“线性代数”“空间解析几何”“大学物理”“理论力学”“材料力学”等；与本课程有关的后续课程主要有机器人学、机械系统设计等。

2）“机械系统动力学”课程的重点、难点

本课程的重点：张量的概念与运算；运动学基础中的点和刚体在三维空间的位置、姿态、速度、加速度；动力学基础中的刚体的动量、动量矩、动能、转动惯量、动量定理和动量矩定理；多刚体系统动力学中的牛顿-欧拉动力学方程、第一类和第二类拉格朗日方程、独立广义坐标的统一形式动力学方程。

本课程的难点：方向余弦阵、角速度矢量、欧拉旋转定理、罗伯森-维登伯格多刚体系统动力学。

3）“机械系统动力学”课程的知识点

本课程的知识点框图如图 1-11 所示。

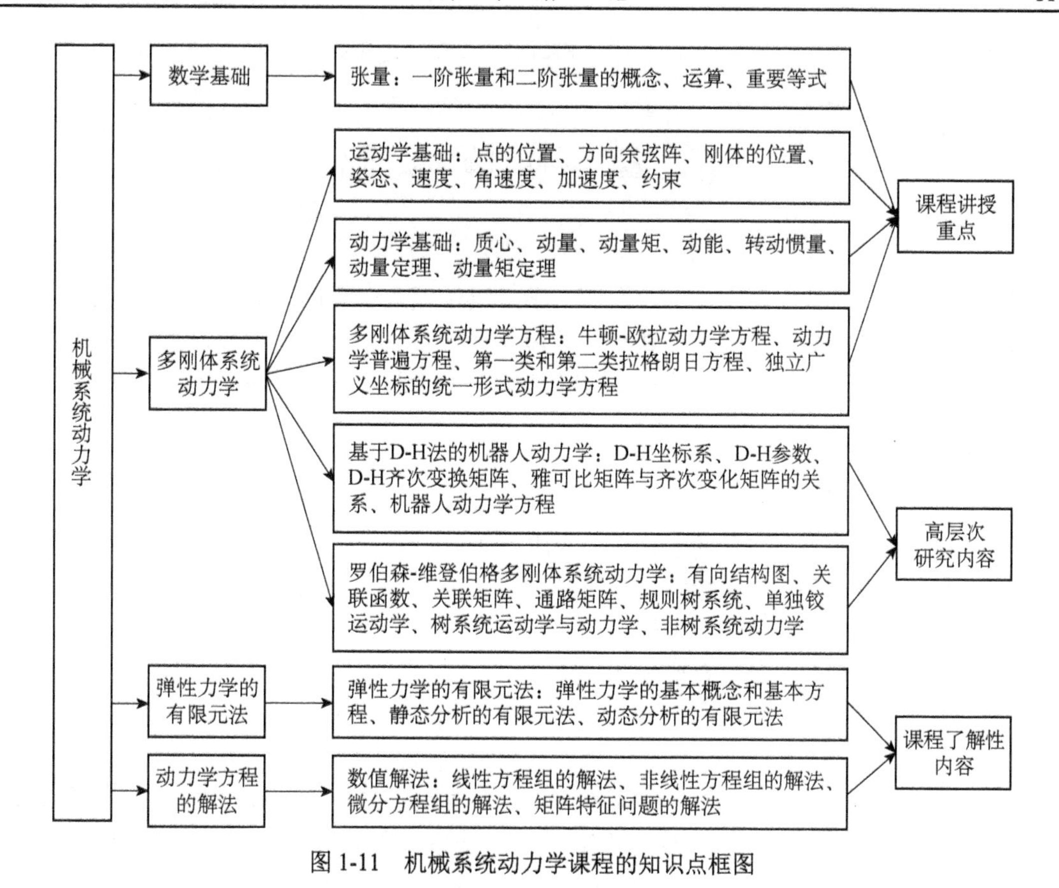

图1-11　机械系统动力学课程的知识点框图

习　　题

1-1　什么是运动学？什么是动力学？

1-2　什么是“机构”？什么是“结构”？

第2章 数学基础

机械系统动力学涉及理论力学、弹性力学、线性代数、矩阵论、数值计算方法、软件工程等多学科知识。为了能让读者顺利地学习本书的内容，现将书中经常用到的数学基础知识以较简洁的形式进行介绍。同时也期望通过本章的学习，将一些常用数学符号的书写作统一规范。

本章知识要点

(1) 了解张量的概念、张量的阶、张量的应用。

(2) 掌握矢量的运算、矢量矩阵、矢量基、矢量的坐标阵、坐标方阵。

(3) 掌握并矢的运算、并矢的坐标阵。

(4) 掌握张量矩阵及张量的重要等式。

兴趣实践

在一张纸上画一个一端带箭头的线段，代表一个矢量。画一个直角坐标系，将矢量向坐标系的两个轴投影，得到矢量在坐标系中的坐标。再画一个直角坐标系，该坐标系与前一个坐标系原点重合，但旋转某个角度。将矢量向新坐标系的两个轴投影，得到矢量在新坐标系中的坐标。分析矢量在两个坐标系中的坐标与两个坐标系的夹角的关系。

探索思考

坐标系的种类有很多：惯性坐标系、直角坐标系、圆柱坐标系、球坐标系、极坐标系等，那么在处理问题时，坐标系的选取原则是什么？

预习准备

线性代数与空间解析几何。

2.1 张　　量

在现代科学计算中，常使用张量(Tensor)来表示物理量，使用矩阵(Matrix)来表示物理量在某个坐标系下的具体值。用张量和矩阵进行分析与计算，不但非常简洁、方便，而且适合于编写计算机程序。

在数学里，张量是一种几何实体，或者说广义上的“数量”。张量有很多阶，例如，零阶张量是标量(Scalar)，可以表示一个量的大小；一阶(First Order)张量是矢量(Vector)，可以用来表示点在空间中的位置、力矢量、力矩(Moment)矢量等；二阶张量是并矢(Dyad)的线性组合，可以用来表示物理量在空间的分布，如惯量张量(Inertia Tensor)。当然，还有更高阶的张量，但本书中涉及的最高阶张量为二阶张量(为方便，有时将一阶张量称为矢量，二阶张量称为张量)，其他高阶张量用不到，不进行介绍。

零阶张量(标量)用白斜体字母表示，一阶张量(矢量)用小写黑斜体表示，二阶张量(并矢)用大写黑斜体表示。以下将分别介绍矢量和并矢。

2.2　矢　　量

矢量是一个具有方向与大小的量。矢量在几何上可用一个带箭头的线段来描述，线段的长度表示它的大小，箭头在某一空间的指向为它的方向。它的大小称为模(Magnitude / Modulus)，矢量 $\boldsymbol{a}$ 的模记为 $|\boldsymbol{a}|$。模为 1 的矢量称为单位矢量。模为 0 的矢量称为零矢量。

2.2.1　矢量的运算

1) 矢量的相等

若两矢量 $\boldsymbol{a}$ 与 $\boldsymbol{b}$ 大小相等、方向一致，则称两矢量相等，记为

$$\boldsymbol{a}=\boldsymbol{b} \tag{2.2-1}$$

2) 矢量的数乘

标量 α 与矢量 $\boldsymbol{a}$ 的积为一个矢量，记为 $\boldsymbol{c}$，其方向与矢量 $\boldsymbol{a}$ 一致，模为它的 α 倍，即

$$\boldsymbol{c}=\alpha\boldsymbol{a} \tag{2.2-2}$$

3) 矢量的加减法

两矢量 $\boldsymbol{a}$ 与 $\boldsymbol{b}$ 的和为一个矢量，记为 $\boldsymbol{c}$，有

$$\boldsymbol{c}=\boldsymbol{a}+\boldsymbol{b} \tag{2.2-3}$$

两矢量 $\boldsymbol{a}$ 与 $\boldsymbol{b}$ 的差为一个矢量，记为 $\boldsymbol{c}$，有

$$\boldsymbol{c}=\boldsymbol{a}-\boldsymbol{b} \tag{2.2-4}$$

$\boldsymbol{c}$ 与两矢量 $\boldsymbol{a}$ 和 $\boldsymbol{b}$ 的关系遵循如图 2-1 所示的平行四边形法则。

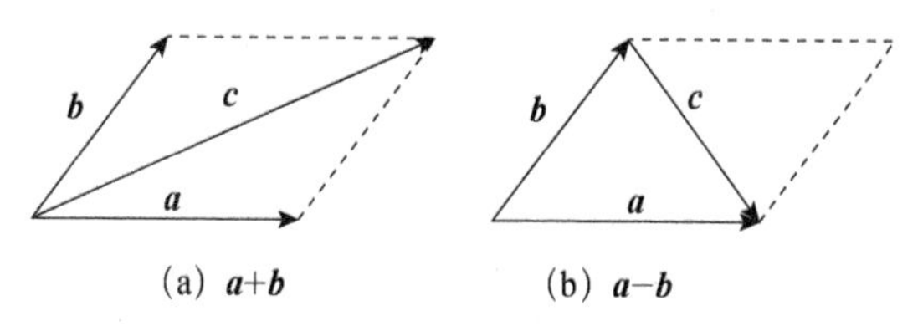

(a) $\boldsymbol{a}+\boldsymbol{b}$　　(b) $\boldsymbol{a}-\boldsymbol{b}$

图 2-1　矢量的加减法

矢量的加减法运算遵循交换律和结合律，即有

$$\boldsymbol{a}+\boldsymbol{b}=\boldsymbol{b}+\boldsymbol{a} \tag{2.2-5}$$

$$\boldsymbol{a}+\boldsymbol{b}+\boldsymbol{c}=\boldsymbol{a}+(\boldsymbol{b}+\boldsymbol{c})=(\boldsymbol{a}+\boldsymbol{b})+\boldsymbol{c} \tag{2.2-6}$$

4) 矢量的点积(Dot Product)

两矢量 $\boldsymbol{a}$ 与 $\boldsymbol{b}$ 的点积为一个标量，记为 α，它的大小为

$$\alpha = \boldsymbol{a} \cdot \boldsymbol{b} = |\boldsymbol{a}||\boldsymbol{b}|\cos\theta \tag{2.2-7}$$

其中，θ 为两矢量的夹角。

矢量的点积满足交换律，即

$$\boldsymbol{a} \cdot \boldsymbol{b} = \boldsymbol{b} \cdot \boldsymbol{a} \tag{2.2-8}$$

矢量的点积与加减法之间满足分配律，即

$$\boldsymbol{a} \cdot (\boldsymbol{b} + \boldsymbol{c}) = \boldsymbol{a} \cdot \boldsymbol{b} + \boldsymbol{a} \cdot \boldsymbol{c} \tag{2.2-9}$$

5) 矢量的叉积(Cross Product)

两矢量 $\boldsymbol{a}$ 与 $\boldsymbol{b}$ 的叉积为一个矢量，记为 $\boldsymbol{c}$，有

$$\boldsymbol{c} = \boldsymbol{a} \times \boldsymbol{b} \tag{2.2-10}$$

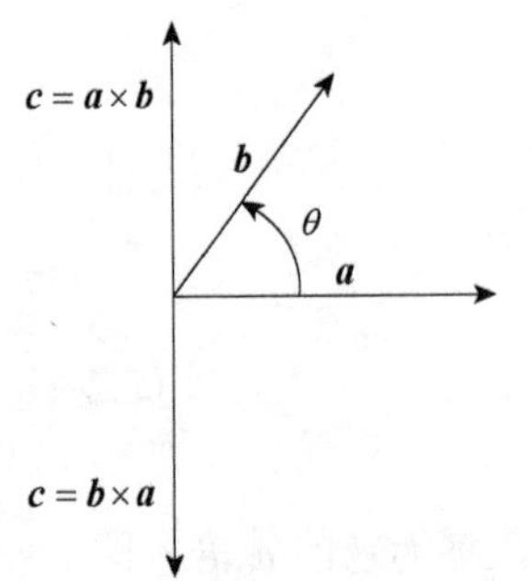

图 2-2　矢量的叉积

它的方向垂直于两矢量 $\boldsymbol{a}$ 与 $\boldsymbol{b}$ 构成的平面，且三矢量的正向依次遵循右手法则(图 2-2)。矢量的模为

$$|\boldsymbol{c}| = |\boldsymbol{a}||\boldsymbol{b}|\sin\theta \tag{2.2-11}$$

矢量的叉积不满足交换律，如图 2-2 所示，即

$$\boldsymbol{a} \times \boldsymbol{b} = -\boldsymbol{b} \times \boldsymbol{a} \tag{2.2-12}$$

矢量的叉积也不满足结合律，可以通过选择特殊的三个矢量的叉积来证明这个结论：

$$\boldsymbol{a} \times \boldsymbol{b} \times \boldsymbol{b} = -\boldsymbol{a} \neq \boldsymbol{a} \times (\boldsymbol{b} \times \boldsymbol{b}) = \boldsymbol{0} \tag{2.2-13}$$

矢量的叉积与加减法之间满足分配律，即

$$\boldsymbol{a} \times (\boldsymbol{b} + \boldsymbol{c}) = \boldsymbol{a} \times \boldsymbol{b} + \boldsymbol{a} \times \boldsymbol{c} \tag{2.2-14}$$

2.2.2　矢量矩阵与矢量基

1) 矢量矩阵

矢量矩阵是以矢量为元素的矩阵，是对标量矩阵定义的拓展。本书中矢量矩阵的作用有两个：一是使由张量形式列写的公式更加简洁；二是用它来表示坐标系的朝向。矢量矩阵与标量矩阵的运算方式一致。在书写时，用字母下加一横线表示矩阵。例如，有矢量 $\boldsymbol{a}$ 和矢量矩阵 $\underline{\boldsymbol{e}}$：

$$\underline{\boldsymbol{e}} = \begin{bmatrix} \boldsymbol{e}_1 \\ \boldsymbol{e}_2 \\ \boldsymbol{e}_3 \end{bmatrix} = \begin{bmatrix} \boldsymbol{e}_1 & \boldsymbol{e}_2 & \boldsymbol{e}_3 \end{bmatrix}^{\mathrm{T}}$$

则有以下运算关系成立：

$$\boldsymbol{a} \cdot \underline{\boldsymbol{e}} = \boldsymbol{a} \cdot \begin{bmatrix} \boldsymbol{e}_1 \\ \boldsymbol{e}_2 \\ \boldsymbol{e}_3 \end{bmatrix} = \begin{bmatrix} \boldsymbol{a} \cdot \boldsymbol{e}_1 \\ \boldsymbol{a} \cdot \boldsymbol{e}_2 \\ \boldsymbol{a} \cdot \boldsymbol{e}_3 \end{bmatrix} \tag{2.2-15}$$

$$\underline{e}\cdot\underline{e}^{\mathrm{T}}=\begin{bmatrix}e_1\\e_2\\e_3\end{bmatrix}\cdot\begin{bmatrix}e_1&e_2&e_3\end{bmatrix}=\begin{bmatrix}e_1\cdot e_1&e_1\cdot e_2&e_1\cdot e_3\\e_2\cdot e_1&e_2\cdot e_2&e_2\cdot e_3\\e_3\cdot e_1&e_3\cdot e_2&e_3\cdot e_3\end{bmatrix}\tag{2.2-16}$$

$$\underline{e}\times\underline{e}^{\mathrm{T}}=\begin{bmatrix}e_1\\e_2\\e_3\end{bmatrix}\times\begin{bmatrix}e_1&e_2&e_3\end{bmatrix}=\begin{bmatrix}e_1\times e_1&e_1\times e_2&e_1\times e_3\\e_2\times e_1&e_2\times e_2&e_2\times e_3\\e_3\times e_1&e_3\times e_2&e_3\times e_3\end{bmatrix}\tag{2.2-17}$$

2) 矢量基

矢量的几何描述很难处理复杂运算问题。通常采用比较多的是矢量的代数表达方法。为此，首先用几个正交的单位矢量构造一个参考空间，称为参考基(或矢量基或坐标系)(Reference Base；Vector Base；Coordinate System)，简称基(Base)，基中的正交的(Orthogonal)单位矢量(Unit Vector)称为这个基的基矢量(Base Vectors)；构造参考基之后，可将矢量向基矢量进行投影，便可得到矢量在该参考基上的代数表达方法。

对于普通的三维空间，可以选择三个单位正交矢量 e_1、e_2、e_3 构成参考基，根据基矢量的正交性，有如下关系式：

$$e_\alpha\cdot e_\beta=\delta_{\alpha\beta}\tag{2.2-18}$$

$$e_\alpha\times e_\beta=\varepsilon_{\alpha\beta\gamma}e_\gamma\tag{2.2-19}$$

$$\delta_{\alpha\beta}=\begin{cases}1&(\alpha\neq\beta)\\0&(\alpha=\beta)\end{cases}\tag{2.2-20}$$

若三个基矢量 e_1、e_2、e_3 的正向依次按右手法则排列，则有

$$\varepsilon_{\alpha\beta\gamma}=\begin{cases}+1&(按\alpha,\beta,\gamma顺序循环)\\-1&(其他)\end{cases}\tag{2.2-21}$$

定义三个基矢量 e_1、e_2、e_3 构成的矢量矩阵 $\underline{e}$：

$$\underline{e}=\begin{bmatrix}e_1&e_2&e_3\end{bmatrix}^{\mathrm{T}}\tag{2.2-22}$$

来表示这个矢量基。对于不同的基，在 $\underline{e}$ 中加下标加以区分。例如，基 $\underline{e_r}$、基 $\underline{e_b}$ 表示两个不同的基。

考虑式(2.2-18)和式(2.2-19)，可将式(2.2-16)和式(2.2-17)化简为

$$\underline{e}\cdot\underline{e}^{\mathrm{T}}=\begin{bmatrix}e_1\\e_2\\e_3\end{bmatrix}\cdot\begin{bmatrix}e_1&e_2&e_3\end{bmatrix}=\begin{bmatrix}e_1\cdot e_1&e_1\cdot e_2&e_1\cdot e_3\\e_2\cdot e_1&e_2\cdot e_2&e_2\cdot e_3\\e_3\cdot e_1&e_3\cdot e_2&e_3\cdot e_3\end{bmatrix}=\begin{bmatrix}1&0&0\\0&1&0\\0&0&1\end{bmatrix}=\underline{I_3}\tag{2.2-23}$$

$$\underline{e}\times\underline{e}^{\mathrm{T}}=\begin{bmatrix}e_1\\e_2\\e_3\end{bmatrix}\times\begin{bmatrix}e_1&e_2&e_3\end{bmatrix}=\begin{bmatrix}0&e_3&-e_2\\-e_3&0&e_1\\e_2&-e_1&0\end{bmatrix}\tag{2.2-24}$$

2.2.3　矢量的坐标阵

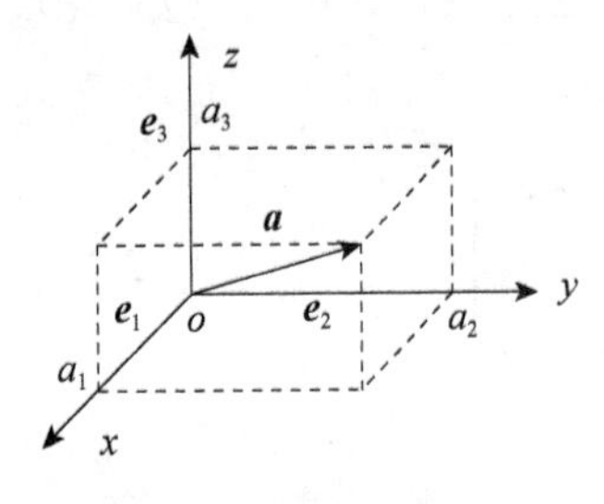

图 2-3　矢量的坐标阵

在机械系统动力学或多体系统动力学中，为了更方便地处理各种问题，通常要建立多个坐标系，由此产生了矢量在不同坐标系下的数学描述问题。根据线性代数知识，在某个参考基 $\underline{\boldsymbol{e}}$ 上，在该基中的任一矢量 $\boldsymbol{a}$ 可以写成基矢量的线性组合的形式。假如 $\boldsymbol{a}$ 是三维空间的矢量，如图 2-3 所示。则

$$\boldsymbol{a} = a_1\boldsymbol{e}_1 + a_2\boldsymbol{e}_2 + a_3\boldsymbol{e}_3 \tag{2.2-25}$$

其中，$a_1\boldsymbol{e}_1$、$a_2\boldsymbol{e}_2$、$a_3\boldsymbol{e}_3$ 分别称为矢量 $\boldsymbol{a}$ 在基矢量上的三个分矢量，或简称为分量。三个标量系数 a_1、a_2、a_3 分别为矢量 $\boldsymbol{a}$ 在三个基矢量上的投影，或称为坐标。将这三个坐标组成一个列矩阵(Column Matrix) $\underline{a}$ 称为矢量 $\boldsymbol{a}$ 在基 $\underline{\boldsymbol{e}}$ 上的坐标阵(Coordinate Matrix)，也可写成行阵(Row Matrix)转置(Transpose)的形式：

$$\underline{a} = \begin{bmatrix} a_1 \\ a_2 \\ a_3 \end{bmatrix} = \begin{bmatrix} a_1 & a_2 & a_3 \end{bmatrix}^{\mathrm{T}} \tag{2.2-26}$$

这样，利用矩阵运算的形式，式(2.2-25)可写成如下形式：

$$\boldsymbol{a} = \underline{a}^{\mathrm{T}}\underline{\boldsymbol{e}} = \underline{\boldsymbol{e}}^{\mathrm{T}}\underline{a} \tag{2.2-27}$$

考虑到式(2.2-23)，将式(2.2-27)两边同时左点乘 $\underline{\boldsymbol{e}}$，可得

$$\underline{a} = \begin{bmatrix} \boldsymbol{a}\cdot\boldsymbol{e}_1 \\ \boldsymbol{a}\cdot\boldsymbol{e}_2 \\ \boldsymbol{a}\cdot\boldsymbol{e}_3 \end{bmatrix} = \boldsymbol{a}\cdot\underline{\boldsymbol{e}} = \underline{\boldsymbol{e}}\cdot\boldsymbol{a} \tag{2.2-28}$$

三维空间的矢量 $\boldsymbol{a}$ 在参考基下的坐标还可写成一个反对称矩阵(Skew Symmetric Coordinate Matrix)，记为

$$\underline{\tilde{a}} = \begin{bmatrix} 0 & -a_3 & a_2 \\ a_3 & 0 & -a_1 \\ -a_2 & a_1 & 0 \end{bmatrix} \tag{2.2-29}$$

称此方阵为矢量 $\boldsymbol{a}$ 在该参考基上的坐标方阵。由反对称阵的性质可知：

$$\underline{\tilde{a}}^{\mathrm{T}} = -\underline{\tilde{a}} \tag{2.2-30}$$

关于矢量的坐标阵，需要注意的是：矢量在几何上是一客观存在的量，与参考基的选取无关。矢量可以向某个参考基投影得到该基下的坐标矩阵，但不能简单地认为坐标矩阵可以完全代表矢量，由式(2.2-27)可知，坐标阵要和参考基一起来代表矢量，在不同的参考基下，矢量的坐标阵一般是不同的。例如，有两个不同的参考基 $\underline{\boldsymbol{e}_r}$ 和 $\underline{\boldsymbol{e}_b}$，矢量 $\boldsymbol{a}$ 在这两个基上的坐标阵分别为 $\underline{{}^r\boldsymbol{a}}$ 和 $\underline{{}^b\boldsymbol{a}}$ (用左上角标表示参考基)，则

$$\begin{cases} \boldsymbol{a} = {}^{r}\underline{a}^{\mathrm{T}}\, \underline{\boldsymbol{e}}_{r} = {}^{b}\underline{a}^{\mathrm{T}}\, \underline{\boldsymbol{e}}_{b} \\ \boldsymbol{a} = \underline{\boldsymbol{e}}_{r}^{\mathrm{T}}\, {}^{r}\underline{a} = \underline{\boldsymbol{e}}_{b}^{\mathrm{T}}\, {}^{b}\underline{a} \end{cases} \tag{2.2-31}$$

有了矢量的坐标阵，矢量的运算便可以转换为矢量的坐标阵的标量的运算，下面讨论矢量的运算与其在同一基上的坐标阵的运算的关系。

1) 矢量的相等

由式(2.2-27)，得

$$\boldsymbol{a} = \boldsymbol{b} \Leftrightarrow \underline{\boldsymbol{e}}^{\mathrm{T}}\underline{a} = \underline{\boldsymbol{e}}^{\mathrm{T}}\underline{b} \Leftrightarrow \underline{\boldsymbol{e}}\cdot\underline{\boldsymbol{e}}^{\mathrm{T}}\underline{a} = \underline{\boldsymbol{e}}\cdot\underline{\boldsymbol{e}}^{\mathrm{T}}\underline{b} \Leftrightarrow \underline{a} = \underline{b} \tag{2.2-32}$$

2) 矢量的数乘

$$\underline{\boldsymbol{e}}^{\mathrm{T}}\underline{c} = \boldsymbol{c} = \alpha\boldsymbol{a} = \alpha\underline{\boldsymbol{e}}^{\mathrm{T}}\underline{a} = \underline{\boldsymbol{e}}^{\mathrm{T}}\alpha\underline{a} \Leftrightarrow \underline{c} = \alpha\underline{a} \tag{2.2-33}$$

3) 矢量的加减法

$$\underline{\boldsymbol{e}}^{\mathrm{T}}\underline{c} = \boldsymbol{c} = \boldsymbol{a} + \boldsymbol{b} = \underline{\boldsymbol{e}}^{\mathrm{T}}\underline{a} + \underline{\boldsymbol{e}}^{\mathrm{T}}\underline{b} = \underline{\boldsymbol{e}}^{\mathrm{T}}(\underline{a} + \underline{b}) \Leftrightarrow \underline{c} = \underline{a} + \underline{b} \tag{2.2-34}$$

$$\underline{\boldsymbol{e}}^{\mathrm{T}}\underline{c} = \boldsymbol{c} = \boldsymbol{a} - \boldsymbol{b} = \underline{\boldsymbol{e}}^{\mathrm{T}}\underline{a} - \underline{\boldsymbol{e}}^{\mathrm{T}}\underline{b} = \underline{\boldsymbol{e}}^{\mathrm{T}}(\underline{a} - \underline{b}) \Leftrightarrow \underline{c} = \underline{a} - \underline{b} \tag{2.2-35}$$

4) 矢量的点积

$$\boldsymbol{a}\cdot\boldsymbol{b} = \underline{a}^{\mathrm{T}}\underline{\boldsymbol{e}}\cdot\underline{\boldsymbol{e}}^{\mathrm{T}}\underline{b} = \underline{a}^{\mathrm{T}}\underline{I}\,\underline{b} = \underline{a}^{\mathrm{T}}\underline{b} \tag{2.2-36}$$

5) 矢量的叉积

$$\begin{aligned} \underline{\boldsymbol{e}}^{\mathrm{T}}\underline{c} &= \boldsymbol{c} = \boldsymbol{a}\times\boldsymbol{b} = \underline{a}^{\mathrm{T}}\underline{\boldsymbol{e}}\times\underline{\boldsymbol{e}}^{\mathrm{T}}\underline{b} \\ &= \begin{bmatrix} a_1 & a_2 & a_3 \end{bmatrix} \begin{bmatrix} 0 & \boldsymbol{e}_3 & -\boldsymbol{e}_2 \\ -\boldsymbol{e}_3 & 0 & \boldsymbol{e}_1 \\ \boldsymbol{e}_2 & -\boldsymbol{e}_1 & 0 \end{bmatrix} \begin{bmatrix} b_1 \\ b_2 \\ b_3 \end{bmatrix} \qquad \Leftrightarrow \quad \underline{c} = \underline{\tilde{a}}\underline{b} \\ &= (a_2b_3 - a_3b_2)\boldsymbol{e}_1 + (a_3b_1 - a_1b_3)\boldsymbol{e}_2 + (a_1b_2 - a_2b_1)\boldsymbol{e}_3 \\ &= \underline{\boldsymbol{e}}^{\mathrm{T}}\underline{\tilde{a}}\underline{b} \end{aligned} \tag{2.2-37}$$

2.3 并　　矢

2.3.1 并矢的定义与坐标阵

将两个矢量并列放在一起得到的量称为并矢。例如，两矢量 $\boldsymbol{a}$ 与 $\boldsymbol{b}$ 并列放在一起得到并矢 $\boldsymbol{D}$:

$$\boldsymbol{D} = \boldsymbol{ab} \tag{2.3-1}$$

二阶张量定义为并矢的线性组合：

$$\boldsymbol{D} = \boldsymbol{a}_1\boldsymbol{b}_1 + \boldsymbol{a}_2\boldsymbol{b}_2 + \boldsymbol{a}_3\boldsymbol{b}_3 + \cdots \tag{2.3-2}$$

因为本书中张量的最高阶为二阶，所以为方便起见，有时直接称二阶张量为张量。根据定义，并矢也是张量，所以，为简化一些张量概念、性质的叙述，在下面内容中，只介绍并矢的内容，张量的内容与之类似。

并矢是两矢量除点积和叉积之外，又一种运算规则。若矢量 $\boldsymbol{a}$ 与 $\boldsymbol{b}$ 在基 $\underline{\boldsymbol{e}}$ 上的坐标阵为 $\underline{a}$ 和 $\underline{b}$，则

$$\boldsymbol{D} = \boldsymbol{ab} = \underline{\boldsymbol{e}}^{\mathrm{T}} \underline{a}\underline{b}^{\mathrm{T}} \underline{\boldsymbol{e}} = \underline{\boldsymbol{e}}^{\mathrm{T}} \underline{D}\underline{\boldsymbol{e}} \tag{2.3-3}$$

并矢 $\boldsymbol{D}$ 在基 $\underline{\boldsymbol{e}}$ 上的坐标阵为

$$\underline{D} = \underline{a}\underline{b}^{\mathrm{T}} = \begin{bmatrix} a_1 b_1 & a_1 b_2 & a_1 b_3 \\ a_2 b_1 & a_2 b_2 & a_2 b_3 \\ a_3 b_1 & a_3 b_2 & a_3 b_3 \end{bmatrix} \tag{2.3-4}$$

将式(2.3-3)进一步展开，有

$$\begin{aligned} \boldsymbol{D} &= \underline{\boldsymbol{e}}^{\mathrm{T}} \underline{D}\underline{\boldsymbol{e}} \\ &= a_1 b_1 \boldsymbol{e}_1 \boldsymbol{e}_1 + a_1 b_2 \boldsymbol{e}_1 \boldsymbol{e}_2 + a_1 b_3 \boldsymbol{e}_1 \boldsymbol{e}_3 \\ &\quad + a_2 b_1 \boldsymbol{e}_2 \boldsymbol{e}_1 + a_2 b_2 \boldsymbol{e}_2 \boldsymbol{e}_2 + a_2 b_3 \boldsymbol{e}_2 \boldsymbol{e}_3 \\ &\quad + a_3 b_1 \boldsymbol{e}_3 \boldsymbol{e}_1 + a_3 b_2 \boldsymbol{e}_3 \boldsymbol{e}_2 + a_3 b_3 \boldsymbol{e}_3 \boldsymbol{e}_3 \end{aligned} \tag{2.3-5}$$

可见，并矢 $\boldsymbol{D}$ 是基 $\underline{\boldsymbol{e}}$ 的基矢量并矢的线性组合。

坐标阵为零矩阵的张量为零张量，记为 $\boldsymbol{0}$。坐标阵为单位矩阵 $\underline{I}$ 的张量为单位张量，记为 $\boldsymbol{I}$：

$$\boldsymbol{I} = \underline{\boldsymbol{e}}^{\mathrm{T}} \underline{\boldsymbol{e}} = \boldsymbol{e}_1 \boldsymbol{e}_1 + \boldsymbol{e}_2 \boldsymbol{e}_2 + \boldsymbol{e}_3 \boldsymbol{e}_3 \tag{2.3-6}$$

若构成并矢 $\boldsymbol{D}$ 的两个矢量 $\boldsymbol{a}$ 与 $\boldsymbol{b}$ 交换次序，则称交换次序后的并矢 $\hat{\boldsymbol{D}}$ 与原并矢互为共轭(Conjugate)并矢：

$$\hat{\boldsymbol{D}} = \boldsymbol{ba} \tag{2.3-7}$$

$\hat{\boldsymbol{D}}$ 在基 $\underline{\boldsymbol{e}}$ 中的坐标阵为

$$\underline{\hat{D}} = \underline{b}\underline{a}^{\mathrm{T}} \tag{2.3-8}$$

比较式(2.3-4)和式(2.3-8)，可知互为共轭并矢的两并矢坐标阵之间互为转置：

$$\underline{\hat{D}} = \underline{D}^{\mathrm{T}} \tag{2.3-9}$$

在机械系统动力学公式的推导过程中，有时需要将两矢量的叉乘运算转换为张量与矢量的点乘运算，为此，定义一个与矢量 $\boldsymbol{d}$ 对应的张量 $\boldsymbol{D}$，其坐标阵为 $\boldsymbol{d}$ 的反对称阵，即

$$\underline{D} = \underline{\tilde{d}} \tag{2.3-10}$$

则

$$\boldsymbol{d} \times \boldsymbol{a} = \underline{\boldsymbol{e}}^{\mathrm{T}} \underline{\tilde{d}}\underline{a} = \underline{\boldsymbol{e}}^{\mathrm{T}} \underline{D}\underline{a} = \underline{\boldsymbol{e}}^{\mathrm{T}} \underline{D}\underline{\boldsymbol{e}} \cdot \underline{\boldsymbol{e}}^{\mathrm{T}} \underline{a} = \boldsymbol{D} \cdot \boldsymbol{a} \tag{2.3-11}$$

并矢与矢量一样，在几何上是一客观存在的量，与参考基的选取无关。并矢可以向某个参考基投影得到坐标矩阵，坐标阵要和参考基一起来代表并矢，在不同的参考基下，并矢的坐标阵可能是不同的。例如，有两个不同的参考基 $\underline{\boldsymbol{e}_r}$ 和 $\underline{\boldsymbol{e}_b}$，并矢 $\boldsymbol{D}$ 在这两个基上的坐标阵分别为 ${}^{r}\underline{D}$ 和 ${}^{b}\underline{D}$，则

$$\boldsymbol{D} = \underline{\boldsymbol{e}_r}^{\mathrm{T}}\, {}^{r}\underline{D}\,\underline{\boldsymbol{e}_r} = \underline{\boldsymbol{e}_b}^{\mathrm{T}}\, {}^{b}\underline{D}\,\underline{\boldsymbol{e}_b} \tag{2.3-12}$$

2.3.2 并矢的运算

1) 并矢的相等

若两并矢在同一基上的坐标阵相等，则称这两个并矢相等，反之亦然。例如，有两个并矢 $\boldsymbol{D}$ 和 $\boldsymbol{G}$，在基 $\underline{\boldsymbol{e}}$ 上的坐标阵分别为 $\underline{D}$ 和 $\underline{G}$，若 $\underline{D}=\underline{G}$，则 $\boldsymbol{D}=\boldsymbol{G}$。单位并矢 $\boldsymbol{I}$ 与其共轭并矢 $\hat{\boldsymbol{I}}$ 的坐标阵均为单位阵，所以 $\boldsymbol{I}=\hat{\boldsymbol{I}}$。

2) 并矢的数乘

标量 α 与并矢 $\boldsymbol{D}$ 的积为一个并矢，记为 $\boldsymbol{C}$，即

$$\boldsymbol{C}=\alpha\boldsymbol{D} \tag{2.3-13}$$

将上式写成在基 $\underline{\boldsymbol{e}}$ 上的坐标阵的形式，得

$$\boldsymbol{C}=\underline{\boldsymbol{e}}^{\mathrm{T}}\underline{C}\underline{\boldsymbol{e}}，\quad \alpha\boldsymbol{D}=\alpha\underline{\boldsymbol{e}}^{\mathrm{T}}\underline{D}\underline{\boldsymbol{e}}=\underline{\boldsymbol{e}}^{\mathrm{T}}\alpha\underline{D}\underline{\boldsymbol{e}} \tag{2.3-14}$$

比较式(2.3-14)中的两个式子，可得并矢数乘的坐标阵运算公式为

$$\underline{C}=\alpha\underline{D} \tag{2.3-15}$$

3) 并矢的加减法

两并矢 $\boldsymbol{D}$ 和 $\boldsymbol{G}$ 的和为一个并矢，记为 $\boldsymbol{C}$，有

$$\boldsymbol{C}=\boldsymbol{D}+\boldsymbol{G} \tag{2.3-16}$$

将上式写成在基 $\underline{\boldsymbol{e}}$ 上的坐标阵的形式，得

$$\underline{C}=\underline{D}+\underline{G} \tag{2.3-17}$$

4) 并矢与矢量的点积

并矢 $\boldsymbol{D}$ 与矢量 $\boldsymbol{d}$ 的点积为一矢量，记为 $\boldsymbol{c}$，有

$$\boldsymbol{c}=\boldsymbol{D}\cdot\boldsymbol{d} \tag{2.3-18}$$

将上式写成在基 $\underline{\boldsymbol{e}}$ 上的坐标阵的形式，得

$$\underline{\boldsymbol{e}}^{\mathrm{T}}\underline{c}=\boldsymbol{c}=\boldsymbol{D}\cdot\boldsymbol{d}=\underline{\boldsymbol{e}}^{\mathrm{T}}\underline{D}\underline{\boldsymbol{e}}\cdot\underline{\boldsymbol{e}}^{\mathrm{T}}\underline{d}=\underline{\boldsymbol{e}}^{\mathrm{T}}\underline{D}\underline{I}\underline{d}=\underline{\boldsymbol{e}}^{\mathrm{T}}\underline{D}\underline{d} \tag{2.3-19}$$

比较上式等号两边，可得并矢与矢量的点积坐标阵运算公式为

$$\underline{c}=\underline{D}\underline{d} \tag{2.3-20}$$

并矢与矢量的点积遵循结合律，即

$$\boldsymbol{D}\cdot\boldsymbol{d}=\boldsymbol{ab}\cdot\boldsymbol{d}=\boldsymbol{a}(\boldsymbol{b}\cdot\boldsymbol{d}) \tag{2.3-21}$$

矢量 $\boldsymbol{d}$ 与并矢 $\boldsymbol{D}$ 的点积也为一矢量，记为 $\boldsymbol{m}$，有

$$\boldsymbol{m}=\boldsymbol{d}\cdot\boldsymbol{D} \tag{2.3-22}$$

将上式写成在基 $\underline{\boldsymbol{e}}$ 上的坐标阵的形式，得

$$\underline{m}^{\mathrm{T}}\underline{\boldsymbol{e}}=\boldsymbol{m}=\boldsymbol{d}\cdot\boldsymbol{D}=\underline{d}^{\mathrm{T}}\underline{\boldsymbol{e}}\cdot\underline{\boldsymbol{e}}^{\mathrm{T}}\underline{D}\underline{\boldsymbol{e}}=\underline{d}^{\mathrm{T}}\underline{I}\underline{D}\underline{\boldsymbol{e}}=\underline{d}^{\mathrm{T}}\underline{D}\underline{\boldsymbol{e}} \tag{2.3-23}$$

比较上式等号两边，考虑式(2.3-9)，可得矢量与并矢的坐标阵运算公式为

$$\underline{m}^{\mathrm{T}}=\underline{d}^{\mathrm{T}}\underline{D}\Leftrightarrow\underline{m}=\underline{D}^{\mathrm{T}}\underline{d}=\underline{\hat{D}}\underline{d} \tag{2.3-24}$$

由上式可得

$$\underline{e}^{\mathrm{T}}\underline{m}=\underline{e}^{\mathrm{T}}\underline{\hat{D}}\underline{d}=\underline{e}^{\mathrm{T}}\underline{\hat{D}}\underline{e}\cdot\underline{e}^{\mathrm{T}}\underline{d}\Leftrightarrow \boldsymbol{m}=\hat{\boldsymbol{D}}\cdot\boldsymbol{d} \tag{2.3-25}$$

即

$$\boldsymbol{m}=\boldsymbol{d}\cdot\boldsymbol{D}=\hat{\boldsymbol{D}}\cdot\boldsymbol{d} \tag{2.3-26}$$

由以上分析可知，并矢 $\boldsymbol{D}$ 与矢量 $\boldsymbol{d}$ 的点积无交换性，即顺序改变后会得到不同的结果。特殊情况下，当并矢为单位并矢时，由于单位并矢与其共轭并矢相等，可知单位并矢与矢量 $\boldsymbol{d}$ 的点积存在交换性，并且点积结果为矢量 $\boldsymbol{d}$ 本身，即

$$\boldsymbol{d}\cdot\boldsymbol{I}=\boldsymbol{I}\cdot\boldsymbol{d}=\boldsymbol{d} \tag{2.3-27}$$

5) 并矢与矢量的叉积

并矢 $\boldsymbol{D}$ 与矢量 $\boldsymbol{d}$ 的叉积为一并矢，记为 $\boldsymbol{C}$，有

$$\boldsymbol{C}=\boldsymbol{D}\times\boldsymbol{d} \tag{2.3-28}$$

并矢与矢量的叉积遵循结合律，即

$$\boldsymbol{D}\times\boldsymbol{d}=\boldsymbol{ab}\times\boldsymbol{d}=\boldsymbol{a}(\boldsymbol{b}\times\boldsymbol{d}) \tag{2.3-29}$$

将上式写成在基 $\underline{e}$ 上的坐标阵的形式，得

$$\underline{e}^{\mathrm{T}}\underline{C}\underline{e}=\boldsymbol{C}=\boldsymbol{D}\times\boldsymbol{d}=\boldsymbol{a}(\boldsymbol{b}\times\boldsymbol{d})=\boldsymbol{a}(-\boldsymbol{d}\times\boldsymbol{b})=\underline{e}^{\mathrm{T}}\underline{a}(-\underline{\tilde{d}}\underline{b})^{\mathrm{T}}\underline{e}=\underline{e}^{\mathrm{T}}\underline{a}\underline{b}^{\mathrm{T}}\underline{\tilde{d}}\underline{e}=\underline{e}^{\mathrm{T}}\underline{D}\underline{\tilde{d}}\underline{e} \tag{2.3-30}$$

比较上式等号两边，可得并矢与矢量的叉积坐标阵运算公式为

$$\underline{C}=\underline{D}\underline{\tilde{d}} \tag{2.3-31}$$

矢量 $\boldsymbol{d}$ 与并矢 $\boldsymbol{D}$ 的叉积也为一并矢，记为 $\boldsymbol{M}$，有

$$\boldsymbol{M}=\boldsymbol{d}\times\boldsymbol{D} \tag{2.3-32}$$

将上式写成在基 $\underline{e}$ 上的坐标阵的形式，得

$$\underline{e}^{\mathrm{T}}\underline{M}\underline{e}=\boldsymbol{M}=\boldsymbol{d}\times\boldsymbol{D}=(\boldsymbol{d}\times\boldsymbol{a})\boldsymbol{b}=\underline{e}^{\mathrm{T}}\underline{\tilde{d}}\underline{a}\underline{b}^{\mathrm{T}}\underline{e}=\underline{e}^{\mathrm{T}}\underline{\tilde{d}}\underline{D}\underline{e} \tag{2.3-33}$$

比较上式等号两边，可得矢量与并矢叉积的坐标阵运算公式为

$$\underline{M}=\underline{\tilde{d}}\underline{D} \tag{2.3-34}$$

由以上分析可知，并矢 $\boldsymbol{D}$ 与矢量 $\boldsymbol{d}$ 的叉积无交换性。

6) 并矢与并矢的点积

并矢 $\boldsymbol{D}$ 与并矢 $\boldsymbol{G}$ 的点积为一并矢，记为 $\boldsymbol{C}$，有

$$\boldsymbol{C}=\boldsymbol{D}\cdot\boldsymbol{G} \tag{2.3-35}$$

将上式写成在基 $\underline{e}$ 上的坐标阵的形式，得

$$\underline{e}^{\mathrm{T}}\underline{C}\underline{e}=\boldsymbol{C}=\boldsymbol{D}\cdot\boldsymbol{G}=\underline{e}^{\mathrm{T}}\underline{D}\underline{e}\cdot\underline{e}^{\mathrm{T}}\underline{G}\underline{e}=\underline{e}^{\mathrm{T}}\underline{D}\underline{G}\underline{e} \tag{2.3-36}$$

比较上式等号两边，可得并矢与并矢点积的坐标阵运算公式为

$$\underline{C}=\underline{D}\underline{G} \tag{2.3-37}$$

7) 张量矩阵的运算

为使后续章节的一些方程列写形式更为简洁，特定义张量矩阵，顾名思义，由张量为元素组成的矩阵即为张量矩阵 $\underline{\boldsymbol{D}}$：

$$\underline{\boldsymbol{D}}=\begin{bmatrix}\boldsymbol{D}_{11} & \cdots & \boldsymbol{D}_{1r}\\ \vdots & & \vdots\\ \boldsymbol{D}_{m1} & \cdots & \boldsymbol{D}_{mr}\end{bmatrix} \tag{2.3-38}$$

张量矩阵与张量的运算一样，可以与矢量矩阵进行点乘、叉乘等运算，运算规则要遵循标量矩阵的乘法规则，即前一矩阵的列数与后一矩阵的行数相等。例如，下面的标量

$$c=\sum_{i=1}^{n}\sum_{j=1}^{n}\boldsymbol{a}_i\cdot\boldsymbol{D}_{ij}\cdot\boldsymbol{b}_j$$

可以写出如下张量矩阵形式：

$$c=\underline{\boldsymbol{a}}^{\mathrm{T}}\underline{\boldsymbol{D}}\cdot\underline{\boldsymbol{b}}\ ,\quad \underline{\boldsymbol{a}}=\begin{bmatrix}\boldsymbol{a}_1\\ \vdots\\ \boldsymbol{a}_n\end{bmatrix},\quad \underline{\boldsymbol{D}}=\begin{bmatrix}\boldsymbol{D}_{11} & \cdots & \boldsymbol{D}_{1n}\\ \vdots & & \vdots\\ \boldsymbol{D}_{n1} & \cdots & \boldsymbol{D}_{nn}\end{bmatrix},\quad \underline{\boldsymbol{b}}=\begin{bmatrix}\boldsymbol{b}_1\\ \vdots\\ \boldsymbol{b}_n\end{bmatrix}$$

当要计算具体值时，可以采用如下坐标阵形式：

$$c=\underline{a}^{\mathrm{T}}\cdot\underline{D}\cdot\underline{b}\ ,\quad \underline{a}=\begin{bmatrix}\underline{a_1}\\ \vdots\\ \underline{a_n}\end{bmatrix},\quad \underline{D}=\begin{bmatrix}\underline{D_{11}} & \cdots & \underline{D_{1n}}\\ \vdots & & \vdots\\ \underline{D_{n1}} & \cdots & \underline{D_{nn}}\end{bmatrix},\quad \underline{b}=\begin{bmatrix}\underline{b_1}\\ \vdots\\ \underline{b_n}\end{bmatrix}$$

2.4　张量的重要等式

2.4.1　矢量的二重叉积

如图 2-4 所示，有三个任意矢量 $\boldsymbol{a}$、$\boldsymbol{b}$、$\boldsymbol{c}$，定义矢量 $\boldsymbol{k}$

$$\boldsymbol{k}=\boldsymbol{a}\times(\boldsymbol{b}\times\boldsymbol{c}) \tag{2.4-1}$$

为矢量的二重叉积(Double Vector Cross Product)。

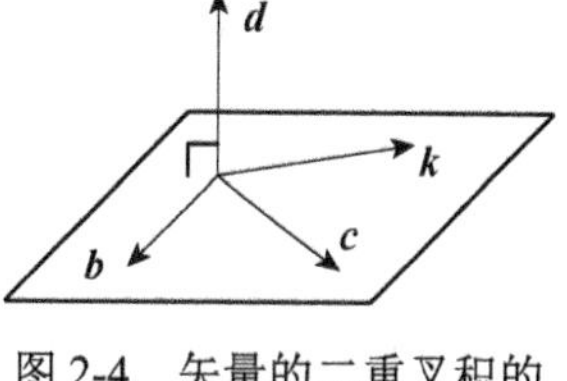

图 2-4　矢量的二重叉积的矢量法

关于二重叉积的重要等式为

$$\boldsymbol{k}=\boldsymbol{a}\times(\boldsymbol{b}\times\boldsymbol{c})=(\boldsymbol{a}\cdot\boldsymbol{c})\boldsymbol{b}-\boldsymbol{c}(\boldsymbol{a}\cdot\boldsymbol{b}) \tag{2.4-2}$$

以下将通过两种方法对其进行证明。

1) 几何法

由矢量叉乘的几何意义可知，设 $\boldsymbol{d}=\boldsymbol{b}\times\boldsymbol{c}$，则 $\boldsymbol{d}$ 垂直 $\boldsymbol{b}$、$\boldsymbol{c}$ 所在平面，并且所有垂直于 $\boldsymbol{d}$ 的矢量都在 $\boldsymbol{b}$、$\boldsymbol{c}$ 所在平面内。$\boldsymbol{k}$ 是 $\boldsymbol{a}$ 叉乘 $\boldsymbol{d}$ 的结果，所以 $\boldsymbol{k}$ 应既垂直 $\boldsymbol{a}$ 又垂直 $\boldsymbol{d}$，由于 $\boldsymbol{k}$ 垂直 $\boldsymbol{d}$，所以 $\boldsymbol{k}$ 应在 $\boldsymbol{b}$、$\boldsymbol{c}$ 所在平面上。则由线性代数的知识可知，$\boldsymbol{k}$ 可由 $\boldsymbol{b}$、$\boldsymbol{c}$ 的线性组合来表示，设 m、n 为标量系数，则

$$\boldsymbol{k}=m\boldsymbol{b}+n\boldsymbol{c} \tag{2.4-3}$$

因为 $\boldsymbol{k}$ 垂直 $\boldsymbol{a}$，所以两者点积为零，则

$$\boldsymbol{a}\cdot\boldsymbol{k}=\boldsymbol{a}\cdot(m\boldsymbol{b}+n\boldsymbol{c})=0\Rightarrow m(\boldsymbol{a}\cdot\boldsymbol{b})+n(\boldsymbol{a}\cdot\boldsymbol{c})=0 \tag{2.4-4}$$

设一标量系数 p，则由式（2.4-4）可知 m、n 满足如下关系：

$$\begin{cases} m = p(\boldsymbol{a}\cdot\boldsymbol{c}) \\ n = -p(\boldsymbol{a}\cdot\boldsymbol{b}) \end{cases} \tag{2.4-5}$$

将上式代入式(2.4-3)，可得

$$\boldsymbol{a}\times(\boldsymbol{b}\times\boldsymbol{c}) = p(\boldsymbol{a}\cdot\boldsymbol{c})\boldsymbol{b} - p(\boldsymbol{a}\cdot\boldsymbol{b})\boldsymbol{c} \tag{2.4-6}$$

由于上式对于任意矢量成立，选择几个特殊的矢量，例如，$\boldsymbol{a}$为x轴，$\boldsymbol{b}$为x轴，$\boldsymbol{c}$为y轴，则式(2.4-6)左边，$\boldsymbol{d}=\boldsymbol{b}\times\boldsymbol{c}$为$z$轴，$\boldsymbol{k}=\boldsymbol{a}\times\boldsymbol{d}$为$-y$轴。式(2.4-6)右边，$(\boldsymbol{a}\cdot\boldsymbol{c})$为零，$(\boldsymbol{a}\cdot\boldsymbol{b})$为1，则由等式两边相等，可知$p=1$。更直观地，将$\boldsymbol{a}$、$\boldsymbol{b}$、$\boldsymbol{c}$、$\boldsymbol{k}$写成坐标阵的形式：

$$\begin{cases} \underline{a} = \begin{bmatrix}1 & 0 & 0\end{bmatrix}^{\mathrm{T}} \\ \underline{b} = \begin{bmatrix}1 & 0 & 0\end{bmatrix}^{\mathrm{T}} \Rightarrow p = 1 \\ \underline{c} = \begin{bmatrix}0 & 1 & 0\end{bmatrix}^{\mathrm{T}} \end{cases} \tag{2.4-7}$$

通过以上分析，可得到矢量二重叉积的结论。

2) 坐标阵法

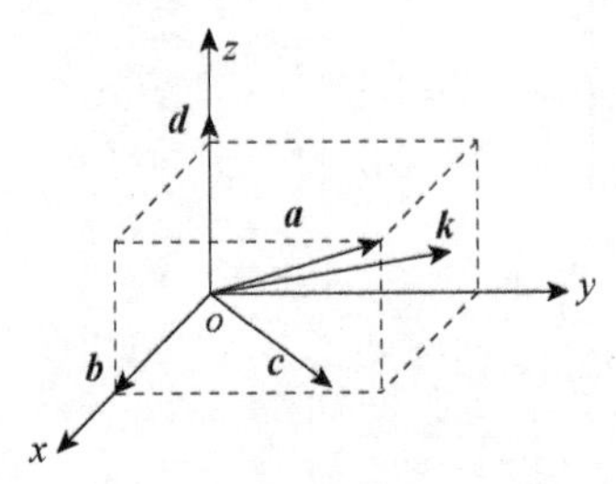

图 2-5　矢量的二重叉积的坐标阵法

若在同一基下两矢量的坐标阵相等，则两矢量相等。如图2-5所示，坐标阵法通过选取合适的参考基，将矢量的运算转化为坐标阵的运算来证明矢量二重叉积的等式。

使参考基的x轴沿矢量$\boldsymbol{b}$，参考基的y轴在$\boldsymbol{b}$、$\boldsymbol{c}$所在平面，z轴按右手定则垂直$\boldsymbol{b}$、$\boldsymbol{c}$所在平面。则矢量$\boldsymbol{a}$、$\boldsymbol{b}$、$\boldsymbol{c}$在该参考基中的坐标阵分别为

$$\begin{cases} \underline{a} = \begin{bmatrix}a_1 & a_2 & a_3\end{bmatrix}^{\mathrm{T}} \\ \underline{b} = \begin{bmatrix}b_1 & 0 & 0\end{bmatrix}^{\mathrm{T}} \\ \underline{c} = \begin{bmatrix}c_1 & c_2 & 0\end{bmatrix}^{\mathrm{T}} \end{cases} \tag{2.4-8}$$

设$\boldsymbol{d}=\boldsymbol{b}\times\boldsymbol{c}$，则

$$\underline{d} = \tilde{\underline{b}}\underline{c} = \begin{bmatrix}0 & 0 & b_1c_2\end{bmatrix}^{\mathrm{T}} \tag{2.4-9}$$

设$\boldsymbol{k}=\boldsymbol{a}\times\boldsymbol{d}$，则

$$\underline{k} = \tilde{\underline{a}}\underline{d} = \begin{bmatrix}a_2b_1c_2 & -a_1b_1c_2 & 0\end{bmatrix}^{\mathrm{T}} \tag{2.4-10}$$

式(2.4-2)的右边为

$$\begin{cases} \boldsymbol{a}\cdot\boldsymbol{c} = \underline{a}^{\mathrm{T}}\underline{c} = a_1c_1 + a_2c_2 \\ \boldsymbol{a}\cdot\boldsymbol{b} = \underline{a}^{\mathrm{T}}\underline{b} = a_1b_1 \end{cases} \Rightarrow \begin{cases} (\boldsymbol{a}\cdot\boldsymbol{c})\underline{b} = \begin{bmatrix}(a_1c_1 + a_2c_2)b_1 & 0 & 0\end{bmatrix}^{\mathrm{T}} \\ \underline{c}(\boldsymbol{a}\cdot\boldsymbol{b}) = \begin{bmatrix}a_1b_1c_1 & a_1b_1c_2 & 0\end{bmatrix}^{\mathrm{T}} \end{cases} \tag{2.4-11}$$

所以，$\boldsymbol{k}=(\boldsymbol{a}\cdot\boldsymbol{c})\boldsymbol{b}-\boldsymbol{c}(\boldsymbol{a}\cdot\boldsymbol{b})$的坐标阵为

$$\underline{k} = (\boldsymbol{a}\cdot\boldsymbol{c})\underline{b} - \underline{c}(\boldsymbol{a}\cdot\boldsymbol{b}) = \begin{bmatrix}a_2b_1c_2 & -a_1b_1c_2 & 0\end{bmatrix}^{\mathrm{T}} \tag{2.4-12}$$

由以上分析可看出，式(2.4-2)等式两边在同一参考基中的坐标阵相等，则可得等式的矢量式左右两边相等，即式(2.4-2)成立，证毕。

关于矢量的二重叉积还有如下重要等式：

$$\boldsymbol{a}\times(\boldsymbol{b}\times\boldsymbol{c})=[(\boldsymbol{a}\cdot\boldsymbol{c})\boldsymbol{I}-\boldsymbol{c}\boldsymbol{a}]\cdot\boldsymbol{b} \tag{2.4-13}$$

根据式(2.3-27)和式(2.4-2)可知：

$$\boldsymbol{a}\times(\boldsymbol{b}\times\boldsymbol{c})=(\boldsymbol{a}\cdot\boldsymbol{c})\boldsymbol{b}-\boldsymbol{c}(\boldsymbol{a}\cdot\boldsymbol{b})=(\boldsymbol{a}\cdot\boldsymbol{c})\boldsymbol{I}\cdot\boldsymbol{b}-\boldsymbol{c}\boldsymbol{a}\cdot\boldsymbol{b}=[(\boldsymbol{a}\cdot\boldsymbol{c})\boldsymbol{I}-\boldsymbol{c}\boldsymbol{a}]\cdot\boldsymbol{b} \tag{2.4-14}$$

同理，矢量的二重叉积还有如下重要等式：

$$\boldsymbol{a}\times(\boldsymbol{b}\times\boldsymbol{c})=[\boldsymbol{b}\boldsymbol{a}-(\boldsymbol{b}\cdot\boldsymbol{a})\boldsymbol{I}]\cdot\boldsymbol{c} \tag{2.4-15}$$

根据式(2.3-27)和式(2.4-2)可知：

$$\boldsymbol{a}\times(\boldsymbol{b}\times\boldsymbol{c})=\boldsymbol{b}(\boldsymbol{a}\cdot\boldsymbol{c})-(\boldsymbol{b}\cdot\boldsymbol{a})\boldsymbol{c}=\boldsymbol{b}\boldsymbol{a}\cdot\boldsymbol{c}-(\boldsymbol{b}\cdot\boldsymbol{a})\boldsymbol{I}\cdot\boldsymbol{c}=[\boldsymbol{b}\boldsymbol{a}-(\boldsymbol{b}\cdot\boldsymbol{a})\boldsymbol{I}]\cdot\boldsymbol{c} \tag{2.4-16}$$

矢量的二重叉积还有另外一种形式：

$$(\boldsymbol{a}\times\boldsymbol{b})\times\boldsymbol{c}=\boldsymbol{b}\boldsymbol{a}\cdot\boldsymbol{c}-\boldsymbol{a}\boldsymbol{b}\cdot\boldsymbol{c}=(\boldsymbol{b}\boldsymbol{a}-\boldsymbol{a}\boldsymbol{b})\cdot\boldsymbol{c} \tag{2.4-17}$$

该等式可通过坐标阵法进行证明。

2.4.2　矢量的混合积

有三个任意矢量 $\boldsymbol{a}$、$\boldsymbol{b}$、$\boldsymbol{c}$，定义标量 k

$$k=\boldsymbol{a}\cdot(\boldsymbol{b}\times\boldsymbol{c})=\boldsymbol{c}\cdot(\boldsymbol{a}\times\boldsymbol{b})=\boldsymbol{b}\cdot(\boldsymbol{c}\times\boldsymbol{a}) \tag{2.4-18}$$

为矢量的混合积。

矢量的混合积等式表明了式中三矢量的位置可以互换。其证明如下。

如图 2-6 所示，以三个矢量为边可建立一个平行六面体。设 $\boldsymbol{d}=\boldsymbol{b}\times\boldsymbol{c}$，则矢量 $\boldsymbol{d}$ 垂直 $\boldsymbol{b}$、$\boldsymbol{c}$ 所在平面，大小为以 $\boldsymbol{b}$、$\boldsymbol{c}$ 为边的平行四边形的面积。$k=\boldsymbol{a}\cdot\boldsymbol{b}$ 为矢量 $\boldsymbol{d}$ 的大小乘以 $\boldsymbol{a}$ 在 $\boldsymbol{d}$ 方向的投影(以 $\boldsymbol{b}$、$\boldsymbol{c}$ 为边的平行四边形的高)，结果为平行六面体的体积。而平行六面体的体积也可以表示为另外两种底面积乘以高的形式，由于体积不变，所以式(2.4-18)成立，证毕。

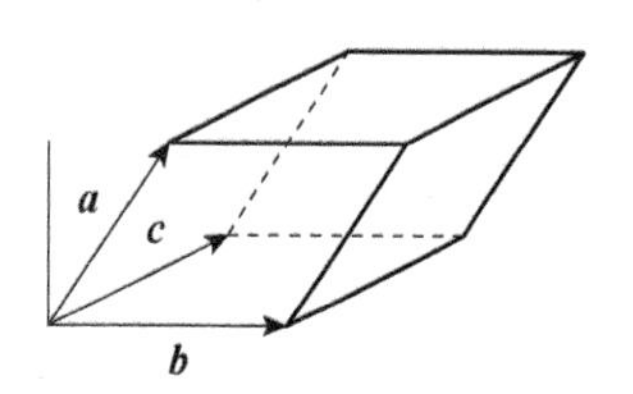

图 2-6　矢量的混合积

2.4.3　其他

(1) 由矢量的叉乘和并矢运算可知：

$$\boldsymbol{p}\boldsymbol{p}\times\boldsymbol{p}=\boldsymbol{0}\,,\qquad \boldsymbol{p}\times\boldsymbol{p}\boldsymbol{p}=\boldsymbol{0}$$

将其写成基 $\underline{\boldsymbol{e}}$ 上的坐标阵的形式为

$$\boldsymbol{p}\boldsymbol{p}\times\boldsymbol{p}=\boldsymbol{p}(\boldsymbol{p}\times\boldsymbol{p})=\underline{\boldsymbol{e}}^{\mathrm{T}}\underline{p}(\underline{\boldsymbol{e}}\,\underline{\tilde{p}}\underline{p})^{\mathrm{T}}\underline{\boldsymbol{e}}=\underline{\boldsymbol{e}}^{\mathrm{T}}\underline{p}\underline{p}^{\mathrm{T}}\underline{\tilde{p}}^{\mathrm{T}}\underline{\boldsymbol{e}}=-\underline{\boldsymbol{e}}^{\mathrm{T}}\underline{p}\underline{p}^{\mathrm{T}}\underline{\tilde{p}}\underline{\boldsymbol{e}}=\boldsymbol{0}$$

$$\underline{p}\underline{p}^{\mathrm{T}}\underline{\tilde{p}}=\underline{0}\,,\qquad \underline{\tilde{p}}\underline{p}\underline{p}^{\mathrm{T}}=\underline{0} \tag{2.4-19}$$

(2) 由矢量的二重叉积可知：

$$\boldsymbol{a}\times(\boldsymbol{b}\times\boldsymbol{c})=\boldsymbol{b}(\boldsymbol{a}\cdot\boldsymbol{c})-(\boldsymbol{b}\cdot\boldsymbol{a})\boldsymbol{c}=\boldsymbol{b}\boldsymbol{a}\cdot\boldsymbol{c}-(\boldsymbol{b}\cdot\boldsymbol{a})\boldsymbol{I}\cdot\boldsymbol{c}=[\boldsymbol{b}\boldsymbol{a}-(\boldsymbol{b}\cdot\boldsymbol{a})\boldsymbol{I}]\cdot\boldsymbol{c}$$

将其写成基 $\underline{\boldsymbol{e}}$ 上的坐标阵的形式为

$$\underline{\tilde{a}}\underline{\tilde{b}}\underline{c} = (\underline{b}\underline{a}^{\mathrm{T}} - \underline{b}^{\mathrm{T}}\underline{a}\underline{I})\underline{c}$$

由于$\underline{c}$是任意的，所以有

$$\underline{\tilde{a}}\underline{\tilde{b}} = \underline{b}\underline{a}^{\mathrm{T}} - \underline{b}^{\mathrm{T}}\underline{a}\underline{I} \tag{2.4-20}$$

特别地，当$\boldsymbol{a}=\boldsymbol{b}$且均为单位矢量$\boldsymbol{p}$时，有

$$\underline{\tilde{p}}\underline{\tilde{p}} = \underline{p}\underline{p}^{\mathrm{T}} - \underline{I} \tag{2.4-21}$$

例题 2.4-1　证明以下等式：

$$(\boldsymbol{a}\times\boldsymbol{b})\cdot(\boldsymbol{c}\times\boldsymbol{d}) = \boldsymbol{a}\cdot[(\boldsymbol{b}\cdot\boldsymbol{d})\boldsymbol{I} - \boldsymbol{d}\boldsymbol{b}]\cdot\boldsymbol{c} \tag{2.4-22}$$

解：根据矢量的混合积和二重叉积公式，有

$$(\boldsymbol{a}\times\boldsymbol{b})\cdot(\boldsymbol{c}\times\boldsymbol{d}) = \boldsymbol{a}\cdot[\boldsymbol{b}\times(\boldsymbol{c}\times\boldsymbol{d})] = \boldsymbol{a}\cdot[(\boldsymbol{b}\cdot\boldsymbol{d})\boldsymbol{I} - \boldsymbol{d}\boldsymbol{b}]\cdot\boldsymbol{c}$$

例题 2.4-2　将以下两个矢量方程

$$\boldsymbol{a}_1 = \boldsymbol{b}\times(\boldsymbol{v}_1\times\boldsymbol{b} + \boldsymbol{v}_2\times\boldsymbol{c}) + \boldsymbol{d}\times\boldsymbol{v}_2$$
$$\boldsymbol{a}_2 = \boldsymbol{c}\times(\boldsymbol{v}_1\times\boldsymbol{b} + \boldsymbol{v}_2\times\boldsymbol{c}) - \boldsymbol{d}\times\boldsymbol{v}_1$$

写成张量矩阵形式：　$\underline{\boldsymbol{a}} = \underline{\boldsymbol{H}}\cdot\underline{\boldsymbol{v}}$ ，$\begin{bmatrix}\boldsymbol{a}_1\\ \boldsymbol{a}_2\end{bmatrix} = \begin{bmatrix}\boldsymbol{H}_{11} & \boldsymbol{H}_{12}\\ \boldsymbol{H}_{21} & \boldsymbol{H}_{22}\end{bmatrix}\cdot\begin{bmatrix}\boldsymbol{v}_1\\ \boldsymbol{v}_2\end{bmatrix}$

试写出张量$\boldsymbol{H}_{ij}$（$i,j=1,2$）与矢量$\boldsymbol{b}$、$\boldsymbol{c}$、$\boldsymbol{d}$的关系式。

设原矢量方程中各矢量在某一基下的坐标阵分别为$\underline{a_1}$、$\underline{a_2}$、$\underline{v_1}$、$\underline{v_2}$、$\underline{b}$、$\underline{c}$、$\underline{d}$，则张量矩阵的坐标阵可写出如下形式：

$$\underline{a} = \underline{H}\underline{v}\ ,\quad \begin{bmatrix}\underline{a_1}\\ \underline{a_2}\end{bmatrix} = \begin{bmatrix}\underline{H_{11}} & \underline{H_{12}}\\ \underline{H_{21}} & \underline{H_{22}}\end{bmatrix}\begin{bmatrix}\underline{v_1}\\ \underline{v_2}\end{bmatrix}$$

试写出子矩阵$\underline{H}_{ij}$（$i,j=1,2$）与$\underline{b}$、$\underline{c}$、$\underline{d}$的关系式，并观察$\underline{H}$，说出其特点。

解：设与矢量$\boldsymbol{d}$对应的并矢为$\boldsymbol{D}$，由矢量的二重叉积重要等式可得

$$\boldsymbol{a}_1 = [(\boldsymbol{b}\cdot\boldsymbol{b})\boldsymbol{I} - \boldsymbol{b}\boldsymbol{b}]\cdot\boldsymbol{v}_1 + [(\boldsymbol{b}\cdot\boldsymbol{c})\boldsymbol{I} - \boldsymbol{c}\boldsymbol{b}]\cdot\boldsymbol{v}_2 + \boldsymbol{D}\cdot\boldsymbol{v}_2$$
$$\boldsymbol{a}_2 = [(\boldsymbol{c}\cdot\boldsymbol{b})\boldsymbol{I} - \boldsymbol{b}\boldsymbol{c}]\cdot\boldsymbol{v}_1 + [(\boldsymbol{c}\cdot\boldsymbol{c})\boldsymbol{I} - \boldsymbol{c}\boldsymbol{c}]\cdot\boldsymbol{v}_2 - \boldsymbol{D}\cdot\boldsymbol{v}_1$$

由此式可知：

$$\boldsymbol{H}_{11} = (\boldsymbol{b}\cdot\boldsymbol{b})\boldsymbol{I} - \boldsymbol{b}\boldsymbol{b},\qquad \boldsymbol{H}_{12} = (\boldsymbol{b}\cdot\boldsymbol{c})\boldsymbol{I} - \boldsymbol{c}\boldsymbol{b} + \boldsymbol{D}$$
$$\boldsymbol{H}_{21} = (\boldsymbol{c}\cdot\boldsymbol{b})\boldsymbol{I} - \boldsymbol{b}\boldsymbol{c} - \boldsymbol{D},\quad \boldsymbol{H}_{22} = (\boldsymbol{c}\cdot\boldsymbol{c})\boldsymbol{I} - \boldsymbol{c}\boldsymbol{c}$$

将上式写成坐标阵形式，有

$$\underline{H_{11}} = \underline{b}^{\mathrm{T}}\underline{b}\underline{I} - \underline{b}\underline{b}^{\mathrm{T}},\qquad \underline{H_{12}} = \underline{b}^{\mathrm{T}}\underline{c}\underline{I} - \underline{c}\underline{b}^{\mathrm{T}} + \underline{\tilde{d}}$$
$$\underline{H_{21}} = \underline{b}^{\mathrm{T}}\underline{c}\underline{I} - \underline{b}\underline{c}^{\mathrm{T}} - \underline{\tilde{d}},\quad \underline{H_{22}} = \underline{c}^{\mathrm{T}}\underline{c}\underline{I} - \underline{c}\underline{c}^{\mathrm{T}}$$

由于$\underline{H_{11}} = \underline{H_{11}}^{\mathrm{T}}$、$\underline{H_{12}} = \underline{H_{21}}^{\mathrm{T}}$、$\underline{H_{22}} = \underline{H_{22}}^{\mathrm{T}}$，则$\underline{H} = \underline{H}^{\mathrm{T}}$，所以$\underline{H}$为对称矩阵。

习　　题

2-1　设基$\underline{\boldsymbol{e}}$的三个基矢量分别为$\boldsymbol{e}_1$、$\boldsymbol{e}_2$、$\boldsymbol{e}_3$，试完成以下矢量矩阵的运算。

$$\underline{\boldsymbol{e}}^{\mathrm{T}}\cdot\underline{\boldsymbol{e}} \qquad \underline{\boldsymbol{e}}\cdot\underline{\boldsymbol{e}}^{\mathrm{T}} \qquad \underline{\boldsymbol{e}}^{\mathrm{T}}\times\underline{\boldsymbol{e}} \qquad \underline{\boldsymbol{e}}\times\underline{\boldsymbol{e}}^{\mathrm{T}}$$

2-2　设矢量$\boldsymbol{a}$、$\boldsymbol{b}$、$\boldsymbol{c}$在基$\underline{\boldsymbol{e}}$中的坐标阵分别为$\underline{a}$、$\underline{b}$、$\underline{c}$，试写出$\boldsymbol{a}\times\boldsymbol{b}\cdot\boldsymbol{c}$的坐标阵计算式，并计算值。

$$\underline{a}=\begin{bmatrix}1\\2\\3\end{bmatrix}\quad,\quad \underline{b}=\begin{bmatrix}4\\5\\6\end{bmatrix}\quad,\quad \underline{c}=\begin{bmatrix}7\\8\\9\end{bmatrix}$$

2-3　设列阵$\underline{a}$、$\underline{b}$、$\underline{c}$分别是矢量$\boldsymbol{a}$、$\boldsymbol{b}$、$\boldsymbol{c}$在基$\underline{\boldsymbol{e}}$中的坐标阵，试写出以下两组式子在基$\underline{\boldsymbol{e}}$中的坐标阵：$\boldsymbol{ab}\cdot\boldsymbol{c}$、$\boldsymbol{a}(\boldsymbol{b}\cdot\boldsymbol{c})$；$\boldsymbol{ab}\times\boldsymbol{c}$、$\boldsymbol{a}(\boldsymbol{b}\times\boldsymbol{c})$。并判断每组的两个式子是否相等。

2-4　将以下两个矢量方程

$$\boldsymbol{a}_1=\boldsymbol{b}\times(\boldsymbol{v}_1\times\boldsymbol{c})+\boldsymbol{d}\times\boldsymbol{v}_2$$
$$\boldsymbol{a}_2=\boldsymbol{c}\times(\boldsymbol{v}_1\times\boldsymbol{b})+\boldsymbol{d}\times\boldsymbol{v}_1$$

写成张量矩阵形式：

$$\underline{\boldsymbol{a}}=\underline{\boldsymbol{H}}\cdot\underline{\boldsymbol{v}},\quad \begin{bmatrix}\boldsymbol{a}_1\\\boldsymbol{a}_2\end{bmatrix}=\begin{bmatrix}\boldsymbol{H}_{11}&\boldsymbol{H}_{12}\\\boldsymbol{H}_{21}&\boldsymbol{H}_{22}\end{bmatrix}\cdot\begin{bmatrix}\boldsymbol{v}_1\\\boldsymbol{v}_2\end{bmatrix}$$

设与矢量$\boldsymbol{d}$对应的并矢为$\boldsymbol{D}$，试写出张量$\boldsymbol{H}_{ij}$（$i,j=1,2$）与矢量$\boldsymbol{b}$、$\boldsymbol{c}$、$\boldsymbol{d}$的关系式。

第3章　运动学基础

运动学是指在不考虑系统受力的情况下，研究系统内点或刚体的位置、速度、加速度等运动量之间的关系。运动学理论的应用领域十分广泛，同时是进行动力学研究的基础。自由刚体的一般运动可以分解为随刚体上一个任意基点的平动(Translation)和绕此基点的转动(Rotation)。本章首先介绍任意质点的运动学，在此基础上介绍刚体的运动学。

本章知识要点

(1) 掌握点在空间的位置问题的解法。

(2) 掌握方向余弦矩阵、齐次变换矩阵及其性质。

(3) 掌握刚体的几种姿态坐标：方向余弦、欧拉角、HPR角、卡尔丹角、欧拉四元数、有限转动四元数。

(4) 掌握有限转动张量、欧拉旋转定理。

(5) 掌握角速度和角加速度矢量、矢量相对不同基的导数、点相对不同系的速度与加速度。

(6) 理解角度速矢量叠加原理、定轴转动的角速度矢量、姿态坐标导数与角速度矢量的关系。

(7) 了解各种约束和约束方程。

兴趣实践

在一张纸上画一个由三条线段组成的折线，折线首尾不相接，代表一个机械臂。假设折线的一端代表机械臂的第一个关节，通过轴线垂直纸面的旋转铰与地面相连；线段与线段相连的位置代表关节，通过轴线垂直纸面的旋转铰使机械臂的各杆相连；在第一个关节处建立一直角坐标系，试分析折线的另一端在此坐标系中的坐标与各关节的转角和线段长度的关系。

探索思考

理论上，坐标系可以建立在任何位置，那么在实际应用时，坐标系的位置选取有何原则？

预习准备

高等数学与理论力学。

3.1　点在空间中的位置

任何复杂的物体都可以认为是由无穷个点组成的，所以研究点的位置具有重要意义。

3.1.1　点在单一坐标系下的位置

如图 3-1 所示，在参考系 $oxyz$ 中存在一点 P。

点 P 在基 $\underline{\boldsymbol{e}}=[\boldsymbol{e}_1 \quad \boldsymbol{e}_2 \quad \boldsymbol{e}_3]^{\mathrm{T}}$ 中的位置可以由连接点 o 和点 P 的矢量来表示 $\overline{oP}$，简记为 $\boldsymbol{a}$，称其为点 P 在系 $oxyz$ 中的位置矢量，简称矢径。$\boldsymbol{a}$ 在基 $\underline{\boldsymbol{e}}$ 中的坐标阵为 $\underline{a}=[a_1 \quad a_2 \quad a_3]^{\mathrm{T}}$，则点 P 在基 $\underline{\boldsymbol{e}}$ 中的坐标为 (a_1,a_2,a_3)。

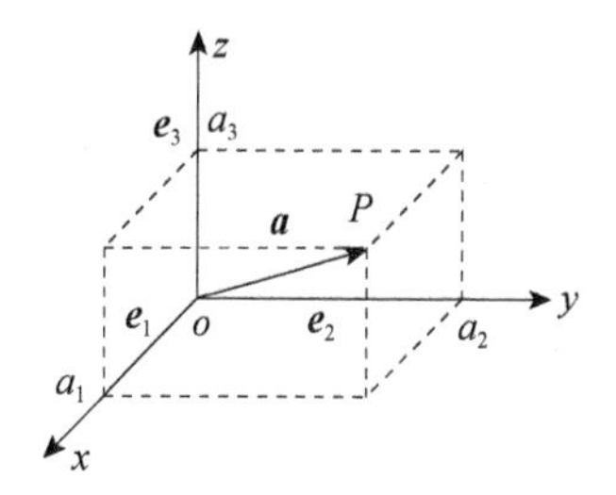

图 3-1　点在单一坐标系中的位置

3.1.2　点在不同坐标系下的坐标

点在不同坐标系下的坐标是指：在已知点在一个坐标系下的坐标，以及另一个坐标系与这个坐标系的相对关系的前提下，求点在另一个坐标系中的坐标的问题。这个问题是从工程实践中抽象出来的。

工程实例分析——打乒乓球机器人

图 3-2　打乒乓球机器人 KUKA

图 3-2 为一个打乒乓球的机器人 KUKA，图 3-3(a)为该机器人的简图，为一个六自由度机器人。在设计该机器人时存在这样一个问题：当已知乒乓球在空间中的位置时，需要确定球拍在空间中的位置(也可理解为机械手末端点在机器人支座坐标系中的位置)。只有确定了这个位置，才能够通过一些后续的自动控制方法来使球拍运动到球的位置。这个问题的已知条件是：①机器人各个关节(Joint)的转角(可通过角度传感器获得)；②各个部件的尺寸。

解决这个问题的思路是如下：首先，在各个部件上建立一个与部件固连在一起的坐标系，如图 3-3(b)所示，它跟随部件一起运动，与部件相对静止，这个坐标系也称为部件的连体坐标系(Body Fixed Base)，简称连体系或连体基；其次，分析已知条件和未知条件，由于相邻部件的转角是已知的，所以相邻两个部件的连体坐标系的相对关系便可获得，由于各个部件的尺寸是已知的，所以机械手末端点在机械手连体坐标系的坐标可以获得；最后，经过分析，这个工程问题便可抽象为已知机械手末端点在机械手连体坐标系的坐标，并且已知机械手连体坐标系与支座坐标系的相对关系，求机械手末端点在支座坐标系中的坐标的问题。这个问题就是点在不同坐标系下的坐标的问题，它的数学描述如下。

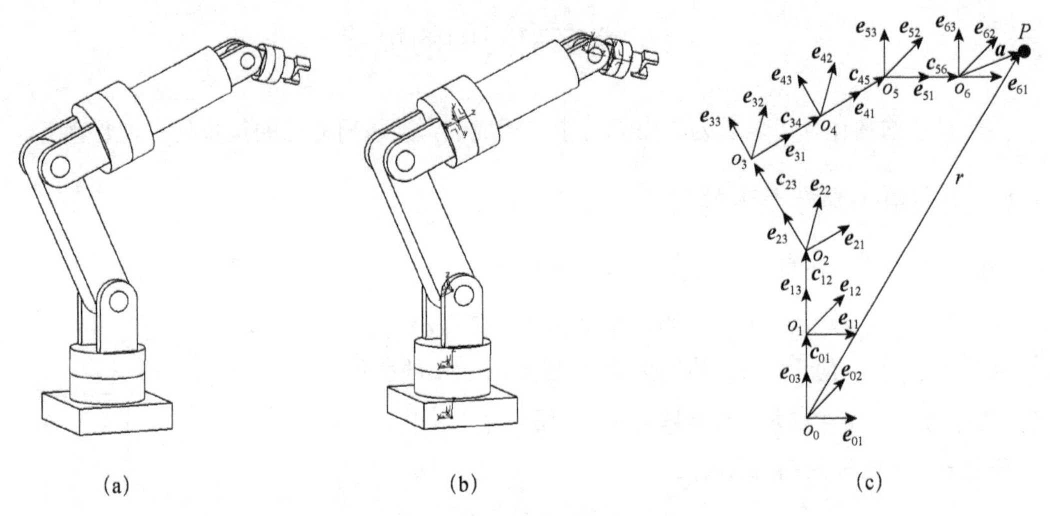

图 3-3　打乒乓球机器人简图

如图 3-4 所示，已知点 P 在基 $\underline{\boldsymbol{e}_b}$ 中的坐标、$\underline{\boldsymbol{e}_b}$ 的原点 o_b 在 $\underline{\boldsymbol{e}_r}$ 中的坐标以及 $\underline{\boldsymbol{e}_b}$ 的三个基矢量 $\boldsymbol{e}_{b1}$、$\boldsymbol{e}_{b2}$、$\boldsymbol{e}_{b3}$ 在基 $\underline{\boldsymbol{e}_r}$ 中的坐标阵。求点 P 在基 $\underline{\boldsymbol{e}_r}$ 中的坐标。

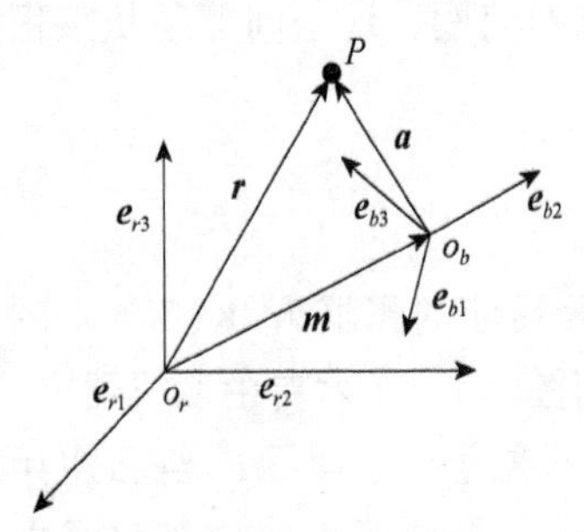

图 3-4　点在不同坐标系中的位置

由图 3-4 可看出点 P 在基 $\underline{\boldsymbol{e}_b}$ 中的矢径为 $\boldsymbol{a}$，在基 $\underline{\boldsymbol{e}_r}$ 中的矢径为 $\boldsymbol{r}$，$\underline{\boldsymbol{e}_b}$ 的原点 o_b 在基 $\underline{\boldsymbol{e}_r}$ 中的矢径为 $\boldsymbol{m}$。$\boldsymbol{a}$ 在基 $\underline{\boldsymbol{e}_r}$ 中坐标阵记为 $\underline{{}^r a}$，为未知量，在基 $\underline{\boldsymbol{e}_b}$ 中的坐标阵记为 $\underline{{}^b a}$，为已知量。$\boldsymbol{m}$ 在基 $\underline{\boldsymbol{e}_r}$ 中坐标阵记为 $\underline{{}^r m}$，为已知量，$\boldsymbol{e}_{b1}$、$\boldsymbol{e}_{b2}$、$\boldsymbol{e}_{b3}$ 在基 $\underline{\boldsymbol{e}_r}$ 中坐标阵分别记为 $\underline{{}^r e_{b1}}$、$\underline{{}^r e_{b2}}$、$\underline{{}^r e_{b3}}$，为已知量。$\boldsymbol{r}$ 在基 $\underline{\boldsymbol{e}_r}$ 中坐标阵记为 $\underline{{}^r r}$，为待求量。

根据矢量的运算可知：

$$\boldsymbol{r}=\boldsymbol{m}+\boldsymbol{a}$$

将其写成在基 $\underline{\boldsymbol{e}_r}$ 中坐标阵形式，有

$$\underline{{}^r r}=\underline{{}^r m}+\underline{{}^r a}$$

由式(2.2-27)可知：

$$\boldsymbol{a}=\underline{\boldsymbol{e}_r}^{\mathrm{T}}\,\underline{{}^r a}=\underline{\boldsymbol{e}_b}^{\mathrm{T}}\,\underline{{}^b a}$$

将上式两边同时点乘 $\underline{\boldsymbol{e}_r}$，得

$$\underline{\boldsymbol{e}_r}\cdot\underline{\boldsymbol{e}_r}^{\mathrm{T}}\,\underline{{}^r a}=\underline{\boldsymbol{e}_r}\cdot\underline{\boldsymbol{e}_b}^{\mathrm{T}}\,\underline{{}^b a}$$

由式(2.2-23)，得

$$\underline{{}^r a}=\underline{\boldsymbol{e}_r}\cdot\underline{\boldsymbol{e}_b}^{\mathrm{T}}\,\underline{{}^b a} \tag{3.1-1}$$

考虑式(2.2-28)，设

$$\underline{A^{rb}}=\underline{\boldsymbol{e}_r}\cdot\underline{\boldsymbol{e}_b}^{\mathrm{T}}=\left[\underline{\boldsymbol{e}_r}\cdot\boldsymbol{e}_{b1}\quad \underline{\boldsymbol{e}_r}\cdot\boldsymbol{e}_{b2}\quad \underline{\boldsymbol{e}_r}\cdot\boldsymbol{e}_{b3}\right]=\left[\underline{{}^r e_{b1}}\quad \underline{{}^r e_{b2}}\quad \underline{{}^r e_{b3}}\right] \tag{3.1-2}$$

则称 $\underline{A^{rb}}$ 为基 $\underline{\boldsymbol{e}_b}$ 关于基 $\underline{\boldsymbol{e}_r}$ 的方向余弦阵(Direction Cosine Matrix)，其反映了两个基的相对朝向(Angular Orientation / Attitude)关系。由式(3.1-2)可得到方向余弦阵的重要结论：基 $\underline{\boldsymbol{e}_b}$ 关于基 $\underline{\boldsymbol{e}_r}$ 的方向余弦阵的三列元素是基 $\underline{\boldsymbol{e}_b}$ 的三个基矢量在基 $\underline{\boldsymbol{e}_r}$ 中的坐标阵。因此有

$$\underline{{}^r a}=\underline{A^{rb}}\,\underline{{}^b a} \tag{3.1-3}$$

$$\underline{{}^{r}r} = \underline{{}^{r}m} + \underline{A}^{rb}\,\underline{{}^{b}a} \tag{3.1-4}$$

例题 3.1-1　如图 3-4 所示，其中，基 $\underline{\boldsymbol{e}_b}$ 的三个基矢量在基 $\underline{\boldsymbol{e}_r}$ 中的坐标阵分别为

$$\underline{{}^{r}e_{b1}} = [0\quad 1\quad 0]^{\mathrm{T}},\qquad \underline{{}^{r}e_{b2}} = [-1\quad 0\quad 0]^{\mathrm{T}},\qquad \underline{{}^{r}e_{b3}} = [0\quad 0\quad 1]^{\mathrm{T}}$$

基 $\underline{\boldsymbol{e}_b}$ 的原点在基 $\underline{\boldsymbol{e}_r}$ 中的矢径 $\boldsymbol{m}$ 在基 $\underline{\boldsymbol{e}_r}$ 中的坐标阵为

$$\underline{{}^{r}m} = [1\quad 1\quad 1]^{\mathrm{T}}$$

点 P 在基 $\underline{\boldsymbol{e}_b}$ 中的矢径 $\boldsymbol{a}$ 在基 $\underline{\boldsymbol{e}_b}$ 中的坐标阵为

$$\underline{{}^{b}a} = [1\quad 0\quad 0]^{\mathrm{T}}$$

求点 P 在基 $\underline{\boldsymbol{e}_r}$ 中的坐标。

解： 由方向余弦阵的重要结论可知，基 $\underline{\boldsymbol{e}_b}$ 关于基 $\underline{\boldsymbol{e}_r}$ 的方向余弦阵为

$$\underline{A}^{rb} = \begin{bmatrix} 0 & -1 & 0 \\ 1 & 0 & 0 \\ 0 & 0 & 1 \end{bmatrix}$$

由式(3.1-4)可知点 P 在基 $\underline{\boldsymbol{e}_r}$ 中的坐标为

$$\underline{{}^{r}r} = \underline{{}^{r}m} + \underline{{}^{r}a} = \underline{{}^{r}m} + \underline{A}^{rb}\,\underline{{}^{b}a} = \begin{bmatrix} 1 \\ 1 \\ 1 \end{bmatrix} + \begin{bmatrix} 0 & -1 & 0 \\ 1 & 0 & 0 \\ 0 & 0 & 1 \end{bmatrix}\begin{bmatrix} 1 \\ 0 \\ 0 \end{bmatrix} = \begin{bmatrix} 1 \\ 2 \\ 1 \end{bmatrix}$$

3.1.3　齐次坐标矩阵与齐次变换矩阵

如图 3-4 所示，点 P 在基 $\underline{\boldsymbol{e}_r}$ 中的矢径为 $\boldsymbol{r}$，在基 $\underline{\boldsymbol{e}_b}$ 中的矢径为 $\boldsymbol{a}$，$\boldsymbol{r}$ 在基 $\underline{\boldsymbol{e}_r}$ 中的坐标阵和 $\boldsymbol{a}$ 在基 $\underline{\boldsymbol{e}_b}$ 中的坐标阵可以分别表示为

$$\underline{{}^{r}\bar{p}} = \begin{bmatrix} \underline{{}^{r}r} \\ 1 \end{bmatrix} = \begin{bmatrix} {}^{r}r_1 \\ {}^{r}r_2 \\ {}^{r}r_3 \\ 1 \end{bmatrix},\quad \underline{{}^{b}\bar{p}} = \begin{bmatrix} \underline{{}^{b}a} \\ 1 \end{bmatrix} = \begin{bmatrix} {}^{b}a_1 \\ {}^{b}a_2 \\ {}^{b}a_3 \\ 1 \end{bmatrix} \tag{3.1-5}$$

称 $\underline{{}^{r}\bar{p}}$ 为点 P 在基 $\underline{\boldsymbol{e}_r}$ 中的齐次坐标矩阵，$\underline{{}^{b}\bar{p}}$ 为点 P 在基 $\underline{\boldsymbol{e}_b}$ 中的齐次坐标矩阵。

考虑到式(3.1-4)，点 P 在基 $\underline{\boldsymbol{e}_r}$ 和基 $\underline{\boldsymbol{e}_b}$ 中的齐次坐标矩阵 $\underline{{}^{r}\bar{p}}$ 与 $\underline{{}^{b}\bar{p}}$ 之间存在以下关系：

$$\begin{bmatrix} \underline{{}^{r}r} \\ 1 \end{bmatrix} = \begin{bmatrix} \underline{A}^{rb} & \underline{{}^{r}m} \\ \underline{0} & 1 \end{bmatrix}\begin{bmatrix} \underline{{}^{b}a} \\ 1 \end{bmatrix} \Rightarrow \underline{{}^{r}\bar{p}} = \underline{T}^{rb}\,\underline{{}^{b}\bar{p}} \tag{3.1-6}$$

称 $\underline{T}^{rb}$ 为基 $\underline{\boldsymbol{e}_b}$ 关于基 $\underline{\boldsymbol{e}_r}$ 的齐次变换矩阵(Homogeneous Transformation Matrix)。齐次变换矩阵不仅反映了两个基的朝向关系，还反映了两个基的相对位置关系。齐次变换矩阵可以把点在一个坐标系下的坐标变换到在另一个坐标系下的坐标。

例题 3.1-2 用齐次变换矩阵法解例题 3.1-1 中的问题。

解： 由式(3.1-6)可知基 $\underline{e_b}$ 关于基 $\underline{e_r}$ 的齐次变换矩阵为

$$\underline{T^{rb}} = \begin{bmatrix} \underline{A^{rb}} & \underline{{}^r m} \\ \underline{0} & 1 \end{bmatrix} = \begin{bmatrix} 0 & -1 & 0 & 1 \\ 1 & 0 & 0 & 1 \\ 0 & 0 & 1 & 1 \\ 0 & 0 & 0 & 1 \end{bmatrix}$$

$$\underline{{}^r\overline{p}} = \underline{T^{rb}}\,\underline{{}^b\overline{p}} = \begin{bmatrix} 0 & -1 & 0 & 1 \\ 1 & 0 & 0 & 1 \\ 0 & 0 & 1 & 1 \\ 0 & 0 & 0 & 1 \end{bmatrix}\begin{bmatrix} 1 \\ 0 \\ 0 \\ 1 \end{bmatrix} = \begin{bmatrix} 1 \\ 2 \\ 1 \\ 1 \end{bmatrix}$$

3.1.4 方向余弦阵

由方向余弦阵的定义式(3.1-2)可知基 $\underline{e_b}$ 关于基 $\underline{e_r}$ 的方向余弦阵为

$$\underline{A^{rb}} = \underline{e_r} \cdot \underline{e_b}^{\mathrm{T}} = \begin{bmatrix} e_{r1} \cdot e_{b1} & e_{r1} \cdot e_{b2} & e_{r1} \cdot e_{b3} \\ e_{r2} \cdot e_{b1} & e_{r2} \cdot e_{b2} & e_{r2} \cdot e_{b3} \\ e_{r3} \cdot e_{b1} & e_{r3} \cdot e_{b2} & e_{r3} \cdot e_{b3} \end{bmatrix} = \begin{bmatrix} \underline{A_1} & \underline{A_2} & \underline{A_3} \end{bmatrix} = \begin{bmatrix} A_{11} & A_{12} & A_{13} \\ A_{21} & A_{22} & A_{23} \\ A_{31} & A_{32} & A_{33} \end{bmatrix} \tag{3.1-7}$$

其为三行三列矩阵。从式(3.1-7)可看出，方向余弦阵的三列元素是基 $\underline{e_b}$ 的三个基矢量在基 $\underline{e_r}$ 中的坐标阵；方向余弦阵的三行元素为基 $\underline{e_r}$ 的三个基矢量在基 $\underline{e_b}$ 中的坐标阵。另外，根据矢量点乘的性质，方向余弦阵的每个元素可看作两个基矢量的余弦值，所以方向余弦阵表征了两个基的相对朝向关系，这也是该矩阵名字的由来。

将式(3.1-2)两边右乘 $\underline{e_b}$，考虑到式(2.3-6)和式(2.3-27)，得

$$\underline{A^{rb}}\,\underline{e_b} = \underline{e_r} \cdot \underline{e_b}^{\mathrm{T}}\,\underline{e_b} = \underline{e_r} \cdot \boldsymbol{I} \Rightarrow \underline{e_r} = \underline{A^{rb}}\,\underline{e_b} \tag{3.1-8}$$

同理，考虑式(3.1-7)，有

$$\underline{e_b} = \underline{A^{br}}\,\underline{e_r} = \underline{A^{rb}}^{\mathrm{T}}\,\underline{e_r} \tag{3.1-9}$$

由于方向余弦阵的三列元素是基 $\underline{e_b}$ 的三个基矢量在基 $\underline{e_r}$ 中的坐标阵，由式(2.2-18)和式(2.2-19)，可知：

$$e_{bj} \cdot e_{bj} = 1 \Rightarrow \underline{A_j}^{\mathrm{T}}\,\underline{A_j} = \underline{A_{1j}}^2 + \underline{A_{2j}}^2 + \underline{A_{3j}}^2 = 1 \quad (j = 1,2,3) \tag{3.1-10}$$

$$e_{b1} \times e_{b2} - e_{b3} = \mathbf{0} \Rightarrow \underline{\tilde{A}_1}\,\underline{A_2} - \underline{A_3} = \begin{bmatrix} A_{21}A_{32} - A_{31}A_{22} - A_{31} \\ A_{31}A_{12} - A_{11}A_{32} - A_{32} \\ A_{11}A_{22} - A_{21}A_{12} - A_{33} \end{bmatrix} = \begin{bmatrix} 0 \\ 0 \\ 0 \end{bmatrix} \tag{3.1-11}$$

式(3.1-10)和式(3.1-11)共有 6 个独立方程，由此可知方向余弦阵的 9 个量中只有 3 个是独立的。

方向余弦阵有如下一些性质。

(1) 不同基下矢量坐标阵之间的关系为式 (3.1-3)。

(2) 由式 (3.1-9) 可知，基 $\underline{e}_b$ 关于基 $\underline{e}_r$ 的方向余弦阵与基 $\underline{e}_r$ 关于基 $\underline{e}_b$ 的方向余弦阵互为转置，即

$$\underline{A}^{br} = \underline{A}^{rb\,\mathrm{T}} \tag{3.1-12}$$

齐次变换矩阵 $\underline{T}^{rb}$ 和 $\underline{T}^{br}$ 有如下关系：

$$\text{若}\ \underline{T}^{rb} = \begin{bmatrix} \underline{A}^{rb} & {}^{r}\underline{m} \\ \underline{0} & 1 \end{bmatrix}，\text{则}\ \underline{T}^{br} = \begin{bmatrix} \underline{A}^{br} & -{}^{b}\underline{m} \\ \underline{0} & 1 \end{bmatrix} = \begin{bmatrix} \underline{A}^{br} & -\underline{A}^{br}\,{}^{r}\underline{m} \\ \underline{0} & 1 \end{bmatrix}$$

(3) 由方向余弦阵的定义式 (3.1-2) 可知，若两个基的基矢量的方向一致或重合，则它们的方向余弦阵为三阶单位阵，即

$$\underline{A}^{rr} = \underline{I} \tag{3.1-13}$$

(4) 若有三个基 $\underline{e}_r$、$\underline{e}_b$、$\underline{e}_s$，其中，基 $\underline{e}_s$ 关于基 $\underline{e}_r$ 与基 $\underline{e}_b$ 关于基 $\underline{e}_s$ 的方向余弦阵分别为 $\underline{A}^{rs}$、$\underline{A}^{sb}$，考虑式 (3.1-8)，则

$$\underline{e}_r = \underline{A}^{rs}\underline{e}_s = \underline{A}^{rs}\underline{A}^{sb}\underline{e}_b = \underline{A}^{rb}\underline{e}_b \Rightarrow \underline{A}^{rb} = \underline{A}^{rs}\underline{A}^{sb} \tag{3.1-14}$$

同理，齐次变换矩阵也存在类似关系：

$$\underline{T}^{rb} = \underline{T}^{rs}\underline{T}^{sb}$$

(5) 由式 (3.1-12)～式 (3.1-14) 可知，方向余弦阵为一正交矩阵，即其逆矩阵 (Inverse Matrix) 等于其转置矩阵：

$$\underline{A}^{rr} = \underline{A}^{rb}\underline{A}^{br} = \underline{A}^{rb}\underline{A}^{rb\,\mathrm{T}} = \underline{I} \Rightarrow \underline{A}^{rb\,-1} = \underline{A}^{rb\,\mathrm{T}} = \underline{A}^{br} \tag{3.1-15}$$

(6) 由式 (2.3-12) 和式 (3.1-9) 可知，不同基下并矢坐标阵之间的关系为

$$\underline{e}_r^{\mathrm{T}}\,{}^{r}\underline{D}\underline{e}_r = \underline{e}_b^{\mathrm{T}}\,{}^{b}\underline{D}\underline{e}_b = (\underline{A}^{br}\underline{e}_r)^{\mathrm{T}}\,{}^{b}\underline{D}\underline{A}^{br}\underline{e}_r = \underline{e}_r^{\mathrm{T}}\underline{A}^{rb}\,{}^{b}\underline{D}\underline{A}^{br}\underline{e}_r \Rightarrow {}^{r}\underline{D} = \underline{A}^{rb}\,{}^{b}\underline{D}\underline{A}^{br} \tag{3.1-16}$$

(7) 由方向余弦阵的定义式 (3.1-2) 可知，方向余弦阵的行列式 (Determinant) 等于 1，即

$$\left|\underline{A}^{rb}\right| = A_{11}\begin{vmatrix} A_{22} & A_{23} \\ A_{32} & A_{33} \end{vmatrix} - A_{21}\begin{vmatrix} A_{12} & A_{13} \\ A_{32} & A_{33} \end{vmatrix} + A_{31}\begin{vmatrix} A_{12} & A_{13} \\ A_{22} & A_{23} \end{vmatrix} = \boldsymbol{e}_{b1}\cdot(\boldsymbol{e}_{b2}\times\boldsymbol{e}_{b3}) = \boldsymbol{e}_{b1}\cdot\boldsymbol{e}_{b1} = 1 \tag{3.1-17}$$

(8) 方向余弦阵的特征方程 (Eigenvalue Equation) 至少存在一个特征根 (Root)，值为 1。

方向余弦阵的 9 个元素存在式 (3.1-18) 和式 (3.1-19) 的关系：

$$\begin{aligned} \left|\underline{A}^{rb}\right| &= A_{11}\begin{vmatrix} A_{22} & A_{23} \\ A_{32} & A_{33} \end{vmatrix} - A_{21}\begin{vmatrix} A_{12} & A_{13} \\ A_{32} & A_{33} \end{vmatrix} + A_{31}\begin{vmatrix} A_{12} & A_{13} \\ A_{22} & A_{23} \end{vmatrix} \\ &= A_{11}A_{22}A_{33} - A_{11}A_{23}A_{32} + A_{21}A_{32}A_{13} - A_{21}A_{33}A_{12} + A_{31}A_{12}A_{23} - A_{31}A_{13}A_{22} = 1 \end{aligned} \tag{3.1-18}$$

$$
\underline{A^{rb}}^{-1}=\frac{\underline{A^{rb}}^{*}}{\left|\underline{A^{rb}}\right|}=\underline{A^{rb}}^{*}=\underline{A^{rb}}^{\mathrm{T}}
=\begin{bmatrix}\begin{vmatrix}A_{22} & A_{23}\\ A_{32} & A_{33}\end{vmatrix} & \cdots & \cdots\\ \cdots & \begin{vmatrix}A_{11} & A_{13}\\ A_{31} & A_{33}\end{vmatrix} & \cdots\\ \cdots & \cdots & \begin{vmatrix}A_{11} & A_{12}\\ A_{21} & A_{22}\end{vmatrix}\end{bmatrix}=\begin{bmatrix}A_{11} & \cdots & \cdots\\ \cdots & A_{22} & \cdots\\ \cdots & \cdots & A_{33}\end{bmatrix}\Rightarrow\begin{cases}A_{22}A_{33}-A_{32}A_{23}=A_{11}\\ A_{11}A_{33}-A_{31}A_{13}=A_{22}\\ A_{11}A_{22}-A_{12}A_{21}=A_{33}\end{cases}\tag{3.1-19}
$$

则方向余弦阵的特征多项式为

$$
\begin{aligned}
\left|\lambda\underline{I}-\underline{A^{rb}}\right|&=\begin{vmatrix}\lambda-A_{11} & -A_{12} & -A_{13}\\ -A_{21} & \lambda-A_{22} & -A_{23}\\ -A_{31} & -A_{32} & \lambda-A_{33}\end{vmatrix}=\lambda^3-(A_{11}+A_{22}+A_{33})\lambda^2\\
&+[(A_{11}A_{22}-A_{12}A_{21})+(A_{11}A_{33}-A_{31}A_{13})+(A_{22}A_{33}-A_{32}A_{23})]\lambda\\
&-(A_{11}A_{22}A_{33}-A_{11}A_{23}A_{32}+A_{21}A_{32}A_{13}-A_{21}A_{33}A_{12}+A_{31}A_{12}A_{23}-A_{31}A_{13}A_{22})\\
&=\lambda^3-\mathrm{tr}\underline{A^{rb}}\lambda^2+\mathrm{tr}\underline{A^{rb}}\lambda-1=0
\end{aligned}\tag{3.1-20}
$$

将$\lambda=1$代入式(3.1-20)，满足方程。

(9) 任意两个基总存在一个矢量，它在两个基的坐标阵相等。

设方向余弦阵对应于特征值$\lambda=1$的特征向量为矢量$\boldsymbol{p}$在基$\underline{\boldsymbol{e}_b}$的坐标阵${}^{b}\underline{p}$，矢量$\boldsymbol{p}$在基$\underline{\boldsymbol{e}_r}$的坐标阵为${}^{r}\underline{p}$，将其代入特征方程，即

$$
(\underline{A^{rb}}-\underline{I})\,{}^{b}\underline{p}=0\Rightarrow{}^{b}\underline{p}=\underline{A^{rb}}\,{}^{b}\underline{p}={}^{r}\underline{p}\tag{3.1-21}
$$

另外，对于式(3.1-20)，除以$(\lambda-1)$，得到关于另外两个根的方程：

$$
\left.\begin{aligned}
&\lambda^3-1-\mathrm{tr}\underline{A^{rb}}\lambda(\lambda-1)=0\\
&(\lambda-1)(\lambda^2+\lambda+1)-\mathrm{tr}\underline{A^{rb}}\lambda(\lambda-1)=0\\
&(\lambda-1)(\lambda^2+\lambda+1-\mathrm{tr}\underline{A^{rb}}\lambda)=0\\
&(\lambda-1)[\lambda^2-(\mathrm{tr}\underline{A^{rb}}-1)\lambda+1]=0
\end{aligned}\right.\Rightarrow\lambda^2-(\mathrm{tr}\underline{A^{rb}}-1)\lambda+1=0\tag{3.1-22}
$$

由正交矩阵的特征值的绝对值为1，可知$-1\leqslant\mathrm{tr}\underline{A^{rb}}\leqslant3$，则另外两个根的表达式为

$$
\lambda_{2,3}=\frac{\mathrm{tr}\underline{A^{rb}}-1}{2}\pm\mathrm{i}\sqrt{1-\left(\frac{\mathrm{tr}\underline{A^{rb}}-1}{2}\right)^2}\tag{3.1-23}
$$

设

$$
\cos\varphi=\frac{\mathrm{tr}\underline{A^{rb}}-1}{2}\tag{3.1-24}
$$

根据欧拉公式，有

$$
\lambda_{2,3}=\cos\varphi\pm\mathrm{i}\sin\varphi=\mathrm{e}^{\pm\mathrm{i}\varphi}\tag{3.1-25}
$$

φ称为欧拉一次转角。

例题 3.1-3　如图 3-5 所示，其中，基$\underline{\boldsymbol{e}_s}$的三个基矢量在基$\underline{\boldsymbol{e}_r}$中的坐标阵分别为

$$ {}^{r}\underline{e}_{s1}=\begin{bmatrix}-1 & 0 & 0\end{bmatrix}^{\mathrm{T}},\ {}^{r}\underline{e}_{s2}=\begin{bmatrix}0 & -1 & 0\end{bmatrix}^{\mathrm{T}},\ {}^{r}\underline{e}_{s3}=\begin{bmatrix}0 & 0 & 1\end{bmatrix}^{\mathrm{T}} $$

基 $\underline{\boldsymbol{e}}_b$ 的三个基矢量在基 $\underline{\boldsymbol{e}}_s$ 中的坐标阵分别为

$$ {}^{s}\underline{e}_{b1}=\begin{bmatrix}0 & -1 & 0\end{bmatrix}^{\mathrm{T}},\ {}^{s}\underline{e}_{b2}=\begin{bmatrix}1 & 0 & 0\end{bmatrix}^{\mathrm{T}},\ {}^{s}\underline{e}_{b3}=\begin{bmatrix}0 & 0 & 1\end{bmatrix}^{\mathrm{T}} $$

基 $\underline{\boldsymbol{e}}_s$ 的原点在基 $\underline{\boldsymbol{e}}_r$ 中的矢径 $\boldsymbol{m}$ 在基 $\underline{\boldsymbol{e}}_r$ 中的坐标阵为　　${}^{r}\underline{m}=\begin{bmatrix}1 & 1 & 1\end{bmatrix}^{\mathrm{T}}$

基 $\underline{\boldsymbol{e}}_b$ 的原点在基 $\underline{\boldsymbol{e}}_s$ 中的矢径 $\boldsymbol{n}$ 在基 $\underline{\boldsymbol{e}}_s$ 中的坐标阵为　　${}^{s}\underline{n}=\begin{bmatrix}1 & 1 & 1\end{bmatrix}^{\mathrm{T}}$

点 P 在基 $\underline{\boldsymbol{e}}_b$ 中的矢径 $\boldsymbol{a}$ 在基 $\underline{\boldsymbol{e}}_b$ 中的坐标阵为　　${}^{b}\underline{a}=\begin{bmatrix}1 & 0 & 0\end{bmatrix}^{\mathrm{T}}$

求点 P 在基 $\underline{\boldsymbol{e}}_r$ 中的坐标。

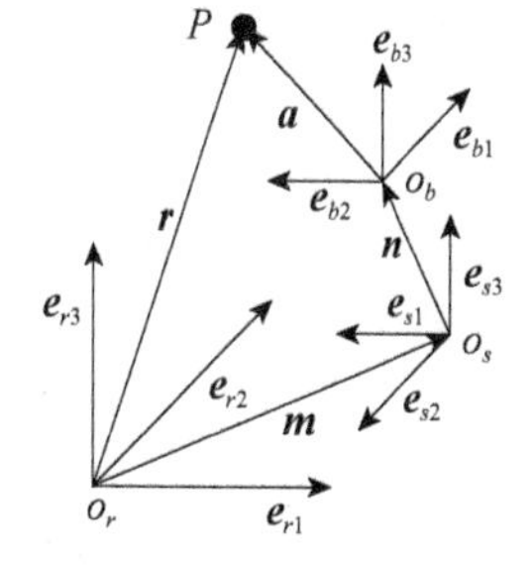

图 3-5　点在 3 个不同坐标系中的位置

解： 方法一，方向余弦阵法

$$ \underline{A}^{rs}=\begin{bmatrix}-1 & 0 & 0\\ 0 & -1 & 0\\ 0 & 0 & 1\end{bmatrix},\quad \underline{A}^{sb}=\begin{bmatrix}0 & 1 & 0\\ -1 & 0 & 0\\ 0 & 0 & 1\end{bmatrix},\quad \underline{A}^{rb}=\underline{A}^{rs}\underline{A}^{sb}=\begin{bmatrix}0 & -1 & 0\\ 1 & 0 & 0\\ 0 & 0 & 1\end{bmatrix} $$

$$ {}^{r}\underline{r}={}^{r}\underline{m}+{}^{r}\underline{n}+{}^{r}\underline{a}={}^{r}\underline{m}+\underline{A}^{rs}\,{}^{s}\underline{n}+\underline{A}^{rb}\,{}^{b}\underline{a}={}^{r}\underline{m}+\underline{A}^{rs}\,{}^{s}\underline{n}+\underline{A}^{rs}\underline{A}^{sb}\,{}^{b}\underline{a} $$

$$ =\begin{bmatrix}1\\1\\1\end{bmatrix}+\begin{bmatrix}-1 & 0 & 0\\ 0 & -1 & 0\\ 0 & 0 & 1\end{bmatrix}\begin{bmatrix}1\\1\\1\end{bmatrix}+\begin{bmatrix}0 & -1 & 0\\ 1 & 0 & 0\\ 0 & 0 & 1\end{bmatrix}\begin{bmatrix}1\\0\\0\end{bmatrix}=\begin{bmatrix}0\\1\\2\end{bmatrix} $$

方法二，齐次变化矩阵法

$$ \underline{T}^{rs}=\begin{bmatrix}-1 & 0 & 0 & 1\\ 0 & -1 & 0 & 1\\ 0 & 0 & 1 & 1\\ 0 & 0 & 0 & 1\end{bmatrix},\quad \underline{T}^{sb}=\begin{bmatrix}0 & 1 & 0 & 1\\ -1 & 0 & 0 & 1\\ 0 & 0 & 1 & 1\\ 0 & 0 & 0 & 1\end{bmatrix},\quad \underline{T}^{rb}=\underline{T}^{rs}\underline{T}^{sb}=\begin{bmatrix}0 & -1 & 0 & 0\\ 1 & 0 & 0 & 0\\ 0 & 0 & 1 & 2\\ 0 & 0 & 0 & 1\end{bmatrix} $$

$$ \begin{bmatrix}{}^{r}\underline{r}\\ 1\end{bmatrix}={}^{r}\underline{\overline{p}}=\underline{T}^{rb}\,{}^{b}\underline{\overline{p}}=\underline{T}^{rb}\begin{bmatrix}{}^{b}\underline{a}\\ 1\end{bmatrix}=\begin{bmatrix}0 & -1 & 0 & 0\\ 1 & 0 & 0 & 0\\ 0 & 0 & 1 & 2\\ 0 & 0 & 0 & 1\end{bmatrix}\begin{bmatrix}1\\0\\0\\1\end{bmatrix}=\begin{bmatrix}0\\1\\2\\1\end{bmatrix} $$

例题 3.1-4　如图 3-4 所示，其中，基 $\underline{\boldsymbol{e}}_b$ 的三个基矢量在基 $\underline{\boldsymbol{e}}_r$ 中的坐标阵分别为

$$ {}^{r}\underline{e}_{b1}=\begin{bmatrix}0 & 1 & 0\end{bmatrix}^{\mathrm{T}},\ {}^{r}\underline{e}_{b2}=\begin{bmatrix}-1 & 0 & 0\end{bmatrix}^{\mathrm{T}},\ {}^{r}\underline{e}_{b3}=\begin{bmatrix}0 & 0 & 1\end{bmatrix}^{\mathrm{T}} $$

基 $\underline{\boldsymbol{e}}_b$ 的原点在基 $\underline{\boldsymbol{e}}_r$ 中的矢径 $\boldsymbol{m}$ 在基 $\underline{\boldsymbol{e}}_r$ 中的坐标阵为

$$ {}^{r}\underline{m}=\begin{bmatrix}1 & 1 & 1\end{bmatrix}^{\mathrm{T}} $$

点 P 在基 $\underline{\boldsymbol{e}}_r$ 中的矢径 $\boldsymbol{r}$ 在基 $\underline{\boldsymbol{e}}_r$ 中的坐标阵为

$$ {}^{r}\underline{r}=\begin{bmatrix}1 & 2 & 1\end{bmatrix}^{\mathrm{T}} $$

求点 P 在基 $\underline{\boldsymbol{e}}_b$ 中的坐标。

解：方法一，方向余弦阵法

由方向余弦阵的性质(2)可知，基 $\underline{e}_r$ 关于基 $\underline{e}_b$ 的方向余弦阵为

$$\underline{A}^{br}=\underline{A}^{rb\mathrm{T}}=\begin{bmatrix}0&1&0\\-1&0&0\\0&0&1\end{bmatrix}$$

则由矢量关系有

$$\boldsymbol{a}=\boldsymbol{r}-\boldsymbol{m}\Rightarrow$$

$${}^{b}\underline{a}={}^{b}\underline{r}-{}^{b}\underline{m}=\underline{A}^{br}\,{}^{r}\underline{r}-\underline{A}^{br}\,{}^{r}\underline{m}=\underline{A}^{br}({}^{r}\underline{r}-{}^{r}\underline{m})=\begin{bmatrix}0&1&0\\-1&0&0\\0&0&1\end{bmatrix}\left(\begin{bmatrix}1\\2\\1\end{bmatrix}-\begin{bmatrix}1\\1\\1\end{bmatrix}\right)=\begin{bmatrix}1\\0\\0\end{bmatrix}$$

方法二，齐次变换矩阵法

由式(3.1-6)可知基 $\underline{e}_r$ 关于基 $\underline{e}_b$ 的齐次变换矩阵为

$$\underline{T}^{br}=\begin{bmatrix}\underline{A}^{br}&-{}^{b}\underline{m}\\\underline{0}&1\end{bmatrix}=\begin{bmatrix}\underline{A}^{br}&-\underline{A}^{br}\,{}^{r}\underline{m}\\\underline{0}&1\end{bmatrix}=\begin{bmatrix}0&1&0&-1\\-1&0&0&1\\0&0&1&-1\\0&0&0&1\end{bmatrix}$$

$${}^{b}\overline{\underline{p}}=\underline{T}^{br}\,{}^{r}\overline{\underline{p}}=\begin{bmatrix}0&1&0&-1\\-1&0&0&1\\0&0&1&-1\\0&0&0&1\end{bmatrix}\begin{bmatrix}1\\2\\1\\1\end{bmatrix}=\begin{bmatrix}1\\0\\0\\1\end{bmatrix}$$

例题 3.1-5　如图 3-6 所示，已知刚体初始状态(图 3-6(a))运动到某一姿态(图 3-6(b))，其连体基由基 $\underline{e}_b$ 运动到基 $\underline{e}_s$ 的朝向，两个基之间的方向余弦阵为 $\underline{A}^{bs}$。如果将刚体连体基建立成基 $\underline{e}_r$ 的朝向，将刚体进行之前相同的运动，那么其连体基运动到基 $\underline{e}_u$ 的朝向，求基 $\underline{e}_u$ 关于基 $\underline{e}_r$ 的方向余弦阵。

$$\underline{A}^{bs}=\begin{bmatrix}0&-1&0\\1&0&0\\0&0&1\end{bmatrix}$$

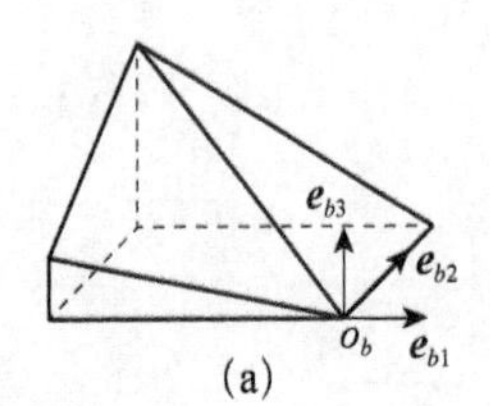

(a)

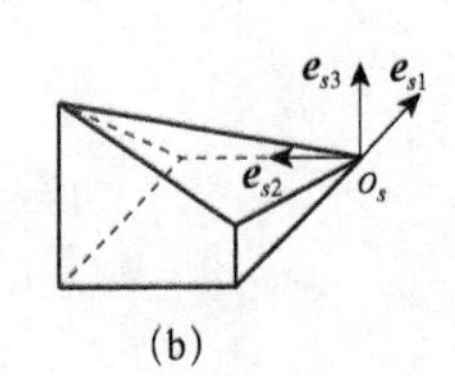

(b)

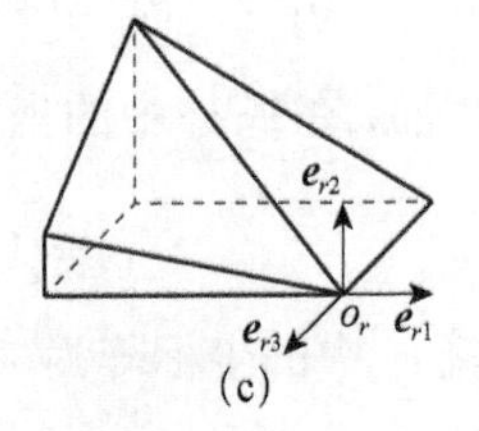

(c)

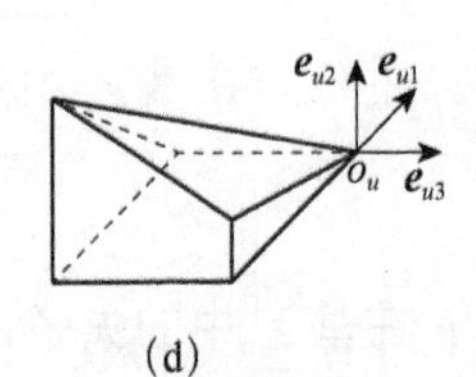

(d)

图 3-6　刚体转动与连体坐标系

解：由方向余弦阵的性质(4)可知：

$$\underline{A}^{ru} = \underline{A}^{rb}\,\underline{A}^{bs}\,\underline{A}^{su}$$

由方向余弦阵三列元素的性质可知：

$$\underline{A}^{rb} = \begin{bmatrix} 1 & 0 & 0 \\ 0 & 0 & 1 \\ 0 & -1 & 0 \end{bmatrix}，\quad \underline{A}^{su} = \begin{bmatrix} 1 & 0 & 0 \\ 0 & 0 & -1 \\ 0 & 1 & 0 \end{bmatrix}$$

将以上两式代入第一式，得

$$\underline{A}^{ru} = \underline{A}^{rb}\,\underline{A}^{bs}\,\underline{A}^{su} = \begin{bmatrix} 1 & 0 & 0 \\ 0 & 0 & 1 \\ 0 & -1 & 0 \end{bmatrix}\begin{bmatrix} 0 & -1 & 0 \\ 1 & 0 & 0 \\ 0 & 0 & 1 \end{bmatrix}\begin{bmatrix} 1 & 0 & 0 \\ 0 & 0 & -1 \\ 0 & 1 & 0 \end{bmatrix} = \begin{bmatrix} 0 & 0 & 1 \\ 0 & 1 & 0 \\ -1 & 0 & 0 \end{bmatrix}$$

3.2　刚体在空间中的位姿

刚体的位姿是指刚体在空间中的位置和姿态(Attitude / Angular Orientation)。这个概念是在研究怎样在空间中确定一个刚体时提出的。

如图 3-7 所示，图中不规则形状的物体代表一任意刚体，由于刚体可以看作由无穷多个质点组成的质点系，所以要想在空间中确定这个刚体，则需要确定质点系中每个点的位置，如其上的任意点 P_k，需要确定其在参考基 $\underline{e}_r$ 下的矢径 $\boldsymbol{r}$ 在基 $\underline{e}_r$ 下的坐标阵 ${}^r\underline{r}$。但由于刚体又是一个特殊的质点系(其上任意两点的距离保持不变)，如果将一个坐标系 $\underline{e}_b$ 固结于刚体上，使其随刚体同步运动，称基 $\underline{e}_b$ 为刚体的连体坐标系或连体基，则刚体上任意点 P_k 在基 $\underline{e}_b$ 下的矢径 $\boldsymbol{a}$ 在基 $\underline{e}_b$ 下的坐标阵 ${}^b\underline{a}$ 是固定不变的，因此，根据 3.1.2 节内容可知，如果连体基 $\underline{e}_b$ 的基点在基 $\underline{e}_r$ 下的矢径 $\boldsymbol{m}$ 的坐标 ${}^r\underline{m}$ 以及两个基之间的方向余弦阵 $\underline{A}^{rb}$ 可以确定，则 ${}^r\underline{r}$ 也就确定了，${}^r\underline{m}$ 表征了连体基的位置，$\underline{A}^{rb}$ 表征了连体基的三个基矢量。

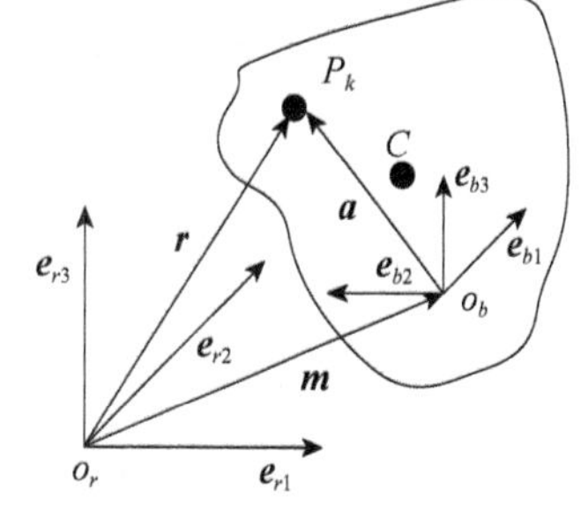

图 3-7　刚体的位姿

由上述分析可以得到如下结论：刚体的位姿可由固结其上的连体坐标系完全确定。刚体的位置由连体坐标系的原点决定，刚体的姿态由连体坐标系三个基矢量决定。

连体坐标系可以建立在相对刚体的任何位置，一般根据是否能使建立方程或计算简化来选择原点位置和方向。例如，在研究运动学问题时，可能建立在几何中心上，方向为对称轴的方向；而在研究动力学问题时，一般将其建立在刚体的质心(Center of Mass) C 上，方向为惯性主轴的方向。

在刚体的运动学和动力学分析时，与表示点位置的笛卡儿坐标(Cartesian Coordinate) (x,y,z) 一样，通常引入一些变量来描述刚体的姿态，这些变量称为刚体的姿态坐标。已知姿态坐标求刚体姿态，并确定方向余弦矩阵的问题称为姿态分析的正问题，已知刚体的方向余弦阵，求刚体的姿态坐标的问题称为姿态分析的逆问题。以下将分别介绍几种常用的刚体的姿态坐标。

3.2.1　方向余弦姿态坐标

由式(3.1-9)可知，刚体的连体基$\underline{e_b}$可由基$\underline{e_b}$关于基$\underline{e_r}$的方向余弦阵$\underline{A^{rb}}$完全确定，所以刚体相对于参考基的姿态可由$\underline{A^{rb}}$完全确定。取$\underline{A^{rb}}$的 9 个元素为刚体的姿态坐标，称为方向余弦姿态坐标。设方向余弦阵为

$$\underline{A^{rb}} = \begin{bmatrix} A_{11} & A_{12} & A_{13} \\ A_{21} & A_{22} & A_{23} \\ A_{31} & A_{32} & A_{33} \end{bmatrix} \tag{3.2-1}$$

则刚体相对于参考基$\underline{e_r}$的方向余弦坐标为

$$\underline{q} = \begin{bmatrix} A_{11} & A_{12} & A_{13} & A_{21} & A_{22} & A_{23} & A_{31} & A_{32} & A_{33} \end{bmatrix}^{\mathrm{T}} \tag{3.2-2}$$

设基$\underline{e_b}$原点在基$\underline{e_r}$中的坐标为(x,y,z)，则刚体相对于参考基$\underline{e_r}$的位姿坐标可以写为

$$\underline{q} = \begin{bmatrix} x & y & z & A_{11} & A_{12} & A_{13} & A_{21} & A_{22} & A_{23} & A_{31} & A_{32} & A_{33} \end{bmatrix}^{\mathrm{T}} \tag{3.2-3}$$

由式(3.1-10)和式(3.1-11)可知，刚体的 9 个方向余弦坐标满足 6 个约束方程，只有 3 个是独立的。

3.2.2　有限转动四元数姿态坐标

1. 欧拉旋转定理

有限转动四元数姿态坐标是根据欧拉旋转定理(Euler Rotation Theorem)提出来的，所以在介绍有限转动四元数姿态坐标前，先介绍对刚体姿态非常重要的欧拉旋转定理。

欧拉旋转定理是由瑞士著名的数学家和物理学家莱昂哈德•欧拉提出的。欧拉旋转定理叙述如下：刚体绕定点的任意有限转动(Finite Rotation)可由绕过该点某根轴的一次有限转动实现。可理解为刚体从一个姿态运动到任意一个姿态可由绕某根轴一次转动某个角度实现。该轴称为欧拉轴，该角称为欧拉一次转角。

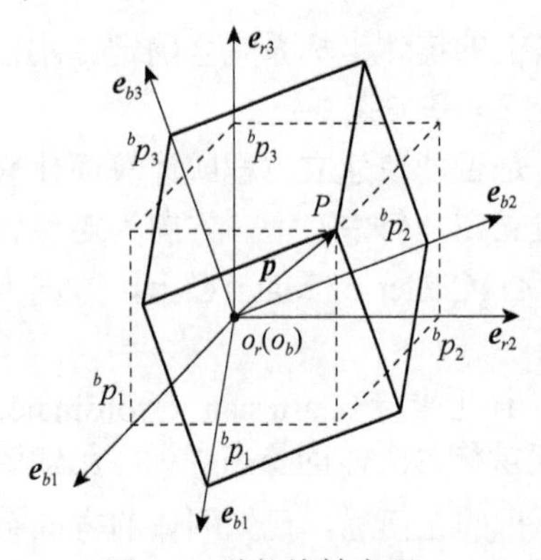

图 3-8　欧拉旋转定理

证明：由于刚体的姿态可由其连体基完全确定，所以刚体从一个姿态到任意一个姿态可认为其连体基从基$\underline{e_r}$变为任意一个基$\underline{e_b}$。如图 3-8 所示，由式(3.1-21)可知，任意两个基总存在一个矢量，它在两个基的坐标阵相等，该矢量为方向余弦阵对应于特征值$\lambda=1$的特征向量，设为$\boldsymbol{p}$，其在基$\underline{e_r}$的坐标阵为$\underline{{}^r p}$，在基$\underline{e_b}$的坐标阵为$\underline{{}^b p}$。以矢量$\boldsymbol{p}$为对角线在基$\underline{e_r}$和基$\underline{e_b}$中作两个长方体，分别为图中边为虚线和实线的长方体，这两个长方体可认为是刚体的一部分，显然，两长方体的大小是相等的，只是姿态不同，由于矢量$\boldsymbol{p}$是两长方体公共对角线，所以边为虚线的长方体必可绕$\boldsymbol{p}$

转动有限角度到边为实线的长方体，从而证明了欧拉旋转定理，并且确定了欧拉轴即刚体两个姿态所对应的两个基之间的方向余弦阵对应于特征值为 1 的特征矢量(Eigenvector)。

2. 有限转动张量

前面所述关于欧拉旋转定理的证明，已找出了欧拉轴，但还没有确定欧拉一次转角的大小，下面通过介绍有限转动张量(Rotation Tensor)这个概念来研究这个问题。

有限转动张量是在研究一个矢量绕另一个矢量转动某个角度后得到的矢量与原矢量的关系的问题时定义的。如图 3-9 所示，空间中有一矢量 $\boldsymbol{a}_0$，其绕单位矢量 $\boldsymbol{p}$ 转动 θ 角转到矢量 $\boldsymbol{a}$ 的方位，试分析矢量 $\boldsymbol{a}$ 与矢量 $\boldsymbol{a}_0$、转轴矢量 $\boldsymbol{p}$ 以及转角 θ 的关系。

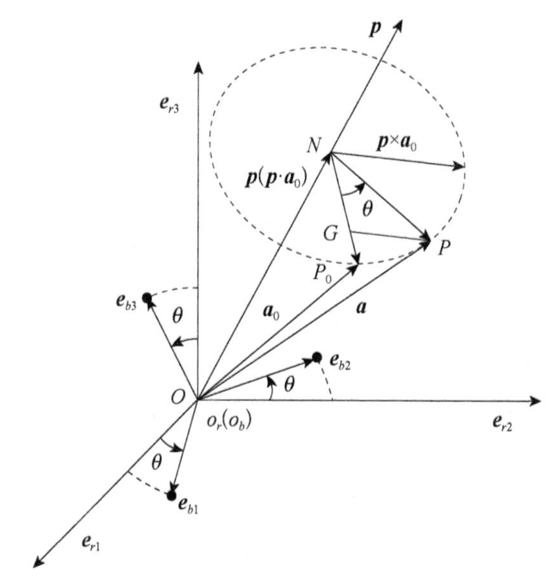

图 3-9　有限转动张量

过 $\boldsymbol{a}_0$、$\boldsymbol{a}$ 的矢端 P_0 与 P 作平面(图 3-9 中虚线圆所在平面)垂直于矢量 $\boldsymbol{p}$ 交于 N，由 P 作 $\overline{NP_0}$ 的垂线，垂足为点 G。

由矢量关系可知：

$$\boldsymbol{a}=\overline{ON}+\overline{NG}+\overline{GP} \tag{3.2-4}$$

由 $\overline{ON}$ 与单位矢量 $\boldsymbol{p}$ 方向一致，只是大小不同，可知：

$$\overline{ON}=\boldsymbol{p}(\boldsymbol{p}\cdot\boldsymbol{a}_0) \tag{3.2-5}$$

由此可知：

$$\overline{NP_0}=\boldsymbol{a}_0-\overline{ON}=\boldsymbol{a}_0-\boldsymbol{p}(\boldsymbol{p}\cdot\boldsymbol{a}_0) \tag{3.2-6}$$

由 $\overline{NG}$ 与 $\overline{NP_0}$ 方向一致，只是大小不同，并且 $\overline{NP_0}$ 与 $\overline{NP}$ 的大小相等，可知：

$$\overline{NG}=\overline{NP_0}\cos\theta=\left[\boldsymbol{a}_0-\boldsymbol{p}(\boldsymbol{p}\cdot\boldsymbol{a}_0)\right]\cos\theta \tag{3.2-7}$$

从点 N 作 $\overline{NG}$ 的垂线，并使端点在虚线圆上。显然，$\boldsymbol{p}\times\boldsymbol{a}_0$ 与垂线的方向一致，$\boldsymbol{p}\times\boldsymbol{a}_0$ 的大小为 $|\boldsymbol{a}_0|\sin\angle P_0ON$，所以 $\boldsymbol{p}\times\boldsymbol{a}_0$ 的大小等于 $\overline{NP_0}$ 的大小，即等于虚线圆的半径。通过以上

分析，$\overline{NG}$ 垂线可以用 $\boldsymbol{p}\times\boldsymbol{a}_0$ 表示。

由 $\overline{GP}$ 与 $\boldsymbol{p}\times\boldsymbol{a}_0$ 的方向一致，并且 $\boldsymbol{p}\times\boldsymbol{a}_0$ 的大小等于 $\overline{NP}$ 的大小，可知：

$$\overline{GP}=\boldsymbol{p}\times\boldsymbol{a}_0\sin\theta \tag{3.2-8}$$

由以上分析，考虑式(2.3-10)并记 $\boldsymbol{P}$ 为矢量 $\boldsymbol{p}$ 对应的张量，可知：

$$\begin{aligned}\boldsymbol{a}&=\overline{ON}+\overline{NG}+\overline{GP}\\&=\boldsymbol{p}(\boldsymbol{p}\cdot\boldsymbol{a}_0)+[\boldsymbol{a}_0-\boldsymbol{p}(\boldsymbol{p}\cdot\boldsymbol{a}_0)]\cos\theta+\boldsymbol{p}\times\boldsymbol{a}_0\sin\theta\\&=\boldsymbol{a}_0\cos\theta+\boldsymbol{p}(\boldsymbol{p}\cdot\boldsymbol{a}_0)(1-\cos\theta)+\boldsymbol{p}\times\boldsymbol{a}_0\sin\theta\\&=\cos\theta\boldsymbol{I}\cdot\boldsymbol{a}_0+(1-\cos\theta)\boldsymbol{pp}\cdot\mathbf{a}_0+\sin\theta\boldsymbol{P}\cdot\boldsymbol{a}_0\\&=[\cos\theta\boldsymbol{I}+(1-\cos\theta)\boldsymbol{pp}+\sin\theta\boldsymbol{P}]\cdot\boldsymbol{a}_0\end{aligned} \tag{3.2-9}$$

设
$$\boldsymbol{Z}=\cos\theta\boldsymbol{I}+(1-\cos\theta)\boldsymbol{pp}+\sin\theta\boldsymbol{P} \tag{3.2-10}$$

则
$$\boldsymbol{a}=\boldsymbol{Z}\cdot\boldsymbol{a}_0 \tag{3.2-11}$$

称张量 $\boldsymbol{Z}$ 为有限转动张量。根据定义可知，有限转动张量只与转轴矢量和转角有关。当已知转轴和转角时，可利用有限转动张量方便地求出一个矢量转动后的矢量。

设与矢量 $\boldsymbol{a}_0$ 固连的某基 $\underline{\boldsymbol{e}_r}$，其绕矢量 $\boldsymbol{p}$ 做相同的转动 θ 角，转到基 $\underline{\boldsymbol{e}_b}$。由于单位矢量 $\boldsymbol{p}$ 在基 $\underline{\boldsymbol{e}_r}$ 和基 $\underline{\boldsymbol{e}_b}$ 中的坐标阵相等(因为矢量 $\boldsymbol{p}$ 与各基矢量的夹角不变)，所以 $\boldsymbol{Z}$ 在两基中的坐标阵也相等，可省略矢量与并矢的上标，有

$$^r\underline{Z}={}^b\underline{Z}=\underline{Z}=\cos\theta\underline{I}+(1-\cos\theta)\underline{p}\,\underline{p}^{\mathrm{T}}+\sin\theta\underline{\tilde{p}} \tag{3.2-12}$$

则
$$\underline{\boldsymbol{e}_r}^{\mathrm{T}}\,{}^r\underline{a}=\boldsymbol{a}=\boldsymbol{Z}\cdot\boldsymbol{a}_0=\underline{\boldsymbol{e}_r}^{\mathrm{T}}\underline{Z}\underline{\boldsymbol{e}_r}\cdot\underline{\boldsymbol{e}_r}^{\mathrm{T}}\,{}^r\underline{a_0}=\underline{\boldsymbol{e}_r}^{\mathrm{T}}\underline{Z}\,{}^r\underline{a_0}\Rightarrow{}^r\underline{a}=\underline{Z}\,{}^r\underline{a_0} \tag{3.2-13}$$

式(3.2-13)即为利用有限转动张量求某矢量转动后矢量的计算公式。

对于基矢量，如图 3-9 所示，有

$$\begin{cases}\boldsymbol{e}_{b1}=\boldsymbol{Z}\cdot\boldsymbol{e}_{r1}\\\boldsymbol{e}_{b2}=\boldsymbol{Z}\cdot\boldsymbol{e}_{r2}\Leftrightarrow\underline{\boldsymbol{e}_b}=\boldsymbol{Z}\cdot\underline{\boldsymbol{e}_r}\\\boldsymbol{e}_{b3}=\boldsymbol{Z}\cdot\boldsymbol{e}_{r3}\end{cases} \tag{3.2-14}$$

由式(2.3-26)和式(3.1-2)，有

$$\begin{aligned}&\underline{\boldsymbol{e}_b}=\boldsymbol{Z}\cdot\underline{\boldsymbol{e}_r}\\&\Leftrightarrow\underline{\boldsymbol{e}_b}=\underline{\boldsymbol{e}_r}\cdot\hat{\boldsymbol{Z}}\\&\Leftrightarrow\underline{\boldsymbol{e}_b}\cdot\underline{\boldsymbol{e}_r}^{\mathrm{T}}=\underline{\boldsymbol{e}_r}\cdot\underline{\boldsymbol{e}_r}^{\mathrm{T}}\underline{Z}^{\mathrm{T}}\underline{\boldsymbol{e}_r}\cdot\underline{\boldsymbol{e}_r}^{\mathrm{T}}\\&\Leftrightarrow\underline{A^{br}}=\underline{Z}^{\mathrm{T}}\\&\Leftrightarrow\underline{A^{rb}}=\underline{Z}\end{aligned} \tag{3.2-15}$$

上述结论也可由如下方法推导获得：由于矢量 $\boldsymbol{a}$ 与基 $\underline{\boldsymbol{e}_r}$ 绕同一单位矢量 $\boldsymbol{p}$ 旋转 θ 角，转动前后，矢量与基的相对关系保持不变，所以有

$$^b\underline{a}={}^r\underline{a_0} \tag{3.2-16}$$

将上式代入式(3.2-13)，有　$$ {}^{r}\underline{a}=\underline{Z}\,{}^{b}\underline{a} \tag{3.2-17}$$

将上式与式(3.1-3)比较，有　$$ \underline{A}^{rb}=\underline{Z} \tag{3.2-18}$$

式(3.2-18)说明：基 $\underline{\boldsymbol{e}}_b$ 关于基 $\underline{\boldsymbol{e}}_r$ 的方向余弦阵即为有限转动张量在两个基下的坐标阵。

例题 3.2-1　如图 3-1 所示，矢量 $\boldsymbol{a}$ 在基 $\underline{\boldsymbol{e}}$ 中的坐标阵为

$$\underline{a}=\begin{bmatrix}\dfrac{\sqrt{2}}{2} & 0 & \dfrac{\sqrt{2}}{2}\end{bmatrix}^{\mathrm{T}}$$

求矢量 $\boldsymbol{a}$ 绕矢量 $\boldsymbol{e}_3$ 逆时针旋转 90° 后的矢量 $\boldsymbol{b}$ 在基 $\underline{\boldsymbol{e}}$ 中的坐标阵。

解：由题意并根据式(3.2-12)，有

$$\theta=\frac{\pi}{2},\quad \underline{p}=\begin{bmatrix}0 & 0 & 1\end{bmatrix}^{\mathrm{T}}$$

$$\underline{Z}=\begin{bmatrix}0&0&0\\0&0&0\\0&0&0\end{bmatrix}+\begin{bmatrix}0&0&0\\0&0&0\\0&0&1\end{bmatrix}+\begin{bmatrix}0&-1&0\\1&0&0\\0&0&0\end{bmatrix}=\begin{bmatrix}0&-1&0\\1&0&0\\0&0&1\end{bmatrix}$$

$$\underline{b}=\underline{Z}\,\underline{a}=\begin{bmatrix}0&-1&0\\1&0&0\\0&0&1\end{bmatrix}\begin{bmatrix}\dfrac{\sqrt{2}}{2}\\0\\\dfrac{\sqrt{2}}{2}\end{bmatrix}=\begin{bmatrix}0\\\dfrac{\sqrt{2}}{2}\\\dfrac{\sqrt{2}}{2}\end{bmatrix}$$

例题 3.2-2　利用有限转动张量的概念求解例题 3.1-5。

解：由有限转动张量的概念可知，两次转动的转轴和转角相同，为同一转动，转动张量 $\boldsymbol{Z}$ 在基 $\underline{\boldsymbol{e}}_b$ 和 $\underline{\boldsymbol{e}}_s$ 中的坐标阵为

$${}^{b}\underline{Z}=\underline{A}^{bs}=\begin{bmatrix}0&-1&0\\1&0&0\\0&0&1\end{bmatrix}$$

根据方向余弦阵的性质(6)，转动张量 $\boldsymbol{Z}$ 在基 $\underline{\boldsymbol{e}}_r$ 和 $\underline{\boldsymbol{e}}_u$ 中的坐标阵为

$${}^{r}\underline{Z}=\underline{A}^{rb}\,{}^{b}\underline{Z}\,\underline{A}^{br}=\underline{A}^{ru}$$

由题意，有　$$\underline{A}^{rb}=\begin{bmatrix}1&0&0\\0&0&1\\0&-1&0\end{bmatrix}$$

根据方向余弦阵的性质(2)，有

$$\underline{A}^{br}=\begin{bmatrix}1&0&0\\0&0&-1\\0&1&0\end{bmatrix}$$

则
$$\underline{A}^{ru}=\underline{A}^{rb}\underline{A}^{bs}\underline{A}^{br}=\begin{bmatrix}1&0&0\\0&0&1\\0&-1&0\end{bmatrix}\begin{bmatrix}0&-1&0\\1&0&0\\0&0&1\end{bmatrix}\begin{bmatrix}1&0&0\\0&0&-1\\0&1&0\end{bmatrix}=\begin{bmatrix}0&0&1\\0&1&0\\-1&0&0\end{bmatrix}$$

3. 有限转动四元数

由欧拉旋转定理以及有限转动张量的分析可知，刚体的任意姿态可通过欧拉轴和欧拉一次转角确定，因此可定义欧拉轴$\boldsymbol{p}$坐标阵$\underline{p}$的3个数p_1、p_2、p_3以及欧拉一次转角θ共4个数作为刚体的姿态坐标，称为有限转动四元数坐标，即

$$\underline{q}=\begin{bmatrix}\theta & p_1 & p_2 & p_3\end{bmatrix}^{\mathrm{T}} \tag{3.2-19}$$

有限转动四元数的四个数并不独立，根据欧拉轴的单位性，有

$$\boldsymbol{p}\cdot\boldsymbol{p}=\underline{p}^{\mathrm{T}}\underline{p}=p_1^2+p_2^2+p_3^2=1 \tag{3.2-20}$$

1) 运动学正问题

当已知刚体的有限转动四元数姿态坐标时，可根据式(3.2-18)计算方向余弦阵，即

$$\begin{aligned}\underline{A}^{rb}&=\underline{Z}=\underline{I}\cos\theta+\underline{p}\,\underline{p}^{\mathrm{T}}(1-\cos\theta)+\tilde{\underline{p}}\sin\theta\\&=\begin{bmatrix}p_1^2(1-\mathrm{c}_\theta)+\mathrm{c}_\theta & p_1p_2(1-\mathrm{c}_\theta)-p_3\mathrm{s}_\theta & p_1p_3(1-\mathrm{c}_\theta)+p_2\mathrm{s}_\theta\\ p_1p_2(1-\mathrm{c}_\theta)+p_3\mathrm{s}_\theta & p_2^2(1-\mathrm{c}_\theta)+\mathrm{c}_\theta & p_2p_3(1-\mathrm{c}_\theta)-p_1\mathrm{s}_\theta\\ p_1p_3(1-\mathrm{c}_\theta)-p_2\mathrm{s}_\theta & p_2p_3(1-\mathrm{c}_\theta)+p_1\mathrm{s}_\theta & p_3^2(1-\mathrm{c}_\theta)+\mathrm{c}_\theta\end{bmatrix}\end{aligned} \tag{3.2-21}$$

其中，s_θ表示$\sin\theta$；c_θ表示$\cos\theta$。

2) 运动学逆问题

当已知方向余弦阵时，可利用如下方法确定刚体的有限转动四元数姿态坐标。

根据式(3.2-1)与式(3.2-21)相等，可得到如下关系式：

$$A_{ii}=p_i^2(1-\mathrm{c}_\theta)+\mathrm{c}_\theta \quad (i=1,2,3) \tag{3.2-22}$$

$$\mathrm{tr}\underline{A}^{rb}=2\mathrm{c}_\theta+1 \tag{3.2-23}$$

由式(3.2-23)可知方向余弦阵性质(9)中的φ即为欧拉一次转角。

$$\begin{cases}S_{12}=A_{21}+A_{12}=2p_1p_2(1-\mathrm{c}_\theta)\\S_{23}=A_{32}+A_{23}=2p_2p_3(1-\mathrm{c}_\theta)\\S_{31}=A_{13}+A_{31}=2p_3p_1(1-\mathrm{c}_\theta)\end{cases} \tag{3.2-24}$$

$$\begin{cases}D_{12}=A_{21}-A_{12}=2p_3\mathrm{s}_\theta\\D_{23}=A_{32}-A_{23}=2p_1\mathrm{s}_\theta\\D_{31}=A_{13}-A_{31}=2p_2\mathrm{s}_\theta\end{cases} \tag{3.2-25}$$

解法一：

(1) 计算s_θ、c_θ，根据式(3.2-23)，有

$$\mathrm{c}_\theta=0.5(1-\mathrm{tr}\underline{A}^{rb})，\quad \mathrm{s}_\theta=\sqrt{1-\mathrm{c}_\theta^2} \quad (0<\theta<\pi) \tag{3.2-26}$$

(2) 当 $s_\theta \neq 0$ 时，计算 $\theta = \arccos(c_\theta)$。

由式(3.2-25)计算 p_1、p_2、p_3，有

$$p_1 = D_{23} / 2s_\theta, \quad p_2 = D_{31} / 2s_\theta, \quad p_3 = D_{12} / 2s_\theta \tag{3.2-27}$$

(3) 当 $s_\theta = 0$ 且 $c_\theta = 1$ 时，$\theta = 0$。

根据有限转动的物理意义，此时欧拉轴 p_1、p_2、p_3 可任意。

(4) 当 $s_\theta = 0$ 且 $c_\theta = -1$ 时，$\theta = \pi$。

由式(3.2-22)计算 $p_i^2\ (i = 1,2,3)$。

找出最大的 p_i^2，设其为 p_m^2，$p_m = \sqrt{p_m^2}$。

根据式(3.2-24)，可从以下 3 个式子中选出 2 个计算剩余 2 个 p_i：

$$A_{21} + A_{12} = 4p_1p_2, \quad A_{32} + A_{23} = 4p_2p_3, \quad A_{13} + A_{31} = 4p_1p_3 \tag{3.2-28}$$

解法二：

(1) 利用解线性方程组的高斯消去法计算方向余弦阵 $\underline{A}^{rb}$ 对应特征值为 1 的特征向量，并进行单位化处理，得 p_1、p_2、p_3。

(2) 根据式(3.2-23)计算 c_θ。

(3) 找出最大的 p_i，设其为 p_m，将其代入式(3.2-25)中的一式即可求出 s_θ。

(4) 根据 s_θ 和 c_θ 计算 $\theta \in [-\pi, \pi]$，利用计算机语言的数学函数 $\theta = \mathrm{atan2}(s_\theta, c_\theta)$。

在前述两种关于有限转动四元数逆问题的解法中，需要注意到三角函数的多值性，这使得刚体的一个姿态可以解出多组有限转动四元数姿态坐标，这种现象的物理解释是：刚体绕矢量 $\boldsymbol{p}$ 转 θ 角与绕矢量 $-\boldsymbol{p}$ 转 $-\theta$ 角到达同一姿态。

案例分析——欧拉旋转定理演示教具

图 3-10 为吉林大学师生设计的“欧拉旋转定理演示教具”，该教具在吉林省大学生机械创新设计大赛中获得二等奖。该教具由两个装置组成：装置一(图中左侧)和装置二(图中右侧)。

装置一的作用是设定刚体在空间中某一任意姿态。上端的类似长方体的物体代表刚体，下端为支座，刚体与下端支座之间通过一个万向节和一个转动铰相连，使得刚体与支座之间有 3 个相对自由度，从而能够达到有限范围内的“任意姿态”，其中，各个转动的角度可以通过其上的刻度尺读出，利用这 3 个角度可以计算出刚体所处的姿态，即方向余弦阵，从而利用式(3.2-26)～式(3.2-28)便可计算出欧拉轴和欧拉一次转角。

装置二的作用是通过测量和计算得到的装置一中刚体转动的欧拉轴及欧拉一次转角来重现装置一中刚体的姿态。从而达到欧拉旋转定理的演示目的，同时证明了欧拉旋转定理的正确性。装置二的上端是一个与装置一中相同的刚体，下端为支座，与支座相连的为一绕 z 轴转动的转动铰，设转角为 H，与这个转动铰相连的是一个绕 x 轴转动的转动铰，设转角为 P，利用这两个转动可确定欧拉轴 $\boldsymbol{p}$，如图 3-11 所示，式(3.2-29)和式(3.2-30)为两个角度的计算方法。与刚体相连的是一个球铰，其作用是将刚体调整回初始姿态，如图 3-12 所示，原因是：在确定欧拉轴过程中，进行了两次转动，刚体也随之转动，使得确定欧拉轴之后刚体的姿态不在初始姿态，而装置一中的刚体姿态是从初始姿态开始变化的，为了实现姿态的复现，完

成欧拉一次转动，所以装置二中的刚体也要由初始姿态开始转动。球铰的下边是一个转动铰(欧拉一次转动铰)，当利用与支座相连的两个转动确定了欧拉轴之后，欧拉一次转动铰的轴线方向即为欧拉轴的方向，将刚体调整回初始姿态并锁死球铰后，便可以利用欧拉一次转动铰转过欧拉一次转角 θ 来实现欧拉旋转定理的演示，如图 3-13 所示。

$$\underline{p}=\begin{bmatrix}p_1\\p_2\\p_3\end{bmatrix}=\begin{bmatrix}c_H & -s_H & 0\\ s_H & c_H & 0\\ 0 & 0 & 1\end{bmatrix}\begin{bmatrix}1 & 0 & 0\\ 0 & c_P & -s_P\\ 0 & s_P & c_P\end{bmatrix}\begin{bmatrix}0\\0\\1\end{bmatrix}=\begin{bmatrix}s_H s_P\\ -c_H s_P\\ c_P\end{bmatrix} \tag{3.2-29}$$

$$\begin{cases}H=\arctan2(p_1,-p_2)\\ P=\arccos(p_3)\end{cases} \tag{3.2-30}$$

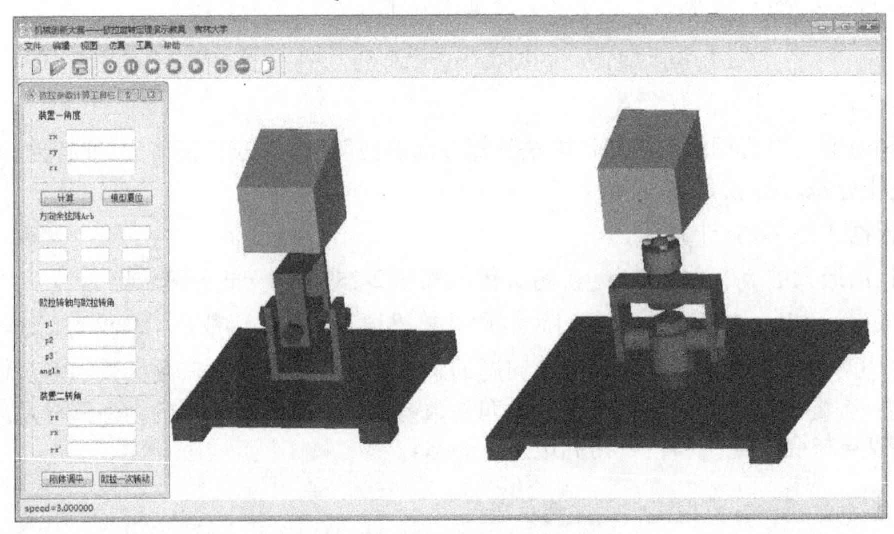

图 3-10　欧拉旋转定理演示教具

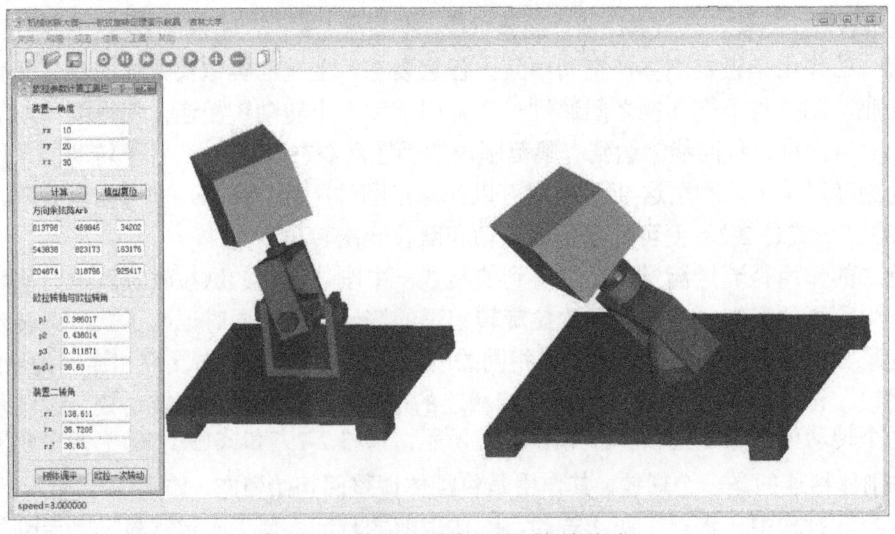

图 3-11　装置一刚体运动到任意姿态

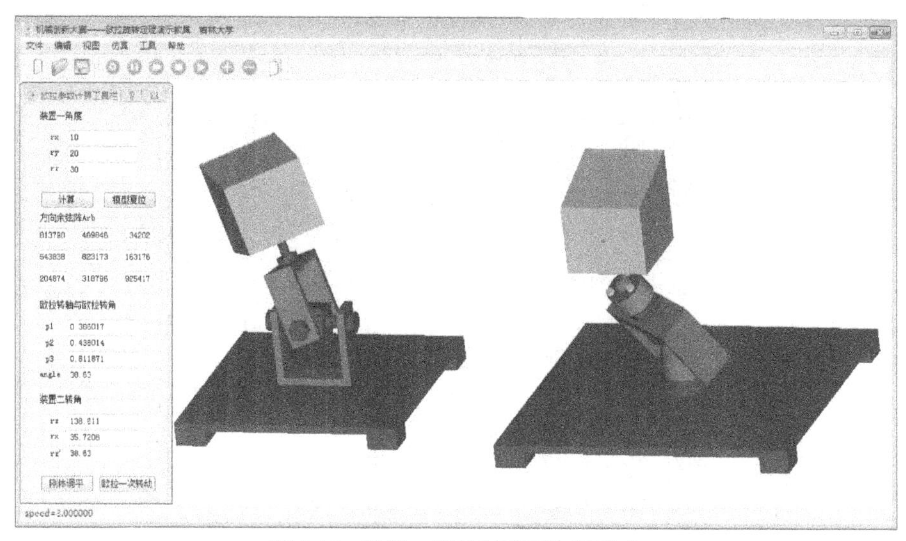

图 3-12　装置二刚体调整回初始姿态

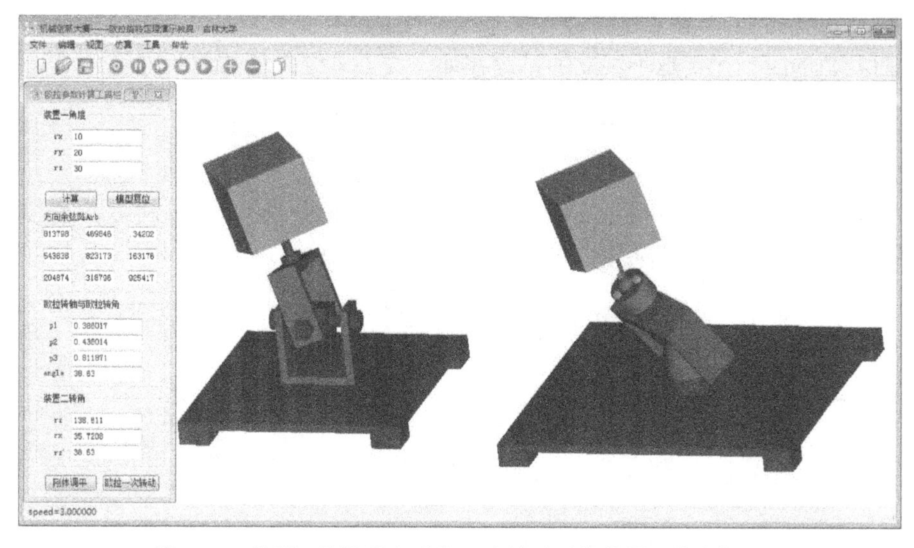

图 3-13　装置二刚体进行欧拉一次转动后与装置一姿态相同

3.2.3　欧拉四元数

1) 运动学正问题

由欧拉旋转定理以及有限转动张量的分析可知，刚体的姿态可通过欧拉轴 $\boldsymbol{p}$ 的坐标阵 $\underline{p}$ 的 3 个数 p_1、p_2、p_3 以及欧拉一次转角 θ 共 4 个数来确定。对于式(3.2-21)，考虑如下三角关系等式：

$$\cos\theta = 2\cos^2\frac{\theta}{2} - 1\,,\quad \sin\theta = 2\sin\frac{\theta}{2}\cos\frac{\theta}{2}\,,\quad 1-\cos\theta = 2\sin^2\frac{\theta}{2} \tag{3.2-31}$$

并且引入如下 4 个数：

$$\underline{q}=\underline{\alpha}=\begin{bmatrix}\alpha_0 & \alpha_1 & \alpha_2 & \alpha_3\end{bmatrix}^{\mathrm{T}} \tag{3.2-32}$$

其中，
$$\alpha_0=\cos\frac{\theta}{2}，\ \alpha_1=p_1\sin\frac{\theta}{2}，\ \alpha_2=p_2\sin\frac{\theta}{2}，\ \alpha_3=p_3\sin\frac{\theta}{2} \tag{3.2-33}$$

称$\underline{\alpha}$的 4 个元素为欧拉四元数(Euler Rodrigues Parameters)。

可知：

$$\begin{aligned}\underline{A}^{rb}&=\underline{Z}=\underline{I}\cos\theta+\underline{p}\,\underline{p}^{\mathrm{T}}(1-\cos\theta)+\underline{\tilde{p}}\sin\theta\\&=\left[\left(2\cos^2\frac{\theta}{2}-1\right)\underline{I}+2\underline{p}\,\underline{p}^{\mathrm{T}}\sin^2\frac{\theta}{2}+2\underline{\tilde{p}}\sin\frac{\theta}{2}\cos\frac{\theta}{2}\right]\\&=2\begin{bmatrix}\alpha_0^2+\alpha_1^2-0.5 & \alpha_1\alpha_2-\alpha_0\alpha_3 & \alpha_1\alpha_3+\alpha_0\alpha_2\\ \alpha_1\alpha_2+\alpha_0\alpha_3 & \alpha_0^2+\alpha_2^2-0.5 & \alpha_2\alpha_3-\alpha_0\alpha_1\\ \alpha_1\alpha_3-\alpha_0\alpha_2 & \alpha_2\alpha_3+\alpha_0\alpha_1 & \alpha_0^2+\alpha_3^2-0.5\end{bmatrix}\end{aligned} \tag{3.2-34}$$

由式(3.2-34)可知，刚体的姿态可由欧拉四元数来确定。当已知刚体的欧拉四元数姿态坐标时，可以利用式(3.2-34)得到方向余弦阵。

欧拉四元数的四个元素是不独立的，存在如下关于单位矢量的约束方程：

$$\underline{\alpha}^{\mathrm{T}}\underline{\alpha}=\alpha_0^2+\alpha_1^2+\alpha_2^2+\alpha_3^2=1 \tag{3.2-35}$$

2)运动学逆问题

当已知方向余弦阵，想要得到刚体的欧拉四元数姿态坐标时，可以利用以下方法。

(1)根据式(3.2-36)计算α_0，取正号：

$$\alpha_0=\frac{\sqrt{1+\mathrm{tr}\underline{A}^{rb}}}{2} \tag{3.2-36}$$

(2)当$\alpha_0\neq 0$时，计算其他三个元素：

$$\alpha_1=\frac{A_{32}^{rb}-A_{23}^{rb}}{4\alpha_0}，\ \alpha_2=\frac{A_{13}^{rb}-A_{31}^{rb}}{4\alpha_0}，\ \alpha_3=\frac{A_{21}^{rb}-A_{12}^{rb}}{4\alpha_0} \tag{3.2-37}$$

(3)当$\alpha_0=0$时，根据式(3.2-38)计算α_1^2、α_2^2、α_3^2：

$$\alpha_i^2=\frac{1+A_{ii}}{2}\quad(i=1,2,3) \tag{3.2-38}$$

找出最大的$\alpha_m^2=\max(\alpha_i^2,i=1,2,3)$，并计算$\alpha_m=\sqrt{\alpha_m^2}$。

由式(3.2-29)选出 2 个元素计算另外 2 个元素：

$$4\alpha_1\alpha_2=A_{12}^{rb}+A_{21}^{rb}，\ 4\alpha_1\alpha_3=A_{13}^{rb}+A_{31}^{rb}，\ 4\alpha_2\alpha_3=A_{23}^{rb}+A_{32}^{rb} \tag{3.2-39}$$

注意：在开方时，可以取正号也可以取负号。但只要确定一个符号，其他三个就已经确定了。

3.2.4 欧拉角姿态坐标

如图 3-14 所示，刚体的姿态由依次绕连体基的三个基矢量(z轴、x轴、z轴)转过有限角度ψ、θ、ϕ来确定，分别称为进动角、章动角和自转角。

欧拉角姿态坐标的三次有限转动相当于作了三次基的过渡：

$$\underline{\boldsymbol{e}_r} \xrightarrow{\boldsymbol{e}_{r3}(\boldsymbol{e}_{u3})\psi} \underline{\boldsymbol{e}_u} \xrightarrow{\boldsymbol{e}_{u1}(\boldsymbol{e}_{v1})\theta} \underline{\boldsymbol{e}_v} \xrightarrow{\boldsymbol{e}_{v3}(\boldsymbol{e}_{b3})\phi} \underline{\boldsymbol{e}_b} \tag{3.2-40}$$

其中，3 个角度用来描述刚体的姿态，称为欧拉角(Euler Angles)姿态坐标，记为

$$\underline{q} = [\psi \quad \theta \quad \phi]^{\mathrm{T}} \tag{3.2-41}$$

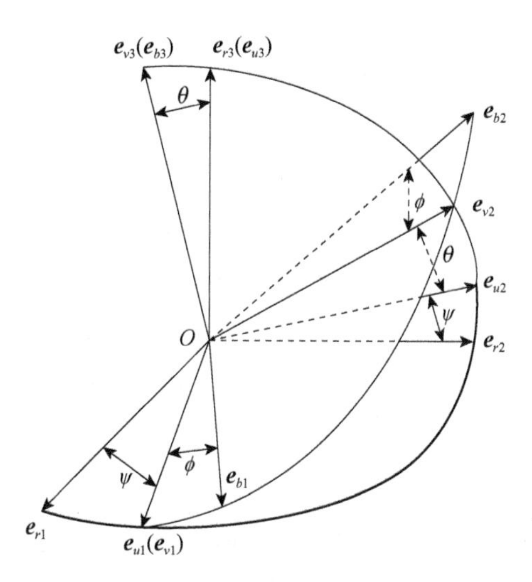

图 3-14　欧拉角

1)运动学正问题

由方向余弦阵的定义(3.1-2)或根据有限转动张量的公式(3.2-12)可知，每次转动，有关基之间的方向余弦阵分别为

$$\underline{A}^{ru} = \begin{bmatrix} c_\psi & -s_\psi & 0 \\ s_\psi & c_\psi & 0 \\ 0 & 0 & 1 \end{bmatrix}, \quad \underline{A}^{uv} = \begin{bmatrix} 1 & 0 & 0 \\ 0 & c_\theta & -s_\theta \\ 0 & s_\theta & c_\theta \end{bmatrix}, \quad \underline{A}^{vb} = \begin{bmatrix} c_\phi & -s_\phi & 0 \\ s_\phi & c_\phi & 0 \\ 0 & 0 & 1 \end{bmatrix} \tag{3.2-42}$$

其中，$s_\theta = \sin\theta$；$c_\theta = \cos\theta$；其余类似。

由式(3.1-14)可知，基$\underline{\boldsymbol{e}_b}$关于基$\underline{\boldsymbol{e}_r}$的方向余弦阵为

$$\underline{A}^{rb} = \underline{A}^{ru}\,\underline{A}^{uv}\,\underline{A}^{vb} = \begin{bmatrix} c_\psi c_\phi - s_\psi c_\theta s_\phi & -c_\psi s_\phi - s_\psi c_\theta c_\phi & s_\psi s_\theta \\ s_\psi c_\phi + c_\psi c_\theta s_\phi & -s_\psi s_\phi + c_\psi c_\theta c_\phi & -c_\psi s_\theta \\ s_\theta s_\phi & s_\theta c_\phi & c_\theta \end{bmatrix} \tag{3.2-43}$$

2)运动学逆问题

已知刚体的方向余弦阵，求欧拉角坐标时，可利用以下方法。

(1)根据式(3.2-44)计算θ和s_θ，$0<\theta<\pi$：

$$s_\theta = \sqrt{1 - A_{33}^2}, \quad \theta = \arccos(A_{33}) \tag{3.2-44}$$

(2)若$\theta \neq 0$

①计算ψ。

根据式(3.2-45)计算s_ψ和c_ψ：

$$s_\psi = A_{13} / s_\theta ,\quad c_\psi = -A_{23} / s_\theta \tag{3.2-45}$$

根据式(3.2-46)计算ψ，$-\pi \leqslant \psi \leqslant \pi$：

$$\psi = \arctan 2(s_\psi, c_\psi) \tag{3.2-46}$$

②计算ϕ。

根据式(3.2-47)计算s_ϕ和c_ϕ：

$$s_\phi = A_{31} / s_\theta ,\quad c_\phi = -A_{32} / s_\theta \tag{3.2-47}$$

根据式(3.2-48)计算ϕ，$-\pi \leqslant \phi \leqslant \pi$

$$\phi = \arctan 2(s_\phi, c_\phi) \tag{3.2-48}$$

(3)若$\theta = 0$，令$\phi = 0$，则$s_\psi = A_{21}$，$c_\psi = A_{11}$，$-\pi \leqslant \psi \leqslant \pi$，有

$$\psi = \arctan 2(s_\psi, c_\psi) \tag{3.2-49}$$

案例分析——欧拉角演示教具

如图 3-15 所示，由吉林大学师生设计的“欧拉角演示教具”，该教具在吉林省大学生机械创新设计大赛中获得二等奖。该教具由两个装置组成：装置一(图中左侧)和装置二(图中右侧)。

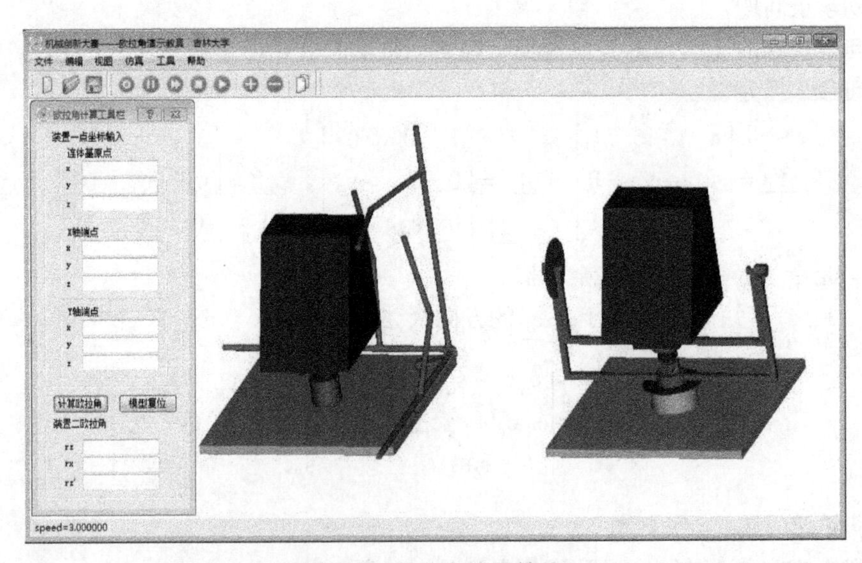

图 3-15　欧拉角演示教具

装置一的作用是设定刚体在空间中某一任意姿态。上端的类似长方体的物体为刚体，刚体与下端支座之间通过一个球铰相连，使得刚体与支座之间有 3 个相对自由度，从而能够达

到有限范围内的“任意姿态”。与支座固连一个“三维坐标测量尺”，通过该测量尺可以测出刚体连体基的基点坐标、x 轴端点坐标和 y 轴端点坐标，利用这 3 组坐标可以计算出刚体所处的姿态，即方向余弦阵，从而利用式(3.2-44)～式(3.2-49)便可计算出欧拉角姿态坐标。

装置二的作用是通过测量和计算得到的该刚体转动的欧拉角姿态坐标来重现第一个装置中刚体的姿态，从而达到欧拉角的演示目的，同时证明了欧拉角可以表示刚体的任意姿态。装置二的上端是一个与装置一中相同的刚体，下端为支座，与支座相连的为一个绕 z 轴转动的转动铰，与这个转动铰相连的是一个绕 x 轴转动的转动铰，然后再串联一个绕 z 轴转动的转动铰，便可以进行欧拉角的三次转动，如图 3-16 所示。

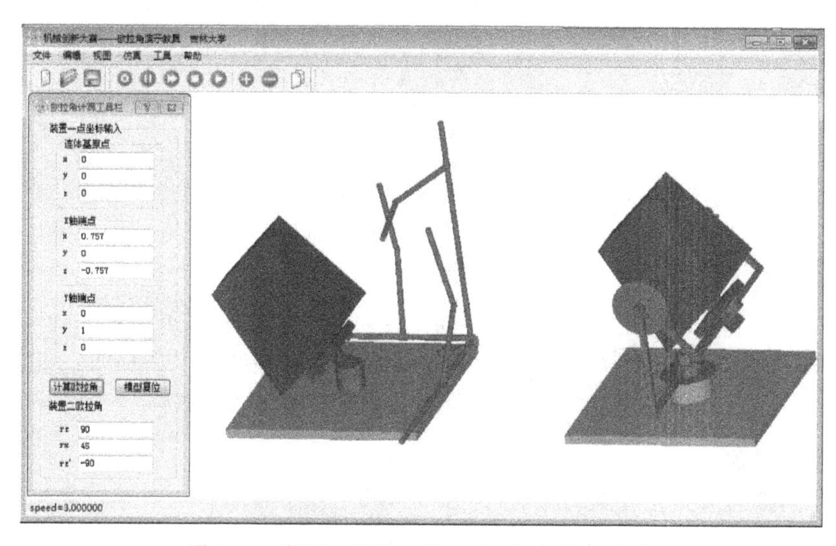

图 3-16　装置二刚体三次转动到达装置一姿态

3.2.5　HPR 姿态坐标

如图 3-17 所示，刚体的姿态由依次绕连体基的三个基矢量(z 轴、x 轴、y 轴)转过有限角度 H、P、R (Heading-Pitch-Roll，朝向、俯仰、滚转)来确定。

这三次有限转动作了三次基的过渡：

$$\underline{e}_r \xrightarrow{e_{r3}(e_{u3})H} \underline{e}_u \xrightarrow{e_{u1}(e_{v1})P} \underline{e}_v \xrightarrow{e_{v2}(e_{b2})R} \underline{e}_b \tag{3.2-50}$$

其中，3 个角度用来描述刚体的姿态，称为 HPR 姿态坐标，记为

$$\underline{q} = [H \quad P \quad R]^{\mathrm{T}} \tag{3.2-51}$$

1) 运动学正问题

由方向余弦阵的定义式(3.1-2)可知，每次转动，有关基之间的方向余弦阵分别为

$$\underline{A}^{ru} = \begin{bmatrix} \mathrm{c}_H & -\mathrm{s}_H & 0 \\ \mathrm{s}_H & \mathrm{c}_H & 0 \\ 0 & 0 & 1 \end{bmatrix}, \quad \underline{A}^{uv} = \begin{bmatrix} 1 & 0 & 0 \\ 0 & \mathrm{c}_P & -\mathrm{s}_P \\ 0 & \mathrm{s}_P & \mathrm{c}_P \end{bmatrix}, \quad \underline{A}^{vb} = \begin{bmatrix} \mathrm{c}_R & 0 & \mathrm{s}_R \\ 0 & 1 & 0 \\ -\mathrm{s}_R & 0 & \mathrm{c}_R \end{bmatrix} \tag{3.2-52}$$

其中，$\mathrm{c}_H = \cos H$；$\mathrm{s}_H = \sin H$；其余类似。

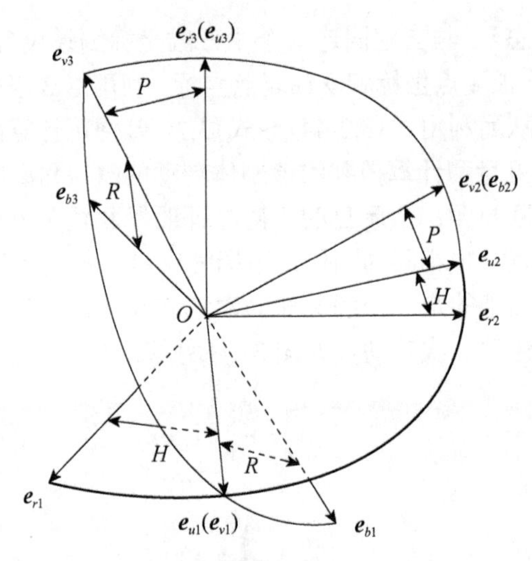

图 3-17　HPR 角

由式(3.1-14)可知，基 $\underline{e_b}$ 关于基 $\underline{e_r}$ 的方向余弦阵为

$$\underline{A^{rb}} = \underline{A^{ru}}\,\underline{A^{uv}}\,\underline{A^{vb}} = \begin{bmatrix} c_H c_R - s_H s_P s_R & -s_H c_P & c_H s_R + s_H s_P c_R \\ s_H c_R + c_H s_P s_R & c_H c_P & s_H s_R - c_H s_P c_R \\ -c_P s_R & s_P & c_P c_R \end{bmatrix} \tag{3.2-53}$$

2)运动学逆问题

已知刚体的方向余弦阵，求 HPR 坐标时，可利用以下方法。

(1)根据式(3.2-54)计算 P 和 c_P，$-\dfrac{\pi}{2}<P<\dfrac{\pi}{2}$：

$$P=\arcsin(A_{32})\,,\quad c_P=\sqrt{1-A_{32}^2} \tag{3.2-54}$$

(2)若 $P\neq\dfrac{\pi}{2}$

①计算 H。

根据式(3.2-55)计算 s_H 和 c_H：

$$s_H=-A_{12}/c_P\,,\quad c_H=A_{22}/c_P \tag{3.2-55}$$

根据式(3.2-56)计算 H，$-\pi\leqslant H\leqslant\pi$：

$$H=\arctan 2(s_H,c_H) \tag{3.2-56}$$

②计算 R。

根据式(3.2-57)计算 s_R 和 c_R：

$$s_R=-A_{31}/c_P\,,\quad c_R=A_{33}/c_P \tag{3.2-57}$$

根据式(3.2-58)计算 R，$-\pi\leqslant R\leqslant\pi$：

$$R=\arctan 2(s_R,c_R) \tag{3.2-58}$$

(3) 若 $P=\dfrac{\pi}{2}$，令 $R=0$，则 $s_H = A_{13}$，$c_H = -A_{23}$，$-\pi \leqslant H \leqslant \pi$，有

$$H = \arctan 2(s_H, c_H) \tag{3.2-59}$$

3.2.6　卡尔丹角姿态坐标

如图 3-18 所示，刚体的姿态由依次绕连体基的三个基矢量（x 轴、y 轴、z 轴）转过有限角度 φ_1、φ_2、φ_3 来确定。

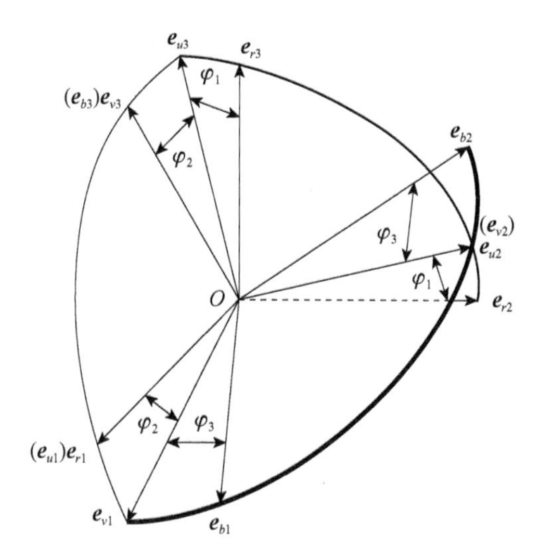

图 3-18　卡尔丹角

这三次有限转动相当于作了三次基的过渡：

$$\underline{e}_r \xrightarrow{e_{r1}(e_{u1})\varphi_1} \underline{e}_u \xrightarrow{e_{u2}(e_{v2})\varphi_2} \underline{e}_v \xrightarrow{e_{v3}(e_{b3})\varphi_3} \underline{e}_b \tag{3.2-60}$$

其中，3 个角度用来描述刚体的姿态，称为卡尔丹角 (Cardan / Bryan Angles) 姿态坐标，记为

$$\underline{q} = [\varphi_1 \quad \varphi_2 \quad \varphi_3]^{\mathrm{T}} \tag{3.2-61}$$

1) 运动学正问题

由方向余弦阵的定义式 (3.1-2) 或根据有限转动张量的公式 (3.2-12) 可知，每次转动，有关基之间的方向余弦阵分别为

$$\underline{A}^{ru} = \begin{bmatrix} 1 & 0 & 0 \\ 0 & c_1 & -s_1 \\ 0 & s_1 & c_1 \end{bmatrix}, \quad \underline{A}^{uv} = \begin{bmatrix} c_2 & 0 & s_2 \\ 0 & 1 & 0 \\ -s_2 & 0 & c_2 \end{bmatrix}, \quad \underline{A}^{vb} = \begin{bmatrix} c_3 & -s_3 & 0 \\ s_3 & c_3 & 0 \\ 0 & 0 & 1 \end{bmatrix} \tag{3.2-62}$$

其中，$s_1 = \sin\varphi_1$；$c_1 = \cos\varphi_1$；其余类似。

由式 (3.1-14)，基 $\underline{e}_b$ 关于基 $\underline{e}_r$ 的方向余弦阵为

$$\underline{A}^{rb}=\underline{A}^{ru}\underline{A}^{uv}\underline{A}^{vb}=\begin{bmatrix} c_2c_3 & -c_2s_3 & s_2 \\ c_1s_3+s_1s_2c_3 & c_1c_3-s_1s_2s_3 & -s_1c_2 \\ s_1s_3-c_1s_2c_3 & s_1c_3+c_1s_2s_3 & c_1c_2 \end{bmatrix} \tag{3.2-63}$$

2) 运动学逆问题

已知刚体的方向余弦阵，求卡尔丹角坐标时，可利用以下方法。

(1) 根据式(3.2-64)计算 φ_2 和 c_2，$-\pi/2<\theta<\pi/2$：

$$c_2=\sqrt{1-A_{13}^2}，\ \varphi_2=\arcsin(A_{13}) \tag{3.2-64}$$

(2) 若 $\varphi_2\neq\pm\pi/2$

①计算 φ_1。

根据式(3.2-65)计算 s_1 和 c_1：

$$s_1=-A_{23}/c_2，\ c_1=A_{33}/c_2 \tag{3.2-65}$$

根据式(3.2-66)计算 φ_1，$-\pi\leqslant\varphi_1\leqslant\pi$：

$$\varphi_1=\arctan2(s_1,c_1) \tag{3.2-66}$$

②计算 φ_3。

根据式(3.2-67)计算 s_3 和 c_3：

$$s_3=-A_{12}/c_2，\ c_3=A_{11}/c_2 \tag{3.2-67}$$

根据式(3.2-68)计算 φ_3，$-\pi\leqslant\varphi_3\leqslant\pi$：

$$\varphi_3=\arctan2(s_3,c_3) \tag{3.2-68}$$

(3) 若 $\varphi_2=\pm\pi/2$，令 $\varphi_3=0$，则 $s_1=A_{32}$，$c_1=A_{22}$，$-\pi\leqslant\varphi_1\leqslant\pi$，有

$$\varphi_1=\arctan2(s_1,c_1) \tag{3.2-69}$$

3.2.7　各种姿态坐标的优点和缺点

1. *方向余弦姿态坐标*

1) 优点

(1) 可以快速进行矢量的坐标阵在不同基中的变换。

这是其他姿态坐标所做不到的，其他姿态坐标为了进行矢量的坐标阵在不同基中的变换，必须先转换为方向余弦阵。

(2) 矩阵形式被图形 API 所采用。

图形 API(应用程序编程接口，Application Programming Interface)使用矩阵来描述刚体位姿。当用户与图形 API 交流时，最终必须用矩阵来描述所需的变换。程序中怎样保存方位由用户决定，但若选择了其他形式，则必须在渲染管道的某处将其转换为矩阵。

(3) 多个基之间的相对姿态。

矩阵形式的另一个优点就是可以“打破”嵌套坐标系间的关系。例如，如果知道基 $\underline{\boldsymbol{e}}_s$ 关

于基 $\underline{e_r}$ 的姿态，又知道基 $\underline{e_b}$ 关于基 $\underline{e_s}$ 的姿态，那么使用方向余弦矩阵可以快速求得基 $\underline{e_b}$ 关于基 $\underline{e_r}$ 的方位。

(4)矩阵的逆。

因为方向余弦阵是正交的，所以这个计算只是简单的矩阵转置运算。

2)缺点

(1)矩阵占用了更多的内存。

如果需要保存大量刚体姿态，那么 9 个数会导致数目可观的额外空间损失，所占空间是欧拉角姿态坐标的 3 倍。

(2)不直观。

矩阵对人们来说并不直观，有太多的数，并且它们都在−1～1。人们考虑姿态的直观方法是角度，而矩阵使用的是向量。通过实践，人们能从一个给定的矩阵中得到它所表示的姿态。但这仍比欧拉角困难得多，其他方面也不尽如人意。用手算来构造描述任意姿态的矩阵几乎是不可能的。总之，矩阵不是人们思考方位的直观方法。

(3)矩阵可能是病态的。

矩阵使用 9 个数，其实只有 3 个数是必需的，容易产生病态矩阵。那么病态矩阵是怎样出现的呢？有如下多种原因。

①对矩阵的各种操作，如缩放、切变或镜像操作等，可能会损害矩阵的正交性和单位性。

②可能从外部数据源获得“坏”数据。例如，当使用物体数据获取设备(如动作捕捉器)时，捕获过程中可能产生错误。许多建模软件包就是因为会产生病态矩阵而变得声名狼藉。

③可能因为浮点数的舍入错误而产生“坏”数据。例如，对一个姿态做大量的加运算，这在允许人们手动控制物体方位的游戏中是很常见的。由于浮点精度的限制，大量的矩阵乘法最终可能导致病态矩阵，这种现象称为“矩阵蠕变”。

2. 广义欧拉角姿态坐标

本书中介绍的欧拉角、HPR 角和卡尔丹角都是广义欧拉角。

1)优点

(1)非常直观。

欧拉角听起来很复杂，其实它是非常直观的，而且欧拉角中的数都是角度，符合人们思考方位的方式。便于使用是其最大的优点，当需要显示刚体姿态或用键盘输入刚体姿态时，欧拉角是唯一的选择。

(2)最简洁的表达方式。

欧拉角只有三个数，既能完整地表达姿态，又能节省内存。

(3)任意三个数都是合法的。

取任意三个数，它们都能构成合法的欧拉角。从另一方面说，没有“不合法”的欧拉角。当然数值可能不对，但至少它们是合法的。

2)缺点

(1)给定姿态的欧拉角姿态坐标不唯一。

三角函数的多值性，使得对于一个给定姿态，存在多个欧拉角可以描述它。这称为别名问题，有时候会引起麻烦。因此，连一些基本的问题(如两组欧拉角代表的角位移相同吗？)都很难回答。例如，在将一个角度加上 360° 的倍数时，就会遇到形式最简单的别名问题。显然，加上 360° 并不会改变姿态，尽管它的数值改变了。欧拉角最著名的别名问题是这样的：先 $H=45°$ 再 $P=90°$，与先 $P=90°$ 再 $R=45°$ 是等价的。事实上，一旦选择+(−)90° 为 Pitch 角，就被限制在只能绕竖直轴旋转。这种现象，角度为+(−)90° 的第二次旋转使得第一次和第三次旋转的旋转轴相同，称为万向锁(Gimbal Lock)。为了消除限制欧拉角的这种别名现象，规定在万向锁情况下，由 Heading 完成绕竖直轴的全部旋转。换句话说，在限制欧拉角中，若 Pitch 为+(−)90°，则 Roll 为 0。当然，如果是为了描述方位，特别是在使用了限制欧拉角的情况下，别名是不会造成太大问题的。

(2)两个姿态间求插值非常困难。

现在来看两个姿态 A 和 B 间求插值的问题，也就是说，给定参数 t，$0\leqslant t\leqslant 1$，计算临时方位 C，当 t 从 0 变化到 1 时，C 也平滑地从 A 变化到 B：

$$\begin{cases}\Delta\theta=\theta_B-\theta_A\\ \theta_C=\theta_A+t\Delta\theta\end{cases}\quad(\theta=H,P,R)$$

这时会出现如下几种问题。

①如果没有使用限制欧拉角，将得到很大的角度差。例如，方位 A 的 Heading 为 720°，方位 B 的 Heading 为 45°，720° = 360° ×2，也就是 0°，所以 Heading 值只相差 45°，但简单的插值会在错误的方向上绕将近两周。解决问题的方法是使用限制欧拉角。

②插值的第二个问题是由旋转角度的周期性引起的。设 A 的 Heading 为−170°，B 的 Heading 为 170°。这些值在 Heading 的限制范围内，都在−180° ～180°。这两个值只相差 20°，但插值操作又一次发生了错误，旋转是沿“长弧”绕了 340° 而不是更短的 20°。解决这类问题的方法是将插值的“差”角度折到−180° ～180°，以找到最短弧，公式如下：

$$\begin{cases}\text{wrap}(x)=x-360\times[(x+180)/360]\\ \Delta\theta=\text{wrap}(\theta_B-\theta_A)\\ \theta_C=\theta_A+t\Delta\theta\end{cases}\quad(\theta=H,P,R)$$

③万向锁的问题。它在大多数情况下会产生抖动、路径错误等现象。根本问题是插值过程中角速度不是恒定的。对于万向锁问题，非常不幸，它是无法克服的，是一个底层的问题。人们可能会考虑重新规划旋转，发明一种不会遭遇这些问题的系统。不幸的是，对于数目为三个的姿态坐标这不可能。

3. 欧拉四元数姿态坐标

1)优点

(1)平滑插值。

slerp 和 squad 提供了姿态间的平滑插值，其他姿态坐标不能提供平滑插值。

(2)多个基之间的相对姿态的变换和角位移求逆。

欧拉四元数叉乘能将定轴转动序列转换为单个定轴转动，用矩阵做同样的操作明显会慢一些。欧拉四元数共轭提供了一种有效计算姿态逆问题的方法，通过转置旋转矩阵也能达到同样的目的，但不如欧拉四元数容易。

(3) 能和矩阵形式快速转换。

欧拉四元数和方向余弦矩阵间的转换比欧拉角与方向余弦矩阵间的转换稍微快一点。

(4) 存储量较小。

四元数仅包含 4 个数，而矩阵用了 9 个数，它比矩阵“经济”得多(当然仍然比欧拉角多 33%)。

2) 缺点

(1) 比欧拉角稍微大一些。

一个额外的数似乎没有太大关系，但在需要保存大量角位移时，这额外的 33%也是数量可观的。

(2) 欧拉四元数可能不合法。

坏的输入数据或浮点数舍入误差积累都可能使欧拉四元数不合法(能通过欧拉四元数标准化解决这个问题，确保欧拉四元数为单位大小)。

(3) 不直观。

4. 各种姿态坐标的使用场合

(1) 欧拉角最容易使用。

当需要为世界中的物体指定姿态时，欧拉角能明显简化人机交互，包括直接的键盘输入方位、在代码中指定姿态(如为渲染设定摄像机的姿态)、在调试中测试。这个优点不应被忽视，不要以优化为名义而牺牲易用性，除非确定这种优化的确有效果。

(2) 如果需要在坐标系间转换向量，那么就选择方向余弦矩阵形式。

当然，这并不意味着不能用其他格式来保存姿态，并在需要的时候转换到矩阵形式。另一种方法是用欧拉角作为姿态的主拷贝，但同时维护一个方向余弦矩阵，当欧拉角发生改变时矩阵也要同时进行更新。

(3) 当需要大量保存方位数据时，就使用欧拉角或欧拉四元数。

欧拉角比欧拉四元数将少占用 25%的内存，但它在转换到矩阵时要稍微慢一些。如果数据需要多个坐标系之间的转换，那么欧拉四元数可能是最好的选择。

(4) 平滑的插值只能用欧拉四元数完成。

如果用其他格式也可以先转换到欧拉四元数然后再插值，插值完毕后再转换回原来的形式。

例题 3.2-3　如图 3-19 所示，已知刚体(或基 $\underline{e_b}$)在基 $\underline{e_r}$ 中的位姿坐标分别为

$$x=1,\ y=1,\ z=1,\ H=\frac{\pi}{2},\ P=0,\ R=0$$

点 P 在基 $\underline{e_b}$ 中的坐标阵为

$$\underline{{}^{b}a}=[1\ \ 0\ \ 0]^{\mathrm{T}},\quad \underline{{}^{r}m}=[1\ \ 1\ \ 1]^{\mathrm{T}}$$

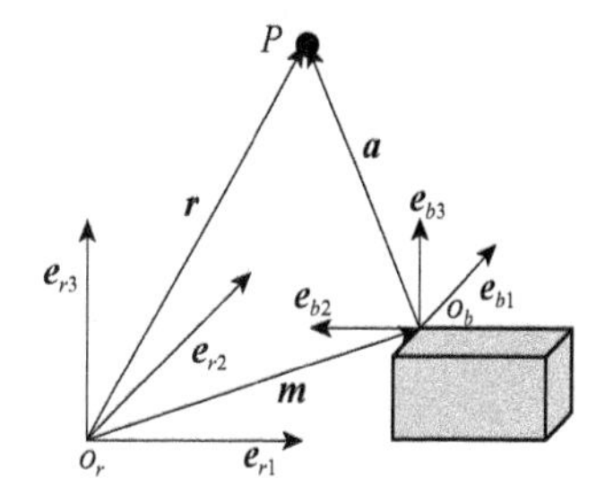

图 3-19　刚体上的点在参考系下的坐标

求基$\underline{e_b}$关于基$\underline{e_r}$的方向余弦阵，并计算点P在基$\underline{e_r}$中的坐标。

解：由式(3.2-53)可知，基$\underline{e_b}$关于基$\underline{e_r}$的方向余弦阵为

$$\underline{A^{rb}}=\begin{bmatrix} c_H c_R - s_H s_P s_R & -s_H c_P & c_H s_R + s_H s_P c_R \\ s_H c_R + c_H s_P s_R & c_H c_P & s_H s_R - c_H s_P c_R \\ -c_P s_R & s_P & c_P c_R \end{bmatrix}=\begin{bmatrix} 0 & -1 & 0 \\ 1 & 0 & 0 \\ 0 & 0 & 1 \end{bmatrix}$$

则

$$\underline{{}^r r}=\underline{{}^r m}+\underline{{}^r a}=\underline{{}^r m}+\underline{A^{rb}}\,\underline{{}^b a}=\begin{bmatrix}1\\1\\1\end{bmatrix}+\begin{bmatrix} 0 & -1 & 0 \\ 1 & 0 & 0 \\ 0 & 0 & 1 \end{bmatrix}\begin{bmatrix}1\\0\\0\end{bmatrix}=\begin{bmatrix}1\\2\\1\end{bmatrix}$$

例题 3.2-4　已知刚体(或基$\underline{e_b}$)关于基$\underline{e_r}$的方向余弦阵为

$$\underline{A^{rb}}=\begin{bmatrix} 0 & 0 & 1 \\ 0 & -1 & 0 \\ 1 & 0 & 0 \end{bmatrix}$$

求刚体(或基$\underline{e_b}$)在基$\underline{e_r}$的姿态坐标(欧拉角坐标、HPR 角、欧拉四元数)。

解：由式(3.2-44)～式(3.2-49)求欧拉角的方法，可得

$$\theta=\arccos(A_{33})=\frac{\pi}{2}\text{，}\quad s_\theta=\sqrt{1-A_{33}^2}=1$$

由于$\theta\neq 0$，所以有

$$s_\psi=A_{13}/s_\theta=1\text{，}\quad c_\psi=-A_{23}/s_\theta=0$$

$$\psi=\operatorname{atan2}(s_\psi,c_\psi)=\frac{\pi}{2}\quad(-\pi\leqslant\psi\leqslant\pi)$$

$$s_\phi=A_{31}/s_\theta=1\text{，}\quad c_\phi=-A_{32}/s_\theta=0$$

$$\phi=\operatorname{atan2}(s_\phi,c_\phi)=\frac{\pi}{2}\quad(-\pi\leqslant\phi\leqslant\pi)$$

即欧拉角坐标为

$$\underline{q}=[\psi\quad\theta\quad\phi]^{\mathrm T}=\begin{bmatrix}\frac{\pi}{2} & \frac{\pi}{2} & \frac{\pi}{2}\end{bmatrix}^{\mathrm T}$$

如图 3-20 所示，通过观察可发现，基$\underline{e_r}$经过欧拉角三次连续转动到达基$\underline{e_b}$所在姿态，$\underline{e_b}$的 3 个基矢量在基$\underline{e_r}$中的坐标阵分别为

$$\underline{{}^r e_{b1}}=[0\quad 0\quad 1]^{\mathrm T}\text{，}\quad\underline{{}^r e_{b2}}=[0\quad -1\quad 0]^{\mathrm T}\text{，}\quad\underline{{}^r e_{b3}}=[1\quad 0\quad 0]^{\mathrm T}$$

根据方向余弦阵的定义式(3.1-2)可知，与题目中的基$\underline{e_b}$关于基$\underline{e_r}$的方向余弦阵相同，说明欧拉角求解正确。

由式(3.2-54)～式(3.2-59)求 HPR 角的方法，可得

$$P=\arcsin(A_{32})=0\text{，}\quad c_P=\sqrt{1-A_{32}^2}=1$$

由于 $P \neq \frac{\pi}{2}$，所以有

$$\mathrm{s}_H = -A_{12} / \mathrm{c}_P = 0, \quad \mathrm{c}_H = A_{22} / \mathrm{c}_P = -1$$

$$H = \operatorname{atan2}(\mathrm{s}_H, \mathrm{c}_H) = \pi \quad (-\pi \leqslant H \leqslant \pi)$$

$$\mathrm{s}_R = -A_{31} / \mathrm{c}_P = -1, \quad \mathrm{c}_R = A_{33} / \mathrm{c}_P = 0$$

$$R = \operatorname{atan2}(\mathrm{s}_R, \mathrm{c}_R) = -\frac{\pi}{2} \quad (-\pi \leqslant R \leqslant \pi)$$

即 HPR 角坐标为
$$\underline{q} = \begin{bmatrix} H & P & R \end{bmatrix}^{\mathrm{T}} = \begin{bmatrix} \pi & 0 & -\frac{\pi}{2} \end{bmatrix}^{\mathrm{T}}$$

如图 3-21 所示，通过观察可以发现，基 $\underline{\boldsymbol{e}_r}$ 经过 HPR 角三次连续转动到达基 $\underline{\boldsymbol{e}_b}$ 所在姿态，与上面欧拉角的分析相同，说明 HPR 角求解正确。

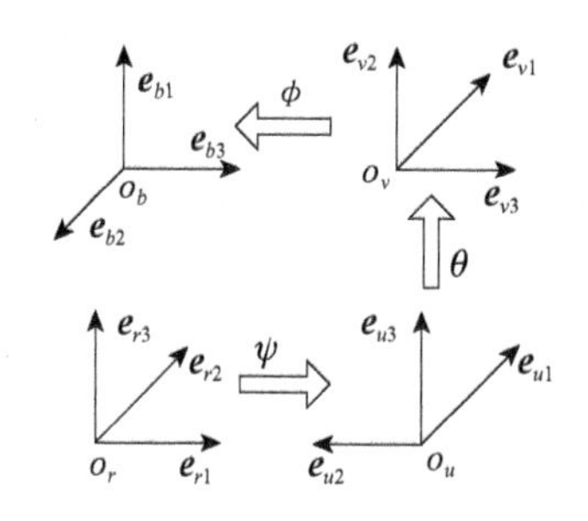

图 3-20　由方向余弦阵求欧拉角

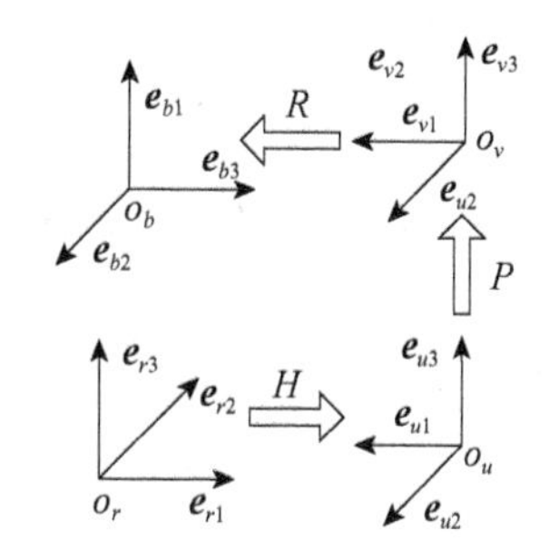

图 3-21　由方向余弦阵求 HPR 角

由式(3.2-36)～式(3.2-39)求欧拉四元数的方法，可得

$$\alpha_0 = \frac{\sqrt{1 + \operatorname{tr} \underline{A}^{rb}}}{2} = 0$$

由于 $\alpha_0 = 0$，所以有

$$\alpha_1^2 = \frac{1 + A_{11}}{2} = \frac{1}{2}, \quad \alpha_2^2 = \frac{1 + A_{22}}{2} = 0, \quad \alpha_3^2 = \frac{1 + A_{33}}{2} = \frac{1}{2}$$

α_1^2 最大，则
$$\alpha_1 = \frac{\sqrt{2}}{2}$$

$$4\alpha_1\alpha_2 = A_{12}^{rb} + A_{21}^{rb} = 0 \Rightarrow \alpha_2 = 0, \quad 4\alpha_1\alpha_3 = A_{13}^{rb} + A_{31}^{rb} = 2 \Rightarrow \alpha_3 = \frac{\sqrt{2}}{2}$$

即欧拉四元数坐标为
$$\underline{q} = \underline{\alpha} = \begin{bmatrix} \alpha_0 & \alpha_1 & \alpha_2 & \alpha_3 \end{bmatrix}^{\mathrm{T}} = \begin{bmatrix} 0 & \frac{\sqrt{2}}{2} & 0 & \frac{\sqrt{2}}{2} \end{bmatrix}^{\mathrm{T}}$$

由式(3.2-33)可知，欧拉轴为

$$\underline{p}=\begin{bmatrix}p_1 & p_2 & p_3\end{bmatrix}^{\mathrm{T}}=\begin{bmatrix}\frac{\sqrt{2}}{2} & 0 & \frac{\sqrt{2}}{2}\end{bmatrix}^{\mathrm{T}}$$

转角为

$$\alpha_0=\cos\frac{\theta}{2}=0\Rightarrow\theta=\pi$$

说明基 $\underline{e_r}$ 绕 xz 轴的对角线一次转动 π 可到达基 $\underline{e_b}$ 所在姿态，所以欧拉四元数求解正确。

3.3 刚体在空间中的速度和加速度

3.3.1 矢量对时间的导数

定义任一矢量 $\boldsymbol{a}$ 相对某一参考基 $\underline{e_r}$ 对时间的导数(Derivative)是另一矢量，记为 $\frac{^r\mathrm{d}}{\mathrm{d}t}\boldsymbol{a}$。其中，$\frac{^r\mathrm{d}}{\mathrm{d}t}(\cdot)$ 是一个算子，表示在基 $\underline{e_r}$ 上将算子的作用量 $(\cdot)$ 对时间求导。若作用量为标量，左上标 r 无意义，$\frac{^r\mathrm{d}}{\mathrm{d}t}(\cdot)=\frac{\mathrm{d}}{\mathrm{d}t}(\cdot)$，或简写为作用量上加一点。当基为一默认公共基(如惯性基)时，也可将 $\frac{^r\mathrm{d}}{\mathrm{d}t}\boldsymbol{a}$ 简写为 $\frac{^r\mathrm{d}}{\mathrm{d}t}\boldsymbol{a}=\frac{\mathrm{d}}{\mathrm{d}t}\boldsymbol{a}=\dot{\boldsymbol{a}}$。

考虑到基 $\underline{e_r}$ 的 3 个基矢量固结于该基，不随时间变化，有

$$\frac{^r\mathrm{d}}{\mathrm{d}t}\boldsymbol{e}_{ri}=0 \quad (i=1,2,3) \tag{3.3-1}$$

将矩阵对时间导数的表达式推广到矢量阵，则

$$\frac{^r\mathrm{d}}{\mathrm{d}t}\underline{e_r}=\underline{\mathbf{0}},\quad \frac{^r\mathrm{d}}{\mathrm{d}t}\underline{e_r}^{\mathrm{T}}=\underline{\mathbf{0}}^{\mathrm{T}} \tag{3.3-2}$$

由式(2.2-27)且考虑到式(3.3-2)，有

$$\frac{^r\mathrm{d}}{\mathrm{d}t}\boldsymbol{a}=\frac{^r\mathrm{d}}{\mathrm{d}t}\left(\underline{^ra}^{\mathrm{T}}\underline{e_r}\right)=\left(\frac{^r\mathrm{d}}{\mathrm{d}t}\underline{^ra}^{\mathrm{T}}\right)\underline{e_r}+\underline{^ra}^{\mathrm{T}}\frac{^r\mathrm{d}}{\mathrm{d}t}\underline{e_r}=\left(\frac{^r\mathrm{d}}{\mathrm{d}t}\underline{^ra}^{\mathrm{T}}\right)\underline{e_r}=\underline{^r\dot{a}}^{\mathrm{T}}\underline{e_r} \tag{3.3-3}$$

$$\frac{^r\mathrm{d}}{\mathrm{d}t}\boldsymbol{a}=\frac{^r\mathrm{d}}{\mathrm{d}t}\left(\underline{e_r}^{\mathrm{T}}\underline{^ra}\right)=\left(\frac{^r\mathrm{d}}{\mathrm{d}t}\underline{e_r}^{\mathrm{T}}\right)\underline{^ra}+\underline{e_r}^{\mathrm{T}}\frac{^r\mathrm{d}}{\mathrm{d}t}\underline{^ra}=\underline{e_r}^{\mathrm{T}}\frac{^r\mathrm{d}}{\mathrm{d}t}\underline{^ra}=\underline{e_r}^{\mathrm{T}}\underline{^r\dot{a}} \tag{3.3-4}$$

3.3.2 刚体的角速度矢量

如图 3-7 所示，研究刚体的姿态相对于参考基 $\underline{e_r}$ 随时间的变化可理解为该刚体的连体基 $\underline{e_b}$ 相对于参考基 $\underline{e_r}$ 随时间的变化。根据式(3.1-8)、式(3.1-9)和式(3.3-2)，在参考基 $\underline{e_r}$ 上，将连体基 $\underline{e_b}$ 的三个基矢量对时间求导，有

$$\frac{{}^r\mathrm{d}}{\mathrm{d}t}\underline{\boldsymbol{e}_b}=\frac{{}^r\mathrm{d}}{\mathrm{d}t}\left(\underline{A}^{br}\underline{\boldsymbol{e}_r}\right)=\underline{\dot{A}}^{br}\underline{\boldsymbol{e}_r}+\underline{A}^{br}\underline{\dot{\boldsymbol{e}}_r}=\underline{\dot{A}}^{br}\underline{\boldsymbol{e}_r}=\underline{\dot{A}}^{br}\underline{A}^{rb}\underline{\boldsymbol{e}_b} \tag{3.3-5}$$

设

$$\underline{W}=\underline{\dot{A}}^{br}\underline{A}^{rb} \tag{3.3-6}$$

在参考基 $\underline{\boldsymbol{e}_r}$ 上将式(2.2-23)两边对时间求导，有

$$\left(\frac{{}^r\mathrm{d}}{\mathrm{d}t}\underline{\boldsymbol{e}_b}\right)\cdot\underline{\boldsymbol{e}_b}^{\mathrm{T}}+\underline{\boldsymbol{e}_b}\cdot\left(\frac{{}^r\mathrm{d}}{\mathrm{d}t}\underline{\boldsymbol{e}_b}^{\mathrm{T}}\right)=\underline{0} \tag{3.3-7}$$

将式(3.3-5)代入式(3.3-7)，且考虑式(2.2-23)，有

$$\underline{W}\underline{\boldsymbol{e}_b}\cdot\underline{\boldsymbol{e}_b}^{\mathrm{T}}+\underline{\boldsymbol{e}_b}\cdot\left(\underline{W}\underline{\boldsymbol{e}_b}\right)^{\mathrm{T}}=\underline{W}+\underline{W}^{\mathrm{T}}=\underline{0} \tag{3.3-8}$$

由上式可知，$\underline{W}$ 是一个反对称阵。可以引入列阵：

$$\underline{\omega}=\begin{bmatrix}\omega_1 & \omega_2 & \omega_3\end{bmatrix}^{\mathrm{T}} \tag{3.3-9}$$

使式(3.3-10)成立：

$$-\underline{W}=\underline{\tilde{\omega}}=\begin{bmatrix}0 & -\omega_3 & \omega_2\\ \omega_3 & 0 & -\omega_1\\ -\omega_2 & \omega_1 & 0\end{bmatrix} \tag{3.3-10}$$

将上式代入式(3.3-5)，有

$$\frac{{}^r\mathrm{d}}{\mathrm{d}t}\underline{\boldsymbol{e}_b}=-\underline{\tilde{\omega}}\underline{\boldsymbol{e}_b}=\begin{bmatrix}\omega_3\boldsymbol{e}_{b2}-\omega_2\boldsymbol{e}_{b3}\\ \omega_1\boldsymbol{e}_{b3}-\omega_3\boldsymbol{e}_{b1}\\ \omega_2\boldsymbol{e}_{b1}-\omega_1\boldsymbol{e}_{b2}\end{bmatrix} \tag{3.3-11}$$

若认为 $\underline{\omega}$ 为一矢量 $\boldsymbol{\omega}$ 在连体基 $\underline{\boldsymbol{e}_b}$ 上的坐标阵，即

$$\boldsymbol{\omega}={}^b\underline{\omega}^{\mathrm{T}}\underline{\boldsymbol{e}_b} \tag{3.3-12}$$

则

$$\frac{{}^r\mathrm{d}}{\mathrm{d}t}\underline{\boldsymbol{e}_b}=-\underline{\tilde{\omega}}\underline{\boldsymbol{e}_b}=\begin{bmatrix}\omega_3\boldsymbol{e}_{b2}-\omega_2\boldsymbol{e}_{b3}\\ \omega_1\boldsymbol{e}_{b3}-\omega_3\boldsymbol{e}_{b1}\\ \omega_2\boldsymbol{e}_{b1}-\omega_1\boldsymbol{e}_{b2}\end{bmatrix}=\begin{bmatrix}{}^b\underline{\omega}^{\mathrm{T}}\underline{\boldsymbol{e}_b}\times\boldsymbol{e}_{b1}\\ {}^b\underline{\omega}^{\mathrm{T}}\underline{\boldsymbol{e}_b}\times\boldsymbol{e}_{b2}\\ {}^b\underline{\omega}^{\mathrm{T}}\underline{\boldsymbol{e}_b}\times\boldsymbol{e}_{b3}\end{bmatrix}={}^b\underline{\omega}^{\mathrm{T}}\underline{\boldsymbol{e}_b}\times\underline{\boldsymbol{e}_b}=\boldsymbol{\omega}\times\underline{\boldsymbol{e}_b} \tag{3.3-13}$$

即连体基 $\underline{\boldsymbol{e}_b}$ 相对于参考基 $\underline{\boldsymbol{e}_r}$ 对时间的变化率为一个矢量 $\boldsymbol{\omega}$ 与连体基 $\underline{\boldsymbol{e}_b}$ 的叉积。称此矢量为连体基 $\underline{\boldsymbol{e}_b}$ 相对于参考基 $\underline{\boldsymbol{e}_r}$ 的角速度矢量(Angular Velocity Vector)。为了明确角速度矢量涉及的两个基的关系，在需要的情况下将矢量 $\boldsymbol{\omega}$ 用矢量 $\boldsymbol{\omega}^{rb}$ 代替。这样式(3.3-13)可写为

$$\frac{{}^r\mathrm{d}}{\mathrm{d}t}\underline{\boldsymbol{e}_b}=\boldsymbol{\omega}^{rb}\times\underline{\boldsymbol{e}_b} \tag{3.3-14}$$

由式(3.3-6)和式(3.3-10)，且考虑 $\underline{W}$ 是一个反对称阵，有

$$\underline{{}^b\tilde{\omega}^{rb}}=-\underline{\dot{A}}^{br}\underline{A}^{rb}=\left(\underline{\dot{A}}^{br}\underline{A}^{rb}\right)^{\mathrm{T}}=\underline{A}^{br}\underline{\dot{A}}^{rb} \tag{3.3-15}$$

由上式，且考虑式(3.1-16)，有

$$\underline{{}^r\tilde{\omega}^{rb}}=\underline{A}^{rb}\,\underline{{}^b\tilde{\omega}^{rb}}\,\underline{A}^{br}=\underline{\dot{A}}^{rb}\underline{A}^{br} \tag{3.3-16}$$

由以上推导可知，角速度矢量是描述连体基方位变化的一个物理量，它与连体基原点的

选择无关。一般情况下，不能把角速度矢量理解为某个“角矢量”的导数，或理解为某种姿态坐标的导数。

根据欧拉旋转定理可知，刚体由一个姿态到另一个任意姿态可通过绕矢量 $\boldsymbol{p}$ 转一角度 θ 这种定轴转动实现。下面来研究这种定轴转动情况下的角速度矢量。

由式(3.1-12)和式(3.2-12)可知，定轴转动情况下基 $\underline{\boldsymbol{e}_r}$ 关于基 $\underline{\boldsymbol{e}_b}$ 的方向余弦阵为

$$\underline{A}^{br}=\underline{A}^{rb\mathrm{T}}=[\underline{I}\cos\theta+\underline{p}\,\underline{p}^{\mathrm{T}}(1-\cos\theta)+\underline{\tilde{p}}\sin\theta]^{\mathrm{T}}=\underline{I}\cos\theta+\underline{p}\,\underline{p}^{\mathrm{T}}(1-\cos\theta)-\underline{\tilde{p}}\sin\theta \tag{3.3-17}$$

考虑到转轴矢量 $\boldsymbol{p}$ 的坐标阵 $\underline{p}$ 对时间的导数为零，有

$$\underline{\dot{A}}^{rb}=(-\underline{I}\sin\theta+\underline{p}\,\underline{p}^{\mathrm{T}}\sin\theta+\underline{\tilde{p}}\cos\theta)\dot{\theta} \tag{3.3-18}$$

将式(3.3-17)和式(3.3-18)代入式(3.3-15)，考虑到式(2.4-19)和式(2.4-21)，有

$$\begin{aligned}{}^{b}\underline{\tilde{\omega}}^{rb}&=\underline{A}^{br}\underline{\dot{A}}^{rb}\\&=[\underline{\tilde{p}}+(\underline{p}\,\underline{p}^{\mathrm{T}}-\underline{I})\sin\theta\cos\theta-\underline{\tilde{p}}\,\underline{\tilde{p}}\sin\theta\cos\theta+\underline{p}\,\underline{p}^{\mathrm{T}}\underline{\tilde{p}}\cos\theta(1-\cos\theta)-\underline{\tilde{p}}\,\underline{p}\,\underline{p}^{\mathrm{T}}\sin^{2}\theta]\dot{\theta}\\&=\underline{\tilde{p}}\dot{\theta}\end{aligned} \tag{3.3-19}$$

上式对应的矢量式为

$$\boldsymbol{\omega}=\boldsymbol{p}\dot{\theta} \tag{3.3-20}$$

式(3.3-20)即为定轴转动情况下的角速度矢量（转轴矢量乘以角度导数）。

最后，引入角加速度矢量的概念。定义刚体或连体基 $\underline{\boldsymbol{e}_b}$ 相对于参考基 $\underline{\boldsymbol{e}_r}$ 的角速度矢量 $\boldsymbol{\omega}$ 在该基上对时间的导数为刚体相对于参考基 $\underline{\boldsymbol{e}_r}$ 的角加速度矢量(Angular Acceleration Vector)，即

$$\boldsymbol{\alpha}^{rb}=\frac{{}^{r}\mathrm{d}}{\mathrm{d}t}\boldsymbol{\omega}^{rb}=\frac{{}^{b}\mathrm{d}}{\mathrm{d}t}\boldsymbol{\omega}^{rb} \tag{3.3-21}$$

3.3.3　矢量相对不同基对时间的导数

如图 3-7 所示，由式(2.2-27)，任意矢量 $\boldsymbol{a}$ 相对参考基对时间的导数可以写为

$$\frac{{}^{r}\mathrm{d}}{\mathrm{d}t}\boldsymbol{a}=\frac{{}^{r}\mathrm{d}}{\mathrm{d}t}\left({}^{b}\underline{a}^{\mathrm{T}}\underline{\boldsymbol{e}_b}\right)=\frac{{}^{r}\mathrm{d}}{\mathrm{d}t}{}^{b}\underline{a}^{\mathrm{T}}\underline{\boldsymbol{e}_b}+{}^{b}\underline{a}^{\mathrm{T}}\left(\frac{{}^{r}\mathrm{d}}{\mathrm{d}t}\underline{\boldsymbol{e}_b}\right) \tag{3.3-22}$$

其中，由于 ${}^{b}\underline{a}^{\mathrm{T}}$ 为标量阵，所以其对时间的导数与参考基无关。考虑到式(3.3-3)，有

$$\frac{{}^{r}\mathrm{d}}{\mathrm{d}t}{}^{b}\underline{a}^{\mathrm{T}}\underline{\boldsymbol{e}_b}=\frac{{}^{b}\mathrm{d}}{\mathrm{d}t}{}^{b}\underline{a}^{\mathrm{T}}\underline{\boldsymbol{e}_b}=\frac{{}^{b}\mathrm{d}}{\mathrm{d}t}\boldsymbol{a} \tag{3.3-23}$$

将上式代入式(3.3-22)，且考虑式(3.3-14)，则矢量相对不同基对时间的导数关系为

$$\frac{{}^{r}\mathrm{d}}{\mathrm{d}t}\boldsymbol{a}=\frac{{}^{r}\mathrm{d}}{\mathrm{d}t}{}^{b}\underline{a}^{\mathrm{T}}\underline{\boldsymbol{e}_b}+{}^{b}\underline{a}^{\mathrm{T}}\left(\frac{{}^{r}\mathrm{d}}{\mathrm{d}t}\underline{\boldsymbol{e}_b}\right)=\frac{{}^{b}\mathrm{d}}{\mathrm{d}t}\boldsymbol{a}+{}^{b}\underline{a}^{\mathrm{T}}\boldsymbol{\omega}^{rb}\times\underline{\boldsymbol{e}_b}=\frac{{}^{b}\mathrm{d}}{\mathrm{d}t}\boldsymbol{a}+\boldsymbol{\omega}^{rb}\times\boldsymbol{a} \tag{3.3-24}$$

上式可简写为

$$\dot{\boldsymbol{a}}=\boldsymbol{a}'+\boldsymbol{\omega}^{rb}\times\boldsymbol{a} \tag{3.3-25}$$

在特殊情况下，当矢量 $\boldsymbol{a}$ 与刚体(或连体基)固结时，式(3.3-25)右边的第一项 $\boldsymbol{a}'$ 为零，则

$$\dot{\boldsymbol{a}}=\boldsymbol{\omega}^{rb}\times\boldsymbol{a} \tag{3.3-26}$$

对于角速度 $\boldsymbol{\omega}^{rb}$ 这个特殊的矢量，其相对不同基的导数为

$$\frac{{}^{r}\mathrm{d}}{\mathrm{d}t}\boldsymbol{\omega}^{rb}=\frac{{}^{b}\mathrm{d}}{\mathrm{d}t}\boldsymbol{\omega}^{rb}+\boldsymbol{\omega}^{rb}\times\boldsymbol{\omega}^{rb}=\frac{{}^{b}\mathrm{d}}{\mathrm{d}t}\boldsymbol{\omega}^{rb} \tag{3.3-27}$$

式(3.3-27)说明角速度矢量相对两个基的导数相等。

根据矢量的一阶导数可推导出矢量相对不同基的二阶导数的关系为

$$\begin{aligned}\frac{{}^{r}\mathrm{d}^2}{\mathrm{d}t^2}\boldsymbol{a}&=\frac{{}^{r}\mathrm{d}}{\mathrm{d}t}\left(\frac{{}^{b}\mathrm{d}}{\mathrm{d}t}\boldsymbol{a}+\boldsymbol{\omega}^{rb}\times\boldsymbol{a}\right)=\frac{{}^{r}\mathrm{d}}{\mathrm{d}t}\left(\frac{{}^{b}\mathrm{d}}{\mathrm{d}t}\boldsymbol{a}\right)+\frac{{}^{r}\mathrm{d}}{\mathrm{d}t}\boldsymbol{\omega}^{rb}\times\boldsymbol{a}+\boldsymbol{\omega}^{rb}\times\frac{{}^{r}\mathrm{d}}{\mathrm{d}t}\boldsymbol{a}\\&=\frac{{}^{b}\mathrm{d}^2}{\mathrm{d}t^2}\boldsymbol{a}+\boldsymbol{\omega}^{rb}\times\frac{{}^{b}\mathrm{d}}{\mathrm{d}t}\boldsymbol{a}+\frac{{}^{r}\mathrm{d}}{\mathrm{d}t}\boldsymbol{\omega}^{rb}\times\boldsymbol{a}+\boldsymbol{\omega}^{rb}\times\frac{{}^{b}\mathrm{d}}{\mathrm{d}t}\boldsymbol{a}+\boldsymbol{\omega}^{rb}\times(\boldsymbol{\omega}^{rb}\times\boldsymbol{a})\\&\Leftrightarrow\ddot{\boldsymbol{a}}=\boldsymbol{a}''+\dot{\boldsymbol{\omega}}\times\boldsymbol{a}+2\boldsymbol{\omega}\times\boldsymbol{a}'+\boldsymbol{\omega}\times(\boldsymbol{\omega}\times\boldsymbol{a})\end{aligned} \tag{3.3-28}$$

当矢量 $\boldsymbol{a}$ 与刚体(或连体基)固结时，有

$$\ddot{\boldsymbol{a}}=\dot{\boldsymbol{\omega}}\times\boldsymbol{a}+\boldsymbol{\omega}\times(\boldsymbol{\omega}\times\boldsymbol{a}) \tag{3.3-29}$$

3.3.4　角速度矢量的叠加原理

若有三个基 $\underline{\boldsymbol{e}_r}$、$\underline{\boldsymbol{e}_b}$、$\underline{\boldsymbol{e}_s}$，有一矢量 $\boldsymbol{a}$ 固结于基 $\underline{\boldsymbol{e}_b}$，由式(3.3-26)可得

$$\frac{{}^{r}\mathrm{d}}{\mathrm{d}t}\boldsymbol{a}=\boldsymbol{\omega}^{rb}\times\boldsymbol{a},\quad\frac{{}^{s}\mathrm{d}}{\mathrm{d}t}\boldsymbol{a}=\boldsymbol{\omega}^{sb}\times\boldsymbol{a} \tag{3.3-30}$$

由式(3.3-24)，有

$$\frac{{}^{r}\mathrm{d}}{\mathrm{d}t}\boldsymbol{a}=\frac{{}^{s}\mathrm{d}}{\mathrm{d}t}\boldsymbol{a}+\boldsymbol{\omega}^{rs}\times\boldsymbol{a} \tag{3.3-31}$$

将式(3.3-30)代入上式，得

$$\boldsymbol{\omega}^{rb}\times\boldsymbol{a}=\boldsymbol{\omega}^{rs}\times\boldsymbol{a}+\boldsymbol{\omega}^{sb}\times\boldsymbol{a}=(\boldsymbol{\omega}^{rs}+\boldsymbol{\omega}^{sb})\times\boldsymbol{a} \tag{3.3-32}$$

由于矢量 $\boldsymbol{a}$ 是任意的，有

$$\boldsymbol{\omega}^{rb}=\boldsymbol{\omega}^{rs}+\boldsymbol{\omega}^{sb} \tag{3.3-33}$$

角速度矢量的叠加原理：基 $\underline{\boldsymbol{e}_b}$ 相对于基 $\underline{\boldsymbol{e}_r}$ 的角速度矢量等于基 $\underline{\boldsymbol{e}_b}$ 相对于基 $\underline{\boldsymbol{e}_s}$ 与基 $\underline{\boldsymbol{e}_s}$ 相对于基 $\underline{\boldsymbol{e}_r}$ 的两个角速度矢量的和(对于定轴转动，还有角加速度叠加原理)。

例题 3.3-1　如图 3-22(a)所示的两自由度的回转装置，圆盘匀速绕水平轴 CD 转动，$\dot{\theta}_2=$ 4rad/s，同时 CD 轴又匀速绕 AB 轴转动，$\dot{\theta}_1$=3rad/s。求圆盘相对地面的角速度和角加速度的大小及方向。

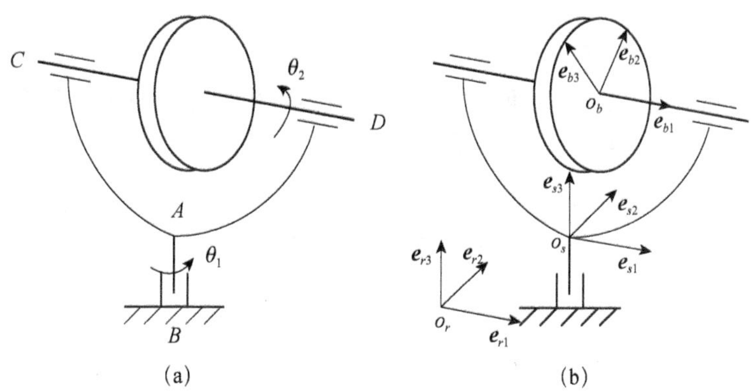

图 3-22　两自由度的回转装置

解： 建立坐标系。

如图 3-22(b)所示，在圆盘的中心建立其连体基 $\underline{\boldsymbol{e}_b}$，其 x 轴沿着 CD 方向；在支架上建立其连体基 $\underline{\boldsymbol{e}_s}$，其 x 轴沿着 CD 方向，z 轴沿着 AB 方向；在地面上建立参考系 $\underline{\boldsymbol{e}_r}$，其与 $\underline{\boldsymbol{e}_s}$ 初始朝向相同。

求相邻两个基之间的角速度矢量，根据定轴转动的角速度矢量式(3.3-20)，有

$$\boldsymbol{\omega}^{sb} = \boldsymbol{p}_{CD}\dot{\theta}_2, \quad \boldsymbol{\omega}^{rs} = \boldsymbol{p}_{AB}\dot{\theta}_1$$

根据角速度矢量叠加原理式(3.3-33)，有

$$\boldsymbol{\omega}^{rb} = \boldsymbol{\omega}^{rs} + \boldsymbol{\omega}^{sb} = \boldsymbol{p}_{CD}\dot{\theta}_2 + \boldsymbol{p}_{AB}\dot{\theta}_1$$

写成在 $\underline{\boldsymbol{e}_r}$ 下坐标阵的形式，有

$$\underline{{}^r\omega^{rb}} = \underline{{}^r\omega^{rs}} + \underline{{}^r\omega^{sb}} = \underline{{}^r p_{CD}}\dot{\theta}_2 + \underline{{}^r p_{AB}}\dot{\theta}_1 = 3\begin{bmatrix}0\\0\\1\end{bmatrix} + 4\begin{bmatrix}1\\0\\0\end{bmatrix} = \begin{bmatrix}4\\0\\3\end{bmatrix}$$

由于 $\boldsymbol{\omega}^{rs}$、$\boldsymbol{\omega}^{sb}$ 与 $\underline{\boldsymbol{e}_s}$ 固连，由式(3.3-21)，有

$$\boldsymbol{\alpha}^{rb} = \frac{{}^r\mathrm{d}}{\mathrm{d}t}\boldsymbol{\omega}^{rb} = \frac{{}^r\mathrm{d}}{\mathrm{d}t}(\boldsymbol{p}_{CD}\dot{\theta}_2) + \frac{{}^r\mathrm{d}}{\mathrm{d}t}(\boldsymbol{p}_{AB}\dot{\theta}_1) = \boldsymbol{\omega}^{rs} \times (\boldsymbol{p}_{CD}\dot{\theta}_2 + \boldsymbol{p}_{AB}\dot{\theta}_1) = \boldsymbol{\omega}^{rs} \times \boldsymbol{\omega}^{rb}$$

写成在 $\underline{\boldsymbol{e}_r}$ 下坐标阵的形式，有

$$\underline{{}^r\alpha^{rb}} = \underline{{}^r\tilde{\omega}^{rs}\,{}^r\omega^{sb}} = \begin{bmatrix}0 & -3 & 0\\3 & 0 & 0\\0 & 0 & 0\end{bmatrix}\begin{bmatrix}4\\0\\3\end{bmatrix} = \begin{bmatrix}0\\12\\0\end{bmatrix}$$

3.3.5 刚体的角速度与姿态坐标导数的关系

刚体的角速度矢量在参考基与在连体基中的坐标阵前面已求得，它们与姿态坐标的导数并不相等，并且关系比较复杂。而且对于不同的姿态坐标有不同的关系。在刚体运动学与动力学分析时，需要根据角速度的变化规律寻找姿态坐标的时间历程，需要求出以角速度坐标阵为参量的姿态坐标的微分方程。

1. 方向余弦坐标与角速度

由式(3.3-15)和式(3.3-16)可知刚体的角速度矢量的坐标方阵与方向余弦阵及其导数的关系，将两式展开，得到角速度矢量的坐标阵与方向余弦阵及其导数的关系，有

$$\begin{cases}{}^b\omega_1 = \dot{A}_{12}A_{13} + \dot{A}_{22}A_{23} + \dot{A}_{32}A_{33}\\{}^b\omega_2 = \dot{A}_{13}A_{11} + \dot{A}_{23}A_{21} + \dot{A}_{33}A_{31}\\{}^b\omega_3 = \dot{A}_{11}A_{12} + \dot{A}_{21}A_{22} + \dot{A}_{31}A_{32}\end{cases} \tag{3.3-34}$$

和

$$\begin{cases} {}^r\omega_1 = \dot{A}_{31}A_{21} + \dot{A}_{32}A_{22} + \dot{A}_{33}A_{23} \\ {}^r\omega_2 = \dot{A}_{11}A_{31} + \dot{A}_{12}A_{32} + \dot{A}_{13}A_{33} \\ {}^r\omega_3 = \dot{A}_{21}A_{11} + \dot{A}_{22}A_{12} + \dot{A}_{23}A_{13} \end{cases} \tag{3.3-35}$$

将式(3.3-15)两边左乘 $\underline{A}^{rb}$，将式(3.3-16)两边右乘 $\underline{A}^{rb}$，可得方向余弦阵的导数与角速度矢量的坐标方阵以及方向余弦阵之间的关系，有

$$\underline{\dot{A}}^{rb} = \underline{A}^{rb}\,{}^b\underline{\tilde{\omega}} \tag{3.3-36}$$

$$\underline{\dot{A}}^{rb} = {}^r\underline{\tilde{\omega}}\underline{A}^{rb} \tag{3.3-37}$$

将式(3.3-36)和式(3.3-37)展开，可得方向余弦阵的导数与角速度矢量的坐标阵以及方向余弦阵之间的关系，有

$$\begin{array}{lll} \dot{A}_{11} = A_{12}\,{}^b\omega_3 - A_{13}\,{}^b\omega_2, & \dot{A}_{12} = A_{13}\,{}^b\omega_1 - A_{11}\,{}^b\omega_3, & \dot{A}_{13} = A_{11}\,{}^b\omega_2 - A_{12}\,{}^b\omega_1 \\ \dot{A}_{12} = A_{22}\,{}^b\omega_3 - A_{23}\,{}^b\omega_2, & \dot{A}_{22} = A_{23}\,{}^b\omega_1 - A_{21}\,{}^b\omega_3, & \dot{A}_{23} = A_{21}\,{}^b\omega_2 - A_{22}\,{}^b\omega_1 \\ \dot{A}_{13} = A_{32}\,{}^b\omega_3 - A_{33}\,{}^b\omega_2, & \dot{A}_{32} = A_{33}\,{}^b\omega_1 - A_{31}\,{}^b\omega_3, & \dot{A}_{33} = A_{31}\,{}^b\omega_2 - A_{32}\,{}^b\omega_1 \end{array} \tag{3.3-38}$$

和

$$\begin{array}{lll} \dot{A}_{11} = A_{31}\,{}^r\omega_2 - A_{21}\,{}^r\omega_3, & \dot{A}_{12} = A_{32}\,{}^r\omega_2 - A_{22}\,{}^r\omega_3, & \dot{A}_{13} = A_{33}\,{}^r\omega_2 - A_{23}\,{}^r\omega_3 \\ \dot{A}_{12} = A_{11}\,{}^r\omega_1 - A_{31}\,{}^r\omega_3, & \dot{A}_{22} = A_{12}\,{}^r\omega_1 - A_{32}\,{}^r\omega_3, & \dot{A}_{23} = A_{13}\,{}^r\omega_1 - A_{33}\,{}^r\omega_3 \\ \dot{A}_{13} = A_{21}\,{}^r\omega_1 - A_{11}\,{}^r\omega_2, & \dot{A}_{32} = A_{22}\,{}^r\omega_1 - A_{12}\,{}^r\omega_2, & \dot{A}_{33} = A_{23}\,{}^r\omega_1 - A_{13}\,{}^r\omega_2 \end{array} \tag{3.3-39}$$

由以上分析可知，方向余弦坐标的导数与角速度矢量的坐标阵之间是线性关系。

2. 欧拉四元数坐标与角速度

在介绍欧拉四元数坐标的导数与角速度矢量的坐标阵之间的关系之前，先介绍关于欧拉四元数的两个重要的矩阵：

$$\underline{D} = \begin{bmatrix} -\alpha_1 & \alpha_0 & -\alpha_3 & \alpha_2 \\ -\alpha_2 & \alpha_3 & \alpha_0 & -\alpha_1 \\ -\alpha_3 & -\alpha_2 & \alpha_1 & \alpha_0 \end{bmatrix} \tag{3.3-40}$$

$$\underline{G} = \begin{bmatrix} -\alpha_1 & \alpha_0 & \alpha_3 & -\alpha_2 \\ -\alpha_2 & -\alpha_3 & \alpha_0 & \alpha_1 \\ -\alpha_3 & \alpha_2 & -\alpha_1 & \alpha_0 \end{bmatrix} \tag{3.3-41}$$

由这两个矩阵可得到关于欧拉四元数的一些重要等式。

(1)经计算，并考虑式(3.2-34)，有

$$\underline{A}^{rb} = \underline{D}\underline{G}^{\mathrm{T}} \tag{3.3-42}$$

(2)经计算，有

$$\underline{D}\underline{\alpha} = \underline{G}\underline{\alpha} = 0 \tag{3.3-43}$$

(3)经计算，并考虑式(3.2-35)，有

$$\underline{D}\underline{D}^{\mathrm{T}} = \underline{G}\underline{G}^{\mathrm{T}} = \underline{I} \tag{3.3-44}$$

(4) 将式(3.2-35)对时间求导，有

$$\frac{\mathrm{d}}{\mathrm{d}t}(\underline{\alpha}^{\mathrm{T}}\underline{\alpha})=\underline{\alpha}^{\mathrm{T}}\underline{\dot{\alpha}}+\underline{\dot{\alpha}}^{\mathrm{T}}\underline{\alpha}=0$$

由于 $$\underline{\alpha}^{\mathrm{T}}\underline{\dot{\alpha}}=\underline{\dot{\alpha}}^{\mathrm{T}}\underline{\alpha}=\alpha_0\dot{\alpha}_0+\alpha_1\dot{\alpha}_1+\alpha_2\dot{\alpha}_2+\alpha_3\dot{\alpha}_3$$

考虑以上两式，可知： $$\underline{\alpha}^{\mathrm{T}}\underline{\dot{\alpha}}=\underline{\dot{\alpha}}^{\mathrm{T}}\underline{\alpha}=0 \tag{3.3-45}$$

将上式两边对时间求导，有 $$\underline{\alpha}^{\mathrm{T}}\underline{\ddot{\alpha}}+\underline{\dot{\alpha}}^{\mathrm{T}}\underline{\dot{\alpha}}=0 \tag{3.3-46}$$

(5) 经计算，有

$$\underline{D}^{\mathrm{T}}\underline{D}=\underline{G}^{\mathrm{T}}\underline{G}=\underline{I}-\underline{\alpha}\underline{\alpha}^{\mathrm{T}} \tag{3.3-47}$$

(6) 将式(3.3-43)两边对时间求导，有

$$\underline{D}\underline{\dot{\alpha}}=-\underline{\dot{D}}\underline{\alpha} \tag{3.3-48}$$

$$\underline{G}\underline{\dot{\alpha}}=-\underline{\dot{G}}\underline{\alpha} \tag{3.3-49}$$

(7) 经计算，有

$$\underline{D}\underline{\dot{G}}^{\mathrm{T}}=\underline{\dot{D}}\underline{G}^{\mathrm{T}} \tag{3.3-50}$$

$$\underline{\dot{D}}\underline{\dot{\alpha}}=\underline{\dot{G}}\underline{\dot{\alpha}}=0 \tag{3.3-51}$$

(8) 将式(3.3-42)对时间求导，且考虑式(3.3-50)，有

$$\underline{\dot{A}}^{rb}=\underline{\dot{D}}\underline{G}^{\mathrm{T}}+\underline{D}\underline{\dot{G}}^{\mathrm{T}}=2\underline{D}\underline{\dot{G}}^{\mathrm{T}}=2\underline{\dot{D}}\underline{G}^{\mathrm{T}} \tag{3.3-52}$$

$$\underline{\ddot{A}}^{rb}=2\underline{\dot{D}}\underline{\dot{G}}^{\mathrm{T}}+2\underline{D}\underline{\ddot{G}}^{\mathrm{T}}=2\underline{\dot{D}}\underline{\dot{G}}^{\mathrm{T}}+2\underline{\ddot{D}}\underline{G}^{\mathrm{T}} \tag{3.3-53}$$

(9) 经计算，有

$$\widetilde{(\underline{G}\underline{\dot{\alpha}})}=\underline{G}\underline{\dot{G}}^{\mathrm{T}} \tag{3.3-54}$$

$$\widetilde{(\underline{D}\underline{\dot{\alpha}})}=\underline{D}\underline{\dot{D}}^{\mathrm{T}} \tag{3.3-55}$$

(10) 由式(3.3-54)和式(3.3-55)，且考虑式(3.3-15)、式(3.3-42)、式(3.3-43)、式(3.3-47)和式(3.3-52)，可知：

$$^{b}\underline{\tilde{\omega}}^{rb}=\underline{A}^{br}\underline{\dot{A}}^{rb}=2\underline{G}\underline{D}^{\mathrm{T}}\underline{D}\underline{\dot{G}}^{\mathrm{T}}=2\underline{G}\underline{\dot{G}}^{\mathrm{T}}=2\widetilde{(\underline{G}\underline{\dot{\alpha}})} \tag{3.3-56}$$

$$^{r}\underline{\tilde{\omega}}^{rb}=\underline{\dot{A}}^{rb}\underline{A}^{br}=2\underline{\dot{D}}\underline{G}^{\mathrm{T}}\underline{G}\underline{D}^{\mathrm{T}}=2\underline{\dot{D}}\underline{D}^{\mathrm{T}}=2\widetilde{(\underline{D}\underline{\dot{\alpha}})} \tag{3.3-57}$$

(11) 由式(3.3-56)和式(3.3-57)可直接写出

$$^{b}\underline{\omega}^{rb}=2\underline{G}\underline{\dot{\alpha}}=-2\underline{\dot{G}}\underline{\alpha} \tag{3.3-58}$$

$$^{r}\underline{\omega}^{rb}=2\underline{D}\underline{\dot{\alpha}}=-2\underline{\dot{D}}\underline{\alpha} \tag{3.3-59}$$

(12) 将式(3.3-58)和式(3.3-59)对时间求导，且考虑式(3.3-51)，有

$$^{b}\underline{\dot{\omega}}^{rb}=2\underline{G}\underline{\ddot{\alpha}} \tag{3.3-60}$$

$$^{r}\underline{\dot{\omega}}^{rb}=2\underline{D}\underline{\ddot{\alpha}} \tag{3.3-61}$$

(13) 将式(3.3-60)和式(3.3-61)分别左乘 $0.5\underline{G}^{\mathrm{T}}$ 及 $0.5\underline{D}^{\mathrm{T}}$，且考虑式(3.3-45)和式(3.3-47)，有

$$\underline{\dot{\alpha}} = 0.5\underline{G}^{\mathrm{T}}\,{}^{b}\underline{\omega}^{rb} \tag{3.3-62}$$

$$\underline{\dot{\alpha}} = 0.5\underline{D}^{\mathrm{T}}\,{}^{r}\underline{\omega}^{rb} \tag{3.3-63}$$

(14) 由式(3.3-58)和式(3.3-59)，且考虑式(3.3-45)和式(3.3-47)，可知：

$$|\boldsymbol{\omega}|^2 = {}^{r}\underline{\omega}^{\mathrm{T}}\,{}^{r}\underline{\omega} = {}^{b}\underline{\omega}^{\mathrm{T}}\,{}^{b}\underline{\omega} = 4\underline{\dot{\alpha}}^{\mathrm{T}}\underline{\dot{\alpha}} \tag{3.3-64}$$

将式(3.3-47)对时间求导，有

$$\underline{\dot{G}}^{\mathrm{T}}\underline{G} = -(\underline{G}^{\mathrm{T}}\underline{\dot{G}} + \underline{\dot{\alpha}}\underline{\alpha}^{\mathrm{T}} + \underline{\alpha}\underline{\dot{\alpha}}^{\mathrm{T}}) \tag{3.3-65}$$

$$\underline{\dot{D}}^{\mathrm{T}}\underline{D} = -(\underline{D}^{\mathrm{T}}\underline{\dot{D}} + \underline{\dot{\alpha}}\underline{\alpha}^{\mathrm{T}} + \underline{\alpha}\underline{\dot{\alpha}}^{\mathrm{T}}) \tag{3.3-66}$$

由式(3.3-45)、式(3.3-58)和式(3.3-59)，且考虑式(3.3-65)和式(3.3-66)，有

$$\underline{\dot{G}}^{\mathrm{T}}\,{}^{b}\underline{\omega} = 2\underline{\dot{G}}^{\mathrm{T}}\underline{G}\underline{\dot{\alpha}} = -2\underline{\alpha}\underline{\dot{\alpha}}^{\mathrm{T}}\underline{\dot{\alpha}} = -0.5|\boldsymbol{\omega}|^2\underline{\alpha} = -0.5\,{}^{b}\underline{\omega}^{\mathrm{T}}\,{}^{b}\underline{\omega}\underline{\alpha} \tag{3.3-67}$$

$$\underline{\dot{D}}^{\mathrm{T}}\,{}^{r}\underline{\omega} = \underline{\dot{D}}^{\mathrm{T}}\underline{D}\underline{\dot{\alpha}} = -2\underline{\alpha}\underline{\dot{\alpha}}^{\mathrm{T}}\underline{\dot{\alpha}} = -0.5|\boldsymbol{\omega}|^2\underline{\alpha} = -0.5\,{}^{r}\underline{\omega}^{\mathrm{T}}\,{}^{r}\underline{\omega}\underline{\alpha} \tag{3.3-68}$$

将式(3.3-62)和式(3.3-63)两边对时间求导，且考虑式(3.3-67)和式(3.3-68)，有

$$\underline{\ddot{\alpha}} = 0.5\underline{G}^{\mathrm{T}}\,{}^{b}\underline{\dot{\omega}} - 0.25\,{}^{b}\underline{\omega}^{\mathrm{T}}\,{}^{b}\underline{\omega}\underline{\alpha} \tag{3.3-69}$$

$$\underline{\ddot{\alpha}} = 0.5\underline{D}^{\mathrm{T}}\,{}^{r}\underline{\dot{\omega}} - 0.25\,{}^{r}\underline{\omega}^{\mathrm{T}}\,{}^{r}\underline{\omega}\underline{\alpha} \tag{3.3-70}$$

3. 欧拉角坐标与角速度

由欧拉角的定义式(3.2-40)可知，刚体(基 $\underline{\boldsymbol{e}}_b$)相对于基 $\underline{\boldsymbol{e}}_r$ 的转动分解为由连续 3 次定轴转动来实现。由式(3.3-20)定轴转动角速度的定义可分别求出每次转动的角速度。

第一次转动，由基 $\underline{\boldsymbol{e}}_r$ 到基 $\underline{\boldsymbol{e}}_u$：　$\boldsymbol{\omega}^{ru} = \dot{\psi}\boldsymbol{e}_{r3}$　(3.3-71)

第二次转动，由基 $\underline{\boldsymbol{e}}_u$ 到基 $\underline{\boldsymbol{e}}_v$：　$\boldsymbol{\omega}^{uv} = \dot{\theta}\boldsymbol{e}_{u1}$　(3.3-72)

第三次转动，由基 $\underline{\boldsymbol{e}}_v$ 到基 $\underline{\boldsymbol{e}}_b$：　$\boldsymbol{\omega}^{vb} = \dot{\phi}\boldsymbol{e}_{v3} = \dot{\phi}\boldsymbol{e}_{b3}$　(3.3-73)

根据式(3.3-33)角速度矢量的叠加原理，可知基 $\underline{\boldsymbol{e}}_b$ 相对于基 $\underline{\boldsymbol{e}}_r$ 的角速度矢量为

$$\boldsymbol{\omega}^{rb} = \dot{\psi}\boldsymbol{e}_{r3} + \dot{\theta}\boldsymbol{e}_{u1} + \dot{\phi}\boldsymbol{e}_{b3} \tag{3.3-74}$$

将上式两边点乘基 $\underline{\boldsymbol{e}}_b$，有　$\underline{\boldsymbol{e}}_b \cdot \boldsymbol{\omega}^{rb} = {}^{b}\underline{\omega}^{rb} = \dot{\psi}\underline{\boldsymbol{e}}_b \cdot \boldsymbol{e}_{r3} + \dot{\theta}\underline{\boldsymbol{e}}_b \cdot \boldsymbol{e}_{u1} + \dot{\phi}\underline{\boldsymbol{e}}_b \cdot \boldsymbol{e}_{b3}$　(3.3-75)

由式(3.1-9)和式(3.2-43)，有 $\underline{\boldsymbol{e}}_b \cdot \boldsymbol{e}_{r3} = \underline{A}^{br}\underline{\boldsymbol{e}}_r \cdot \boldsymbol{e}_{r3} = \underline{A}^{br}\begin{bmatrix}0\\0\\1\end{bmatrix} = \begin{bmatrix}\mathrm{s}_\theta \mathrm{s}_\phi\\ \mathrm{s}_\theta \mathrm{c}_\phi\\ \mathrm{c}_\theta\end{bmatrix}$　(3.3-76)

其中，$\mathrm{s}_\theta=\sin\theta$；$\mathrm{c}_\theta = \cos\theta$，其余类似。

由式(3.1-9)和式(3.2-42)，有

$$\underline{e_b} \cdot e_{u1} = \underline{e_b} \cdot e_{v1} = \underline{A^{bv}}\underline{e_v} \cdot e_{v1} = \underline{A^{bv}}\begin{bmatrix}1\\0\\0\end{bmatrix} = \begin{bmatrix}c_\phi\\-s_\phi\\0\end{bmatrix} \tag{3.3-77}$$

$$\underline{e_b} \cdot e_{b3} = \begin{bmatrix}0\\0\\1\end{bmatrix} \tag{3.3-78}$$

将式(3.3-76)～式(3.3-78)代入式(3.3-75)，有

$$\underline{{}^b\omega^{rb}} = \begin{bmatrix}s_\theta s_\phi & c_\phi & 0\\ s_\theta c_\phi & -s_\phi & 0\\ c_\theta & 0 & 1\end{bmatrix}\begin{bmatrix}\dot\psi\\ \dot\theta\\ \dot\phi\end{bmatrix} = \underline{{}^bK}\underline{\dot q} \tag{3.3-79}$$

同理，将式(3.3-74)两边点乘基$\underline{e_r}$，有

$$\underline{e_r} \cdot \omega^{rb} = \underline{{}^r\omega^{rb}} = \dot\psi\underline{e_r} \cdot e_{r3} + \dot\theta\underline{e_r} \cdot e_{u1} + \dot\phi\underline{e_r} \cdot e_{b3} \tag{3.3-80}$$

由式(3.1-9)、式(3.2-42)、式(3.2-43)，有

$$\underline{e_r} \cdot e_{r3} = \begin{bmatrix}0\\0\\1\end{bmatrix} \tag{3.3-81}$$

$$\underline{e_r} \cdot e_{u1} = \begin{bmatrix}c_\psi\\s_\psi\\0\end{bmatrix} \tag{3.3-82}$$

$$\underline{e_r} \cdot e_{b3} = \underline{A^{rb}}\underline{e_b} \cdot e_{b3} = \underline{A^{rb}}\begin{bmatrix}0\\0\\1\end{bmatrix} = \begin{bmatrix}s_\psi s_\theta\\-c_\psi s_\theta\\c_\theta\end{bmatrix} \tag{3.3-83}$$

将式(3.3-81)～式(3.3-83)代入式(3.3-80)，有

$$\underline{{}^r\omega^{rb}} = \begin{bmatrix}0 & c_\psi & s_\psi s_\theta\\ 0 & s_\psi & -c_\psi s_\theta\\ 1 & 0 & c_\theta\end{bmatrix}\begin{bmatrix}\dot\psi\\ \dot\theta\\ \dot\phi\end{bmatrix} = \underline{{}^rK}\underline{\dot q} \tag{3.3-84}$$

根据矩阵的逆的计算公式，有

$$\underline{{}^bK}^{-1} = \frac{\underline{{}^bK}^*}{\left|\underline{{}^bK}\right|} = \frac{\underline{{}^bK}^*}{-\sin\theta} = \begin{bmatrix}-s_\phi / s_\theta & c_\phi / s_\theta & 0\\ c_\phi & -s_\phi & 0\\ -s_\phi c_\theta / s_\theta & -c_\phi c_\theta / s_\theta & 1\end{bmatrix} \tag{3.3-85}$$

$$\underline{{}^rK}^{-1} = \frac{\underline{{}^rK}^*}{\left|\underline{{}^rK}\right|} = \frac{\underline{{}^rK}^*}{-\sin\theta} = \begin{bmatrix}-s_\psi c_\theta / s_\theta & c_\psi c_\theta / s_\theta & 1\\ c_\psi & s_\psi & 0\\ -s_\psi / s_\theta & -c_\psi / s_\theta & 0\end{bmatrix} \tag{3.3-86}$$

将式(3.3-79)和式(3.3-84)两边同时左乘 ${}^b\underline{K}^{-1}$、${}^r\underline{K}^{-1}$，有

$$\underline{\dot{q}} = {}^b\underline{K}^{-1}\,{}^b\underline{\omega}^{rb} = \begin{bmatrix} \dot{\psi} \\ \dot{\theta} \\ \dot{\phi} \end{bmatrix} = \begin{bmatrix} -\mathrm{s}_\phi/\mathrm{s}_\theta & \mathrm{c}_\phi/\mathrm{s}_\theta & 0 \\ \mathrm{c}_\phi & -\mathrm{s}_\phi & 0 \\ -\mathrm{s}_\phi\mathrm{c}_\theta/\mathrm{s}_\theta & -\mathrm{c}_\phi\mathrm{c}_\theta/\mathrm{s}_\theta & 1 \end{bmatrix} \begin{bmatrix} {}^b\omega_1^{rb} \\ {}^b\omega_2^{rb} \\ {}^b\omega_3^{rb} \end{bmatrix} \tag{3.3-87}$$

$$\underline{\dot{q}} = {}^r\underline{K}^{-1}\,{}^r\underline{\omega}^{rb} = \begin{bmatrix} \dot{\psi} \\ \dot{\theta} \\ \dot{\phi} \end{bmatrix} = \begin{bmatrix} -\mathrm{s}_\psi\mathrm{c}_\theta/\mathrm{s}_\theta & \mathrm{c}_\psi\mathrm{c}_\theta/\mathrm{s}_\theta & 1 \\ \mathrm{c}_\psi & \mathrm{s}_\psi & 0 \\ -\mathrm{s}_\psi/\mathrm{s}_\theta & -\mathrm{c}_\psi/\mathrm{s}_\theta & 0 \end{bmatrix} \begin{bmatrix} {}^r\omega_1^{rb} \\ {}^r\omega_2^{rb} \\ {}^r\omega_3^{rb} \end{bmatrix} \tag{3.3-88}$$

4. HPR 角坐标与角速度

由 HPR 角的定义式(3.2-50)可知，刚体(基 $\underline{e}_b$)相对于基 $\underline{e}_r$ 的转动分解由连续 3 次定轴转动来实现。由式(3.3-20)定轴转动角速度的定义可分别求出每次转动的角速度。

第一次转动，由基 $\underline{e}_r$ 到基 $\underline{e}_u$：　$\boldsymbol{\omega}^{ru} = \dot{H}\boldsymbol{e}_{r3}$ (3.3-89)

第二次转动，由基 $\underline{e}_u$ 到基 $\underline{e}_v$：　$\boldsymbol{\omega}^{uv} = \dot{P}\boldsymbol{e}_{u1}$ (3.3-90)

第三次转动，由基 $\underline{e}_v$ 到基 $\underline{e}_b$：　$\boldsymbol{\omega}^{vb} = \dot{R}\boldsymbol{e}_{v2} = \dot{R}\boldsymbol{e}_{b2}$ (3.3-91)

根据式(3.3-33)角速度矢量的叠加原理，可知基 $\underline{e}_b$ 相对于基 $\underline{e}_r$ 的角速度矢量为

$$\boldsymbol{\omega}^{rb} = \dot{H}\boldsymbol{e}_{r3} + \dot{P}\boldsymbol{e}_{u1} + \dot{R}\boldsymbol{e}_{b2} \tag{3.3-92}$$

将式(3.3-92)两边点乘基 $\underline{e}_b$，有

$$\underline{e}_b \cdot \boldsymbol{\omega}^{rb} = {}^b\underline{\omega}^{rb} = \dot{H}\underline{e}_b \cdot \boldsymbol{e}_{r3} + \dot{P}\underline{e}_b \cdot \boldsymbol{e}_{u1} + \dot{R}\underline{e}_b \cdot \boldsymbol{e}_{b2} \tag{3.3-93}$$

由式(3.1-9)和式(3.2-43)，有

$$\underline{e}_b \cdot \boldsymbol{e}_{r3} = \underline{A}^{br}\underline{e}_r \cdot \boldsymbol{e}_{r3} = \underline{A}^{br}\begin{bmatrix} 0 \\ 0 \\ 1 \end{bmatrix} = \begin{bmatrix} -\mathrm{c}_P\mathrm{s}_R \\ \mathrm{s}_P \\ \mathrm{c}_P\mathrm{c}_R \end{bmatrix} \tag{3.3-94}$$

其中，$\mathrm{s}_P=\sin P$；$\mathrm{c}_P=\cos P$；其余类似。

由式(3.1-9)和式(3.2-42)，有

$$\underline{e}_b \cdot \boldsymbol{e}_{u1} = \underline{e}_b \cdot \boldsymbol{e}_{v1} = \underline{A}^{bv}\underline{e}_v \cdot \boldsymbol{e}_{v1} = \underline{A}^{bv}\begin{bmatrix} 1 \\ 0 \\ 0 \end{bmatrix} = \begin{bmatrix} \mathrm{c}_R \\ 0 \\ \mathrm{s}_R \end{bmatrix} \tag{3.3-95}$$

$$\underline{e}_b \cdot \boldsymbol{e}_{b2} = \begin{bmatrix} 0 \\ 1 \\ 0 \end{bmatrix} \tag{3.3-96}$$

将式(3.3-94)～式(3.3-96)代入式(3.3-93)，有

$$\underline{{}^b\omega^{rb}} = \begin{bmatrix} -c_P s_R & c_R & 0 \\ s_P & 0 & 1 \\ c_P c_R & s_R & 0 \end{bmatrix} \begin{bmatrix} \dot{H} \\ \dot{P} \\ \dot{R} \end{bmatrix} = \underline{{}^b K}\underline{\dot{q}} \tag{3.3-97}$$

同理，将式(3.3-92)两边点乘基$\underline{\boldsymbol{e}_r}$，有

$$\underline{\boldsymbol{e}_r} \cdot \boldsymbol{\omega}^{rb} = \underline{{}^r\omega^{rb}} = \dot{H}\underline{\boldsymbol{e}_r} \cdot \boldsymbol{e}_{r3} + \dot{P}\underline{\boldsymbol{e}_r} \cdot \boldsymbol{e}_{u1} + \dot{R}\underline{\boldsymbol{e}_r} \cdot \boldsymbol{e}_{b2} \tag{3.3-98}$$

由式(3.1-9)、式(3.2-42)和式(3.2-43)，有

$$\underline{\boldsymbol{e}_r} \cdot \boldsymbol{e}_{r3} = \begin{bmatrix} 0 \\ 0 \\ 1 \end{bmatrix} \tag{3.3-99}$$

$$\underline{\boldsymbol{e}_r} \cdot \boldsymbol{e}_{u1} = \begin{bmatrix} c_H \\ s_H \\ 0 \end{bmatrix} \tag{3.3-100}$$

$$\underline{\boldsymbol{e}_r} \cdot \boldsymbol{e}_{b2} = \underline{A^{rb}}\underline{\boldsymbol{e}_b} \cdot \boldsymbol{e}_{b2} = \underline{A^{rb}} \begin{bmatrix} 0 \\ 1 \\ 0 \end{bmatrix} = \begin{bmatrix} -s_H c_P \\ c_H c_P \\ s_P \end{bmatrix} \tag{3.3-101}$$

将式(3.3-99)～式(3.3-101)代入式(3.3-98)，有

$$\underline{{}^r\omega^{rb}} = \begin{bmatrix} 0 & c_H & -s_H c_P \\ 0 & s_H & c_H c_P \\ 1 & 0 & s_P \end{bmatrix} \begin{bmatrix} \dot{H} \\ \dot{P} \\ \dot{R} \end{bmatrix} = \underline{{}^r K}\underline{\dot{q}} \tag{3.3-102}$$

根据矩阵的逆的计算公式，有

$$\underline{{}^b K}^{-1} = \frac{\underline{{}^b K}^*}{\left|\underline{{}^b K}\right|} = \frac{\underline{{}^b K}^*}{\cos P} = \begin{bmatrix} -s_R / c_P & 0 & c_R / c_P \\ c_R & 0 & s_R \\ s_P s_R / c_P & 1 & -s_P c_R / c_P \end{bmatrix} \tag{3.3-103}$$

$$\underline{{}^r K}^{-1} = \frac{\underline{{}^r K}^*}{\left|\underline{{}^r K}\right|} = \frac{\underline{{}^r K}^*}{\cos P} = \begin{bmatrix} s_H s_P / c_P & -c_H s_P / c_P & 1 \\ c_H & s_H & 0 \\ -s_H / c_P & c_H / c_P & 0 \end{bmatrix} \tag{3.3-104}$$

将式(3.3-97)和式(3.3-102)两边同时左乘$\underline{{}^b K}^{-1}$、$\underline{{}^r K}^{-1}$，有

$$\underline{\dot{q}} = \underline{{}^b K}^{-1}\underline{{}^b\omega^{rb}} = \begin{bmatrix} \dot{H} \\ \dot{P} \\ \dot{R} \end{bmatrix} = \begin{bmatrix} -s_R / c_P & 0 & c_R / c_P \\ c_R & 0 & s_R \\ s_P s_R / c_P & 1 & -s_P c_R / c_P \end{bmatrix} \begin{bmatrix} {}^b\omega_1^{rb} \\ {}^b\omega_2^{rb} \\ {}^b\omega_3^{rb} \end{bmatrix} \tag{3.3-105}$$

$$\underline{\dot{q}} = \underline{^rK}^{-1}\,\underline{^r\omega^{rb}} = \begin{bmatrix}\dot{H}\\ \dot{P}\\ \dot{R}\end{bmatrix} = \begin{bmatrix} s_H s_P / c_P & -c_H s_P / c_P & 1 \\ c_H & s_H & 0 \\ -s_H / c_P & c_H / c_P & 0 \end{bmatrix}\begin{bmatrix} ^r\omega_1^{rb} \\ ^r\omega_2^{rb} \\ ^r\omega_3^{rb}\end{bmatrix} \tag{3.3-106}$$

5. 卡尔丹角坐标与角速度

由卡尔丹角的定义式(3.2-60)可知，刚体(基 $\underline{\boldsymbol{e}_b}$)相对于基 $\underline{\boldsymbol{e}_r}$ 的转动分解为由连续 3 次定轴转动来实现。由式(3.3-20)定轴转动角速度的定义可分别求出每次转动的角速度。

第一次转动，由基 $\underline{\boldsymbol{e}_r}$ 到基 $\underline{\boldsymbol{e}_u}$ ：

$$\boldsymbol{\omega}^{ru} = \dot{\varphi}_1 \boldsymbol{e}_{r1} \tag{3.3-107}$$

第二次转动，由基 $\underline{\boldsymbol{e}_u}$ 到基 $\underline{\boldsymbol{e}_v}$ ：

$$\boldsymbol{\omega}^{uv} = \dot{\varphi}_2 \boldsymbol{e}_{u2} \tag{3.3-108}$$

第三次转动，由基 $\underline{\boldsymbol{e}_v}$ 到基 $\underline{\boldsymbol{e}_b}$ ：

$$\boldsymbol{\omega}^{vb} = \dot{\varphi}_3 \boldsymbol{e}_{v3} = \dot{\varphi}_3 \boldsymbol{e}_{b3} \tag{3.3-109}$$

根据式(3.3-33)角速度矢量的叠加原理，可知基 $\underline{\boldsymbol{e}_b}$ 相对于基 $\underline{\boldsymbol{e}_r}$ 的角速度矢量为

$$\boldsymbol{\omega}^{rb} = \dot{\varphi}_1 \boldsymbol{e}_{r1} + \dot{\varphi}_2 \boldsymbol{e}_{u2} + \dot{\varphi}_3 \boldsymbol{e}_{b3} \tag{3.3-110}$$

将式(3.3-110)两边点乘基 $\underline{\boldsymbol{e}_b}$ ，有

$$\underline{\boldsymbol{e}_b} \cdot \boldsymbol{\omega}^{rb} = \underline{^b\omega^{rb}} = \dot{\varphi}_1 \underline{\boldsymbol{e}_b} \cdot \boldsymbol{e}_{r1} + \dot{\varphi}_2 \underline{\boldsymbol{e}_b} \cdot \boldsymbol{e}_{u2} + \dot{\varphi}_3 \underline{\boldsymbol{e}_b} \cdot \boldsymbol{e}_{b3} \tag{3.3-111}$$

其中，

$$\underline{\boldsymbol{e}_b} \cdot \boldsymbol{e}_{r1} = \underline{A^{br}}\,\underline{\boldsymbol{e}_r} \cdot \boldsymbol{e}_{r1} = \underline{A^{br}} \begin{bmatrix}1\\0\\0\end{bmatrix} = \begin{bmatrix} c_2 c_3 \\ -c_2 s_3 \\ s_2 \end{bmatrix} \tag{3.3-112}$$

式中，$s_1 = \sin\varphi_1$；$c_1 = \cos\varphi_1$；其余类似。

$$\underline{\boldsymbol{e}_b} \cdot \boldsymbol{e}_{u2} = \underline{\boldsymbol{e}_b} \cdot \boldsymbol{e}_{v2} = \underline{A^{bv}}\,\underline{\boldsymbol{e}_v} \cdot \boldsymbol{e}_{v2} = \underline{A^{bv}} \begin{bmatrix}0\\1\\0\end{bmatrix} = \begin{bmatrix} s_3 \\ c_3 \\ 0 \end{bmatrix} \tag{3.3-113}$$

$$\underline{\boldsymbol{e}_b} \cdot \boldsymbol{e}_{b3} = \begin{bmatrix}0\\0\\1\end{bmatrix} \tag{3.3-114}$$

将式(3.3-112)～式(3.3-114)代入式(3.3-111)，有

$$\underline{^b\omega^{rb}} = \begin{bmatrix} c_2 c_3 & s_3 & 0 \\ -c_2 s_3 & c_3 & 0 \\ s_2 & 0 & 1 \end{bmatrix}\begin{bmatrix}\dot{\varphi}_1\\ \dot{\varphi}_2\\ \dot{\varphi}_3\end{bmatrix} = \underline{^bK}\,\underline{\dot{q}} \tag{3.3-115}$$

同理，将式(3.3-110)两边点乘基 $\underline{\boldsymbol{e}_r}$ ，有

$$\underline{\boldsymbol{e}_r} \cdot \boldsymbol{\omega}^{rb} = \underline{^r\omega^{rb}} = \dot{\varphi}_1 \underline{\boldsymbol{e}_r} \cdot \boldsymbol{e}_{r1} + \dot{\varphi}_2 \underline{\boldsymbol{e}_r} \cdot \boldsymbol{e}_{u2} + \dot{\varphi}_3 \underline{\boldsymbol{e}_r} \cdot \boldsymbol{e}_{b3} \tag{3.3-116}$$

其中，

$$\underline{\boldsymbol{e}_r}\cdot\boldsymbol{e}_{r1}=\begin{bmatrix}1\\0\\0\end{bmatrix} \tag{3.3-117}$$

$$\underline{\boldsymbol{e}_r}\cdot\boldsymbol{e}_{u2}=\underline{A^{ru}}\underline{\boldsymbol{e}_u}\cdot\boldsymbol{e}_{u2}=\underline{A^{ru}}\begin{bmatrix}0\\1\\0\end{bmatrix}=\begin{bmatrix}0\\\mathrm{c}_1\\\mathrm{s}_1\end{bmatrix} \tag{3.3-118}$$

$$\underline{\boldsymbol{e}_r}\cdot\boldsymbol{e}_{b3}=\underline{A^{rb}}\underline{\boldsymbol{e}_b}\cdot\boldsymbol{e}_{b3}=\underline{A^{rb}}\begin{bmatrix}0\\0\\1\end{bmatrix}=\begin{bmatrix}\mathrm{s}_2\\-\mathrm{s}_1\mathrm{c}_2\\\mathrm{c}_1\mathrm{c}_2\end{bmatrix} \tag{3.3-119}$$

将式(3.3-117)～式(3.3-119)代入式(3.3-116)，有

$$\underline{{}^r\omega^{rb}}=\begin{bmatrix}1&0&\mathrm{s}_2\\0&\mathrm{c}_1&-\mathrm{s}_1\mathrm{c}_2\\0&\mathrm{s}_1&\mathrm{c}_1\mathrm{c}_2\end{bmatrix}\begin{bmatrix}\dot{\varphi}_1\\\dot{\varphi}_2\\\dot{\varphi}_3\end{bmatrix}=\underline{{}^rK}\underline{\dot{q}} \tag{3.3-120}$$

根据矩阵的逆的计算公式，有

$$\underline{{}^bK}^{-1}=\frac{\underline{{}^bK}^*}{\left|\underline{{}^bK}\right|}=\frac{\underline{{}^bK}^*}{\cos\varphi_2}=\begin{bmatrix}\mathrm{c}_3/\mathrm{c}_2&-\mathrm{s}_3/\mathrm{c}_2&0\\\mathrm{s}_3&\mathrm{c}_3&0\\-\mathrm{s}_2\mathrm{c}_3/\mathrm{c}_2&\mathrm{s}_2\mathrm{s}_3/\mathrm{c}_2&1\end{bmatrix} \tag{3.3-121}$$

$$\underline{{}^rK}^{-1}=\frac{\underline{{}^rK}^*}{\left|\underline{{}^rK}\right|}=\frac{\underline{{}^rK}^*}{\cos\varphi_2}=\begin{bmatrix}1&\mathrm{s}_1\mathrm{s}_2/\mathrm{c}_2&-\mathrm{c}_1\mathrm{s}_2/\mathrm{c}_2\\0&\mathrm{c}_1&\mathrm{s}_1\\0&-\mathrm{s}_1/\mathrm{c}_2&\mathrm{c}_1/\mathrm{c}_2\end{bmatrix} \tag{3.3-122}$$

将式(3.3-115)和式(3.3-120)两边同时左乘$\underline{{}^bK}^{-1}$、$\underline{{}^rK}^{-1}$，有

$$\underline{\dot{q}}=\underline{{}^bK}^{-1}\underline{{}^b\omega^{rb}}=\begin{bmatrix}\dot{\varphi}_1\\\dot{\varphi}_2\\\dot{\varphi}_3\end{bmatrix}=\begin{bmatrix}\mathrm{c}_3/\mathrm{c}_2&-\mathrm{s}_3/\mathrm{c}_2&0\\\mathrm{s}_3&\mathrm{c}_3&0\\-\mathrm{s}_2\mathrm{c}_3/\mathrm{c}_2&\mathrm{s}_2\mathrm{s}_3/\mathrm{c}_2&1\end{bmatrix}\begin{bmatrix}{}^b\omega_1^{rb}\\{}^b\omega_2^{rb}\\{}^b\omega_3^{rb}\end{bmatrix} \tag{3.3-123}$$

$$\underline{\dot{q}}=\underline{{}^rK}^{-1}\underline{{}^r\omega^{rb}}=\begin{bmatrix}\dot{\varphi}_1\\\dot{\varphi}_2\\\dot{\varphi}_3\end{bmatrix}=\begin{bmatrix}1&\mathrm{s}_1\mathrm{s}_2/\mathrm{c}_2&-\mathrm{c}_1\mathrm{s}_2/\mathrm{c}_2\\0&\mathrm{c}_1&\mathrm{s}_1\\0&-\mathrm{s}_1/\mathrm{c}_2&\mathrm{c}_1/\mathrm{c}_2\end{bmatrix}\begin{bmatrix}{}^r\omega_1^{rb}\\{}^r\omega_2^{rb}\\{}^r\omega_3^{rb}\end{bmatrix} \tag{3.3-124}$$

注意，当卡尔丹角为小角度时，各系数矩阵约等于单位阵，角度导数与角速度近似相等。

3.3.6 点的速度和加速度

1. 点的绝对速度和加速度

点相对于惯性参考系的速度和加速度为点的绝对速度及绝对加速度，如图 3-23 所示。

点 P 的绝对速度为

$$\frac{{}^{r}\mathrm{d}}{\mathrm{d}t}\boldsymbol{r}_P=\dot{\boldsymbol{r}}_P={}^{r}\underline{\dot{r}_P}^{\mathrm{T}}\,\underline{\boldsymbol{e}_r}=\underline{\boldsymbol{e}_r}^{\mathrm{T}}\,{}^{r}\underline{\dot{r}_P} \tag{3.3-125}$$

点 P 的绝对加速度为

$$\frac{{}^{r}\mathrm{d}^2}{\mathrm{d}t^2}\boldsymbol{r}_P=\ddot{\boldsymbol{r}}_P={}^{r}\underline{\ddot{r}_P}^{\mathrm{T}}\,\underline{\boldsymbol{e}_r}=\underline{\boldsymbol{e}_r}^{\mathrm{T}}\,{}^{r}\underline{\ddot{r}_P} \tag{3.3-126}$$

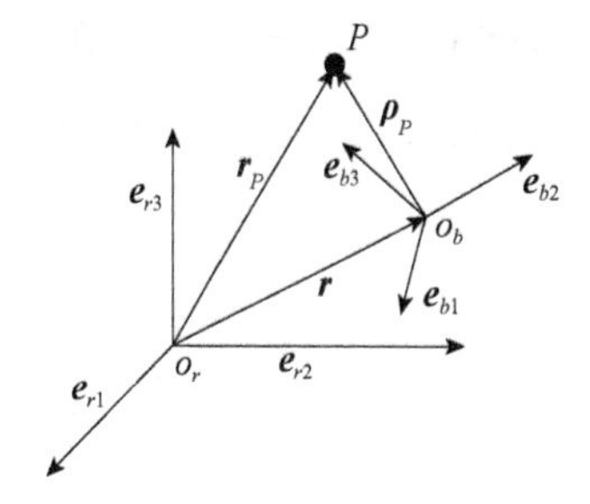

图 3-23　点的速度和加速度

2. 点相对不同基的速度

如图 3-23 所示，根据矢量的运算规则可知：

$$\boldsymbol{r}_P=\boldsymbol{r}+\boldsymbol{\rho}_P \tag{3.3-127}$$

将式(3.3-127)两边在基 $\underline{\boldsymbol{e}_r}$ 上对时间求导，有

$$\dot{\boldsymbol{r}}_P=\dot{\boldsymbol{r}}+\dot{\boldsymbol{\rho}}_P \tag{3.3-128}$$

由式(3.3-25)，有

$$\dot{\boldsymbol{\rho}}_P=\boldsymbol{\rho}'_P+\boldsymbol{\omega}\times\boldsymbol{\rho}_P \tag{3.3-129}$$

将上式代入式(3.3-128)，可得点 P 的速度为

$$\dot{\boldsymbol{r}}_P=\dot{\boldsymbol{r}}+\boldsymbol{\rho}'_P+\boldsymbol{\omega}\times\boldsymbol{\rho}_P \tag{3.3-130}$$

其中，$\dot{\boldsymbol{r}}_p$ 为点 P 相对 $\underline{\boldsymbol{e}_r}$ 的速度，如果 $\underline{\boldsymbol{e}_r}$ 为惯性坐标系(Inertia Reference Frame / Inertia Coordinate System)，它为点 P 的绝对速度(Absolute Velocity)；$\boldsymbol{\rho}'_P$ 为点 P 相对 $\underline{\boldsymbol{e}_b}$ 的相对速度(Relative Velocity)；$\dot{\boldsymbol{r}}$ 为 $\underline{\boldsymbol{e}_b}$ 平移引起的点 P 平移牵连速度(Convected / Following /Carrier Velocity)；$\boldsymbol{\omega}\times\boldsymbol{\rho}_P$ 为 $\underline{\boldsymbol{e}_b}$ 旋转引起的点 P 旋转牵连速度。

将 $\boldsymbol{\rho}'_P$ 在基 $\underline{\boldsymbol{e}_r}$ 上对时间求导，有

$$\dot{\boldsymbol{\rho}}'_P=\boldsymbol{\rho}''_P+\boldsymbol{\omega}\times\boldsymbol{\rho}'_P \tag{3.3-131}$$

将 $\boldsymbol{\omega}\times\boldsymbol{\rho}_P$ 在基 $\underline{\boldsymbol{e}_r}$ 上对时间求导，有

$$\frac{{}^{r}\mathrm{d}}{\mathrm{d}t}(\boldsymbol{\omega}\times\boldsymbol{\rho}_P)=\dot{\boldsymbol{\omega}}\times\boldsymbol{\rho}_P+\boldsymbol{\omega}\times\dot{\boldsymbol{\rho}}_P=\dot{\boldsymbol{\omega}}\times\boldsymbol{\rho}_P+\boldsymbol{\omega}\times(\boldsymbol{\rho}'_P+\boldsymbol{\omega}\times\boldsymbol{\rho}_P) \tag{3.3-132}$$

由式(3.3-131)和式(3.3-132)，将式(3.3-130)在基 $\underline{\boldsymbol{e}_r}$ 上对时间求导，考虑式(3.3-25)，得到点 P 的加速度关系式为

$$\ddot{\boldsymbol{r}}_P=\ddot{\boldsymbol{r}}+\boldsymbol{\rho}''_P+\dot{\boldsymbol{\omega}}\times\boldsymbol{\rho}_P+2\boldsymbol{\omega}\times\boldsymbol{\rho}'_P+\boldsymbol{\omega}\times(\boldsymbol{\omega}\times\boldsymbol{\rho}_P) \tag{3.3-133}$$

其中，$\ddot{\boldsymbol{r}}_P$ 为点 P 相对 $\underline{\boldsymbol{e}_r}$ 的加速度，如果 $\underline{\boldsymbol{e}_r}$ 为惯性坐标系，它为点 P 的绝对加速度；$\boldsymbol{\rho}''_P$ 为点 P 相对 $\underline{\boldsymbol{e}_b}$ 的相对加速度；$\ddot{\boldsymbol{r}}$ 为 $\underline{\boldsymbol{e}_b}$ 平移引起的点 P 平移牵连加速度；$\dot{\boldsymbol{\omega}}\times\boldsymbol{\rho}_P$ 和 $\boldsymbol{\omega}\times(\boldsymbol{\omega}\times\boldsymbol{\rho}_P)$ 为 $\underline{\boldsymbol{e}_b}$ 旋转引起的点 P 切向(Tangential)与向心(Centripetal)牵连加速度；$2\boldsymbol{\omega}\times\boldsymbol{\rho}'_P$ 为点 P 的科氏加速度(Coriolis Acceleration)。

若点 P 与坐标系固结，即 $\underline{\boldsymbol{e}_b}$ 是一个刚体的连体坐标系，则

$$\boldsymbol{\rho}'_P=0,\quad \boldsymbol{\rho}''_P=0 \tag{3.3-134}$$

考虑上式，由式(3.3-130)，有
$$\dot{\boldsymbol{r}}_P = \dot{\boldsymbol{r}} + \boldsymbol{\omega} \times \boldsymbol{\rho}_P \tag{3.3-135}$$
考虑式(3.3-134)，由式(3.3-133)，有
$$\ddot{\boldsymbol{r}}_P = \ddot{\boldsymbol{r}} + \dot{\boldsymbol{\omega}} \times \boldsymbol{\rho}_P + \boldsymbol{\omega} \times (\boldsymbol{\omega} \times \boldsymbol{\rho}_P) \tag{3.3-136}$$

3.4　约束和约束方程

3.4.1　约束

机械系统可以简化为由多个刚体组成的系统，刚体和刚体之间通过各种约束(Constraint)进行连接，使刚体能够完成各种需要的运动形式。

机械系统的约束可分为四类：基本约束、铰链约束、绝对约束和驱动约束。

1. 基本约束

不同的约束形式对它所连接的刚体产生不同的限制作用，但是所有这些不同的约束方程都是由几个基本约束作为基础构成的。这一性质对于计算机自动生成系统的约束方程具有重要意义。

基本约束有四个，分别是垂直 1 型约束、垂直 2 型约束、点重合约束(球铰链约束)、距离约束(复合球铰链约束)。

如图 3-24 所示，图中有一参考基 $\underline{\boldsymbol{e}_r}$，有两个刚体 B_i 和 B_j。在刚体 B_i 上的 o_i 点和 P_i 点分别建立连体基(以 P_i 为原点的连体基一般称为铰链坐标系)，o_i 点的连体基记为 $\underline{\boldsymbol{e}_i}$，3 个基矢量分别为 $\boldsymbol{e}_{i1}$、$\boldsymbol{e}_{i2}$、$\boldsymbol{e}_{i3}$，P_i 点的连体基的 3 个基矢量分别为 $\boldsymbol{f}_i$、$\boldsymbol{g}_i$、$\boldsymbol{h}_i$，o_i 点在基 $\underline{\boldsymbol{e}_r}$ 中的矢径为 $\boldsymbol{r}_i$，P_i 点在基 $\underline{\boldsymbol{e}_i}$ 中的矢径为 $\boldsymbol{\rho}_i$，$\boldsymbol{a}_i$ 为 B_i 任意连体矢量。在刚体 B_j 上的 o_j 点和 P_j 点分别建立连体基，o_j 点的连体基记为 $\underline{\boldsymbol{e}_j}$，3 个基矢量分别为 $\boldsymbol{e}_{j1}$、$\boldsymbol{e}_{j2}$、$\boldsymbol{e}_{j3}$，P_j 点的连体基的 3 个

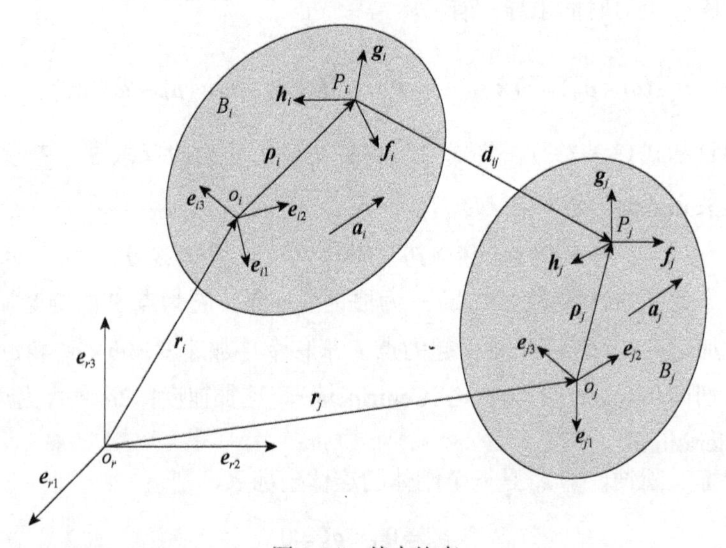

图 3-24　基本约束

基矢量分别为 $\boldsymbol{f}_j$、$\boldsymbol{g}_j$、$\boldsymbol{h}_j$，o_j 点在基 $\underline{\boldsymbol{e}_r}$ 中的矢径为 $\boldsymbol{r}_j$，P_j 点在基 $\underline{\boldsymbol{e}_j}$ 中的矢径为 $\boldsymbol{\rho}_j$，$\boldsymbol{a}_j$ 为 B_j 任意连体矢量。P_i 点到 P_j 点的矢量为 $\boldsymbol{d}_{ij}$（称为两刚体的连接矢量）。

(1) 垂直 1 型约束：刚体上的连体矢量垂直于另一刚体上的连体矢量。记为

$$\underline{\Phi^{v1}}(\boldsymbol{a}_i \perp \boldsymbol{a}_j)$$

(2) 垂直 2 型约束：刚体上的连体矢量垂直于该刚体与另一刚体的连接矢量。记为

$$\underline{\Phi^{v2}}(\boldsymbol{a}_i \perp \boldsymbol{d}_{ij})$$

(3) 点重合约束：刚体上的一点与另一刚体上的一点重合。记为

$$\underline{\Phi^{s}}(P_i = P_j)$$

(4) 距离约束：刚体上的一点与另一刚体上的一点之间的距离不变。记为

$$\underline{\Phi^{ss}}(P_i, P_j, L)$$

2. 铰链约束

铰链约束是指机械系统中经常使用的刚体之间的铰接方式，如球铰(Spherical Joint)、万向节(Hooke Joint)、转动铰(Revolute Joint)、圆柱铰(Cylindrical Joint)、移动铰(Prismatic Joint)和螺旋铰(Screw Joint)等。

如图 3-25 所示的球铰，由其连接的两个刚体能绕连接点任意转动，两个刚体之间有这 3 个相对转动自由度，限制了 3 个相对移动自由度。

如图 3-26 所示的万向节，由其连接的两个刚体能绕十字轴的两个旋转轴转动，两个刚体之间有这 2 个相对转动自由度，限制了 4 个相对自由度。

如图 3-27 所示的转动铰，由其连接的两个刚体只能绕旋转轴转动，两个刚体之间只有这 1 个相对自由度，限制了 5 个相对自由度。

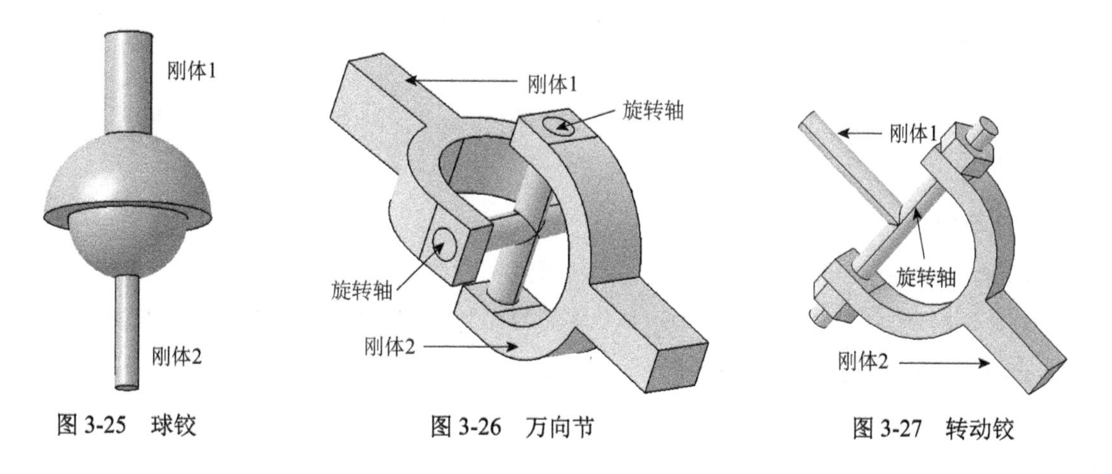

图 3-25　球铰　　图 3-26　万向节　　图 3-27　转动铰

如图 3-28 所示的圆柱铰，由其连接的两个刚体能沿旋转轴移动和绕旋转轴转动，两个刚体之间有这 2 个相对自由度，限制了 4 个相对自由度。

如图 3-29 所示的移动铰，由其连接的两个刚体只能沿移动轴移动，两个刚体之间只有这

1 个相对自由度，限制了 5 个相对自由度。

如图 3-30 所示的螺旋铰，由其连接的两个刚体能沿旋转轴进行运动，两个刚体之间有这 1 个相对自由度，限制了 5 个相对自由度。

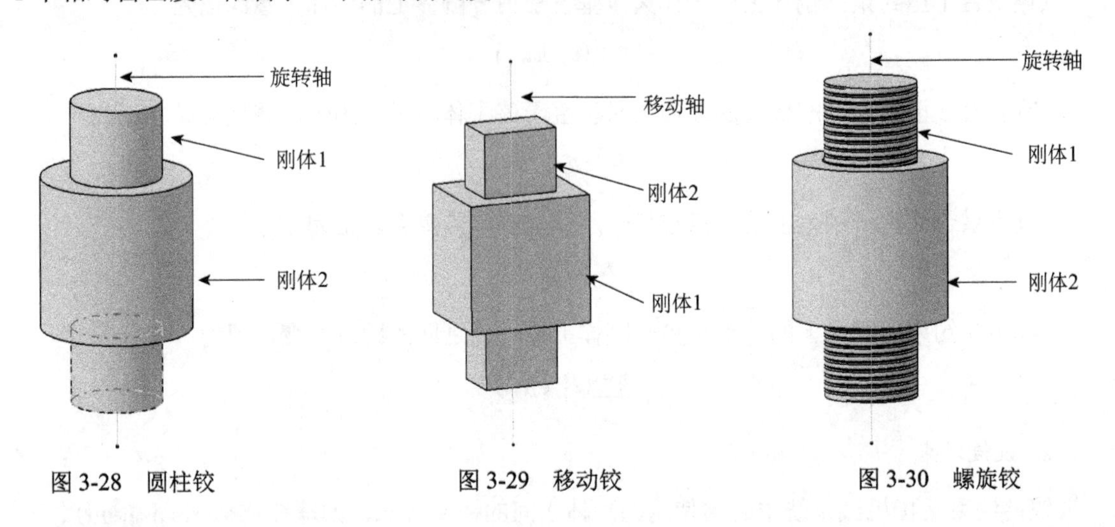

图 3-28　圆柱铰　　图 3-29　移动铰　　图 3-30　螺旋铰

3. 绝对约束

刚体保持静止称为对刚体的绝对约束。这时的约束方程是使刚体的位姿坐标与初始时相等。

4. 驱动约束

在机械系统中用电机或其他装置来驱动或者实时控制一个物体相对另一个物体的位置或姿态，被驱动或控制物体的运动一般为时间的函数，可以用约束方程的形式确定。这种依赖于时间的约束称为驱动约束。

3.4.2　约束方程

根据约束类型，建立的关于受约束的各刚体的位姿坐标的等式称为约束方程(Constraint Equation)。

1. 基本约束

1) 垂直 1 型约束

如图 3-24 所示，刚体 B_i 上的连体矢量 $\boldsymbol{a}_i$ 与刚体 B_j 上的连体矢量 $\boldsymbol{a}_j$ 垂直的充要条件(Necessary and Sufficient Condition)是

$$\boldsymbol{a}_i \cdot \boldsymbol{a}_j = 0$$

所以，垂直 1 型约束的约束方程为

$$\underline{\boldsymbol{\Phi}}^{v1}(\boldsymbol{a}_i \perp \boldsymbol{a}_j) = \boldsymbol{a}_i \cdot \boldsymbol{a}_j = {}^r\underline{a}_i^{\mathrm{T}}\, {}^r\underline{a}_j = {}^i\underline{a}_i^{\mathrm{T}}\, \underline{A}^{ri\,\mathrm{T}}\, \underline{A}^{rj}\, {}^j\underline{a}_j = \underline{0} \tag{3.4-1}$$

2) 垂直 2 型约束

如图 3-24 所示，刚体 B_i 上的连体矢量 $\boldsymbol{a}_i$ 与刚体 B_i 和 B_j 的连接矢量 $\boldsymbol{d}_{ij}$ 垂直的充要条件是

$$\boldsymbol{a}_i \cdot \boldsymbol{d}_{ij} = 0$$

由矢量几何可知：

$$\boldsymbol{d}_{ij} = \boldsymbol{r}_j + \boldsymbol{\rho}_j - \boldsymbol{r}_i - \boldsymbol{\rho}_i$$

考虑上式，则垂直 2 型约束的约束方程为

$$\underline{\Phi^{v2}}(\boldsymbol{a}_i \perp \boldsymbol{d}_{ij}) = \boldsymbol{a}_i \cdot \boldsymbol{d}_{ij} = {}^r\underline{a_i}^{\mathrm{T}}\, {}^r\underline{d_{ij}} = {}^i\underline{a_i}^{\mathrm{T}}\, \underline{A^{ri}}^{\mathrm{T}}({}^r\underline{r_j} + \underline{A^{rj}}\, {}^j\underline{\rho_j} - {}^r\underline{r_i} - \underline{A^{ri}}\, {}^i\underline{\rho_i}) = \underline{0} \tag{3.4-2}$$

3) 点重合约束

如图 3-24 所示，刚体 B_i 上的点 P_i 与刚体 B_j 上的点 P_j 重合的充要条件是

$$\boldsymbol{d}_{ij} = \boldsymbol{0}$$

则点重合约束的约束方程为

$$\underline{\Phi^{s}}(P_i = P_j) = {}^r\underline{r_j} + \underline{A^{rj}}\, {}^j\underline{\rho_j} - {}^r\underline{r_i} - \underline{A^{ri}}\, {}^i\underline{\rho_i} = \underline{0} \tag{3.4-3}$$

4) 距离约束

如图 3-24 所示，刚体 B_i 上的点 P_i 与刚体 B_j 上的点 P_j 之间的距离是 L 的充要条件是

$$\left|\boldsymbol{d}_{ij}\right| = L$$

则距离约束的约束方程为

$$\underline{\Phi^{ss}}(P_i, P_j, L) = {}^r\underline{d_{ij}}^{\mathrm{T}}\, {}^r\underline{d_{ij}} - L^2 = \underline{0} \tag{3.4-4}$$

以上导出的四种基本约束可以作为基础，用来定义一个构成两个刚体之间约束的约束库，以便于计算机自动生成各种约束方程。为了说明以上四种基本约束可以有效地定义其他几何约束，下面利用垂直 1 型约束和垂直 2 型约束来导出另外两种平行约束条件。

5) 平行 1 型约束

如图 3-24 所示，定义刚体 B_i 上的连体矢量 $\boldsymbol{h}_i$ 与刚体 B_j 上的连体矢量 $\boldsymbol{h}_j$ 平行的约束为平行 1 型约束。由于 $\boldsymbol{h}_j$ 是连体基 3 个基矢量之一，所以 $\boldsymbol{h}_j$ 垂直于 $\boldsymbol{f}_j$ 和 $\boldsymbol{g}_j$，若 $\boldsymbol{h}_i$ 平行于 $\boldsymbol{h}_j$，则 $\boldsymbol{h}_i$ 也应垂直于 $\boldsymbol{f}_j$ 和 $\boldsymbol{g}_j$，所以平行 1 型约束的充要条件是

$$\underline{\Phi^{p1}}(\boldsymbol{h}_i \parallel \boldsymbol{h}_j) = \begin{bmatrix} \underline{\Phi^{v1}}(\boldsymbol{h}_i \perp \boldsymbol{f}_j) \\ \underline{\Phi^{v1}}(\boldsymbol{h}_i \perp \boldsymbol{g}_j) \end{bmatrix} = \underline{0} \tag{3.4-5}$$

6) 平行 2 型约束

如图 3-24 所示，定义刚体 B_i 上的连体矢量 $\boldsymbol{h}_i$ 与刚体 B_i 和 B_j 的连接矢量 $\boldsymbol{d}_{ij}$ 平行的约束为平行 2 型约束。由于 $\boldsymbol{h}_i$ 是连体基 3 个基矢量之一，所以 $\boldsymbol{h}_i$ 垂直于 $\boldsymbol{f}_i$ 和 $\boldsymbol{g}_i$，若 $\boldsymbol{d}_{ij}$ 平行于 $\boldsymbol{h}_i$，则 $\boldsymbol{d}_{ij}$ 也应垂直于 $\boldsymbol{f}_i$ 和 $\boldsymbol{g}_i$，所以平行 2 型约束的充要条件是

$$\underline{\Phi^{p2}}(\boldsymbol{h}_i \parallel \boldsymbol{d}_{ij}) = \begin{bmatrix} \underline{\Phi^{v2}}(\boldsymbol{f}_i \perp \boldsymbol{d}_{ij}) \\ \underline{\Phi^{v2}}(\boldsymbol{g}_i \perp \boldsymbol{d}_{ij}) \end{bmatrix} = \underline{0} \tag{3.4-6}$$

2. 铰链约束

1) 球铰

如图 3-31 所示，图中表示了用球铰连接的两个邻接刚体 B_i 和 B_j。

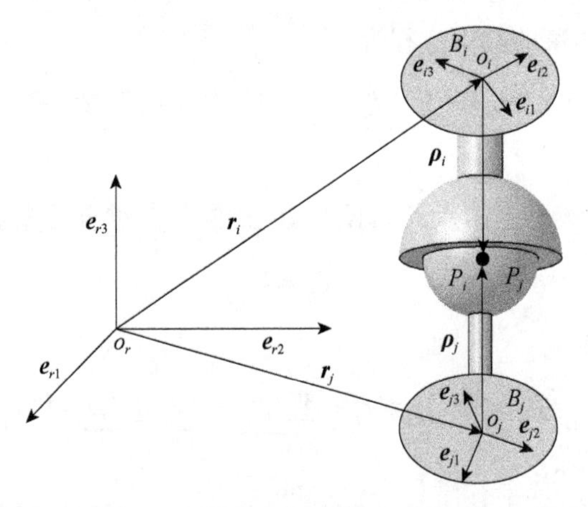

图 3-31　球铰

刚体 B_i 和 B_j 的连体基 $\underline{e_i}$ 与 $\underline{e_j}$ 的原点 o_i、o_j 在参考基 $\underline{e_r}$ 中的位置矢量分别为 $\boldsymbol{r}_i$ 及 $\boldsymbol{r}_j$。铰链点 P_i 和 P_j 重合成为球铰的几何中心 P，点 P 对两个连体基的位置矢量为 $\boldsymbol{\rho}_i$ 和 $\boldsymbol{\rho}_j$。点 P_i 和 P_j 重合的条件已由式(3.4-3)给出，即球铰的约束方程。其中的 3 个标量约束方程限制了球铰连接刚体的相对位置，保留了 3 个相对转动自由度。

2) 万向节

如图 3-32 所示，图中表示了用万向节连接的两个邻接刚体 B_i 和 B_j。

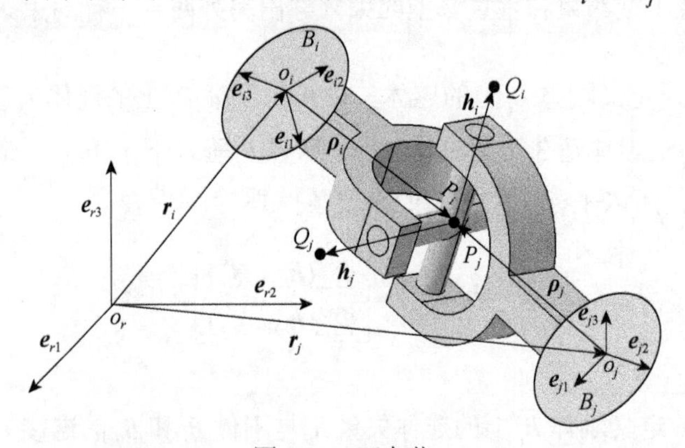

图 3-32　万向节

铰链点 P_i 和 P_j 重合成为万向节的几何中心 P，点 P 对两个连体基的位置矢量为 $\boldsymbol{\rho}_i$ 和 $\boldsymbol{\rho}_j$。十字轴上点 Q_i 和 Q_j 两点确定了分别属于两个刚体 B_i 与 B_j 的铰链坐标系的基矢量 $\boldsymbol{h}_i$ 及 $\boldsymbol{h}_j$，它们应恒保持垂直。这两个条件确定了万向节的约束方程，即

$$\underline{\boldsymbol{\Phi}}=\begin{bmatrix}\underline{\boldsymbol{\Phi}^{s}}(P_i=P_j)\\ \underline{\boldsymbol{\Phi}^{v1}}(\boldsymbol{h}_i\perp\boldsymbol{h}_j)\end{bmatrix}=\underline{0} \tag{3.4-7}$$

其中共 4 个标量约束方程，限制了万向节连接刚体的相对位置和绕十字轴的转动，只允许 2 个相对转动自由度，即保留了 2 个自由度。

3) 转动铰

如图 3-33 所示，图中表示了用转动铰连接的两个邻接刚体 B_i 和 B_j。

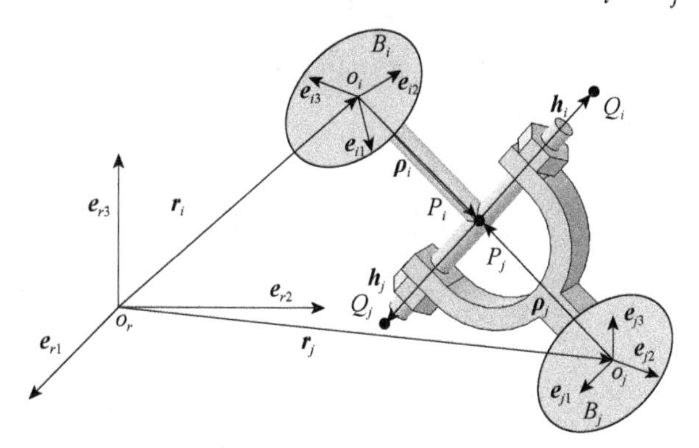

图 3-33　转动铰

在公共转动轴线上任取一点 P 可看作两个刚体上重合的铰链点 P_i 和 P_j，Q_i 和 Q_j 两点确定了分别属于两个刚体 B_i 与 B_j 的铰链坐标系的基矢量 $\boldsymbol{h}_i$ 及 $\boldsymbol{h}_j$，它们都沿着转动轴线。由这两个条件可以导出转动铰的约束方程，即

$$\underline{\boldsymbol{\Phi}}=\begin{bmatrix}\underline{\boldsymbol{\Phi}^{s}}(P_i=P_j)\\ \underline{\boldsymbol{\Phi}^{p1}}(\boldsymbol{h}_i\parallel\boldsymbol{h}_j)\end{bmatrix}=\underline{0} \tag{3.4-8}$$

其中共 5 个标量约束方程，前 3 个限制了转动铰连接刚体的相对位置，后 2 个限制了相对转动，因此只有 1 个绕公共轴线相对转动的自由度。

4) 圆柱铰

如图 3-34 所示，图中表示了用圆柱铰连接的两个邻接刚体 B_i 和 B_j。

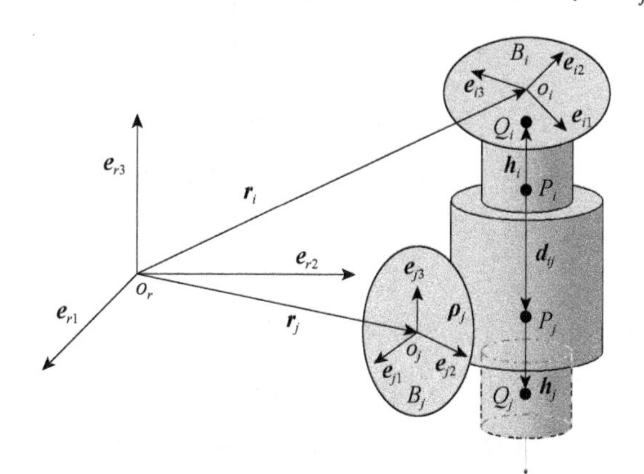

图 3-34　圆柱铰

铰链点 P_i 和 P_j 位于中心轴线上，因而两刚体的连接矢量 $\boldsymbol{d}_{ij}$ 也沿着这根轴线，Q_i 和 Q_j 两点确定了分别属于两个刚体 B_i 与 B_j 的铰链坐标系的基矢量 $\boldsymbol{h}_i$ 及 $\boldsymbol{h}_j$，它们都沿着轴线。因此，为了保证刚体 B_i 和 B_j 能沿中心轴线同时相对转动与相对移动，应该同时满足 $\boldsymbol{h}_i$ 和 $\boldsymbol{h}_j$ 共线，以及 $\boldsymbol{h}_i$ 和 $\boldsymbol{d}_{ij}$ 共线这两个条件。由此得出圆柱铰的约束方程，即

$$\underline{\Phi} = \begin{bmatrix} \underline{\Phi^{p1}}(\boldsymbol{h}_i \parallel \boldsymbol{h}_j) \\ \underline{\Phi^{p2}}(\boldsymbol{h}_i \parallel \boldsymbol{d}_{ij}) \end{bmatrix} = \underline{0} \tag{3.4-9}$$

其中共 4 个标量约束方程，因此，圆柱铰连接的两个邻接刚体有 2 个相对自由度，即绕中心轴线的相对转动和相对移动。

5) 移动铰

如图 3-35 所示，图中表示了用移动铰连接的两个邻接刚体 B_i 和 B_j 。

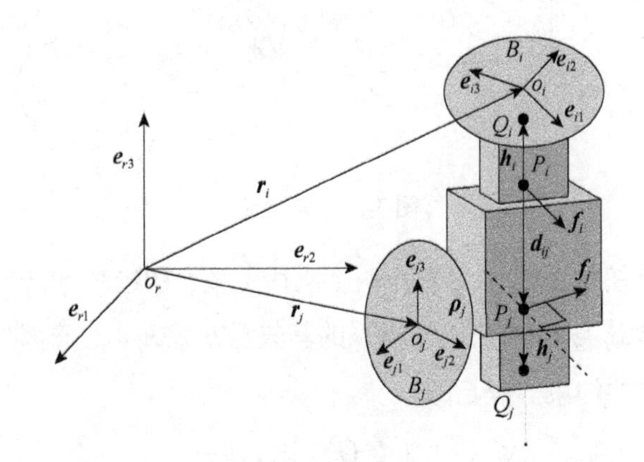

图 3-35　移动铰

显然，当限制了圆柱铰绕轴线的转动自由度时，圆柱铰就成了移动铰。限制转动的约束方程可由刚体 B_i 和 B_j 的铰链坐标系的基矢量 $\boldsymbol{f}_i$ 与 $\boldsymbol{f}_j$ 的垂直条件得出。于是移动铰的约束方程为

$$\underline{\Phi} = \begin{bmatrix} \underline{\Phi^{p1}}(\boldsymbol{h}_i \parallel \boldsymbol{h}_j) \\ \underline{\Phi^{p2}}(\boldsymbol{h}_i \parallel \boldsymbol{d}_{ij}) \\ \underline{\Phi^{v1}}(\boldsymbol{f}_i \perp \boldsymbol{f}_j) \end{bmatrix} = \underline{0} \tag{3.4-10}$$

其中共 5 个标量约束方程，因此，移动铰连接的两个邻接刚体有 1 个相对自由度，即沿轴线的相对移动。

6) 螺旋铰

如图 3-36 所示，图中表示了用螺旋铰连接的两个邻接刚体 B_i 和 B_j 。

螺旋铰和圆柱铰都允许同时具有相对转动及移动，且转动轴线和移动方向一致，因此，圆柱铰的约束方程适用于螺旋铰的约束方程。但是螺旋铰连接的两个刚体的相对转动和移动不独立，约束条件是相对转一周移动一个周节。于是螺旋铰的约束方程为

$$\underline{\Phi}=\begin{bmatrix}\underline{\Phi^{p1}}(\boldsymbol{h}_i \parallel \boldsymbol{h}_j)\\ \underline{\Phi^{p2}}(\boldsymbol{h}_i \parallel \boldsymbol{d}_{ij})\\ \underline{\Phi^{\theta t}}\end{bmatrix}=\underline{0} \tag{3.4-11}$$

其中，

$$\underline{\Phi^{\theta t}}=\boldsymbol{h}_i\cdot\boldsymbol{d}_{ij}=\underline{h_i}^{\mathrm{T}}\underline{d_{ij}}=\frac{t\theta_{ij}}{2\pi} \tag{3.4-12}$$

式中，t 为周节；θ_{ij} 为基矢量 $\boldsymbol{f}_i$ 和 $\boldsymbol{f}_j$ 转过的角位移。

其中共 5 个标量约束方程，因此，螺旋铰连接的两个邻接刚体只有 1 个相对自由度。

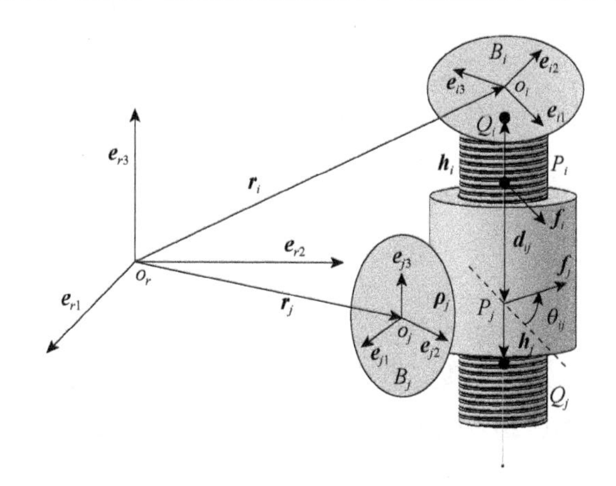

图 3-36　螺旋铰

7) 复合球铰

有时把相邻的铰链合在一起抽象成一个复合铰链模型，这样的处理可以减少刚体的数目、坐标的数目和约束方程的数目。

如图 3-37 所示，图中表示了用复合球铰连接的两个邻接刚体 B_i 和 B_j。

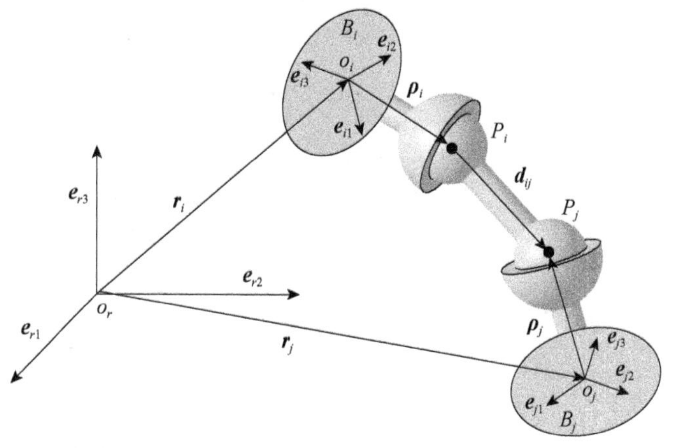

图 3-37　复合球铰

复合球铰的约束方程是前面导出的距离约束方程(3.4-4)，这种约束只有一个约束方程，它所连接的两个刚体之间有 5 个相对自由度。

8) 球铰-转动铰

如图 3-38 所示，图中表示了用球铰-转动铰连接的两个邻接刚体 B_i 和 B_j 。

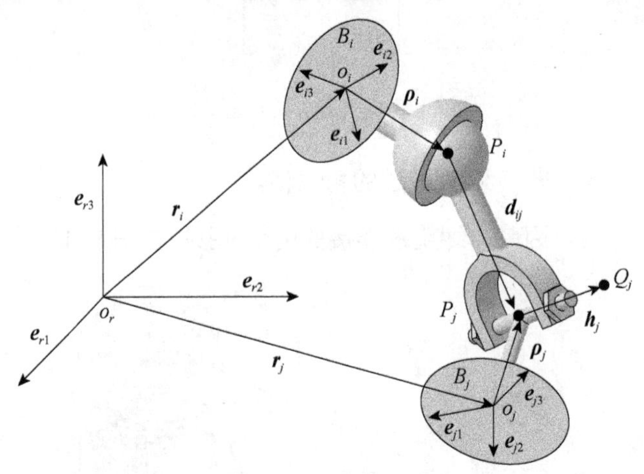

图 3-38　球铰-转动铰

两个刚体之间连杆用球铰连接刚体 B_i ，铰链点 P_i 是球铰中心，用转动铰连接刚体 B_j ，铰链点 P_j 在转动铰轴线上，且使连接矢量 $\boldsymbol{d}_{ij}$ 垂直于转动轴线。取刚体 B_j 的铰链坐标系使基矢量 $\boldsymbol{h}_j$ 沿转动轴线。于是球铰-转动铰的约束条件是点 P_i 、点 P_j 的距离约束和矢量 $\boldsymbol{h}_j$ 与矢量 $\boldsymbol{d}_{ij}$ 垂直 2 型约束。约束方程如下：

$$\underline{\boldsymbol{\Phi}}=\begin{bmatrix}\underline{\boldsymbol{\Phi}^{ss}}(P_i,P_j,L)\\ \underline{\boldsymbol{\Phi}^{v2}}(\boldsymbol{h}_j\perp\boldsymbol{d}_{ij})\end{bmatrix}=\underline{0} \tag{3.4-13}$$

其中共 2 个标量约束方程，因此，球铰-转动铰连接的两个邻接刚体有 4 个相对自由度。

9) 球铰-圆柱铰

如图 3-39 所示，图中表示了用球铰-圆柱铰连接的两个邻接刚体 B_i 和 B_j 。

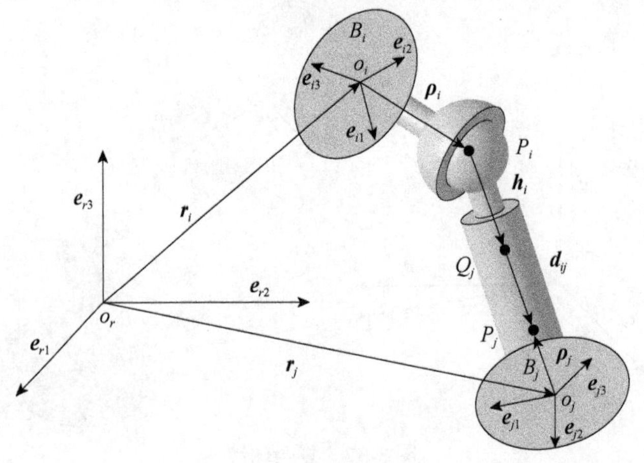

图 3-39　球铰-圆柱铰

铰链点 P_i 、 P_j 都在圆柱铰的轴线上，且 P_i 是球铰的中心。取刚体 B_i 的铰链坐标系使基

矢量 $\boldsymbol{h}_i$ 沿圆柱铰的轴线。于是球铰-圆柱铰的约束条件是 $\boldsymbol{h}_i$ 平行于 $\boldsymbol{d}_{ij}$，即

$$\underline{\boldsymbol{\Phi}} = \left[\underline{\boldsymbol{\Phi}^{p2}}(\boldsymbol{h}_i \parallel \boldsymbol{d}_{ij})\right] = \underline{0} \tag{3.4-14}$$

其中共 2 个标量约束方程，因此，球铰-圆柱铰连接的两个邻接刚体有 4 个相对自由度。

10) 轴线垂直的复合转动铰

如图 3-40 所示，图中表示了用轴线垂直的复合转动铰连接的两个邻接刚体 B_i 和 B_j 。

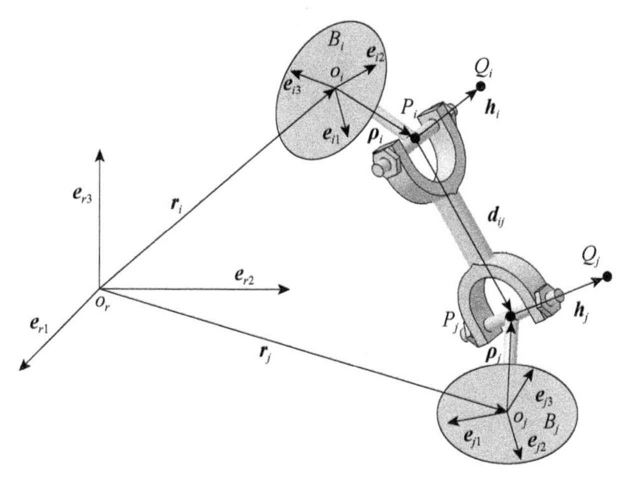

图 3-40　轴线垂直的复合转动铰

两个转动铰的轴线垂直，取铰链点 P_i 、 P_j 在两个转动铰的轴线上，且连接矢量 $\boldsymbol{d}_{ij}$ 同时垂直于两个转动铰的轴线，刚体 B_i 和 B_j 的铰链坐标系的基矢量 $\boldsymbol{h}_i$ 与 $\boldsymbol{h}_j$ 分别沿两个转动铰的轴线。于是，得到轴线垂直的复合转动铰的约束条件是 P_i 和 P_j 的距离约束、$\boldsymbol{h}_i$ 和 $\boldsymbol{h}_j$ 的垂直 1 型约束、$\boldsymbol{h}_i$ 和 $\boldsymbol{d}_{ij}$ 的垂直 2 型约束以及 $\boldsymbol{h}_j$ 和 $\boldsymbol{d}_{ij}$ 的垂直 2 型约束，即

$$\underline{\boldsymbol{\Phi}} = \begin{bmatrix} \underline{\boldsymbol{\Phi}^{ss}}(P_i, P_j, L) \\ \underline{\boldsymbol{\Phi}^{v1}}(\boldsymbol{h}_i \perp \boldsymbol{h}_j) \\ \underline{\boldsymbol{\Phi}^{v2}}(\boldsymbol{h}_i \perp \boldsymbol{d}_{ij}) \\ \underline{\boldsymbol{\Phi}^{v2}}(\boldsymbol{h}_j \perp \boldsymbol{d}_{ij}) \end{bmatrix} = \underline{0} \tag{3.4-15}$$

其中共 4 个标量约束方程，因此，轴线垂直的复合转动铰连接的两个邻接刚体有 2 个相对自由度。

11) 轴线平行的复合转动铰

如图 3-41 所示，图中表示了用轴线平行的复合转动铰连接的两个邻接刚体 B_i 和 B_j 。

两个转动铰的轴线平行，取铰链点 P_i 、 P_j 在两个转动铰的轴线上，且连接矢量 $\boldsymbol{d}_{ij}$ 同时垂直于两个转动铰的轴线，刚体 B_i 和 B_j 的铰链坐标系的基矢量 $\boldsymbol{h}_i$ 与 $\boldsymbol{h}_j$ 分别沿两个转动铰的轴线。于是，得到轴线平行的复合转动铰的约束条件是 P_i 和 P_j 的距离约束、$\boldsymbol{h}_i$ 和 $\boldsymbol{h}_j$ 的平行 1 型约束、$\boldsymbol{h}_i$ 和 $\boldsymbol{d}_{ij}$ 的垂直 2 型约束，即

$$\underline{\boldsymbol{\Phi}} = \begin{bmatrix} \underline{\boldsymbol{\Phi}^{ss}}(P_i, P_j, L) \\ \underline{\boldsymbol{\Phi}^{v2}}(\boldsymbol{h}_i \perp \boldsymbol{d}_{ij}) \\ \underline{\boldsymbol{\Phi}^{p1}}(\boldsymbol{h}_i \parallel \boldsymbol{h}_j) \end{bmatrix} = \underline{0} \tag{3.4-16}$$

其中共 4 个标量约束方程，因此轴线平行的复合转动铰连接的两个邻接刚体有 2 个相对自由度。

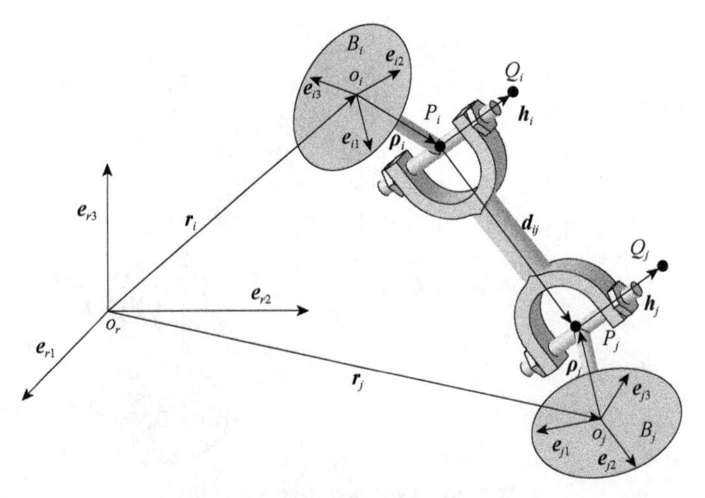

图 3-41　轴线平行的复合转动铰

12) 转动-圆柱铰

如图 3-42 所示，图中表示了用转动-圆柱铰连接的两个邻接刚体 B_i 和 B_j。

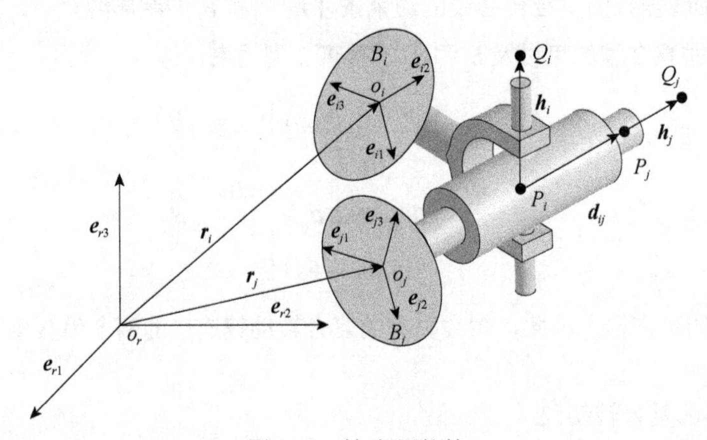

图 3-42　转动-圆柱铰

两个刚体之间连杆用转动铰连接刚体 B_i，铰链点 P_i 在转动轴线上，用圆柱铰连接刚体 B_j，铰链点 P_j 在圆柱铰轴线上，且使连接矢量 $\boldsymbol{d}_{ij}$ 沿圆柱铰轴线。转动铰和圆柱铰的轴线相互垂直并在 P_i 点处相交，取刚体 B_i 和 B_j 的铰链坐标系使基矢量 $\boldsymbol{h}_i$ 与 $\boldsymbol{h}_j$ 沿转动铰轴线及圆柱铰轴线。于是转动-圆柱铰的约束条件是 $\boldsymbol{h}_i$ 和 $\boldsymbol{h}_j$ 的垂直 1 型约束以及矢量 $\boldsymbol{h}_j$ 与矢量 $\boldsymbol{d}_{ij}$ 的平行 2 型约束。

约束方程如下：

$$\underline{\Phi}=\begin{bmatrix}\underline{\Phi^{v1}}(\boldsymbol{h}_i\perp\boldsymbol{h}_j)\\ \underline{\Phi^{p2}}(\boldsymbol{h}_j\parallel\boldsymbol{d}_{ij})\end{bmatrix}=\underline{0}\tag{3.4-17}$$

其中共 3 个标量约束方程，因此，转动-圆柱铰连接的两个邻接刚体有 3 个相对自由度。

13）转动-移动铰

如图 3-43 所示，图中表示了用转动-移动铰连接的两个邻接刚体 B_i 和 B_j 。

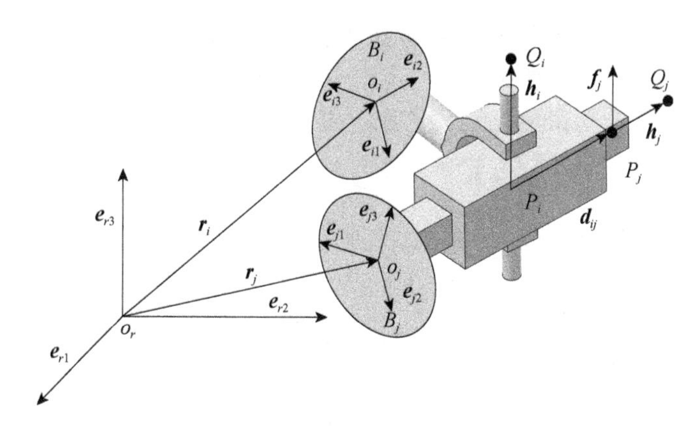

图 3-43　转动-移动铰

两个刚体之间连杆用转动铰连接刚体 B_i ，铰链点 P_i 在转动轴线上，用移动铰连接刚体 B_j ，铰链点 P_j 在移动铰轴线上，且使连接矢量 $\boldsymbol{d}_{ij}$ 沿移动铰轴线。转动铰和移动铰的轴线相互垂直并在 P_i 点处相交，取刚体 B_i 和 B_j 的铰链坐标系使基矢量 $\boldsymbol{h}_i$ 与 $\boldsymbol{h}_j$ 沿转动铰轴线及圆柱铰轴线。于是转动-移动铰的约束条件是 $\boldsymbol{h}_i$ 和 $\boldsymbol{h}_j$ 的垂直 1 型约束、$\boldsymbol{h}_i$ 和 $\boldsymbol{g}_j$ 的垂直 1 型约束以及矢量 $\boldsymbol{h}_j$ 与矢量 $\boldsymbol{d}_{ij}$ 的平行 2 型约束。约束方程如下：

$$\underline{\Phi}=\begin{bmatrix}\underline{\Phi^{v1}}(\boldsymbol{h}_i\perp\boldsymbol{h}_j)\\ \underline{\Phi^{v1}}(\boldsymbol{h}_i\perp\boldsymbol{g}_j)\\ \underline{\Phi^{p2}}(\boldsymbol{h}_j\parallel\boldsymbol{d}_{ij})\end{bmatrix}=\begin{bmatrix}\underline{\Phi^{p1}}(\boldsymbol{h}_i\parallel\boldsymbol{f}_j)\\ \underline{\Phi^{p2}}(\boldsymbol{h}_j\parallel\boldsymbol{d}_{ij})\end{bmatrix}=\underline{0}\tag{3.4-18}$$

其中共 4 个标量约束方程，因此，转动-移动铰连接的两个邻接刚体有 2 个相对自由度。

3. 绝对约束

刚体保持静止称为对刚体的绝对约束。这时的约束方程是使刚体的位姿坐标与初始时相等。如位姿坐标为

$$\underline{q}=\begin{bmatrix}x & y & z & H & P & R\end{bmatrix}^{\mathrm{T}}$$

则绝对约束方程为

$$\underline{\Phi} = \begin{bmatrix} x - x_0 \\ y - y_0 \\ z - z_0 \\ H - H_0 \\ P - P_0 \\ R - R_0 \end{bmatrix} = \underline{0} \tag{3.4-19}$$

4. 驱动约束

在机械系统中用电机或其他装置来驱动或者实时控制一个物体相对另一个物体(或地面)的位置和姿态，被驱动或控制物体的运动一般为时间的函数，可以用约束方程的形式确定。这种依赖于时间的约束称为驱动约束，由这类约束组成的驱动约束库能方便地用于运动学分析。

1) 绝对驱动约束

在式（3.4-19）的绝对约束方程中，如果刚体的位姿坐标$\underline{q}$依赖于时间t，那么绝对约束方程就成为依赖于时间的绝对驱动约束方程：

$$\underline{\Phi^d} = \begin{bmatrix} x - x(t) \\ y - y(t) \\ z - z(t) \\ H - H(t) \\ P - P(t) \\ R - R(t) \end{bmatrix} = \underline{0} \tag{3.4-20}$$

2) 距离驱动约束

在式(3.4-4)确定的距离约束方程中，$L \neq 0$可表示为时间的函数(可以是液压或电驱动器)。则与时间有关的距离驱动约束可表示为

$$\underline{\Phi^{ssd}} = \underline{{}^r d_{ij}}^{\mathrm{T}} \underline{{}^r d_{ij}} - L^2(t) = \underline{0} \tag{3.4-21}$$

3) 移动驱动约束

若两个刚体B_i和B_j是由移动铰、圆柱铰、螺旋铰或球铰-圆柱铰连接的，则这两个刚体一定有一个由基矢量$\boldsymbol{h}_i$和连接矢量$\boldsymbol{d}_{ij}$共线所确定的相对移动轴线，如图3-35所示。点P_i和P_j的距离$\underline{{}^r h_i}^{\mathrm{T}} \underline{{}^r d_{ij}}$由驱动约束确定的函数$L(t)$决定，因此，对这一类铰链的相对移动驱动器，驱动约束方程可以用垂直2型约束方程统一表示为

$$\underline{\Phi^d} = \underline{\Phi^{v2}}(\boldsymbol{h}_i \perp \boldsymbol{d}_{ij}) - L(t) = \underline{0} \tag{3.4-22}$$

4) 转动驱动约束

若两个刚体B_i和B_j是由转动铰、圆柱铰或螺旋铰连接的，则这两个刚体一定有一个由各自铰链坐标系的基矢量$\boldsymbol{h}_i$和$\boldsymbol{h}_j$共线所确定的相对转动轴线，如图3-36所示。相对转角θ由基矢量$\boldsymbol{f}_i$和$\boldsymbol{f}_j$之间的角位移$C(t)$确定，规定逆时针转动为正。因此，对这一类铰链的相对转动驱动器，设驱动约束方程统一表示为

$$\underline{\Phi}^{d} = \theta - C(t) = \underline{0} \tag{3.4-23}$$

转角θ确定后，两刚体的相对位姿便可确定。

习　　题

3-1　如图3-4所示，其中，基$\underline{e}_b$的三个基矢量在基$\underline{e}_r$中的坐标阵分别为

$$\underline{^r e_{b1}} = [0 \quad -1 \quad 0]^{\mathrm{T}},\quad \underline{^r e_{b2}} = [0 \quad 0 \quad 1]^{\mathrm{T}},\quad \underline{^r e_{b3}} = [-1 \quad 0 \quad 0]^{\mathrm{T}}$$

基$\underline{e}_b$的原点在基$\underline{e}_r$中的矢径$\boldsymbol{m}$在基$\underline{e}_r$中的坐标阵为

$$\underline{^r m} = [1 \quad 1 \quad 1]^{\mathrm{T}}$$

点P在基$\underline{e}_b$中的矢径$\boldsymbol{a}$在基$\underline{e}_b$中的坐标阵为

$$\underline{^b a} = [-1 \quad 0 \quad 0]^{\mathrm{T}}$$

试用方向余弦阵法和齐次变换矩阵法求点P在基$\underline{e}_r$中的坐标。

3-2　如图3-5所示，其中，基$\underline{e}_s$的三个基矢量在基$\underline{e}_r$中的坐标阵分别为

$$\underline{^r e_{s1}} = [0 \quad -1 \quad 0]^{\mathrm{T}},\quad \underline{^r e_{s2}} = [1 \quad 0 \quad 0]^{\mathrm{T}},\quad \underline{^r e_{s3}} = [0 \quad 0 \quad 1]^{\mathrm{T}}$$

基$\underline{e}_b$的三个基矢量在基$\underline{e}_s$中的坐标阵分别为

$$\underline{^s e_{b1}} = [-1 \quad 0 \quad 0]^{\mathrm{T}},\quad \underline{^s e_{b2}} = [0 \quad -1 \quad 0]^{\mathrm{T}},\quad \underline{^s e_{b3}} = [0 \quad 0 \quad 1]^{\mathrm{T}}$$

基$\underline{e}_s$的原点在基$\underline{e}_r$中的矢径$\boldsymbol{m}$在基$\underline{e}_r$中的坐标阵为

$$\underline{^r m} = [0 \quad 1 \quad 1]^{\mathrm{T}}$$

基$\underline{e}_b$的原点在基$\underline{e}_s$中的矢径$\boldsymbol{n}$在基$\underline{e}_s$中的坐标阵为

$$\underline{^s n} = [1 \quad 0 \quad 1]^{\mathrm{T}}$$

点P在基$\underline{e}_b$中的矢径$\boldsymbol{a}$在基$\underline{e}_b$中的坐标阵为

$$\underline{^b a} = [1 \quad 1 \quad 0]^{\mathrm{T}}$$

试用方向余弦阵法和齐次变换矩阵法求点P在基$\underline{e}_r$中的坐标。

3-3　如图3-4所示，其中，基$\underline{e}_b$的三个基矢量在基$\underline{e}_r$中的坐标阵分别为

$$\underline{^r e_{b1}} = [0 \quad -1 \quad 0]^{\mathrm{T}},\quad \underline{^r e_{b2}} = [0 \quad 0 \quad 1]^{\mathrm{T}},\quad \underline{^r e_{b3}} = [-1 \quad 0 \quad 0]^{\mathrm{T}}$$

基$\underline{e}_b$的原点在基$\underline{e}_r$中的矢径$\boldsymbol{m}$在基$\underline{e}_r$中的坐标阵为

$$\underline{^r m} = [1 \quad 1 \quad 1]^{\mathrm{T}}$$

点P在基$\underline{e}_r$中的矢径$\boldsymbol{r}$在基$\underline{e}_r$中的坐标阵为

$$\underline{^r r} = [1 \quad 2 \quad 1]^{\mathrm{T}}$$

试用方向余弦阵法和齐次变换矩阵法求点 P 在基 $\underline{e_b}$ 中的坐标。

3-4　如图 3-44 所示，已知刚体初始状态(图 3-44(a))运动到某一姿态(图 3-44(b))，其连体基由基 $\underline{e_b}$ 到基 $\underline{e_s}$ 的朝向，两个基之间的方向余弦阵为 $\underline{A^{bs}}$，如果将刚体连体基建立成基 $\underline{e_r}$ 的朝向，将刚体进行之前相同的运动，其连体基运动到基 $\underline{e_u}$ 的朝向，求基 $\underline{e_u}$ 关于基 $\underline{e_r}$ 的方向余弦阵。

$$\underline{A^{bs}} = \begin{bmatrix} 0 & -1 & 0 \\ 1 & 0 & 0 \\ 0 & 0 & 1 \end{bmatrix}$$

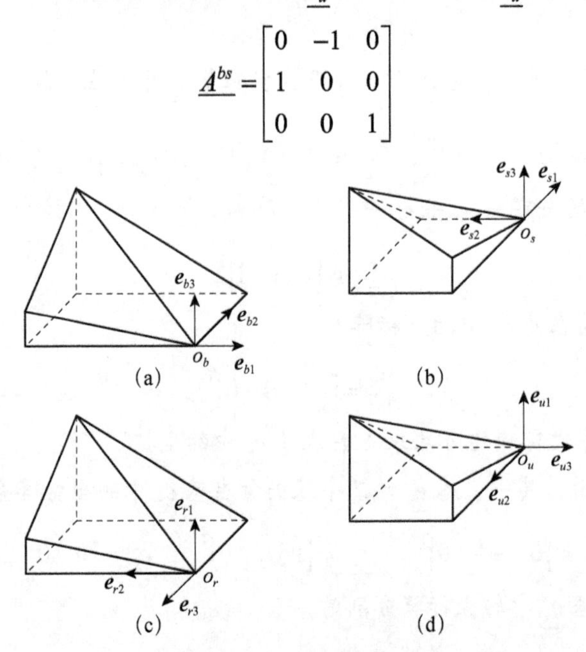

图 3-44　刚体转动

3-5　已知基 $\underline{e_b}$ 关于基 $\underline{e_r}$ 的方向余弦阵为 $\underline{A^{rb}}$，即 $\underline{e_r} = \underline{A^{rb}}\ \underline{e_b}$；已知矢量 $\boldsymbol{a}$、$\boldsymbol{b}$ 在基 $\underline{e_b}$ 中的坐标阵分别为 ${}^b\underline{a}$、${}^b\underline{b}$，矢量 $\boldsymbol{c}$ 在基 $\underline{e_r}$ 中的坐标阵为 ${}^r\underline{c}$；已知二阶张量 $\boldsymbol{D}$ 在基 $\underline{e_r}$ 中的坐标阵为 ${}^r\underline{D}$。试根据各已知的矢量、张量坐标阵以及方向余弦阵，列写下列格式的坐标阵。

标量：　$\boldsymbol{a}\cdot(\boldsymbol{b}\times\boldsymbol{c})$，$(\boldsymbol{a}\times\boldsymbol{b})\cdot(\boldsymbol{b}\times\boldsymbol{c})$，$\boldsymbol{c}\cdot\boldsymbol{D}\cdot\boldsymbol{a}$，$\boldsymbol{c}\cdot(\boldsymbol{b}\times\boldsymbol{D})\cdot\boldsymbol{c}$

矢量：　$\boldsymbol{a}\times\boldsymbol{b}$，$\boldsymbol{a}\times\boldsymbol{c}$，$\boldsymbol{a}\times(\boldsymbol{c}\times\boldsymbol{b})$，$\boldsymbol{c}\times\boldsymbol{D}\cdot\boldsymbol{a}$，$\boldsymbol{a}\times\left[(\boldsymbol{D}\cdot\boldsymbol{b})\times\boldsymbol{c}\right]$

3-6　如图 3-19 所示，已知刚体(或基 $\underline{e_b}$)在基 $\underline{e_r}$ 中的位姿坐标分别为

$$x=1,\quad y=1,\quad z=1,\quad \psi=\pi,\quad \theta=0,\quad \varphi=0$$

点 P 在基 $\underline{e_b}$ 中的坐标阵为　　${}^b\underline{a}=\begin{bmatrix}1 & 0 & 0\end{bmatrix}^{\mathrm{T}}$

求基 $\underline{e_b}$ 关于基 $\underline{e_r}$ 的方向余弦阵，并计算点 P 在基 $\underline{e_r}$ 中的坐标。

3-7　已知刚体(或基 $\underline{e_b}$)关于基 $\underline{e_r}$ 的方向余弦阵为

$$\underline{A^{rb}} = \begin{bmatrix} -1 & 0 & 0 \\ 0 & 0 & 1 \\ 0 & 1 & 0 \end{bmatrix}$$

求刚体(或基 $\underline{e_b}$)在基 $\underline{e_r}$ 的姿态坐标(欧拉角坐标、HPR 角、欧拉四元数)。

第 4 章　动力学基础

动力学是指在考虑受力的情况下，研究系统的力与运动的关系。本章主要介绍动力学的基本概念、基本定理和基本原理。

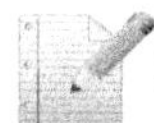

本章知识要点

(1) 掌握刚体的质心、动量、动量矩、动能的概念和表达式。

(2) 掌握刚体的转动惯量及其坐标阵。

(3) 掌握刚体的动量定理和动量矩定理。

兴趣实践

用手向身前扔乒乓球和铅球，如果要使两球的飞出速度相同，哪次比较费力？同样速度飞行的乒乓球和铅球，哪个更危险？同样的子弹，静止在桌上时非常安全，而从枪口射出时可以穿透人体，为什么？

探索思考

高速旋转的陀螺为何不倒？

预习准备

大学物理与理论力学。

4.1　基 本 概 念

4.1.1　质心

如图 4-1 所示，在参考基 $\underline{\boldsymbol{e}_r}$ 上有一质点系(图中不规则形状的物体)，单个刚体或多刚体系统可视为质点系的特殊情况。

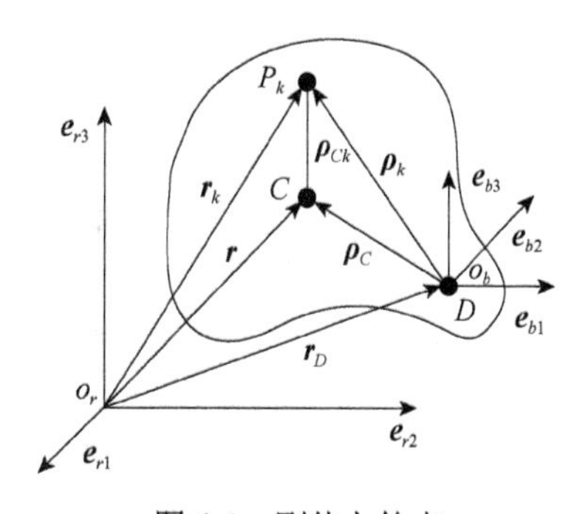

图 4-1　刚体上的点

设 $\boldsymbol{r}_k$ 为质点系内任意点 P_k 相对点 o_r 的矢径，m_k 为点 P_k 的质量。$\boldsymbol{r}$ 为系统的质心 C 相对点 o_r 的矢径，$\boldsymbol{\rho}_{Ck}$ 为点 P_k 相对点 C 的矢径。点 D 为质点系上任意点，$\boldsymbol{r}_D$ 为 D 相对点 o_r 的矢径，在点 D 上建立一连体坐标系 $\underline{\boldsymbol{e}_b}$，$\underline{\boldsymbol{e}_b}$ 的原点 o_b 与 D 重合，$\boldsymbol{\rho}_k$ 为点 P_k 相对点 D 的矢径，$\boldsymbol{\rho}_C$ 为点 C 相对点 D 的矢径。

由质心的定义，有

$$m\boldsymbol{r}=\sum_{k}(m_k\boldsymbol{r}_k) \tag{4.1-1}$$

由矢量几何可知：

$$\boldsymbol{r}=\boldsymbol{r}_D+\boldsymbol{\rho}_C \tag{4.1-2}$$

$$\boldsymbol{r}_k=\boldsymbol{r}_D+\boldsymbol{\rho}_k \tag{4.1-3}$$

将式(4.1-2)和式(4.1-3)代入式(4.1-1)有

$$m(\boldsymbol{r}_D+\boldsymbol{\rho}_C)=\sum_{k}m_k(\boldsymbol{r}_D+\boldsymbol{\rho}_k)=m\boldsymbol{r}_D+\sum_{k}(m_k\boldsymbol{\rho}_k)\Rightarrow m\boldsymbol{\rho}_C=\sum_{k}(m_k\boldsymbol{\rho}_k) \tag{4.1-4}$$

同理，根据质心的定义有

$$\sum_{k}(m_k\boldsymbol{\rho}_{Ck})=0 \tag{4.1-5}$$

4.1.2 动量

质点系相对惯性系 $\underline{\boldsymbol{e}_r}$ 的动量(Momentum)记为 $\boldsymbol{p}$，其定义为

$$\boldsymbol{p}=\sum_{k}(m_k\dot{\boldsymbol{r}}_k)=m\dot{\boldsymbol{r}} \tag{4.1-6}$$

4.1.3 动量矩

1)质点系相对动点的绝对动量矩

如图 4-1 所示，设 D 为任意动点，质点系相对点 D 的动量矩(Angular Momentum)记为 $\boldsymbol{L}^D$，其定义为

$$\boldsymbol{L}^D=\sum_{k}\left(\boldsymbol{\rho}_k\times m_k\dot{\boldsymbol{r}}_k\right) \tag{4.1-7}$$

其中，$\dot{\boldsymbol{r}}_k$ 为质点系内任意点 P_k 的绝对速度，即相对惯性系 $\underline{\boldsymbol{e}_r}$ 的速度。

2)刚体相对动点的绝对动量矩

如果质点系为刚体，设 $\boldsymbol{\omega}$ 为刚体绕点 D 转动的角速度矢量，由式(3.3-26)可知：

$$\dot{\boldsymbol{\rho}}_k=\boldsymbol{\omega}\times\boldsymbol{\rho}_k \tag{4.1-8}$$

由式(4.1-8)，且考虑到式(4.1-3)、式(4.1-4)和式(2.4-13)，则刚体相对点 D 的动量矩为

$$\begin{aligned}\boldsymbol{L}^D&=\sum_{k}\left(\boldsymbol{\rho}_k\times m_k\dot{\boldsymbol{r}}_k\right)=\sum_{k}\left(\boldsymbol{\rho}_k\times m_k\dot{\boldsymbol{r}}_D\right)+\sum_{k}\left(\boldsymbol{\rho}_k\times m_k\dot{\boldsymbol{\rho}}_k\right)\\&=\sum_{k}\left(m_k\boldsymbol{\rho}_k\right)\times\dot{\boldsymbol{r}}_D+\sum_{k}\left[m_k\left(\boldsymbol{\rho}_k\times\left(\boldsymbol{\omega}\times\boldsymbol{\rho}_k\right)\right)\right]\\&=m\boldsymbol{\rho}_C\times\dot{\boldsymbol{r}}_D+\sum_{k}\left[m_k\left(\left(\boldsymbol{\rho}_k\cdot\boldsymbol{\rho}_k\right)\boldsymbol{I}-\boldsymbol{\rho}_k\boldsymbol{\rho}_k\right)\right]\cdot\boldsymbol{\omega}\\&=m\boldsymbol{\rho}_C\times\dot{\boldsymbol{r}}_D+\boldsymbol{J}^D\cdot\boldsymbol{\omega}\end{aligned} \tag{4.1-9}$$

其中，$\boldsymbol{J}^D$ 称为刚体相对点 D 的惯量张量：

$$\boldsymbol{J}^D=\sum_{k}\left[m_k\left(\left(\boldsymbol{\rho}_k\cdot\boldsymbol{\rho}_k\right)\boldsymbol{I}-\boldsymbol{\rho}_k\boldsymbol{\rho}_k\right)\right] \tag{4.1-10}$$

特殊情况，当点 D 固连于刚体时，$\boldsymbol{J}^D$ 在连体基中的坐标阵为常值阵(Constant Matrix)。

3) 刚体对质心的绝对动量矩

特殊情况，刚体相对质心 C 的动量矩，记为 $\boldsymbol{L}^C$，此时

$$\boldsymbol{\rho}_C=\boldsymbol{0} \tag{4.1-11}$$

则

$$\boldsymbol{L}^C=\boldsymbol{J}^C\cdot\boldsymbol{\omega} \tag{4.1-12}$$

其中，$\boldsymbol{J}^C$ 称为刚体相对质心 C 的惯量张量：

$$\boldsymbol{J}^C=\sum_k\left[m_k\left(\left(\boldsymbol{\rho}_{Ck}\cdot\boldsymbol{\rho}_{Ck}\right)\boldsymbol{I}-\boldsymbol{\rho}_{Ck}\boldsymbol{\rho}_{Ck}\right)\right] \tag{4.1-13}$$

$\boldsymbol{J}^C$ 在连体基中的坐标阵为常值阵。

4) 刚体对惯性系原点(固定点)的绝对动量矩

同理，质点系对惯性系 $\underline{\boldsymbol{e}_r}$ 原点 o_r 的动量矩记为 $\boldsymbol{L}^o$，设点 D 固连于刚体，则

$$\begin{aligned}\boldsymbol{L}^o&=\sum_k\left(r_k\times m_k\dot{\boldsymbol{r}}_k\right)\\&=\sum_k\left(\boldsymbol{r}_D\times m_k\dot{\boldsymbol{r}}_k\right)+\sum_k\left(\boldsymbol{\rho}_k\times m_k\dot{\boldsymbol{r}}_k\right)\\&=\sum_k\left(\boldsymbol{r}_D\times m_k\dot{\boldsymbol{r}}_D\right)+\sum_k\left(\boldsymbol{r}_D\times m_k\dot{\boldsymbol{\rho}}_k\right)+m\boldsymbol{\rho}_C\times\dot{\boldsymbol{r}}_D+\boldsymbol{J}^D\cdot\boldsymbol{\omega}\\&=m\boldsymbol{r}_D\times\dot{\boldsymbol{r}}_D+m\boldsymbol{r}_D\times\boldsymbol{\omega}\times\boldsymbol{\rho}_C+m\boldsymbol{\rho}_C\times\dot{\boldsymbol{r}}_D+\boldsymbol{J}^D\cdot\boldsymbol{\omega}\\&=m\boldsymbol{r}_D\times(\dot{\boldsymbol{r}}_D+\boldsymbol{\omega}\times\boldsymbol{\rho}_C)+m\boldsymbol{\rho}_C\times\dot{\boldsymbol{r}}_D+\boldsymbol{J}^D\cdot\boldsymbol{\omega}\end{aligned} \tag{4.1-14}$$

特殊情况，点 D 与质心 C 重合，此时有

$$\boldsymbol{L}^o=m\boldsymbol{r}\times\dot{\boldsymbol{r}}+\boldsymbol{J}^C\cdot\boldsymbol{\omega} \tag{4.1-15}$$

4.1.4　动能

1) 质点系的动能

质点系的动能(Kinetic Energy)是标量，用 T 表示，如图 4-1 所示，表达式为

$$T=\frac{1}{2}\sum_k\left(m_k\dot{\boldsymbol{r}}_k\cdot\dot{\boldsymbol{r}}_k\right) \tag{4.1-16}$$

其中，$\dot{\boldsymbol{r}}_k$ 为质点系内任意点 P_k 的绝对速度，即相对惯性系 $\underline{\boldsymbol{e}_r}$ 的速度。

2) 刚体的动能

如果质点系为刚体，考虑式(2.4-22)，有

$$\begin{aligned}T&=\frac{1}{2}\sum_k\left(m_k\dot{\boldsymbol{r}}_k\cdot\dot{\boldsymbol{r}}_k\right)=\frac{1}{2}\sum_k[m_k(\dot{\boldsymbol{r}}_D+\boldsymbol{\omega}\times\boldsymbol{\rho}_k)\cdot(\dot{\boldsymbol{r}}_D+\boldsymbol{\omega}\times\boldsymbol{\rho}_k)]\\&=\frac{1}{2}\sum_k(m_k\dot{\boldsymbol{r}}_D\cdot\dot{\boldsymbol{r}}_D)+\sum_k[m_k\dot{\boldsymbol{r}}_D\cdot(\boldsymbol{\omega}\times\boldsymbol{\rho}_k)]+\frac{1}{2}\sum_k[m_k(\boldsymbol{\omega}\times\boldsymbol{\rho}_k)\cdot(\boldsymbol{\omega}\times\boldsymbol{\rho}_k)]\\&=\frac{1}{2}m\dot{\boldsymbol{r}}_D\cdot\dot{\boldsymbol{r}}_D+m\dot{\boldsymbol{r}}_D\cdot(\boldsymbol{\omega}\times\boldsymbol{\rho}_C)+\frac{1}{2}\boldsymbol{\omega}\cdot\boldsymbol{J}^D\cdot\boldsymbol{\omega}\end{aligned} \tag{4.1-17}$$

特殊情况，点 D 与质心 C 重合，此时有

$$T = \frac{1}{2} m\dot{\boldsymbol{r}} \cdot \dot{\boldsymbol{r}} + \frac{1}{2} \boldsymbol{\omega} \cdot \boldsymbol{J}^C \cdot \boldsymbol{\omega} \tag{4.1-18}$$

4.2　刚体的质量几何

4.2.1　惯量张量的概念

式(4.1-10)定义的惯量张量是描述刚体质量分布(Mass Distribution)的物理量。由式(2.3-3)可知：

$$\boldsymbol{J}^D = \underline{\boldsymbol{e}_b}^{\mathrm{T}}\, \underline{{}^b J^D}\, \underline{\boldsymbol{e}_b} \tag{4.2-1}$$

其中，$\underline{{}^b J^D}$ 为 $\boldsymbol{J}^D$ 在基 $\underline{\boldsymbol{e}_b}$ 上的坐标阵，称为刚体相对点 D 的惯量阵，设 $\underline{{}^b\rho_k}$ 为 $\boldsymbol{\rho}_k$ 在 $\underline{\boldsymbol{e}_b}$ 上的坐标阵，则

$$\underline{{}^b\rho_k} = \left[{}^b\rho_{k1} \quad {}^b\rho_{k2} \quad {}^b\rho_{k3} \right]^{\mathrm{T}} \tag{4.2-2}$$

$$\underline{{}^b J^D} = \sum_k \left[m_k \left(\underline{{}^b\rho_k}^{\mathrm{T}}\, \underline{{}^b\rho_k}\, \underline{I} - \underline{{}^b\rho_k}\, \underline{{}^b\rho_k}^{\mathrm{T}} \right) \right] = \begin{bmatrix} J_{11} & -J_{12} & -J_{13} \\ -J_{21} & J_{22} & -J_{23} \\ -J_{31} & -J_{32} & J_{33} \end{bmatrix} \tag{4.2-3}$$

其中，各元素定义为

$$\begin{cases} J_{11} = \sum\limits_k \left[m_k \left({}^b\rho_{k2}^2 + {}^b\rho_{k3}^2 \right) \right] \\ J_{22} = \sum\limits_k \left[m_k \left({}^b\rho_{k3}^2 + {}^b\rho_{k1}^2 \right) \right] \\ J_{33} = \sum\limits_k \left[m_k \left({}^b\rho_{k1}^2 + {}^b\rho_{k2}^2 \right) \right] \\ J_{ij} = J_{ji} = \sum\limits_k \left(m_k\, {}^b\rho_{ki}\, {}^b\rho_{kj} \right) \quad (i,j = 1,2,3; i \neq j) \end{cases} \tag{4.2-4}$$

对于刚体，考虑 $\boldsymbol{\rho}_k$ 在基 $\underline{\boldsymbol{e}_b}$ 上的坐标阵为常值阵，由式(4.2-3)和式(4.2-4)可知，$\underline{{}^b J^D}$ 为常值对称方阵。其对角元素 J_{11}、J_{22}、J_{33} 称为刚体相对基矢量 $\boldsymbol{e}_{b1}$、$\boldsymbol{e}_{b2}$、$\boldsymbol{e}_{b3}$ 的 3 个惯量矩(Moments of Inertia)，其余非对角元素称为刚体的惯量积(Products of Inertia)。

4.2.2　惯量张量的叠加原理

根据惯量张量的定义可知，若将刚体分成 n 个小刚体，设各个小刚体对点 D 的惯量张量分别为 $\boldsymbol{J}_i^D$ $(i = 1,2,3,\cdots,n)$，则总的刚体对点 D 的惯量张量为

$$\boldsymbol{J}^D = \boldsymbol{J}_1^D + \boldsymbol{J}_2^D + \cdots + \boldsymbol{J}_n^D \quad (i = 1,2,3,\cdots,n) \tag{4.2-5}$$

式(4.2-5)即为惯量张量的叠加原理。

现实中，很多刚体是由几种形状简单的刚体组合而成的，计算这种刚体的惯量张量时，

可利用叠加原理，先分别计算出每个简单刚体的惯量张量，整个刚体的惯量张量即为它们的和。

4.2.3　刚体对任意点与对质心的惯量张量的关系

方法一：动量矩法

设 $\underline{{}^b\omega}$ 为刚体角速度矢量 $\boldsymbol{\omega}$ 在基 $\underline{\boldsymbol{e}_b}$ 上的坐标阵，则由式(4.1-12)可知，刚体相对质心的惯量矩 $\boldsymbol{L}^C$ 在基 $\underline{\boldsymbol{e}_b}$ 上的坐标阵 $\underline{{}^bL^C}$ 为

$$\underline{{}^bL^C} = \underline{{}^bJ^C\,{}^b\omega} \tag{4.2-6}$$

由图 4-1 可知：

$$\boldsymbol{\rho}_k = \boldsymbol{\rho}_C + \boldsymbol{\rho}_{Ck} \tag{4.2-7}$$

$$\boldsymbol{r}_k = \boldsymbol{r} + \boldsymbol{\rho}_{Ck} \tag{4.2-8}$$

$$m\boldsymbol{r} = \sum_k m_k \boldsymbol{r}_k = \sum_k m_k(\boldsymbol{r} + \boldsymbol{\rho}_{Ck}) = m\boldsymbol{r} + \sum_k m_k\boldsymbol{\rho}_{Ck} \Rightarrow \sum_k m_k\boldsymbol{\rho}_{Ck} = 0 \tag{4.2-9}$$

由式(4.2-7)～式(4.2-9)，且考虑式(4.1-2)，则刚体对点 D 的动量矩的另一种推导方法为

$$\begin{aligned}\boldsymbol{L}^D &= \sum_k(\boldsymbol{\rho}_k \times m_k\dot{\boldsymbol{r}}_k) = \sum_k[(\boldsymbol{\rho}_C + \boldsymbol{\rho}_{Ck}) \times m_k(\dot{\boldsymbol{r}} + \dot{\boldsymbol{\rho}}_{Ck})] \\ &= \sum_k(\boldsymbol{\rho}_{Ck} \times m_k\dot{\boldsymbol{\rho}}_{Ck}) + \sum_k(\boldsymbol{\rho}_C \times m_k\dot{\boldsymbol{r}}) + \sum_k(\boldsymbol{\rho}_{Ck} \times m_k\dot{\boldsymbol{r}}) + \sum_k(\boldsymbol{\rho}_C \times m_k\dot{\boldsymbol{\rho}}_{Ck}) \\ &= \sum_k[\boldsymbol{\rho}_{Ck} \times m_k(\boldsymbol{\omega} \times \boldsymbol{\rho}_{Ck})] + m\,\boldsymbol{\rho}_C \times (\dot{\boldsymbol{r}}_D + \dot{\boldsymbol{\rho}}_C) \\ &= \boldsymbol{J}^C \cdot \boldsymbol{\omega} + m\,\boldsymbol{\rho}_C \times (\dot{\boldsymbol{r}}_D + \dot{\boldsymbol{\rho}}_C)\end{aligned} \tag{4.2-10}$$

由式(3.3-26)可知：

$$\dot{\boldsymbol{\rho}}_C = \boldsymbol{\omega} \times \boldsymbol{\rho}_C \tag{4.2-11}$$

由式(4.2-10)和式(4.2-11)，且考虑式(2.4-13)，可知：

$$\boldsymbol{L}^D = m\boldsymbol{\rho}_C \times \dot{\boldsymbol{r}}_D + [\boldsymbol{J}^C + m[(\boldsymbol{\rho}_C \cdot \boldsymbol{\rho}_C)\boldsymbol{I} - \boldsymbol{\rho}_C\boldsymbol{\rho}_C]] \cdot \boldsymbol{\omega} \tag{4.2-12}$$

比较式(4.2-12)和式(4.1-9)，可知刚体对其上的任意点的惯量张量与对质心惯量张量的关系：

$$\boldsymbol{J}^D = \boldsymbol{J}^C + m[(\boldsymbol{\rho}_C \cdot \boldsymbol{\rho}_C)\boldsymbol{I} - \boldsymbol{\rho}_C\boldsymbol{\rho}_C] \tag{4.2-13}$$

将式(4.2-13)写成在基 $\underline{\boldsymbol{e}_b}$ 上的坐标阵形式：

$$\underline{{}^bJ^D} = \underline{{}^bJ^C} + m\left(\underline{{}^b\rho_C}^{\mathrm{T}}\,\underline{{}^b\rho_C}\,\underline{I} - \underline{{}^b\rho_C\,{}^b\rho_C}^{\mathrm{T}}\right) \tag{4.2-14}$$

方法二：定义法

如图 4-1 所示，刚体对点 D 的惯量张量可作如下变换：

$$
\begin{aligned}
\boldsymbol{J}^D &= \sum_k \left[m_k \left((\boldsymbol{\rho}_k \cdot \boldsymbol{\rho}_k) \boldsymbol{I} - \boldsymbol{\rho}_k \boldsymbol{\rho}_k \right) \right] \\
&= \sum_k \left[m_k \left(((\boldsymbol{\rho}_C + \boldsymbol{\rho}_{Ck}) \cdot (\boldsymbol{\rho}_C + \boldsymbol{\rho}_{Ck})) \boldsymbol{I} - (\boldsymbol{\rho}_C + \boldsymbol{\rho}_{Ck})(\boldsymbol{\rho}_C + \boldsymbol{\rho}_{Ck}) \right) \right] \\
&= \sum_k \left[m_k \left((\boldsymbol{\rho}_C \cdot \boldsymbol{\rho}_C + 2\boldsymbol{\rho}_C \cdot \boldsymbol{\rho}_{Ck} + \boldsymbol{\rho}_{Ck} \cdot \boldsymbol{\rho}_{Ck}) \boldsymbol{I} - (\boldsymbol{\rho}_C \boldsymbol{\rho}_C + 2\boldsymbol{\rho}_C \boldsymbol{\rho}_{Ck} + \boldsymbol{\rho}_{Ck} \boldsymbol{\rho}_{Ck}) \right) \right] \\
&= \sum_k \left[m_k \left((\boldsymbol{\rho}_C \cdot \boldsymbol{\rho}_C) \boldsymbol{I} - \boldsymbol{\rho}_C \boldsymbol{\rho}_C \right) \right] + 2\boldsymbol{\rho}_C \cdot \sum_k (m_k \boldsymbol{\rho}_{Ck}) \boldsymbol{I} - 2\boldsymbol{\rho}_C \sum_k (m_k \boldsymbol{\rho}_{Ck}) \\
&\quad + \sum_k \left[m_k \left((\boldsymbol{\rho}_{Ck} \cdot \boldsymbol{\rho}_{Ck}) \boldsymbol{I} - \boldsymbol{\rho}_{Ck} \boldsymbol{\rho}_{Ck} \right) \right] \\
&= \boldsymbol{J}^C + m[(\boldsymbol{\rho}_C \cdot \boldsymbol{\rho}_C) \boldsymbol{I} - \boldsymbol{\rho}_C \boldsymbol{\rho}_C]
\end{aligned} \tag{4.2-15}
$$

方法二与方法一的结论相同。

4.2.4 惯量张量相对不同基的坐标阵

设在刚体上还有另外一连体基 $\underline{\boldsymbol{e}_s}$，由式(3.1-16)可知刚体对其上的同一点的惯量张量在不同连体基下的坐标阵的关系为

$$
\underline{{}^s J^D} = \underline{A^{sb}}\, \underline{{}^b J^D}\, \underline{A^{bs}} \tag{4.2-16}
$$

如果能选择合适的基 $\underline{\boldsymbol{e}_s}$，使变换后的坐标阵中的惯性积均为零，即坐标阵为对角阵，那么基 $\underline{\boldsymbol{e}_s}$ 的轴称为惯量主轴(Principal Axes of Inertia)。线性代数中已证明：实对称阵必存在正交矩阵使其相似对角化(Similarity Transformation)，因此，刚体对任意点必存在惯性主轴，构成主轴连体基。刚体相对质心的惯性主轴及主轴惯性矩(Principal Moments of Inertia)称为中心惯性主轴和中心惯性矩，因此在刚体的质心处建立坐标系，方向选为中心惯性主轴方向，构成中心主轴连体坐标系。

4.3 动量定理和动量矩定理

由运动学分析可知，刚体的运动可由其连体坐标系的运动进行分析。刚体的一般运行可以分解为随连体坐标系原点的平动和绕此原点的转动。平动部分用动量定理来描述，转动部分用动量矩定理来描述。

4.3.1 动量定理

对于某一点的动量定理(Momentum Theorem)可描述为

$$
\boldsymbol{F}_k = \frac{\mathrm{d}}{\mathrm{d}t} \boldsymbol{p}_k = \dot{\boldsymbol{p}}_k = m_k \ddot{\boldsymbol{r}}_k \tag{4.3-1}
$$

则对于整个质点系的动量定理可描述为

$$
\sum_k m_k \ddot{\boldsymbol{r}}_k = \sum_k \boldsymbol{F}_k \tag{4.3-2}
$$

设整个质点系外力的主矢(Resultant Force)为

$$\boldsymbol{F} = \sum_k \boldsymbol{F}_k \tag{4.3-3}$$

则由式(4.1-1)可得

$$\boldsymbol{F} = \dot{\boldsymbol{p}} = m\ddot{\boldsymbol{r}} \tag{4.3-4}$$

式(4.3-4)称为质心运动定理，实际上就是著名的牛顿第二定律。设想刚体全部质量集中于质心，将作用于刚体上的全部外力进行等效使其集中于质心，则可把刚体的平动看成一个位于质心的质点的运动。

4.3.2　动量矩定理

动量矩定理(Angular Momentum Theorem)由欧拉首先提出，表述如下：对于任意质点系，其相对惯性系某参考点的绝对动量矩的绝对时间导数等于系统相对该参考点的合力矩(Resultant Torque)。数学表示为

$$\dot{\boldsymbol{L}}^o = \boldsymbol{M}^o \tag{4.3-5}$$

特殊情况，当质点系为刚体时，有

$$\begin{aligned}\dot{\boldsymbol{L}}^o &= \frac{\mathrm{d}}{\mathrm{d}t}[m\boldsymbol{r}_D \times (\dot{\boldsymbol{r}}_D + \boldsymbol{\omega} \times \boldsymbol{\rho}_C) + m\boldsymbol{\rho}_C \times \dot{\boldsymbol{r}}_D + \boldsymbol{J}^D \cdot \boldsymbol{\omega}] \\ &= m[\boldsymbol{r}_D \times \dot{\boldsymbol{r}} + \dot{\boldsymbol{r}}_D \times (\dot{\boldsymbol{r}}_D + \boldsymbol{\omega} \times \boldsymbol{\rho}_C) + \boldsymbol{\omega} \times \boldsymbol{\rho}_C \times \dot{\boldsymbol{r}}_D + \boldsymbol{\rho}_C \times \ddot{\boldsymbol{r}}_D] + \boldsymbol{J}^D \cdot \dot{\boldsymbol{\omega}} + \boldsymbol{\omega} \times \boldsymbol{J}^D \cdot \boldsymbol{\omega} \\ &= \boldsymbol{r}_D \times \boldsymbol{F} + m\boldsymbol{\rho}_C \times \ddot{\boldsymbol{r}}_D + \boldsymbol{J}^D \cdot \dot{\boldsymbol{\omega}} + \boldsymbol{\omega} \times \boldsymbol{J}^D \cdot \boldsymbol{\omega}\end{aligned} \tag{4.3-6}$$

考虑

$$\boldsymbol{M}^o = \boldsymbol{M}^D + \boldsymbol{r}_D \times \boldsymbol{F} \tag{4.3-7}$$

有

$$m\boldsymbol{\rho}_C \times \ddot{\boldsymbol{r}}_D + \boldsymbol{J}^D \cdot \dot{\boldsymbol{\omega}} + \boldsymbol{\omega} \times \boldsymbol{J}^D \cdot \boldsymbol{\omega} = \boldsymbol{M}^D \tag{4.3-8}$$

若点 D 与质心 C 重合，则有

$$\boldsymbol{J}^C \cdot \dot{\boldsymbol{\omega}} + \boldsymbol{\omega} \times \boldsymbol{J}^C \cdot \boldsymbol{\omega} = \boldsymbol{M}^C \tag{4.3-9}$$

式(4.3-9)就是著名的欧拉动力学方程。该方程也可由如下方式推导出来。

考虑式(4.3-1)、式(4.1-3)、式(4.1-6)，将式(4.1-7)对时间求导，有

$$\begin{aligned}\dot{\boldsymbol{L}}^D &= \frac{\mathrm{d}}{\mathrm{d}t}\sum_k(\boldsymbol{\rho}_k \times m_k\dot{\boldsymbol{r}}_k) = \sum_k(\boldsymbol{\rho}_k \times m_k\ddot{\boldsymbol{r}}_k) + \sum_k(\dot{\boldsymbol{\rho}}_k \times m_k\dot{\boldsymbol{r}}_k) \\ &= \sum_k(\boldsymbol{\rho}_k \times \boldsymbol{F}_k) + \sum_k(\dot{\boldsymbol{r}}_k \times m_k\dot{\boldsymbol{r}}_k) - \sum_k(\dot{\boldsymbol{r}}_D \times m_k\dot{\boldsymbol{r}}_k) = \boldsymbol{M}^D - \boldsymbol{v}_D \times \boldsymbol{p}\end{aligned} \tag{4.3-10}$$

其中，$\boldsymbol{M}^D$ 为质点系外力对点 D 的主矩：

$$\boldsymbol{M}^D = \sum_k(\boldsymbol{\rho}_k \times \boldsymbol{F}_k) \tag{4.3-11}$$

式(4.3-10)中，如果点 D 与质心 C 重合，有

$$\boldsymbol{v}_D \times \boldsymbol{p} = \dot{\boldsymbol{r}} \times m\dot{\boldsymbol{r}} = \boldsymbol{0} \tag{4.3-12}$$

由上式，且考虑式(4.3-10)可知：

$$\dot{\boldsymbol{L}}^C = \boldsymbol{M}^C \tag{4.3-13}$$

特殊情况，当质点系为刚体时，有

$$\dot{\boldsymbol{\omega}} = \boldsymbol{\omega}' + \boldsymbol{\omega} \times \boldsymbol{\omega} = \boldsymbol{\omega}' \tag{4.3-14}$$

另外，$\boldsymbol{J}^C$ 在刚体的连体基上为常值阵，所以有

$$\frac{{}^b\mathrm{d}}{\mathrm{d}t}\boldsymbol{J}^C = \boldsymbol{J}'^C = \mathbf{0} \tag{4.3-15}$$

考虑式(4.3-14)和式(4.3-15)，由式(4.1-12)和式(3.3-25)可知：

$$\begin{aligned}\dot{\boldsymbol{L}}^C &= \frac{{}^r\mathrm{d}}{\mathrm{d}t}\boldsymbol{L}^C = \frac{{}^r\mathrm{d}}{\mathrm{d}t}(\boldsymbol{J}^C \cdot \boldsymbol{\omega}) = \frac{{}^b\mathrm{d}}{\mathrm{d}t}(\boldsymbol{J}^C \cdot \boldsymbol{\omega}) + \boldsymbol{\omega} \times (\boldsymbol{J}^C \cdot \boldsymbol{\omega}) \\ &= \boldsymbol{J}'^C \cdot \boldsymbol{\omega} + \boldsymbol{J}^C \cdot \boldsymbol{\omega}' + \boldsymbol{\omega} \times (\boldsymbol{J}^C \cdot \boldsymbol{\omega}) = \boldsymbol{J}^C \cdot \dot{\boldsymbol{\omega}} + \boldsymbol{\omega} \times \boldsymbol{J}^C \cdot \boldsymbol{\omega}\end{aligned} \tag{4.3-16}$$

比较式(4.3-16)和式(4.3-13)，有

$$\boldsymbol{J}^C \cdot \dot{\boldsymbol{\omega}} + \boldsymbol{\omega} \times \boldsymbol{J}^C \cdot \boldsymbol{\omega} = \boldsymbol{M}^C \tag{4.3-17}$$

将上式写成在连体基 $\underline{\boldsymbol{e}_b}$ 上的坐标阵的形式，有

$$\underline{{}^bJ^C\,{}^b\dot{\omega}} + \underline{{}^b\tilde{\omega}\,{}^bJ^C\,{}^b\omega} = \underline{{}^bM^C} \tag{4.3-18}$$

特殊情况，当应用中心主轴连体坐标系时，设

$$\underline{{}^bJ^C} = \begin{bmatrix} J_1 & 0 & 0 \\ 0 & J_2 & 0 \\ 0 & 0 & J_3 \end{bmatrix} \tag{4.3-19}$$

则此时欧拉动力学方程有最简单形式：

$$\begin{cases} J_1\,{}^b\dot{\omega}_1 - (J_2 - J_3)\,{}^b\omega_2\,{}^b\omega_3 = {}^bM_1^C \\ J_2\,{}^b\dot{\omega}_2 - (J_3 - J_1)\,{}^b\omega_3\,{}^b\omega_1 = {}^bM_2^C \\ J_3\,{}^b\dot{\omega}_3 - (J_1 - J_2)\,{}^b\omega_1\,{}^b\omega_2 = {}^bM_3^C \end{cases} \tag{4.3-20}$$

上述方程只有在少数特殊情况下有解析解(Analytical Solution / Closed Form Solution)，大多情况需利用数值解法(Numerical Solution)求解。无解析解的原因有两方面：一是方程等号左边的表达式的非线性(Nonlinearity)；二是等号右边表达式通常是比较复杂的函数。

第 5 章　多刚体系统动力学方程

本章知识要点

(1) 掌握牛顿-欧拉动力学方程、第一类和第二类拉格朗日方程、独立广义坐标的统一形式动力学方程。

(2) 理解动力学普遍方程、虚功原理和虚功率原理。

(3) 了解各类方程的优缺点和适用场合。

兴趣实践

人站在一个桌子前，与桌子的距离大于手臂的长度，桌子上放置一个苹果，用最“自然方式”去取苹果放到嘴边。观察此过程，这个过程可以看作：人通过使身体的各个关节转动一定的角度，完成了一系列动作。很明显，人可以通过多种方式完成这个取苹果的动作，例如，可以使身体靠近桌子更近再伸手取苹果，也可以在刚好手臂伸直就能够取到苹果时停止前进。不同的取苹果方式，代表各个关节转动的角度与“自然方式”时的不同。那么，哪种方式最好，为什么？

探索思考

列举几个常见的多刚体系统，在哪些情况下，这些系统可以简化为单刚体系统？

预习准备

大学物理与理论力学。

多个物体按照确定的方式相互联系所组成的系统称为多体系统(Multibody Systems)。忽略系统内各物体的变形，完全由刚体组成的多体系统称为多刚体系统。大多情况下，机械系统可认为是多刚体系统。

如图 5-1 所示，多刚体系统主要由 4 部分组成：①多个未给定其运动规律的刚体；②各刚体之间的产生运动学约束的连接元件——铰(或运动副，如转动副、移动副等)；③各刚体之间的不产生运动学约束的连接元件——力元(如弹簧、阻尼器等，Force Element)；④与惯性系固连或给定其运动规律的刚体——零刚体(或载体，Carrier Body)。

由于刚体受到约束，所以会有未知的约束力存在，这也是多刚体系统与单刚体系统或自由刚体系统最大的不同之处。本章将介绍几种不同方法来建立多刚体系统的动力学模型。

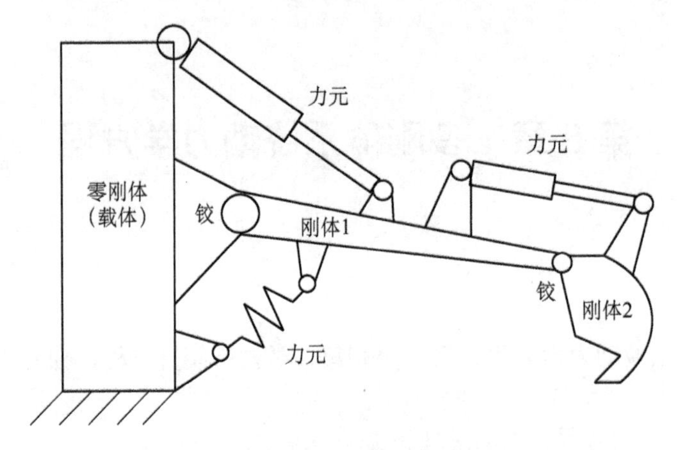

图 5-1　多刚体系统示意图

5.1　牛顿-欧拉动力学方程

将牛顿动力学方程(4.3-4)和欧拉动力学方程(4.3-17)联立，即可得到牛顿-欧拉动力学方程：

$$\begin{cases} m\ddot{\boldsymbol{r}} = \boldsymbol{F} \\ \boldsymbol{J}^C \cdot \dot{\boldsymbol{\omega}} + \boldsymbol{\omega} \times \boldsymbol{J}^C \cdot \boldsymbol{\omega} = \boldsymbol{M}^C \end{cases} \tag{5.1-1}$$

对于单个刚体，设其位姿坐标为 $\underline{q}$：

$$\underline{q} = \begin{bmatrix} \underline{r}^{\mathrm{T}} & \underline{\varphi}^{\mathrm{T}} \end{bmatrix}^{\mathrm{T}} = \begin{bmatrix} x & y & z & \varphi_1 & \varphi_2 & \varphi_3 \end{bmatrix}^{\mathrm{T}} \tag{5.1-2}$$

其中，$\underline{r}$ 为刚体质心相对参考基中的坐标阵；$\underline{\varphi}$ 为刚体的卡尔丹角姿态坐标。则可将式(5.1-1)写成坐标阵的形式，将其中第一式写成在参考基 $\underline{\boldsymbol{e}}_r$ 中的坐标阵，将第二式写成在连体基 $\underline{\boldsymbol{e}}_b$ 中的坐标阵，考虑式(3.3-115)，有

$$\begin{cases} \underline{m}\ddot{\underline{r}} = {}^r\underline{F} \\ {}^b\underline{J}^{C\,b}\dot{\underline{\omega}} + {}^b\tilde{\underline{\omega}}\,{}^b\underline{J}^{C\,b}\underline{\omega} = {}^b\underline{M}^C \\ {}^b\underline{\omega} = {}^b\underline{K}\dot{\underline{\varphi}} \end{cases} \tag{5.1-3}$$

其中，$\underline{m}$ 为刚体的质量阵，有

$$\underline{m} = \begin{bmatrix} m & 0 & 0 \\ 0 & m & 0 \\ 0 & 0 & m \end{bmatrix} \tag{5.1-4}$$

${}^r\underline{F}$ 为刚体的外力主矢在参考基 $\underline{\boldsymbol{e}}_r$ 中的坐标阵。

当选择 3.2 节中其他类型的姿态坐标作为广义坐标(Generalized Coordinate)时，只需替换式(5.1-3)中的角速度与姿态坐标导数的关系方程，其他保持不变。对于单个刚体，该方程组中包含 9 个标量方程，若已知合力与合力矩，则未知数为位姿坐标 $\underline{q}$ 和角速度 ${}^b\underline{\omega}$ 共 9 个，理论上，根据初始条件该方程有唯一解。

特殊情况下，如平面问题或刚体做小角度转动，某种姿态坐标的导数等于角速度，则可直接用姿态坐标的导数替换掉角速度，使方程简化。例如，如果将刚体的上一时刻状态看作初始状态，求无限小时间间隔的下一时刻状态，则刚体的转动可看作小角度转动。卡尔丹角小角度转动时角度导数近似等于角速度。所以式(5.1-3)也可写为

$$\begin{cases} \underline{m\ddot{r}} = \underline{{}^{r}F} \\ \underline{{}^{b}J^{C}}\,\underline{\dot{\varphi}} + \underline{\tilde{\dot{\varphi}}}\,\underline{{}^{b}J^{C}}\,\underline{\dot{\varphi}} = \underline{{}^{b}M^{C}} \end{cases} \tag{5.1-5}$$

由式(5.1-5)可知，牛顿-欧拉方程是关于刚体位姿坐标的二阶微分方程组，其中包含 6 个标量方程。若刚体是自由刚体，没有受到约束，则 6 个方程中只含有 6 个关于刚体位姿坐标的未知数，理论上，根据初始条件该方程有唯一解。

对于由 n 个刚体组成的多刚体系统，其中的每个刚体可以根据牛顿-欧拉动力学方程建立 6 个方程，共可以建立 $6n$ 个方程。一般的多刚体系统，刚体之间存在约束，设存在 s 个独立的(Independent)约束方程，则对应地存在 s 个约束反力。多刚体系统的未知数包括 n 个刚体的位姿坐标共 $6n$ 个，以及 s 个约束反力，总共有 $(6n+s)$ 个未知数。$6n$ 个方程无法求解 $(6n+s)$ 个未知数。

此时多刚体系统的 $6n$ 个位姿坐标是不独立的，只有 $u=6n-s$ 个位姿坐标，根据线性代数知识可知：$6n$ 个位姿坐标可以用 u 个独立的位姿坐标表示。此时动力学方程可以用两种方法求解：第一种是将 $6n$ 个牛顿-欧拉动力学方程与 s 个约束方程联立进行求解，此时的方程为微分-代数混合方程组(Differential Algebraic Equations)；第二种是将 $6n$ 个牛顿-欧拉动力学方程中的未知约束反力消掉，使其变为 u 个不含未知约束反力只含有独立位姿坐标的微分方程组。第一种方法虽然可以求解，但在建立方程时需要列写约束反力，约束反力不仅有大小还有方向，所以用这种方法建立方程很烦琐；第二种方法由于方程数目少，而且是不含非线性代数方程的微分方程组，求解更容易，后面章节会详细介绍。

例题 5.1-1　图 5-2 为二连杆机构，杆 oA 的 o 端与地面用转动铰相连，A 端与杆 AB 用转动铰相连，杆 oA 的长度为 $2l_1$，质量为 m_1，杆 AB 的长度为 $2l_2$，质量为 m_2，二连杆机构在重力作用下会进行摆动，求二连杆机构的动力学方程。

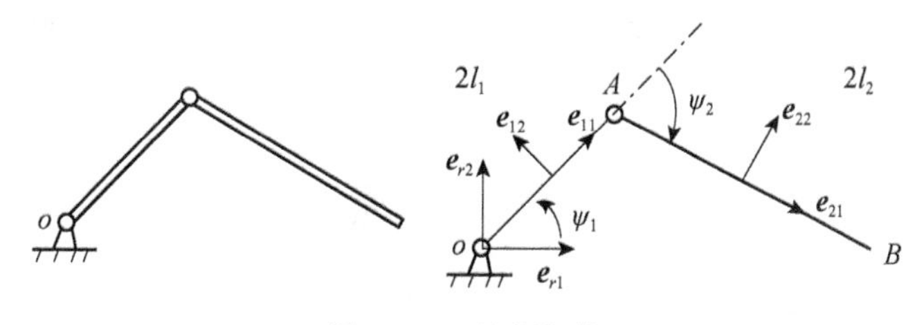

图 5-2　二连杆机构

解：建立如图 5-2 所示的坐标系。参考基 $\underline{e_r}$ 的原点与 o 重合，杆 oA 的连体基 $\underline{e_1}$ 的原点在杆 oA 的质心，杆 AB 的连体基 $\underline{e_2}$ 的原点在杆 AB 的质心。

由于是平面问题，所以卡尔丹角的导数等于角速度，设 2 个刚体的位姿坐标为 $\underline{q}$ 为

$$\underline{q} = \left[\underline{q_1}^{\mathrm{T}} \quad \underline{q_2}^{\mathrm{T}}\right]^{\mathrm{T}} \tag{5.1-6}$$

$$\underline{q_1}=\begin{bmatrix}\underline{r_1}^{\mathrm{T}} & \underline{\varphi_1}^{\mathrm{T}}\end{bmatrix}^{\mathrm{T}}=\begin{bmatrix}x_1 & y_1 & z_1 & \varphi_{11} & \varphi_{12} & \varphi_{13}\end{bmatrix}^{\mathrm{T}}$$

$$\underline{q_2}=\begin{bmatrix}\underline{r_2}^{\mathrm{T}} & \underline{\varphi_2}^{\mathrm{T}}\end{bmatrix}^{\mathrm{T}}=\begin{bmatrix}x_2 & y_2 & z_2 & \varphi_{21} & \varphi_{22} & \varphi_{23}\end{bmatrix}^{\mathrm{T}}$$

其中，$\underline{\varphi_1}$、$\underline{\varphi_2}$ 分别为各杆由当前状态到参考系 $\underline{e_r}$ 的卡尔丹角。

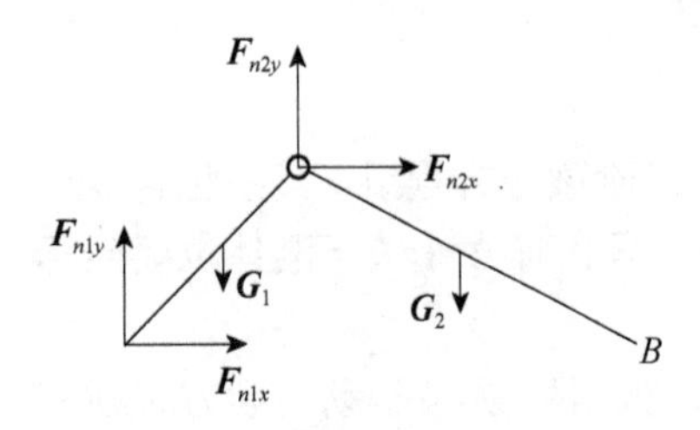

图 5-3　二连杆机构受力分析

二连杆机构受力分析如图 5-3 所示。

根据牛顿-欧拉方程，系统的微分方程和约束方程如下：

$$\begin{cases}m_1\ddot{\underline{r_1}}={}^r\underline{G_1}+{}^r\underline{F_{n1x}}+{}^r\underline{F_{n1y}}+{}^r\underline{F_{n2x}}+{}^r\underline{F_{n2y}}\\ \underline{{}^1J_1^C\dot{\varphi}_1}+\underline{\tilde{\dot{\varphi}}_1{}^1J_1^C\dot{\varphi}_1}=\underline{{}^1M_{n1x}^C}+\underline{{}^1M_{n1y}^C}+\underline{{}^1M_{n2x}^C}+\underline{{}^1M_{n2y}^C}\\ m_2\ddot{\underline{r_2}}={}^r\underline{G_2}+{}^r\underline{F_{n2x}}+{}^r\underline{F_{n2y}}\\ \underline{{}^2J_2^C\dot{\varphi}_2}+\underline{\tilde{\dot{\varphi}}_2{}^2J_2^C\dot{\varphi}_2}=\underline{{}^2M_{n2x}^C}+\underline{{}^2M_{n2y}^C}\end{cases}$$

$$\underline{\Phi^G}=\begin{bmatrix}x_1-l_1\cos\varphi_{13}\\ y_1-l_1\sin\varphi_{13}\\ z_1\\ \varphi_{11}\\ \varphi_{12}\\ x_2-2l_1\cos\varphi_{13}-l_2\cos\varphi_{23}\\ y_2-2l_1\sin\varphi_{13}-l_2\sin\varphi_{23}\\ z_2\\ \varphi_{21}\\ \varphi_{22}\end{bmatrix}=\underline{0} \tag{5.1-7}$$

式(5.1-7)中有 12 个微分方程和 10 个约束方程共 22 个方程，包含 12 个位姿坐标和 10 个约束反力(其中 6 个为 0)共 22 个未知数，由于该问题是平面问题，方程可进一步化简，去掉 z_1、φ_{11}、φ_{12}、z_2、φ_{21}、φ_{22} 这 6 个方向的微分方程和约束方程，剩下 6 个微分方程和 4 个约束方程共 10 个方程，包含 6 个位姿坐标和 4 个约束反力共 10 个未知数，理论上，方程有唯一解。

5.2　动力学普遍方程

牛顿-欧拉方程揭示了系统受力和系统运动的关系。但是，对于多刚体系统，由于刚体之间有约束的作用，所以会有约束力出现，使这种方法显得十分烦琐。而用分析力学方法则相对简单，分析力学用纯粹数学解析的方法，在牛顿-欧拉方程的基础上，利用虚位移原理和达朗贝尔原理，建立系统的动力学方程，没有约束反力出现。

5.2.1　虚功原理

虚功原理(Virtual Work Principle)也称为虚位移(Virtual Displacement)原理。

对于质点系，其位姿可由如下坐标阵确定：

$$\underline{q}=\left[\underline{r}_1^{\mathrm{T}}\quad \underline{r}_2^{\mathrm{T}}\quad \cdots\quad \underline{r}_n^{\mathrm{T}}\right]^{\mathrm{T}} \tag{5.2-1}$$

当质点系受约束时，即质点的位置受到限制，若可用如下的矢径与时间的约束方程表示，则称这些约束为完整约束(Holonomic Constraint)：

$$\underline{\Phi}\left(\underline{q},t\right)=\underline{0} \tag{5.2-2}$$

在外力作用下，质点的运动规律取决于动力学方程(包括初始条件)与质点受到的约束。两者均满足的运动就是实际发生的运动，称为真实运动。真实运动在无限小时间间隔内产生的位移称为质点系的实位移，记为 $\mathrm{d}\underline{q}$。仅满足约束方程的运动称为可能运动，可能运动在无限小时间间隔内产生的位移称为质点系的可能位移，记为 $\mathrm{d}\underline{q}^*$。可见，实位移是可能位移中的一种。定义两组可能位移之差为质点系的虚位移，记为 $\delta\underline{q}$，其中，δ 为等时变分(Variation)算子，与微分算子有类似的运算规则。

取质点系在同一时刻、同一位置的两组可能位移 $\mathrm{d}\underline{q}_1^*$ 和 $\mathrm{d}\underline{q}_2^*$，则

$$\delta\underline{q}=\mathrm{d}\underline{q}_1^*-\mathrm{d}\underline{q}_2^* \tag{5.2-3}$$

将约束方程对时间求导或取微分：

$$\dot{\underline{\Phi}}=\underline{\Phi}_q\dot{\underline{q}}+\underline{\Phi}_t=\underline{0}\text{，}\quad \underline{\Phi}_q\mathrm{d}\underline{q}+\underline{\Phi}_t\mathrm{d}t=\underline{0} \tag{5.2-4}$$

其中，$\underline{\Phi}_q$ 为约束方程 $\underline{\Phi}(\underline{q},t)$ 对广义坐标 $\underline{q}$ 的偏导数，其为 s 行 n 列矩阵：

$$\underline{\Phi}_q=\frac{\partial\underline{\Phi}}{\partial\underline{q}}=\begin{bmatrix}\dfrac{\partial\Phi_1}{\partial q_1} & \dfrac{\partial\Phi_1}{\partial q_2} & \cdots & \dfrac{\partial\Phi_1}{\partial q_n}\\ \dfrac{\partial\Phi_2}{\partial q_1} & \dfrac{\partial\Phi_2}{\partial q_2} & \cdots & \dfrac{\partial\Phi_2}{\partial q_n}\\ \vdots & \vdots & & \vdots\\ \dfrac{\partial\Phi_s}{\partial q_1} & \dfrac{\partial\Phi_s}{\partial q_2} & \cdots & \dfrac{\partial\Phi_s}{\partial q_n}\end{bmatrix}_{s\times n} \tag{5.2-5}$$

由式(5.2-4)可知：

$$\frac{\partial\dot{\underline{\Phi}}}{\partial\dot{\underline{q}}}=\dot{\underline{\Phi}}_{\dot{q}}=\underline{\Phi}_q \tag{5.2-6}$$

由于实位移是可能位移中的一种，所以有

$$\begin{cases}\underline{\Phi}_q\mathrm{d}\underline{q}_1^*+\underline{\Phi}_t\mathrm{d}t=\underline{0}\\ \underline{\Phi}_q\mathrm{d}\underline{q}_2^*+\underline{\Phi}_t\mathrm{d}t=\underline{0}\end{cases} \tag{5.2-7}$$

将式(5.2-7)中的两个式子相减，并考虑式(5.2-3)，有

$$\underline{\Phi}_q\delta\underline{q}=\underline{0}\text{，}\quad \dot{\underline{\Phi}}_{\dot{q}}\delta\underline{q}=\underline{0} \tag{5.2-8}$$

在叙述虚功原理前，先给出理想约束的概念。凡约束力对于质点系的任意虚位移所做的元功之和为零的约束称为理想约束。如果在质点处受到主动力与理想约束力分别记为 $\boldsymbol{F}_{ka}$ 与 $\boldsymbol{F}_{kn}$，由于虚位移被限制在质点运动的约束切平面内，与理想约束力正交，根据理想约束的定

义，有

$$\sum_k(\delta \boldsymbol{r}_k \cdot \boldsymbol{F}_{kn})=0 \tag{5.2-9}$$

虚功原理可表述如下：定常理想约束的质点系，平衡的充分必要条件为系统内所有主动力对于质点系的任意虚位移所做的元功之和为零，即

$$\delta W=\sum_k\left[\delta \boldsymbol{r}_k \cdot(\boldsymbol{F}_{ka}+\boldsymbol{F}_{kn})\right]=\sum_k(\delta \boldsymbol{r}_k \cdot \boldsymbol{F}_{ka})=0 \tag{5.2-10}$$

基于式(5.2-10)，达朗贝尔将其进一步推广，提出了达朗贝尔原理：质点系运动的任意时刻，若在每一个质点上加上惯性力，则系统在虚加的惯性力以及真实的主动力与理想约束力作用下处于“静止平衡”状态。即

$$\boldsymbol{F}_{ka}+\boldsymbol{F}_{kn}+(-m_k \ddot{\boldsymbol{r}}_k)=0 \tag{5.2-11}$$

将虚位移原理和达朗贝尔原理结合起来，可导出：

$$\sum_k\left[\delta \boldsymbol{r}_k \cdot(-m_k \ddot{\boldsymbol{r}}_k+\boldsymbol{F}_{ka})\right]=0 \tag{5.2-12}$$

式(5.2-12)称为质点系的动力学普遍方程(General Dynamics Equation)。

5.2.2 虚功率原理

以上叙述的动力学普遍方程于1760年由拉格朗日提出。若丹(Jourdain)于1908年提出另一种形式的动力学普遍方程，所依据的原理称为虚功率原理(Virtual Power Principle)或若丹原理。

系统内各质点在同一时刻且保持同一位置时发生的满足速度约束方程的速度增量(或变分) $\delta\underline{\dot{q}}$，称为虚速度(Virtual Velocity)。由速度约束方程(5.2-4)可知，虚速度满足：

$$\underline{\boldsymbol{\Phi}}_q \delta \underline{\dot{q}}=\underline{0}, \quad \underline{\dot{\boldsymbol{\Phi}}}_{\dot{q}} \delta \underline{\dot{q}}=\underline{0} \tag{5.2-13}$$

由于虚速度被限制在质点运动的约束切平面内，与理想约束力正交，与虚功原理类似，可导出虚功率原理如下：

$$\sum_k\left[\delta \dot{\boldsymbol{r}}_k \cdot(-m_k \ddot{\boldsymbol{r}}_k+\boldsymbol{F}_{ka})\right]=0 \tag{5.2-14}$$

式(5.2-14)也称为质点系的动力学普遍方程。

如图4-1所示，若质点系为刚体，点D与刚体质心重合，考虑式(4.1-8)，有

$$\dot{\boldsymbol{r}}_k=\dot{\boldsymbol{r}}+\boldsymbol{\omega} \times \boldsymbol{\rho}_k \tag{5.2-15}$$

将上式写成变分形式，有

$$\delta \dot{\boldsymbol{r}}_k=\delta \dot{\boldsymbol{r}}+\delta \boldsymbol{\omega} \times \boldsymbol{\rho}_k \tag{5.2-16}$$

考虑到作用于刚体各质点的主动力中其相互作用的内力大小相等、方向相反，所以主动力关于质心的主矢和主矩分别为作用于刚体的外力的主矢与主矩：

$$\begin{cases}\boldsymbol{F}_a=\sum_k \boldsymbol{F}_{ka} \\ \boldsymbol{M}_a=\sum_k(\boldsymbol{\rho}_k \times \boldsymbol{F}_{ka})\end{cases} \tag{5.2-17}$$

由式(4.1-7)可知，刚体相对于质心的动量矩为

$$\boldsymbol{L}^C = \sum_k \left(\boldsymbol{\rho}_k \times m_k \dot{\boldsymbol{r}}_k\right) \tag{5.2-18}$$

两边对时间求导，考虑到 $\boldsymbol{r}_k = \boldsymbol{r} + \boldsymbol{\rho}_k$ 与 $\sum_k m_k \boldsymbol{\rho}_k = 0$，有

$$\dot{\boldsymbol{L}}^C = \sum_k \left(\boldsymbol{\rho}_k \times m_k \ddot{\boldsymbol{r}}_k\right) \tag{5.2-19}$$

考虑上式和式(5.2-15)、式(5.2-17)、式(2.4-18)、式(4.3-2)，有

$$\begin{aligned}
&\sum_k \left[\delta\dot{\boldsymbol{r}}_k \cdot \left(-m\ddot{\boldsymbol{r}}_k + \boldsymbol{F}_{ka}\right)\right] = 0 \\
&= \sum_k \left[(\delta\dot{\boldsymbol{r}} + \delta\boldsymbol{\omega} \times \boldsymbol{\rho}_k) \cdot \left(-m\ddot{\boldsymbol{r}}_k + \boldsymbol{F}_{ka}\right)\right] \\
&= \sum_k \left[\delta\dot{\boldsymbol{r}} \cdot \left(-m\ddot{\boldsymbol{r}}_k + \boldsymbol{F}_{ka}\right) + (\delta\boldsymbol{\omega} \times \boldsymbol{\rho}_k) \cdot \left(-m\ddot{\boldsymbol{r}}_k + \boldsymbol{F}_{ka}\right)\right] \\
&= \delta\dot{\boldsymbol{r}} \cdot \sum_k \left(-m\ddot{\boldsymbol{r}}_k + \boldsymbol{F}_{ka}\right) + \delta\boldsymbol{\omega} \cdot \sum_k \left[\boldsymbol{\rho}_k \times \left(-m\ddot{\boldsymbol{r}}_k + \boldsymbol{F}_{ka}\right)\right] \\
&= \delta\dot{\boldsymbol{r}} \cdot \left(\boldsymbol{F}_a - m\ddot{\boldsymbol{r}}\right) + \delta\boldsymbol{\omega} \cdot \left(\boldsymbol{M}_a - \boldsymbol{J}^C \cdot \dot{\boldsymbol{\omega}} - \boldsymbol{\omega} \times \boldsymbol{J}^C \cdot \boldsymbol{\omega}\right)
\end{aligned} \tag{5.2-20}$$

对于一个刚体质点系：

$$\delta\dot{\boldsymbol{r}} \cdot \left(\boldsymbol{F}_a - m\ddot{\boldsymbol{r}}\right) + \delta\boldsymbol{\omega} \cdot \left(\boldsymbol{M}_a - \boldsymbol{J}^C \cdot \dot{\boldsymbol{\omega}} - \boldsymbol{\omega} \times \boldsymbol{J}^C \cdot \boldsymbol{\omega}\right) = 0 \tag{5.2-21}$$

对于由 n 个刚体组成的质点系动力学普遍方程为

$$\sum_{i=1}^{n} \left[\delta\dot{\boldsymbol{r}}_i \cdot \left(\boldsymbol{F}_{ia} - m_i\ddot{\boldsymbol{r}}_i\right) + \delta\boldsymbol{\omega}_i \cdot \left(\boldsymbol{M}_{ia} - \boldsymbol{J}_i^C \cdot \dot{\boldsymbol{\omega}}_i - \boldsymbol{\omega}_i \times \boldsymbol{J}_i^C \cdot \boldsymbol{\omega}_i\right)\right] = 0 \tag{5.2-22}$$

将上式写成坐标阵的形式：

$$\sum_{i=1}^{n} \left[\delta\, {}^r\underline{\dot{r}_i}^{\mathrm{T}}\, \underline{\boldsymbol{e}_r} \cdot \underline{\boldsymbol{e}_r}^{\mathrm{T}} \left({}^r\underline{F_{ia}} - m_i\, {}^r\underline{\ddot{r}_i}\right) + \delta\, {}^b\underline{\omega_i}^{\mathrm{T}}\, \underline{\boldsymbol{e}_b} \cdot \underline{\boldsymbol{e}_b}^{\mathrm{T}} \left({}^b\underline{M_{ia}} - {}^b\underline{J_i^C}\, {}^b\underline{\dot{\omega}_i} - {}^b\underline{\tilde{\omega}_i}\, {}^b\underline{J_i^C}\, {}^b\underline{\omega_i}\right)\right] = 0 \tag{5.2-23}$$

考虑式(2.2-16)，有

$$\sum_{i=1}^{n} \left[\delta\, {}^r\underline{\dot{r}_i}^{\mathrm{T}} \left({}^r\underline{F_{ia}} - m_i\, {}^r\underline{\ddot{r}_i}\right) + \delta\, {}^b\underline{\omega_i}^{\mathrm{T}} \left({}^b\underline{M_{ia}} - {}^b\underline{J_i^C}\, {}^b\underline{\dot{\omega}_i} - {}^b\underline{\tilde{\omega}_i}\, {}^b\underline{J_i^C}\, {}^b\underline{\omega_i}\right)\right] = 0 \tag{5.2-24}$$

将上式合并成更简洁的矩阵形式，有

$$\delta\underline{\dot{q}}^{\mathrm{T}} \left(\underline{F} - \underline{m}\underline{\ddot{q}}\right) = 0 \tag{5.2-25}$$

其中，$\underline{\dot{q}}$ 为 n 个刚体的速度坐标阵：

$$\underline{\dot{q}} = \begin{bmatrix} \underline{\dot{q}_1}^{\mathrm{T}} & \underline{\dot{q}_2}^{\mathrm{T}} & \cdots & \underline{\dot{q}_n}^{\mathrm{T}} \end{bmatrix}^{\mathrm{T}} \tag{5.2-26}$$

式中，$\underline{\dot{q}_i}$ $(i = 1,2,\cdots,n)$ 为第 i 个刚体的速度坐标阵：

$$\underline{\dot{q}_i} = \begin{bmatrix} {}^r\underline{\dot{r}_i}^{\mathrm{T}} & {}^b\underline{\omega_i}^{\mathrm{T}} \end{bmatrix}^{\mathrm{T}} = \begin{bmatrix} \dot{x}_i & \dot{y}_i & \dot{z}_i & \omega_{i1} & \omega_{i2} & \omega_{i3} \end{bmatrix}^{\mathrm{T}} \tag{5.2-27}$$

说明：一般情况下，不能简单认为速度坐标阵 $\underline{\dot{q}_i}$ 是某种位姿坐标阵 $\underline{q}$ 的导数(位置可以，

但姿态不行，因为一般情况下，姿态坐标的导数不等于角速度），只有在特殊情况下，姿态坐标的导数等于角速度，例如，小角度转动或平面运动时，可找到对应的位姿坐标阵 $\underline{q}$，如小角度转动时取姿态坐标为卡尔丹角姿态坐标，则

$$\underline{q}=\begin{bmatrix}\underline{q_1}^{\mathrm{T}} & \underline{q_2}^{\mathrm{T}} & \cdots & \underline{q_n}^{\mathrm{T}}\end{bmatrix}^{\mathrm{T}} \tag{5.2-28}$$

其中，$\underline{q_i}\ (i=1,2,\cdots,n)$ 为第 i 个刚体的位姿坐标阵：

$$\underline{q_i}=\begin{bmatrix}{}^{r}\underline{r_i}^{\mathrm{T}} & \underline{\varphi_i}^{\mathrm{T}}\end{bmatrix}^{\mathrm{T}}=\begin{bmatrix}x_i & y_i & z_i & \varphi_{i1} & \varphi_{i2} & \varphi_{i3}\end{bmatrix}^{\mathrm{T}} \tag{5.2-29}$$

$\underline{F}$ 为 n 个刚体的广义外力阵：

$$\underline{F}=\begin{bmatrix}\underline{F_1}^{\mathrm{T}} & \underline{F_2}^{\mathrm{T}} & \cdots & \underline{F_n}^{\mathrm{T}}\end{bmatrix}^{\mathrm{T}} \tag{5.2-30}$$

其中，$\underline{F_i}\ (i=1,2,\cdots,n)$ 为第 i 个刚体的广义外力阵：

$$\underline{F_i}=\begin{bmatrix}\underline{F_{ia}}^{\mathrm{T}} & \left(\underline{{}^{b}M_{ia}}-\underline{{}^{b}\tilde{\omega}_i\,{}^{b}J_i^{C}\,{}^{b}\omega_i}\right)^{\mathrm{T}}\end{bmatrix}^{\mathrm{T}} \tag{5.2-31}$$

$\underline{m}$ 为 n 个刚体的广义质量阵：

$$\underline{m}=\begin{bmatrix}\underline{m_1} & \underline{0} & \underline{0} & \underline{0}\\ \underline{0} & \underline{m_2} & \underline{0} & \underline{0}\\ \underline{0} & \underline{0} & \cdots & \underline{0}\\ \underline{0} & \underline{0} & \underline{0} & \underline{m_n}\end{bmatrix} \tag{5.2-32}$$

其中，$\underline{m_i}\ (i=1,2,\cdots,n)$ 为第 i 个刚体的广义质量阵：

$$\underline{m_i}=\begin{bmatrix}m_i & 0 & 0 & 0 & 0 & 0\\ 0 & m_i & 0 & 0 & 0 & 0\\ 0 & 0 & m_i & 0 & 0 & 0\\ 0 & 0 & 0 & {}^{b}J_{i11}^{C} & -{}^{b}J_{i12}^{C} & -{}^{b}J_{i13}^{C}\\ 0 & 0 & 0 & -{}^{b}J_{i21}^{C} & {}^{b}J_{i22}^{C} & -{}^{b}J_{i23}^{C}\\ 0 & 0 & 0 & -{}^{b}J_{i31}^{C} & -{}^{b}J_{i32}^{C} & {}^{b}J_{i33}^{C}\end{bmatrix} \tag{5.2-33}$$

5.3　第一类拉格朗日方程

第一类拉格朗日方程（Lagrange Equation of First Kind）也称为带拉格朗日乘子（Multiplier）的动力学方程。

在式(5.2-25)中，若 $6n$ 个坐标变分是独立的，根据其任意性，则有

$$\underline{F}-\underline{m}\underline{\ddot{q}}=\underline{0} \tag{5.3-1}$$

然而一般对于由 n 个刚体组成的多刚体系统，由于有约束的存在，坐标变分是不独立的，设存在 s 个独立的约束方程，坐标变分只有 $u=6n-s$ 个是独立的，所以得不到微分形式的方程。

为了得到微分形式的方程，需要把不独立的变分坐标去掉。拉格朗日用乘子法解决了这个问题。他引入了拉格朗日乘子，构成新的方程，令事先指定的不独立的坐标变分前的系数为零(得到 s 个微分方程)，于是新的方程左边只包含带有独立坐标变分的和式，根据坐标变分的任意性可知独立坐标变分的系数都为零(可得到 u 个微分方程)。在实际操作中，可直接令所有坐标变分前的系数为零，直接得到 $6n$ 个微分方程，将其与 s 个约束方程联立，即可求得合适的乘子及系统位姿坐标。以上即是拉格朗日乘子法的主要思想，下面说明具体实现过程。

由式(5.2-13)，有

$$\underline{\Phi}_q \delta \underline{\dot{q}} = \underline{0}，\quad \underline{\dot{\Phi}}_{\dot{q}} \delta \underline{\dot{q}} = \underline{0} \tag{5.3-2}$$

将上式进行转置，有

$$\delta \underline{\dot{q}}^{\mathrm{T}} \underline{\Phi}_q^{\mathrm{T}} = \underline{0}，\quad \delta \underline{\dot{q}}^{\mathrm{T}} \underline{\dot{\Phi}}_{\dot{q}}^{\mathrm{T}} = \underline{0} \tag{5.3-3}$$

引入 s 个待定系数 $\underline{\lambda}$，称其为拉格朗日乘子：

$$\underline{\lambda} = \begin{bmatrix} \lambda_1 & \lambda_2 & \cdots & \lambda_s \end{bmatrix}^{\mathrm{T}} \tag{5.3-4}$$

将拉格朗日乘子右乘式(5.3-3)，有

$$\delta \underline{\dot{q}}^{\mathrm{T}} \underline{\Phi}_q^{\mathrm{T}} \underline{\lambda} = 0，\quad \delta \underline{\dot{q}}^{\mathrm{T}} \underline{\dot{\Phi}}_{\dot{q}}^{\mathrm{T}} \underline{\lambda} = \underline{0} \tag{5.3-5}$$

将式(5.3-5)与式(5.2-25)相减，有

$$\delta \underline{\dot{q}}^{\mathrm{T}} \left(\underline{F} - \underline{m}\underline{\ddot{q}} - \underline{\Phi}_q^{\mathrm{T}} \underline{\lambda} \right) = 0，\quad \delta \underline{\dot{q}}^{\mathrm{T}} \left(\underline{F} - \underline{m}\underline{\ddot{q}} - \underline{\dot{\Phi}}_{\dot{q}}^{\mathrm{T}} \underline{\lambda} \right) = 0 \tag{5.3-6}$$

根据前面的分析，有

$$\underline{F} - \underline{m}\underline{\ddot{q}} - \underline{\Phi}_q^{\mathrm{T}} \underline{\lambda} = \underline{0}，\quad \underline{F} - \underline{m}\underline{\ddot{q}} - \underline{\dot{\Phi}}_{\dot{q}}^{\mathrm{T}} \underline{\lambda} = \underline{0} \tag{5.3-7}$$

将式(5.3-7)与约束方程联立，有

$$\begin{cases} \underline{F} - \underline{m}\underline{\ddot{q}} - \underline{\Phi}_q^{\mathrm{T}} \underline{\lambda} = \underline{0} \\ \underline{\Phi}\left(\underline{q}, t\right) = \underline{0} \end{cases}，\quad \begin{cases} \underline{F} - \underline{m}\underline{\ddot{q}} - \underline{\dot{\Phi}}_{\dot{q}}^{\mathrm{T}} \underline{\lambda} = \underline{0} \\ \underline{\Phi}\left(\underline{q}, t\right) = \underline{0} \end{cases} \tag{5.3-8}$$

其中，$\underline{\Phi}_q$ 是约束方程对位姿坐标阵的偏导数；$\underline{\dot{\Phi}}_{\dot{q}}$ 是系统的速度约束方程对式(5.2-26)所示的速度坐标阵的偏导数；$\underline{\ddot{q}}$ 是式(5.2-26)所示的速度坐标阵的导数。

说明：当姿态坐标的导数等于角速度时，使用式(5.3-8)中的第一个方程，否则使用第二个方程。式(5.3-8)中共有$(6n+s)$个方程，有 n 个刚体的位姿坐标和拉格朗日乘子共$(6n+s)$个未知数。对式(5.3-8)进行求解，即可求得合适的拉格朗日乘子和 n 个刚体的位姿坐标。

用拉格朗日乘子法来建立动力学方程，没有约束反力的出现，使建立方程的过程简化，虽然方程个数较多，而且含有非线性的代数方程(约束方程)，使方程求解时比较困难，但该方法高度程式化，适合编制计算机程序。

例题 5.3-1　用拉格朗日乘子法建立例题 5.1-1 的动力学方程。

解：广义坐标阵 $\underline{q}$ 如式(5.1-6)所示。

系统的约束方程 $\underline{\Phi}(\underline{q}, t)$ 如式(5.1-7)所示，共 10 个方程，所以引入 10 个待定拉格朗日乘子 $\underline{\lambda}$：

$$\underline{\lambda} = \begin{bmatrix} \lambda_1 & \lambda_2 & \cdots & \lambda_{10} \end{bmatrix}^{\mathrm{T}}$$

$$\underline{\Phi}_q^{\mathrm{T}} = \begin{bmatrix} 1 & 0 & 0 & 0 & 0 & 0 & 0 & 0 & 0 & 0 \\ 0 & 1 & 0 & 0 & 0 & 0 & 0 & 0 & 0 & 0 \\ 0 & 0 & 1 & 0 & 0 & 0 & 0 & 0 & 0 & 0 \\ 0 & 0 & 0 & 1 & 0 & 0 & 0 & 0 & 0 & 0 \\ 0 & 0 & 0 & 0 & 1 & 0 & 0 & 0 & 0 & 0 \\ 0 & 0 & 0 & 0 & 0 & 2l_1\sin(\varphi_{13})+l_2\sin(\varphi_{23}) & -2l_1\cos(\varphi_{13})-l_2\cos(\varphi_{23}) & 0 & 0 & 0 \\ 0 & 0 & 0 & 0 & 0 & 1 & 0 & 0 & 0 & 0 \\ 0 & 0 & 0 & 0 & 0 & 0 & 1 & 0 & 0 & 0 \\ 0 & 0 & 0 & 0 & 0 & 0 & 0 & 1 & 0 & 0 \\ 0 & 0 & 0 & 0 & 0 & 0 & 0 & 0 & 1 & 0 \\ 0 & 0 & 0 & 0 & 0 & 0 & 0 & 0 & 0 & 1 \\ 0 & 0 & 0 & 0 & 0 & l_2\sin(\varphi_{23}) & -l_2\cos(\varphi_{23}) & 0 & 0 & 0 \end{bmatrix}$$

为计算广义力阵和广义质量阵，先计算 $\underline{{}^1J_1^C}$ 、 $\underline{{}^2J_2^C}$ 、 $\underline{{}^1\omega_1}$ 、 $\underline{{}^2\omega_2}$ 、 $\underline{m_1}$ 、 $\underline{m_2}$ ：

$$\underline{{}^1J_1^C} = \begin{bmatrix} 0 & 0 & 0 \\ 0 & \dfrac{m_1 l_1^2}{3} & 0 \\ 0 & 0 & \dfrac{m_1 l_1^2}{3} \end{bmatrix}, \quad \underline{{}^2J_2^C} = \begin{bmatrix} 0 & 0 & 0 \\ 0 & \dfrac{m_2 l_2^2}{3} & 0 \\ 0 & 0 & \dfrac{m_2 l_2^2}{3} \end{bmatrix}$$

$$\underline{{}^1\omega_1} = \begin{bmatrix} 0 \\ 0 \\ \dot{\varphi}_{13} \end{bmatrix}, \quad \underline{{}^2\omega_2} = \begin{bmatrix} 0 \\ 0 \\ \dot{\varphi}_{13}+\dot{\varphi}_{23} \end{bmatrix}, \quad \underline{{}^1\tilde{\omega}_1} = \begin{bmatrix} 0 & -\dot{\varphi}_{13} & 0 \\ \dot{\varphi}_{13} & 0 & 0 \\ 0 & 0 & 0 \end{bmatrix}, \quad \underline{{}^2\tilde{\omega}_2} = \begin{bmatrix} 0 & -\dot{\varphi}_{13}-\dot{\varphi}_{23} & 0 \\ \dot{\varphi}_{13}+\dot{\varphi}_{23} & 0 & 0 \\ 0 & 0 & 0 \end{bmatrix}$$

则广义质量阵为

$$\underline{m} = \begin{bmatrix} \underline{m_1} & \\ & \underline{m_2} \end{bmatrix} = \begin{bmatrix} \begin{matrix} m_1 & 0 & 0 & 0 & 0 & 0 \\ 0 & m_1 & 0 & 0 & 0 & 0 \\ 0 & 0 & m_1 & 0 & 0 & 0 \\ 0 & 0 & 0 & 0 & 0 & 0 \\ 0 & 0 & 0 & 0 & \dfrac{m_1 l_1^2}{3} & 0 \\ 0 & 0 & 0 & 0 & 0 & \dfrac{m_1 l_1^2}{3} \end{matrix} & \underline{0} \\ \underline{0} & \begin{matrix} m_2 & 0 & 0 & 0 & 0 & 0 \\ 0 & m_2 & 0 & 0 & 0 & 0 \\ 0 & 0 & m_2 & 0 & 0 & 0 \\ 0 & 0 & 0 & 0 & 0 & 0 \\ 0 & 0 & 0 & 0 & \dfrac{m_2 l_2^2}{3} & 0 \\ 0 & 0 & 0 & 0 & 0 & \dfrac{m_2 l_2^2}{3} \end{matrix} \end{bmatrix}$$

则广义力阵为

$$\underline{F}=\begin{bmatrix}\underline{F_1}^{\mathrm{T}} & \underline{F_2}^{\mathrm{T}}\end{bmatrix}^{\mathrm{T}}=\begin{bmatrix}\underline{F_{1a}}^{\mathrm{T}} & \left(\underline{{}^1M_{1a}}-\underline{{}^1\tilde{\omega}_1{}^1J_1^{C\,1}\omega_1}\right)^{\mathrm{T}} & \underline{F_{2a}}^{\mathrm{T}} & \left(\underline{{}^2M_{2a}}-\underline{{}^2\tilde{\omega}_2{}^2J_2^{C\,2}\omega_2}\right)^{\mathrm{T}}\end{bmatrix}^{\mathrm{T}}$$
$$=\begin{bmatrix}0 & -m_1g & 0 & 0 & 0 & 0 & 0 & -m_2g & 0 & 0 & 0 & 0\end{bmatrix}^{\mathrm{T}} \tag{5.3-9}$$

将相应矩阵代入下式，即可获得系统的动力学方程：

$$\begin{cases}\underline{F}-\underline{m}\underline{\ddot{q}}-\underline{\Phi}_q^{\mathrm{T}}\underline{\lambda}=\underline{0}\\ \underline{\Phi}\left(\underline{q},t\right)=\underline{0}\end{cases}$$

上式中有 12 个微分方程和 10 个约束方程共 22 个方程，包含 12 个位姿坐标和 10 个拉格朗日乘子共 22 个未知数，理论上，方程有唯一解。与牛顿-欧拉方程相比，不必在受力分析时画出约束反力，不必将约束反力列写到方程中(由带拉格朗日乘子项代替)，但需计算约束方程的偏导数。

5.4　第二类拉格朗日方程

第一类拉格朗日方程采用刚体的位姿坐标作为系统的广义坐标，使得受约束的系统动力学方程数目较多，且与约束方程联立，形成微分-代数混合方程组不易于求解。如果根据 3.4 节对刚体之间约束的自由度分析，直接选择一组独立的坐标作为多刚体系统的广义坐标，来建立含有独立广义坐标的动力学方程，可使动力学方程更为简洁。

5.4.1　拉格朗日关系式

两个拉格朗日关系式是推演拉格朗日方程所必需的。

设有一个受理想约束的质点系，由 n 个质点组成，具有 u 个自由度，取 u 个独立的广义坐标(可以是铰坐标)来确定质点系的位置：

$$\underline{q}=\begin{bmatrix}q_1 & q_2 & \cdots & q_u\end{bmatrix}^{\mathrm{T}} \tag{5.4-1}$$

一般的，质点系中各质点的矢径 $\boldsymbol{r}_k$ 可以表示为独立广义坐标与时间的函数，即

$$\boldsymbol{r}_k=\boldsymbol{r}_k(\underline{q},t)=\boldsymbol{r}_k(q_1,q_2,\cdots,q_u,t)\qquad (k=1,2,\cdots,n) \tag{5.4-2}$$

将上式对时间求绝对导数，有

$$\dot{\boldsymbol{r}}_k=\frac{\mathrm{d}\boldsymbol{r}_k}{\mathrm{d}t}=\sum_{i=1}^{u}\left(\frac{\partial\boldsymbol{r}_k}{\partial q_i}\dot{q}_i\right)+\frac{\partial\boldsymbol{r}_k}{\partial t} \tag{5.4-3}$$

因为 $\boldsymbol{r}_k$ 仅是独立广义坐标和时间的函数，所以将式(5.4-3)对 $\dot{q}_i$ 求偏导数，得

$$\frac{\partial\dot{\boldsymbol{r}}_k}{\partial\dot{q}_i}=\frac{\partial\boldsymbol{r}_k}{\partial q_i} \tag{5.4-4}$$

式(5.4-4)为第一个拉格朗日关系式，它表明任一质点的速度对广义速度的偏导数等于其矢径对广义坐标的偏导数。

将式(5.4-3)对任一独立广义坐标 q_j 求偏导数，得

$$\frac{\partial \dot{\boldsymbol{r}}_k}{\partial q_j}=\frac{\partial^2 \boldsymbol{r}_k}{\partial t \partial q_j}+\sum_{i=1}^{u}\left(\frac{\partial^2 \boldsymbol{r}_k}{\partial q_i \partial q_j}\dot{q}_i\right) \tag{5.4-5}$$

另外，式(5.4-6)成立：

$$\frac{\mathrm{d}}{\mathrm{d}t}\left(\frac{\partial \boldsymbol{r}_k}{\partial q_j}\right)=\frac{\partial^2 \boldsymbol{r}_k}{\partial q_j \partial t}+\sum_{i=1}^{u}\left(\frac{\partial^2 \boldsymbol{r}_k}{\partial q_j \partial q_i}\dot{q}_i\right) \tag{5.4-6}$$

比较式(5.4-5)和式(5.4-6)，有 $\frac{\mathrm{d}}{\mathrm{d}t}\left(\frac{\partial \boldsymbol{r}_k}{\partial q_j}\right)=\frac{\partial \dot{\boldsymbol{r}}_k}{\partial q_j}$

将下标换成 i，即

$$\frac{\mathrm{d}}{\mathrm{d}t}\left(\frac{\partial \boldsymbol{r}_k}{\partial q_i}\right)=\frac{\partial \dot{\boldsymbol{r}}_k}{\partial q_i} \tag{5.4-7}$$

式(5.4-7)为第二个拉格朗日关系式。它表明任一质点的速度对广义坐标的偏导数等于其矢径对广义坐标的偏导数再对时间求导。

5.4.2　质点系的第二类拉格朗日方程

由式(5.4-3)，有

$$\delta \boldsymbol{r}_k=\sum_{i=1}^{u}\left(\frac{\partial \boldsymbol{r}_k}{\partial q_i}\delta q_i\right) \tag{5.4-8}$$

由质点系的动力学普遍方程(5.2-12)有

$$\left.\begin{aligned}
&\sum_{k=1}^{n}[(\boldsymbol{F}_{ka}-m_k\ddot{\boldsymbol{r}}_k)\cdot\delta \boldsymbol{r}_k]=0\\
&\sum_{k=1}^{n}\left[(\boldsymbol{F}_{ka}-m_k\ddot{\boldsymbol{r}}_k)\cdot\sum_{i=1}^{u}\left(\frac{\partial \boldsymbol{r}_k}{\partial q_i}\delta q_i\right)\right]=0\\
&\sum_{k=1}^{n}\sum_{i=1}^{u}\left[\left(\boldsymbol{F}_{ka}\cdot\frac{\partial \boldsymbol{r}_k}{\partial q_i}-m_k\ddot{\boldsymbol{r}}_k\cdot\frac{\partial \boldsymbol{r}_k}{\partial q_i}\right)\delta q_i\right]=0\\
&\sum_{i=1}^{u}\left[\sum_{k=1}^{n}\left(\boldsymbol{F}_{ka}\cdot\frac{\partial \boldsymbol{r}_k}{\partial q_i}-m_k\ddot{\boldsymbol{r}}_k\cdot\frac{\partial \boldsymbol{r}_k}{\partial q_i}\right)\delta q_i\right]=0\\
&\sum_{i=1}^{u}[(Q_i+Q_{gi})\delta q_i]=0
\end{aligned}\right\} \tag{5.4-9}$$

上式中，定义对应于独立广义坐标 q_j 的广义主动力为

$$Q_i=\sum_{k=1}^{n}\boldsymbol{F}_{ka}\cdot\frac{\partial \boldsymbol{r}_k}{\partial q_i} \tag{5.4-10}$$

定义对应于独立广义坐标 q_j 的广义惯性力为

$$Q_{gi}=\sum_{k=1}^{n}\left(-m_k\ddot{\boldsymbol{r}}_k\cdot\frac{\partial \boldsymbol{r}_k}{\partial q_i}\right) \tag{5.4-11}$$

另外，根据分步求导法则，并考虑拉格朗日关系式，有

$$\begin{aligned} m_k\ddot{\boldsymbol{r}}_k\cdot\frac{\partial \boldsymbol{r}_k}{\partial q_i} &= \frac{\mathrm{d}}{\mathrm{d}t}\left(m_k\dot{\boldsymbol{r}}_k\cdot\frac{\partial \boldsymbol{r}_k}{\partial q_i}\right)-m_k\dot{\boldsymbol{r}}_k\cdot\frac{\mathrm{d}}{\mathrm{d}t}\left(\frac{\partial \boldsymbol{r}_k}{\partial q_i}\right)=\frac{\mathrm{d}}{\mathrm{d}t}\left(m_k\dot{\boldsymbol{r}}_k\cdot\frac{\partial \dot{\boldsymbol{r}}_k}{\partial \dot{q}_i}\right)-m_k\dot{\boldsymbol{r}}_k\cdot\frac{\partial \dot{\boldsymbol{r}}_k}{\partial q_i} \\ &= \frac{\mathrm{d}}{\mathrm{d}t}\frac{\partial\left(\frac{1}{2}m_k\dot{\boldsymbol{r}}_k\cdot\dot{\boldsymbol{r}}_k\right)}{\partial \dot{q}_i}-\frac{\partial\left(\frac{1}{2}m_k\dot{\boldsymbol{r}}_k\cdot\dot{\boldsymbol{r}}_k\right)}{\partial q_i}=\frac{\mathrm{d}}{\mathrm{d}t}\frac{\partial T_k}{\partial \dot{q}_i}-\frac{\partial T_k}{\partial q_i} \end{aligned} \tag{5.4-12}$$

则对应于独立广义坐标 q_j 的广义惯性力也可表示为

$$Q_{gi}=\sum_{k=1}^{n}\left(-\frac{\mathrm{d}}{\mathrm{d}t}\frac{\partial T_k}{\partial \dot{q}_i}+\frac{\partial T_k}{\partial q_i}\right)=-\frac{\mathrm{d}}{\mathrm{d}t}\frac{\partial T}{\partial \dot{q}_i}+\frac{\partial T}{\partial q_i} \tag{5.4-13}$$

对于式(5.4-9)，由于独立广义坐标的变分的独立性和任意性，等式恒成立，说明变分前的系数都等于零，即

$$Q_i+Q_{gi}=0 \quad (i=1,2,\cdots,u) \tag{5.4-14}$$

考虑式(5.4-13)，则质点系的第二类拉格朗日方程(Lagrange Equation of Second Kind)为

$$\frac{\mathrm{d}}{\mathrm{d}t}\frac{\partial T}{\partial \dot{q}_i}-\frac{\partial T}{\partial q_i}=Q_i \quad (i=1,2,\cdots,u) \tag{5.4-15}$$

5.4.3　多刚体系统的第二类拉格朗日方程

为区别书写，将多刚体系统动力学普遍方程式(5.2-25)中的速度坐标阵 $\underline{\dot{q}}$ 用 $\underline{\dot{q}_\pi}$ 表示，则有

$$\delta\underline{\dot{q}_\pi}^{\mathrm{T}}\left(\underline{F}-\underline{m}\underline{\ddot{q}_\pi}\right)=0 \tag{5.4-16}$$

与质点系的第二类拉格朗日方程的推导过程类似，推导多刚体系统的方程。

刚体的位姿坐标 $\underline{q_\pi}$ (可认为存在某种姿态坐标，其导数等于角速度)可以表示为独立广义坐标 $\underline{q}$ 与时间的函数，即

$$\underline{q_\pi}=\underline{q_\pi}(\underline{q},t)=\underline{q_\pi}(q_1,q_2,\cdots,q_u,t) \tag{5.4-17}$$

将上式对时间求绝对导数，有

$$\underline{\dot{q}_\pi}=\frac{\mathrm{d}\underline{\dot{q}_\pi}}{\mathrm{d}t}=\frac{\partial \underline{q_\pi}}{\partial \underline{q}}\underline{\dot{q}}+\frac{\partial \underline{q_\pi}}{\partial t} \tag{5.4-18}$$

其中，$\underline{q_\pi}$ 对独立广义坐标 $\underline{q}$ 的偏导数，为 n 行 u 列矩阵：

$$\frac{\partial \underline{q_\pi}}{\partial \underline{q}}=\begin{bmatrix} \frac{\partial q_{\pi1}}{\partial q_1} & \frac{\partial q_{\pi1}}{\partial q_2} & \cdots & \frac{\partial q_{\pi1}}{\partial q_u} \\ \frac{\partial q_{\pi2}}{\partial q_1} & \frac{\partial q_{\pi2}}{\partial q_2} & \cdots & \frac{\partial q_{\pi2}}{\partial q_u} \\ \vdots & \vdots & & \vdots \\ \frac{\partial q_{\pi n}}{\partial q_1} & \frac{\partial q_{\pi n}}{\partial q_2} & \cdots & \frac{\partial q_{\pi n}}{\partial q_u} \end{bmatrix}_{n\times u} \tag{5.4-19}$$

因为$\underline{\underline{q}}_{\pi}$仅是独立广义坐标和时间的函数，所以将式(5.4-19)对$\underline{\dot{q}}$求偏导数，得

$$\frac{\partial \underline{\underline{\dot{q}}}_{\pi}}{\partial \underline{\dot{q}}}=\frac{\partial \underline{\underline{q}}_{\pi}}{\partial \underline{q}} \tag{5.4-20}$$

与式(5.4-7)同理，有

$$\frac{\mathrm{d}}{\mathrm{d}t}\left(\frac{\partial \underline{\underline{q}}_{\pi}}{\partial \underline{q}}\right)=\frac{\partial \underline{\underline{\dot{q}}}_{\pi}}{\partial \underline{q}} \tag{5.4-21}$$

由式(5.4-18)，有

$$\delta \underline{\underline{\dot{q}}}_{\pi}=\frac{\partial \underline{\underline{q}}_{\pi}}{\partial \underline{q}}\delta \underline{\dot{q}} \tag{5.4-22}$$

另外，根据分步求导法则，并考虑拉格朗日关系式，有

$$\begin{aligned}\left(\frac{\partial \underline{\underline{q}}_{\pi}}{\partial \underline{q}}\right)^{\mathrm{T}}\underline{\underline{m}}\,\underline{\underline{\ddot{q}}}_{\pi}&=\frac{\mathrm{d}}{\mathrm{d}t}\left[\left(\frac{\partial \underline{\underline{q}}_{\pi}}{\partial \underline{q}}\right)^{\mathrm{T}}\underline{\underline{m}}\,\underline{\underline{\dot{q}}}_{\pi}\right]-\frac{\mathrm{d}}{\mathrm{d}t}\left(\frac{\partial \underline{\underline{q}}_{\pi}}{\partial \underline{q}}\right)^{\mathrm{T}}\underline{\underline{m}}\,\underline{\underline{\dot{q}}}_{\pi}=\frac{\mathrm{d}}{\mathrm{d}t}\left[\left(\frac{\partial \underline{\underline{\dot{q}}}_{\pi}}{\partial \underline{\dot{q}}}\right)^{\mathrm{T}}\underline{\underline{m}}\,\underline{\underline{\dot{q}}}_{\pi}\right]-\frac{\partial \underline{\underline{\dot{q}}}_{\pi}}{\partial \underline{q}}^{\mathrm{T}}\underline{\underline{m}}\,\underline{\underline{\dot{q}}}_{\pi}\\&=\left[\frac{\mathrm{d}}{\mathrm{d}t}\frac{\partial\left(\frac{1}{2}\underline{\underline{\dot{q}}}_{\pi}^{\mathrm{T}}\underline{\underline{m}}\,\underline{\underline{\dot{q}}}_{\pi}\right)}{\partial \underline{\dot{q}}}-\frac{\partial\left(\frac{1}{2}\underline{\underline{\dot{q}}}_{\pi}^{\mathrm{T}}\underline{\underline{m}}\,\underline{\underline{\dot{q}}}_{\pi}\right)}{\partial \underline{q}}\right]^{\mathrm{T}}=\left[\frac{\mathrm{d}}{\mathrm{d}t}\frac{\partial T}{\partial \underline{\dot{q}}}-\frac{\partial T}{\partial \underline{q}}\right]^{\mathrm{T}}\end{aligned} \tag{5.4-23}$$

将式(5.4-22)代入式(5.4-16)，并考虑拉格朗日的两个关系式(5.4-20)和式(5.4-21)，有

$$\left.\begin{aligned}\delta \underline{\dot{q}}^{\mathrm{T}}\frac{\partial \underline{\underline{q}}_{\pi}}{\partial \underline{q}}^{\mathrm{T}}(\underline{F}-\underline{\underline{m}}\,\underline{\underline{\ddot{q}}}_{\pi})=0\\ \delta \underline{\dot{q}}^{\mathrm{T}}\left(\frac{\partial \underline{\underline{q}}_{\pi}}{\partial \underline{q}}^{\mathrm{T}}\underline{F}-\frac{\partial \underline{\underline{q}}_{\pi}}{\partial \underline{q}}^{\mathrm{T}}\underline{\underline{m}}\,\underline{\underline{\ddot{q}}}_{\pi}\right)=0\\ \frac{\partial \underline{\underline{q}}_{\pi}}{\partial \underline{q}}^{\mathrm{T}}\underline{F}-\frac{\partial \underline{\underline{q}}_{\pi}}{\partial \underline{q}}^{\mathrm{T}}\underline{\underline{m}}\,\underline{\underline{\ddot{q}}}_{\pi}=0\end{aligned}\right\} \tag{5.4-24}$$

将式(5.4-23)代入式(5.4-24)，有

$$\left[\frac{\mathrm{d}}{\mathrm{d}t}\frac{\partial T}{\partial \underline{\dot{q}}}-\frac{\partial T}{\partial \underline{q}}\right]^{\mathrm{T}}=\underline{Q} \tag{5.4-25}$$

其中，$\underline{Q}$为对应于独立广义坐标$\underline{q}$的广义主动力：

$$\underline{Q}=\frac{\partial \underline{\underline{q}}_{\pi}}{\partial \underline{q}}^{\mathrm{T}}\underline{F}=\frac{\partial \underline{\underline{\dot{q}}}_{\pi}}{\partial \underline{\dot{q}}}^{\mathrm{T}}\underline{F} \tag{5.4-26}$$

式(5.4-25)和式(5.4-26)也可展开写为

$$\frac{\mathrm{d}}{\mathrm{d}t}\frac{\partial T}{\partial \dot{q}_i}-\frac{\partial T}{\partial q_i}=Q_i\text{，}\ Q_i=\frac{\partial \underline{\underline{q}}_{\pi}}{\partial q_i}^{\mathrm{T}}\underline{F}=\frac{\partial \underline{\underline{\dot{q}}}_{\pi}}{\partial \dot{q}_i}^{\mathrm{T}}\underline{F}\qquad (i=1,2,\cdots,u) \tag{5.4-27}$$

式(5.4-27)为多刚体系统的第二类拉格朗日方程，其中主动力$\underline{F}$的形式参见式(5.2-30)，当能够找到某种姿态坐标，使其导数与角速度相等时，可用式(5.4-27)的第一个式子来求广义主动力，否则用其第二个式子。

例题 5.4-1　用拉格朗日乘子法来建立例题 5.1-1 的动力学方程。

解： 根据约束关系可知二连杆机构有 2 个自由度，选择独立广义坐标为

$$\underline{q}=\begin{bmatrix}\psi_1\\ \psi_2\end{bmatrix}$$

由于是平面问题，卡尔丹角的导数等于角速度，取卡尔丹角为姿态坐标，则 2 个刚体的位姿坐标 $\underline{q_\pi}$ 与 $\underline{q}$ 的关系为

$$\underline{q_\pi}=\begin{bmatrix}\underline{r_1}\\ \underline{\varphi_1}\\ \underline{r_2}\\ \underline{\varphi_2}\end{bmatrix}=\begin{bmatrix}x_1\\ y_1\\ z_1\\ \varphi_{11}\\ \varphi_{12}\\ \varphi_{13}\\ x_2\\ y_2\\ z_2\\ \varphi_{21}\\ \varphi_{22}\\ \varphi_{23}\end{bmatrix}=\begin{bmatrix}l_1\cos\psi_1\\ l_1\sin\psi_1\\ 0\\ 0\\ 0\\ \psi_1\\ 2l_1\cos\psi_1+l_2\cos(\psi_1+\psi_2)\\ 2l_1\sin\psi_1+l_2\sin(\psi_1+\psi_2)\\ 0\\ 0\\ 0\\ \psi_1+\psi_2\end{bmatrix}$$

其中，$\underline{\varphi_1}$、$\underline{\varphi_2}$ 分别为各杆相对参考系的卡尔丹角，非小角度转动。

计算位姿坐标 $\underline{q_\pi}$ 对独立广义坐标 $\underline{q}$ 的偏导数的转置，有

$$\frac{\partial \underline{q_\pi}}{\partial \underline{q}}^{\mathrm{T}}=\begin{bmatrix}-l_1\sin\psi_1 & l_1\cos\psi_1 & 0 & 0 & 0 & 1 & -2l_1\sin\psi_1-l_2\sin(\psi_1+\psi_2) & 2l_1\cos\psi_1+l_2\cos(\psi_1+\psi_2) & 0 & 0 & 0 & 1\\ 0 & 0 & 0 & 0 & 0 & 0 & -l_2\sin(\psi_1+\psi_2) & l_2\cos(\psi_1+\psi_2) & 0 & 0 & 0 & 1\end{bmatrix}$$

广义力阵已由式(5.3-9)求出，即

$$\underline{F}=\begin{bmatrix}\underline{F_1}^{\mathrm{T}} & \underline{F_2}^{\mathrm{T}}\end{bmatrix}^{\mathrm{T}}=\begin{bmatrix}0 & -m_1g & 0 & 0 & 0 & 0 & 0 & -m_2g & 0 & 0 & 0 & 0\end{bmatrix}^{\mathrm{T}}$$

则对应于独立广义坐标 $\underline{q}$ 的广义主动力 $\underline{Q}$ 为

$$\underline{Q}=\begin{bmatrix}Q_1\\ Q_2\end{bmatrix}=\frac{\partial \underline{q_\pi}}{\partial \underline{q}}^{\mathrm{T}}\underline{F}=\begin{bmatrix}-m_1gl_1\cos\psi_1-2m_2gl_1\cos\psi_1-m_2gl_2\cos(\psi_1+\psi_2)\\ -m_2gl_2\cos(\psi_1+\psi_2)\end{bmatrix}$$

杆 1 的动能由式(4.1-18)，有

$$\begin{aligned}T=T_1+T_2&=\frac{1}{2}m_1\dot{\boldsymbol{r}}_1\cdot\dot{\boldsymbol{r}}_1+\frac{1}{2}\boldsymbol{\omega}_1\cdot\boldsymbol{J}_1^{\mathrm{C}}\cdot\boldsymbol{\omega}_1+\frac{1}{2}m_2\dot{\boldsymbol{r}}_2\cdot\dot{\boldsymbol{r}}_2+\frac{1}{2}\boldsymbol{\omega}_2\cdot\boldsymbol{J}_2^{\mathrm{C}}\cdot\boldsymbol{\omega}_2\\ &=\frac{1}{2}m_1\underline{{}^r\dot{r}_1}^{\mathrm{T}}\,\underline{{}^r\dot{r}_1}+\frac{1}{2}\underline{{}^1\omega_1}^{\mathrm{T}}\,\underline{{}^1J_1^{\mathrm{C}}\,{}^1\omega_1}+\frac{1}{2}m_2\underline{{}^r\dot{r}_2}^{\mathrm{T}}\,\underline{{}^r\dot{r}_2}+\frac{1}{2}\underline{{}^2\omega_2}^{\mathrm{T}}\,\underline{{}^2J_2^{\mathrm{C}}\,{}^2\omega_2}\\ &=\frac{1}{2}m_1l_1^2\dot{\psi}_1^2+\frac{1}{2}\frac{m_1l_1^2}{3}\dot{\psi}_1^2+\frac{1}{2}m_2[4l_1^2\dot{\psi}_1^2+l_2^2(\dot{\psi}_1+\dot{\psi}_2)^2+4l_1l_2\cos\psi_2\dot{\psi}_1(\dot{\psi}_1+\dot{\psi}_2)]+\frac{1}{2}\frac{m_2l_2^2}{3}(\dot{\psi}_1+\dot{\psi}_2)^2\end{aligned}$$

$$=\frac{2m_1l_1^2}{3}\dot{\psi}_1^2+2m_2l_1^2\dot{\psi}_1^2+\frac{2m_2l_2^2}{3}(\dot{\psi}_1+\dot{\psi}_2)^2+2m_2l_1l_2\cos\psi_2\dot{\psi}_1(\dot{\psi}_1+\dot{\psi}_2)$$

计算拉格朗日方程的第一项：

$$\frac{\partial T}{\partial\dot{\psi}_1}=\frac{4m_1l_1^2}{3}\dot{\psi}_1+4m_2l_1^2\dot{\psi}_1+\frac{4m_2l_2^2}{3}(\dot{\psi}_1+\dot{\psi}_2)+4m_2l_1l_2\cos\psi_2\dot{\psi}_1+2m_2l_1l_2\cos\psi_2\dot{\psi}_2$$

$$\frac{\mathrm{d}}{\mathrm{d}t}\frac{\partial T}{\partial\dot{\psi}_1}=\frac{4m_1l_1^2}{3}\ddot{\psi}_1+4m_2l_1^2\ddot{\psi}_1+\frac{4m_2l_2^2}{3}(\ddot{\psi}_1+\ddot{\psi}_2)+4m_2l_1l_2(\cos\psi_2\ddot{\psi}_1-\sin\psi_2\dot{\psi}_1\dot{\psi}_2)$$
$$+2m_2l_1l_2(\cos\psi_2\ddot{\psi}_2-\sin\psi_2\dot{\psi}_2^2)$$

$$\frac{\partial T}{\partial\dot{\psi}_2}=\frac{4m_2l_2^2}{3}(\dot{\psi}_1+\dot{\psi}_2)+2m_2l_1l_2\cos\psi_2\dot{\psi}_1$$

$$\frac{\mathrm{d}}{\mathrm{d}t}\frac{\partial T}{\partial\dot{\psi}_2}=\frac{4m_2l_2^2}{3}(\ddot{\psi}_1+\ddot{\psi}_2)+2m_2l_1l_2(\cos\psi_2\ddot{\psi}_1-\sin\psi_2\dot{\psi}_1\dot{\psi}_2)$$

计算拉格朗日方程的第二项：

$$\frac{\partial T}{\partial\psi_1}=0,\quad \frac{\partial T}{\partial\psi_2}=-2m_2l_1l_2\sin\psi_2\dot{\psi}_1(\dot{\psi}_1+\dot{\psi}_2)$$

代入拉格朗日方程(5.4-27)，得

ψ_1方向：

$$\frac{4m_1l_1^2}{3}\ddot{\psi}_1+4m_2l_1^2\ddot{\psi}_1+\frac{4m_2l_2^2}{3}(\ddot{\psi}_1+\ddot{\psi}_2)+4m_2l_1l_2(\cos\psi_2\ddot{\psi}_1-\sin\psi_2\dot{\psi}_1\dot{\psi}_2)$$
$$+2m_2l_1l_2(\cos\psi_2\ddot{\psi}_2-\sin\psi_2\dot{\psi}_2^2)$$
$$=-m_1gl_1\cos\psi_1-2m_2gl_1\cos\psi_1-m_2gl_2\cos(\psi_1+\psi_2)$$

ψ_2方向： $\dfrac{4m_2l_2^2}{3}(\ddot{\psi}_1+\ddot{\psi}_2)+2m_2l_1l_2\cos\psi_2\ddot{\psi}_1+2m_2l_1l_2\sin\psi_2\dot{\psi}_1^2=-m_2gl_2\cos(\psi_1+\psi_2)$

5.5 独立广义坐标的统一形式动力学方程

第二类拉格朗日方程虽然减少了对于约束系统建模时所需的方程的数量，但仍存在如下问题：①需要列写系统的动能表达式，并求其偏导数和时间导数，对于复杂系统，这部分工作量很大且容易出错；②拉格朗日方程的第一项和第二项有部分公式会相互消掉，系统越大越复杂，相互消掉的部分越多，造成大量不必要的工作浪费。本节将介绍一种独立广义坐标的统一形式的动力学方程。

如式(5.2-22)所示的由n个刚体组成的质点系的动力学普遍方程可进一步写成以下形式：

$$\delta\underline{\dot{\boldsymbol{r}}}^{\mathrm{T}}\cdot(\underline{\boldsymbol{m}}\underline{\ddot{\boldsymbol{r}}}-\underline{\boldsymbol{F}})+\delta\underline{\boldsymbol{\omega}}^{\mathrm{T}}\cdot(\underline{\boldsymbol{J}}\cdot\underline{\dot{\boldsymbol{\omega}}}-\underline{\boldsymbol{M}}^*)=0 \tag{5.5-1}$$

其中，$\underline{\boldsymbol{m}}$为系统中刚体质量方阵；$\underline{\boldsymbol{r}}$为系统中刚体质心到惯性系的矢径列阵；$\underline{\boldsymbol{F}}$为系统中刚体主动力列阵；$\underline{\boldsymbol{\omega}}$为系统中刚体相对惯性系的角速度列阵；$\underline{\boldsymbol{J}}$为系统中刚体对质心的转动惯量方阵；$\underline{\boldsymbol{M}}^*$为系统中刚体对质心的广义主动力矩列阵。如下所示：

$$\underline{\boldsymbol{r}}=\begin{bmatrix}\boldsymbol{r}_1\\\boldsymbol{r}_2\\\vdots\\\boldsymbol{r}_n\end{bmatrix},\quad \underline{\boldsymbol{\omega}}=\begin{bmatrix}\boldsymbol{\omega}_1\\\boldsymbol{\omega}_2\\\vdots\\\boldsymbol{\omega}_n\end{bmatrix},\quad \underline{\boldsymbol{F}}=\begin{bmatrix}\boldsymbol{F}_{1a}\\\boldsymbol{F}_{2a}\\\vdots\\\boldsymbol{F}_{na}\end{bmatrix},\quad \underline{\boldsymbol{M}^*}=\begin{bmatrix}\boldsymbol{M}_{1a}-\boldsymbol{\omega}_1\times\boldsymbol{J}_1^C\cdot\boldsymbol{\omega}_1\\\boldsymbol{M}_{2a}-\boldsymbol{\omega}_2\times\boldsymbol{J}_2^C\cdot\boldsymbol{\omega}_2\\\vdots\\\boldsymbol{M}_{na}-\boldsymbol{\omega}_n\times\boldsymbol{J}_n^C\cdot\boldsymbol{\omega}_n\end{bmatrix}$$

$$\underline{m}=\begin{bmatrix}m_1&0&\cdots&0\\0&m_2&\cdots&0\\\vdots&\vdots&\ddots&\vdots\\0&0&\cdots&m_n\end{bmatrix},\quad \underline{\boldsymbol{J}}=\begin{bmatrix}\boldsymbol{J}_1^C&0&\cdots&0\\0&\boldsymbol{J}_2^C&\cdots&0\\\vdots&\vdots&\ddots&\vdots\\0&0&\cdots&\boldsymbol{J}_n^C\end{bmatrix}\tag{5.5-2}$$

设 n 个刚体组成的多刚体系统，存在 s 个独立的约束方程，则系统有 $u=6n-s$ 个自由度，选择 u 个独立坐标(可以是铰坐标)作为多刚体系统的广义坐标 $\underline{q}$：

$$\underline{q}=\begin{bmatrix}q_1 & q_2 & \cdots & q_u\end{bmatrix}^{\mathrm{T}}\tag{5.5-3}$$

一般地，刚体质心到惯性系的矢径列阵 $\boldsymbol{r}_k$ 可以表示为独立广义坐标与时间的函数，即

$$\boldsymbol{r}_k=\boldsymbol{r}_k(\underline{q},t)=\boldsymbol{r}_k(q_1,q_2,\cdots q_u,t)\qquad(k=1,2,\cdots,n)\tag{5.5-4}$$

则有如下关系式存在：

$$\underline{\dot{\boldsymbol{r}}}=\underline{\boldsymbol{a}_1}\underline{\dot{q}}+\underline{\boldsymbol{a}_{10}},\quad \delta\underline{\dot{\boldsymbol{r}}}=\underline{\boldsymbol{a}_1}\delta\underline{\dot{q}},\quad \underline{\ddot{\boldsymbol{r}}}=\underline{\boldsymbol{a}_1}\underline{\ddot{q}}+\underline{\boldsymbol{b}_1}\tag{5.5-5}$$

其中，

$$\underline{\boldsymbol{a}_1}=\frac{\partial\underline{\boldsymbol{r}}}{\partial\underline{q}},\quad \underline{\boldsymbol{a}_{10}}=\frac{\partial\underline{\boldsymbol{r}}}{\partial t},\quad \underline{\boldsymbol{b}_1}=\underline{\dot{\boldsymbol{a}}_1}\underline{\dot{q}}+\underline{\dot{\boldsymbol{a}}_{10}}\tag{5.5-6}$$

类似地，关于刚体的角速度列阵可列写关系式存在

$$\underline{\boldsymbol{\omega}}=\underline{\boldsymbol{a}_2}\underline{\dot{q}}+\underline{\boldsymbol{a}_{20}},\quad \delta\underline{\boldsymbol{\omega}}=\underline{\boldsymbol{a}_2}\delta\underline{\dot{q}},\quad \underline{\dot{\boldsymbol{\omega}}}=\underline{\boldsymbol{a}_2}\underline{\ddot{q}}+\underline{\boldsymbol{b}_2}\tag{5.5-7}$$

对 $\underline{\boldsymbol{r}}$ 和 $\underline{\boldsymbol{\omega}}$ 的变分进行转置，得

$$\delta\underline{\dot{\boldsymbol{r}}}^{\mathrm{T}}=\delta\underline{\dot{q}}^{\mathrm{T}}\underline{\boldsymbol{a}_1}^{\mathrm{T}},\quad \delta\underline{\boldsymbol{\omega}}^{\mathrm{T}}=\delta\underline{\dot{q}}^{\mathrm{T}}\underline{\boldsymbol{a}_2}^{\mathrm{T}}\tag{5.5-8}$$

将式(5.5-8)以及式(5.5-5)和式(5.5-7)代入式(5.5-1)，得

$$\begin{aligned}&\delta\underline{\dot{q}}^{\mathrm{T}}\underline{\boldsymbol{a}_1}^{\mathrm{T}}\cdot\left[\underline{m}(\underline{\boldsymbol{a}_1}\underline{\ddot{q}}+\underline{\boldsymbol{b}_1})-\underline{\boldsymbol{F}}\right]+\delta\underline{\dot{q}}^{\mathrm{T}}\underline{\boldsymbol{a}_2}^{\mathrm{T}}\cdot\left[\underline{\boldsymbol{J}}\cdot(\underline{\boldsymbol{a}_2}\underline{\ddot{q}}+\underline{\boldsymbol{b}_2})-\underline{\boldsymbol{M}^*}\right]=0\\&\delta\underline{\dot{q}}^{\mathrm{T}}\left[\underline{\boldsymbol{a}_1}^{\mathrm{T}}\cdot\underline{m}(\underline{\boldsymbol{a}_1}\underline{\ddot{q}}+\underline{\boldsymbol{b}_1})-\underline{\boldsymbol{a}_1}^{\mathrm{T}}\cdot\underline{\boldsymbol{F}}\right]+\delta\underline{\dot{q}}^{\mathrm{T}}\left[\underline{\boldsymbol{a}_2}^{\mathrm{T}}\cdot\underline{\boldsymbol{J}}\cdot(\underline{\boldsymbol{a}_2}\underline{\ddot{q}}+\underline{\boldsymbol{b}_2})-\underline{\boldsymbol{a}_2}^{\mathrm{T}}\cdot\underline{\boldsymbol{M}^*}\right]=0\\&\delta\underline{\dot{q}}^{\mathrm{T}}\left\{\left(\underline{\boldsymbol{a}_1}^{\mathrm{T}}\cdot\underline{m}\underline{\boldsymbol{a}_1}+\underline{\boldsymbol{a}_2}^{\mathrm{T}}\cdot\underline{\boldsymbol{J}}\cdot\underline{\boldsymbol{a}_2}\right)\underline{\ddot{q}}-\left[\underline{\boldsymbol{a}_1}^{\mathrm{T}}\cdot\left(\underline{\boldsymbol{F}}-\underline{m}\underline{\boldsymbol{b}_1}\right)+\underline{\boldsymbol{a}_2}^{\mathrm{T}}\cdot\left(\underline{\boldsymbol{M}^*}-\underline{\boldsymbol{J}}\cdot\underline{\boldsymbol{b}_2}\right)\right]\right\}=0\end{aligned}\tag{5.5-9}$$

将式(5.5-9)表示为更简洁的形式，有 $\delta\underline{\dot{q}}^{\mathrm{T}}\left(\underline{A}\underline{\ddot{q}}-\underline{B}\right)=0$　　(5.5-10)

其中，

$$\begin{aligned}&\underline{A}=\underline{\boldsymbol{a}_1}^{\mathrm{T}}\cdot\underline{m}\underline{\boldsymbol{a}_1}+\underline{\boldsymbol{a}_2}^{\mathrm{T}}\cdot\underline{\boldsymbol{J}}\cdot\underline{\boldsymbol{a}_2}\\&\underline{B}=\underline{\boldsymbol{a}_1}^{\mathrm{T}}\cdot\left(\underline{\boldsymbol{F}}-\underline{m}\underline{\boldsymbol{b}_1}\right)+\underline{\boldsymbol{a}_2}^{\mathrm{T}}\cdot\left(\underline{\boldsymbol{M}^*}-\underline{\boldsymbol{J}}\cdot\underline{\boldsymbol{b}_2}\right)\end{aligned}\tag{5.5-11}$$

由广义坐标 $\underline{q}$ 的独立性和任意性，可得

$$\underline{A}\ddot{\underline{q}}=\underline{B} \tag{5.5-12}$$

式(5.5-11)和式(5.5-12)即是多刚体系统的独立广义坐标的统一形式动力学方程，其坐标阵形式如下：

$$\begin{aligned}&\left(\begin{bmatrix} m_1\,{}^0\underline{a_{111}} & m_1\,{}^0\underline{a_{112}} & \cdots & m_1\,{}^0\underline{a_{11u}} \\ m_2\,{}^0\underline{a_{121}} & m_2\,{}^0\underline{a_{122}} & \cdots & m_2\,{}^0\underline{a_{12u}} \\ \vdots & \vdots & \ddots & \vdots \\ m_n\,{}^0\underline{a_{1n1}} & m_n\,{}^0\underline{a_{1n2}} & \cdots & m_n\,{}^0\underline{a_{1nu}} \end{bmatrix}^{\mathrm{T}} \begin{bmatrix} {}^0\underline{a_{111}} & {}^0\underline{a_{112}} & \cdots & {}^0\underline{a_{11u}} \\ {}^0\underline{a_{121}} & {}^0\underline{a_{122}} & \cdots & {}^0\underline{a_{12u}} \\ \vdots & \vdots & \ddots & \vdots \\ {}^0\underline{a_{1n1}} & {}^0\underline{a_{1n2}} & \cdots & {}^0\underline{a_{1nu}} \end{bmatrix}\right.\\
&\left.+\begin{bmatrix} {}^1\underline{a_{211}} & {}^1\underline{a_{212}} & \cdots & {}^1\underline{a_{21u}} \\ {}^2\underline{a_{221}} & {}^2\underline{a_{222}} & \cdots & {}^2\underline{a_{22u}} \\ \vdots & \vdots & \ddots & \vdots \\ {}^n\underline{a_{2n1}} & {}^n\underline{a_{2n2}} & \cdots & {}^n\underline{a_{2nu}} \end{bmatrix}^{\mathrm{T}} \begin{bmatrix} \underline{{}^1J_1^{\mathrm{C}}\,{}^1a_{211}} & \underline{{}^1J_1^{\mathrm{C}}\,{}^1a_{212}} & \cdots & \underline{{}^1J_1^{\mathrm{C}}\,{}^1a_{21u}} \\ \underline{{}^2J_2^{\mathrm{C}}\,{}^2a_{221}} & \underline{{}^2J_2^{\mathrm{C}}\,{}^2a_{222}} & \cdots & \underline{{}^2J_2^{\mathrm{C}}\,{}^2a_{22u}} \\ \vdots & \vdots & \ddots & \vdots \\ \underline{{}^nJ_n^{\mathrm{C}}\,{}^na_{2n1}} & \underline{{}^nJ_n^{\mathrm{C}}\,{}^na_{2n2}} & \cdots & \underline{{}^nJ_n^{\mathrm{C}}\,{}^na_{2nu}} \end{bmatrix}\right)\ddot{\underline{q}}\\
&=\begin{bmatrix} {}^0\underline{a_{111}} & {}^0\underline{a_{112}} & \cdots & {}^0\underline{a_{11u}} \\ {}^0\underline{a_{121}} & {}^0\underline{a_{122}} & \cdots & {}^0\underline{a_{12u}} \\ \vdots & \vdots & \ddots & \vdots \\ {}^0\underline{a_{1n1}} & {}^0\underline{a_{1n2}} & \cdots & {}^0\underline{a_{1nu}} \end{bmatrix}^{\mathrm{T}} \begin{bmatrix} \underline{{}^0F_{1a}}-m_1\,{}^0\underline{b_{11}} \\ \underline{{}^0F_{2a}}-m_2\,{}^0\underline{b_{12}} \\ \vdots \\ \underline{{}^0F_{na}}-m_n\,{}^0\underline{b_{1n}} \end{bmatrix}\\
&\quad+\begin{bmatrix} {}^1\underline{a_{211}} & {}^1\underline{a_{212}} & \cdots & {}^1\underline{a_{21u}} \\ {}^2\underline{a_{221}} & {}^2\underline{a_{222}} & \cdots & {}^2\underline{a_{22u}} \\ \vdots & \vdots & \ddots & \vdots \\ {}^n\underline{a_{2n1}} & {}^n\underline{a_{2n2}} & \cdots & {}^n\underline{a_{2nu}} \end{bmatrix}^{\mathrm{T}} \begin{bmatrix} \underline{{}^1M_{1a}}-\underline{{}^1\tilde{\omega}_1\,{}^1J_1^{\mathrm{C}}\,{}^1\omega_1}-\underline{{}^1J_1^{\mathrm{C}}\,{}^1b_{21}} \\ \underline{{}^2M_{2a}}-\underline{{}^2\tilde{\omega}_2\,{}^2J_2^{\mathrm{C}}\,{}^2\omega_2}-m_2\,{}^2\underline{b_{22}} \\ \vdots \\ \underline{{}^nM_{na}}-\underline{{}^n\tilde{\omega}_n\,{}^nJ_n^{\mathrm{C}}\,{}^n\omega_n}-m_n\,{}^n\underline{b_{2n}} \end{bmatrix}\end{aligned} \tag{5.5-13}$$

其中的系数矩阵 $\underline{A}$ 是对称正定矩阵。证明如下，由于 $\underline{\boldsymbol{m}}$ 和 $\underline{\boldsymbol{J}}$ 是对称矩阵，所以 $\underline{A}$ 的对称性不难看出。正定性的证明从系统的动能入手：

$$\begin{aligned}T&=\frac{1}{2}\sum_{i=1}^{n}\left(m_i\dot{\boldsymbol{r}}_i\cdot\dot{\boldsymbol{r}}_i+\boldsymbol{\omega}_i\cdot\underline{\boldsymbol{J}}\cdot\boldsymbol{\omega}_i\right)=\frac{1}{2}\left(\underline{\dot{\boldsymbol{r}}}^{\mathrm{T}}\cdot\underline{\boldsymbol{m}}\underline{\dot{\boldsymbol{r}}}+\underline{\boldsymbol{\omega}}^{\mathrm{T}}\cdot\underline{\boldsymbol{J}}\cdot\underline{\boldsymbol{\omega}}\right)\\&=\frac{1}{2}\underline{\dot{q}}^{\mathrm{T}}\left(\underline{\boldsymbol{a}_1}^{\mathrm{T}}\cdot\underline{\boldsymbol{m}}\underline{\boldsymbol{a}_1}+\underline{\boldsymbol{a}_2}^{\mathrm{T}}\cdot\underline{\boldsymbol{J}}\cdot\underline{\boldsymbol{a}_2}\right)\underline{\dot{q}}=\frac{1}{2}\underline{\dot{q}}^{\mathrm{T}}\underline{A}\underline{\dot{q}}\end{aligned} \tag{5.5-14}$$

由式(5.5-14)可知，$\underline{A}$ 也是系统动能的系数矩阵，由于动能是正的，所以 $\underline{A}$ 是正定矩阵。

例题 5.5-1　用独立广义坐标的统一形式动力学方程来建立例题 5.1-1 的动力学方程。

解：(1)根据约束关系可知二连杆机构有 2 个自由度，选择独立广义坐标为

$$\underline{q}=\begin{bmatrix}\psi_1\\\psi_2\end{bmatrix}$$

(2)根据式(5.5-5)求其中的系数矩阵，有

$$\underline{\dot{\boldsymbol{r}}}=\underline{\boldsymbol{a}_1}\underline{\dot{q}}+\underline{\boldsymbol{a}_{10}},\qquad \underline{\ddot{\boldsymbol{r}}}=\underline{\boldsymbol{a}_1}\underline{\ddot{q}}+\underline{\boldsymbol{b}_1}$$

$$\begin{bmatrix}\dot{\boldsymbol{r}}_1\\\dot{\boldsymbol{r}}_2\end{bmatrix}=\begin{bmatrix}\boldsymbol{a}_{111}&\boldsymbol{a}_{112}\\\boldsymbol{a}_{211}&\boldsymbol{a}_{212}\end{bmatrix}\begin{bmatrix}\dot{\psi}_1\\\dot{\psi}_2\end{bmatrix}+\begin{bmatrix}\boldsymbol{a}_{110}\\\boldsymbol{a}_{210}\end{bmatrix},\qquad \begin{bmatrix}\ddot{\boldsymbol{r}}_1\\\ddot{\boldsymbol{r}}_2\end{bmatrix}=\begin{bmatrix}\boldsymbol{a}_{111}&\boldsymbol{a}_{112}\\\boldsymbol{a}_{211}&\boldsymbol{a}_{212}\end{bmatrix}\begin{bmatrix}\ddot{\psi}_1\\\ddot{\psi}_2\end{bmatrix}+\begin{bmatrix}\boldsymbol{b}_{11}\\\boldsymbol{b}_{21}\end{bmatrix}$$

将其写成在惯性参考系的坐标阵形式，有

$$\underline{\dot{r}} = \underline{a_1}\underline{\dot{q}} + \underline{a_{10}}, \qquad \underline{\ddot{r}} = \underline{a_1}\underline{\ddot{q}} + \underline{b_1}$$

$$\begin{bmatrix} \underline{\dot{r}_1} \\ \underline{\dot{r}_2} \end{bmatrix} = \begin{bmatrix} \underline{a_{111}} & \underline{a_{112}} \\ \underline{a_{211}} & \underline{a_{212}} \end{bmatrix} \begin{bmatrix} \dot{\psi}_1 \\ \dot{\psi}_2 \end{bmatrix} + \begin{bmatrix} \underline{a_{110}} \\ \underline{a_{210}} \end{bmatrix}, \qquad \begin{bmatrix} \underline{\ddot{r}_1} \\ \underline{\ddot{r}_2} \end{bmatrix} = \begin{bmatrix} \underline{a_{111}} & \underline{a_{112}} \\ \underline{a_{211}} & \underline{a_{212}} \end{bmatrix} \begin{bmatrix} \ddot{\psi}_1 \\ \ddot{\psi}_2 \end{bmatrix} + \begin{bmatrix} \underline{b_{11}} \\ \underline{b_{21}} \end{bmatrix}$$

列写刚体质心到惯性系的矢径列阵与独立广义坐标和时间的函数，有

$$\underline{r_1} = \begin{bmatrix} x_1 \\ y_1 \\ z_1 \end{bmatrix} = \begin{bmatrix} l_1 \cos\psi_1 \\ l_1 \sin\psi_1 \\ 0 \end{bmatrix}, \quad \underline{r_2} = \begin{bmatrix} x_2 \\ y_2 \\ z_2 \end{bmatrix} = \begin{bmatrix} 2l_1 \cos\psi_1 + l_2\cos(\psi_1+\psi_2) \\ 2l_1 \sin\psi_1 + l_2\sin(\psi_1+\psi_2) \\ 0 \end{bmatrix}$$

$$\underline{\dot{r}_1} = \begin{bmatrix} \dot{x}_1 \\ \dot{y}_1 \\ \dot{z}_1 \end{bmatrix} = \begin{bmatrix} -l_1 \sin\psi_1\dot{\psi}_1 \\ l_1 \cos\psi_1\dot{\psi}_1 \\ 0 \end{bmatrix} = \begin{bmatrix} -l_1\sin\psi_1 & 0 \\ l_1\cos\psi_1 & 0 \\ 0 & 0 \end{bmatrix} \begin{bmatrix} \dot{\psi}_1 \\ \dot{\psi}_2 \end{bmatrix}$$

$$\underline{\ddot{r}_1} = \begin{bmatrix} \ddot{x}_1 \\ \ddot{y}_1 \\ \ddot{z}_1 \end{bmatrix} = \begin{bmatrix} -l_1\sin\psi_1 & 0 \\ l_1\cos\psi_1 & 0 \\ 0 & 0 \end{bmatrix} \begin{bmatrix} \ddot{\psi}_1 \\ \ddot{\psi}_2 \end{bmatrix} + \begin{bmatrix} -l_1\cos\psi_1\dot{\psi}_1^2 \\ -l_1\sin\psi_1\dot{\psi}_1^2 \\ 0 \end{bmatrix}$$

$$\underline{\dot{r}_2} = \begin{bmatrix} \dot{x}_2 \\ \dot{y}_2 \\ \dot{z}_2 \end{bmatrix} = \begin{bmatrix} -2l_1\sin\psi_1 - l_2\sin(\psi_1+\psi_2) & -l_2\sin(\psi_1+\psi_2) \\ 2l_1\cos\psi_1 + l_2\cos(\psi_1+\psi_2) & l_2\cos(\psi_1+\psi_2) \\ 0 & 0 \end{bmatrix} \begin{bmatrix} \dot{\psi}_1 \\ \dot{\psi}_2 \end{bmatrix}$$

$$\underline{\ddot{r}_2} = \begin{bmatrix} \ddot{x}_2 \\ \ddot{y}_2 \\ \ddot{z}_2 \end{bmatrix} = \begin{bmatrix} -2l_1\sin\psi_1 - l_2\sin(\psi_1+\psi_2) & -l_2\sin(\psi_1+\psi_2) \\ 2l_1\cos\psi_1 + l_2\cos(\psi_1+\psi_2) & l_2\cos(\psi_1+\psi_2) \\ 0 & 0 \end{bmatrix} \begin{bmatrix} \ddot{\psi}_1 \\ \ddot{\psi}_2 \end{bmatrix} + \begin{bmatrix} -2l_1\cos\psi_1\dot{\psi}_1^2 - 2l_2\cos(\psi_1+\psi_2)(\dot{\psi}_1+\dot{\psi}_2)^2 \\ -2l_1\sin\psi_1\dot{\psi}_1^2 - l_2\sin(\psi_1+\psi_2)(\dot{\psi}_1+\dot{\psi}_2)^2 \\ 0 \end{bmatrix}$$

经分析得到系数矩阵：

$$\underline{a_1} = \begin{bmatrix} -l_1\sin\psi_1 & 0 \\ l_1\cos\psi_1 & 0 \\ 0 & 0 \\ -2l_1\sin\psi_1 - l_2\sin(\psi_1+\psi_2) & -l_2\sin(\psi_1+\psi_2) \\ 2l_1\cos\psi_1 + l_2\cos(\psi_1+\psi_2) & l_2\cos(\psi_1+\psi_2) \\ 0 & 0 \end{bmatrix}$$

$$\underline{b_1} = \begin{bmatrix} -l_1\cos\psi_1\dot{\psi}_1^2 \\ -l_1\sin\psi_1\dot{\psi}_1^2 \\ 0 \\ -2l_1\cos\psi_1\dot{\psi}_1^2 - l_2\cos(\psi_1+\psi_2)(\dot{\psi}_1+\dot{\psi}_2)^2 \\ -2l_1\sin\psi_1\dot{\psi}_1^2 - l_2\sin(\psi_1+\psi_2)(\dot{\psi}_1+\dot{\psi}_2)^2 \\ 0 \end{bmatrix}$$

(3) 求式(5.5-7)中的系数矩阵，有

$$\underline{\boldsymbol{\omega}} = \underline{\boldsymbol{a}_2}\underline{\dot{q}} + \underline{\boldsymbol{a}_{20}}, \qquad \underline{\dot{\boldsymbol{\omega}}} = \underline{\boldsymbol{a}_2}\underline{\ddot{q}} + \underline{\boldsymbol{b}_2}$$

$$\begin{bmatrix} \boldsymbol{\omega}_1 \\ \boldsymbol{\omega}_2 \end{bmatrix} = \begin{bmatrix} \boldsymbol{a}_{121} & \boldsymbol{a}_{122} \\ \boldsymbol{a}_{221} & \boldsymbol{a}_{222} \end{bmatrix} \begin{bmatrix} \dot{\psi}_1 \\ \dot{\psi}_2 \end{bmatrix} + \begin{bmatrix} \boldsymbol{a}_{120} \\ \boldsymbol{a}_{220} \end{bmatrix}, \qquad \begin{bmatrix} \dot{\boldsymbol{\omega}}_1 \\ \dot{\boldsymbol{\omega}}_2 \end{bmatrix} = \begin{bmatrix} \boldsymbol{a}_{121} & \boldsymbol{a}_{122} \\ \boldsymbol{a}_{221} & \boldsymbol{a}_{222} \end{bmatrix} \begin{bmatrix} \ddot{\psi}_1 \\ \ddot{\psi}_2 \end{bmatrix} + \begin{bmatrix} \boldsymbol{b}_{12} \\ \boldsymbol{b}_{22} \end{bmatrix}$$

将其写成在各自连体基下的坐标阵形式，有

$$\underline{\omega} = \underline{a_2}\underline{\dot{q}} + \underline{a_{20}}, \qquad \underline{\dot{\omega}} = \underline{a_2}\underline{\ddot{q}} + \underline{b_2}$$

$$\begin{bmatrix} \underline{\omega_1} \\ \underline{\omega_2} \end{bmatrix} = \begin{bmatrix} \underline{a_{121}} & \underline{a_{122}} \\ \underline{a_{221}} & \underline{a_{222}} \end{bmatrix} \begin{bmatrix} \dot{\psi}_1 \\ \dot{\psi}_2 \end{bmatrix} + \begin{bmatrix} \underline{a_{120}} \\ \underline{a_{220}} \end{bmatrix}, \qquad \begin{bmatrix} \underline{\dot{\omega}_1} \\ \underline{\dot{\omega}_2} \end{bmatrix} = \begin{bmatrix} \underline{a_{121}} & \underline{a_{122}} \\ \underline{a_{221}} & \underline{a_{222}} \end{bmatrix} \begin{bmatrix} \ddot{\psi}_1 \\ \ddot{\psi}_2 \end{bmatrix} + \begin{bmatrix} \underline{b_{12}} \\ \underline{b_{22}} \end{bmatrix}$$

列写刚体角速度与独立广义坐标导数的函数，有

$$\underline{{}^1\omega_1} = \begin{bmatrix} {}^1\omega_{11} \\ {}^1\omega_{12} \\ {}^1\omega_{13} \end{bmatrix} = \begin{bmatrix} 0 \\ 0 \\ \dot{\psi}_1 \end{bmatrix} = \begin{bmatrix} 0 & 0 \\ 0 & 0 \\ 1 & 0 \end{bmatrix} \begin{bmatrix} \dot{\psi}_1 \\ \dot{\psi}_2 \end{bmatrix}, \quad \underline{{}^2\omega_2} = \begin{bmatrix} {}^2\omega_{21} \\ {}^2\omega_{22} \\ {}^2\omega_{23} \end{bmatrix} = \begin{bmatrix} 0 \\ 0 \\ \dot{\psi}_1 + \dot{\psi}_2 \end{bmatrix} = \begin{bmatrix} 0 & 0 \\ 0 & 0 \\ 1 & 1 \end{bmatrix} \begin{bmatrix} \dot{\psi}_1 \\ \dot{\psi}_2 \end{bmatrix}$$

$$\underline{{}^1\dot{\omega}_1} = \begin{bmatrix} {}^1\dot{\omega}_{11} \\ {}^1\dot{\omega}_{12} \\ {}^1\dot{\omega}_{13} \end{bmatrix} = \begin{bmatrix} 0 \\ 0 \\ \ddot{\psi}_1 \end{bmatrix} = \begin{bmatrix} 0 & 0 \\ 0 & 0 \\ 1 & 0 \end{bmatrix} \begin{bmatrix} \ddot{\psi}_1 \\ \ddot{\psi}_2 \end{bmatrix}, \quad \underline{{}^2\dot{\omega}_2} = \begin{bmatrix} {}^2\dot{\omega}_{21} \\ {}^2\dot{\omega}_{22} \\ {}^2\dot{\omega}_{23} \end{bmatrix} = \begin{bmatrix} 0 \\ 0 \\ \ddot{\psi}_1 + \ddot{\psi}_2 \end{bmatrix} = \begin{bmatrix} 0 & 0 \\ 0 & 0 \\ 1 & 1 \end{bmatrix} \begin{bmatrix} \ddot{\psi}_1 \\ \ddot{\psi}_2 \end{bmatrix}$$

经分析得到系数矩阵：

$$\underline{a_2} = \begin{bmatrix} 0 & 0 \\ 0 & 0 \\ 1 & 0 \\ 0 & 0 \\ 0 & 0 \\ 1 & 1 \end{bmatrix}, \quad \underline{b_2} = \begin{bmatrix} 0 \\ 0 \\ 0 \\ 0 \\ 0 \\ 0 \end{bmatrix}$$

(4) 列写质量阵和转动惯量阵，有

$$\underline{m} = \begin{bmatrix} m_1 & 0 \\ 0 & m_2 \end{bmatrix}$$

$$\underline{J} = \begin{bmatrix} \underline{{}^1J_1^{\mathrm{C}}} & \underline{0} \\ \underline{0} & \underline{{}^2J_2^{\mathrm{C}}} \end{bmatrix} = \begin{bmatrix} 0 & 0 & 0 & 0 & 0 & 0 \\ 0 & \dfrac{m_1 l_1^2}{3} & 0 & 0 & 0 & 0 \\ 0 & 0 & \dfrac{m_1 l_1^2}{3} & 0 & 0 & 0 \\ 0 & 0 & 0 & 0 & 0 & 0 \\ 0 & 0 & 0 & 0 & \dfrac{m_2 l_2^2}{3} & 0 \\ 0 & 0 & 0 & 0 & 0 & \dfrac{m_2 l_2^2}{3} \end{bmatrix}$$

(5) 列写广义力和力矩矩阵，有

$$\underline{{}^1\tilde{\omega}_1} = \begin{bmatrix} 0 & -\dot{\psi}_1 & 0 \\ \dot{\psi}_1 & 0 & 0 \\ 0 & 0 & 0 \end{bmatrix},\quad \underline{{}^2\tilde{\omega}_2} = \begin{bmatrix} 0 & -\dot{\psi}_1 - \dot{\psi}_2 & 0 \\ \dot{\psi}_1 + \dot{\psi}_2 & 0 & 0 \\ 0 & 0 & 0 \end{bmatrix}$$

将式(5.5-2)中的广义力矩阵写成在惯性参考系下坐标阵的形式，将广义力矩矩阵写成在各自连体坐标系下坐标阵的形式，计算得

$$\underline{F_i} = \begin{bmatrix} F_{iax} & F_{iay} & F_{iaz} \end{bmatrix}^{\mathrm{T}}$$

$$\underline{M_i^*} = \underline{{}^bM_{ia}} - \underline{{}^b\tilde{\omega}_i {}^bJ_i^{\mathrm{C}} {}^b\omega_i}$$

$$\underline{F} = \begin{bmatrix} \underline{F_1} & \underline{F_2} \end{bmatrix}^{\mathrm{T}} = \begin{bmatrix} 0 & -m_1 g & 0 & 0 & -m_2 g & 0 \end{bmatrix}^{\mathrm{T}}$$

$$\underline{M^*} = \begin{bmatrix} \underline{M_1^*} & \underline{M_2^*} \end{bmatrix}^{\mathrm{T}} = \begin{bmatrix} 0 & 0 & 0 & 0 & 0 & 0 \end{bmatrix}^{\mathrm{T}}$$

(6) 计算 $\underline{A}$、$\underline{B}$ 矩阵：

$$\underline{A} = \underline{\boldsymbol{a}_1}^{\mathrm{T}} \cdot \underline{m\boldsymbol{a}_1} + \underline{\boldsymbol{a}_2}^{\mathrm{T}} \cdot \underline{\boldsymbol{J}} \cdot \underline{\boldsymbol{a}_2} = \underline{a_1}^{\mathrm{T}} \underline{m a_1} + \underline{a_2}^{\mathrm{T}} \underline{J a_2}$$

$$= \begin{bmatrix} \dfrac{4m_1 l_1^2}{3} + \dfrac{4m_2 l_2^2}{3} + 4m_2 l_1^2 + 4m_2 l_1 l_2 \cos\psi_2 & 2m_2 l_1 l_2 \cos\psi_2 + \dfrac{4m_2 l_2^2}{3} \\ 2m_2 l_1 l_2 \cos\psi_2 + \dfrac{4m_2 l_2^2}{3} & \dfrac{4m_2 l_2^2}{3} \end{bmatrix}$$

$$\underline{B} = \underline{\boldsymbol{a}_1}^{\mathrm{T}} \cdot (\underline{\boldsymbol{F}} - \underline{m\boldsymbol{b}_1}) + \underline{\boldsymbol{a}_2}^{\mathrm{T}} \cdot (\underline{\boldsymbol{M}^*} - \underline{\boldsymbol{J}} \cdot \underline{\boldsymbol{b}_2}) = \underline{a_1}^{\mathrm{T}} (\underline{F} - \underline{m b_1}) + \underline{a_2}^{\mathrm{T}} (\underline{M^*} - \underline{J b_2})$$

$$= \begin{bmatrix} -m_1 g l_1 \cos\psi_1 - 2m_2 g l_1 \cos\psi_1 - m_2 g l_2 \cos(\psi_1 + \psi_2) + 2m_2 l_1 l_2 \dot{\psi}_2^2 \sin\psi_2 + 4m_2 l_1 l_2 \dot{\psi}_1 \dot{\psi}_2 \sin\psi_2 \\ -m_2 g l_2 \cos(\psi_1 + \psi_2) - 2m_2 l_1 l_2 \dot{\psi}_1^2 \sin\psi_2 \end{bmatrix}$$

则系统动力学方程为

$$\underline{A\ddot{q}} = \underline{B}$$

第6章　基于D-H法的机器人动力学

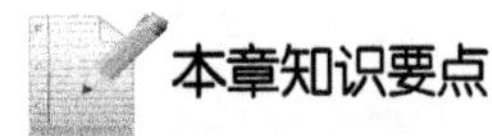

(1) 掌握D-H坐标系、D-H参数、D-H齐次变换矩阵。

(2) 掌握雅可比矩阵与齐次变化矩阵的关系。

(3) 掌握机器人动力学方程。

使右手的五个指尖并拢，并抓住一个桌角；使右臂肘关节弯曲一定角度，然后使右肩部尽量保持不动。此时，肩关节、肘关节、腕关节可以转动一定角度，但指尖位置和肩膀位置保持不变。如果固定肩关节，在指尖位置和肩膀位置仍然保持不变的前提下，是否还能使肘关节、腕关节转动一定角度？如果固定肩关节和腕关节，在指尖位置和肩膀位置仍然保持不变的前提下，是否还能使肘关节转动一定角度？为什么？

常见的机械臂每个关节都是单自由度的，为什么？

预习准备

大学物理与理论力学。

机器人可以看作由一些杆和关节(铰)组成的多刚体系统，如图6-1所示，一般每个杆都有一个单独的作动器(Actuator)，产生的驱动力经关节传到杆上，使其产生独立的相对运动。其特殊性主要表现在：关节的类型可认为只有两种基本关节，单自由度的转动关节和单自由度的移动关节，因为即使包含了其他类型的关节，也可将其等效为两种基本关节的组合。为刻画关节 i 是转动关节还是移动关节，引入一个数：

$$\sigma_i = \begin{cases} 0, \\ 1 \end{cases} \quad \bar{\sigma}_i = \begin{cases} 1 & (\text{关节}i\text{是转动关节}) \\ 0 & (\text{关节}i\text{是移动关节}) \end{cases} \tag{6.0-1}$$

由于这种特殊性，Danevit 和 Hartenberg 提出了一种机器人动力学问题的建模方法，称为D-H法。

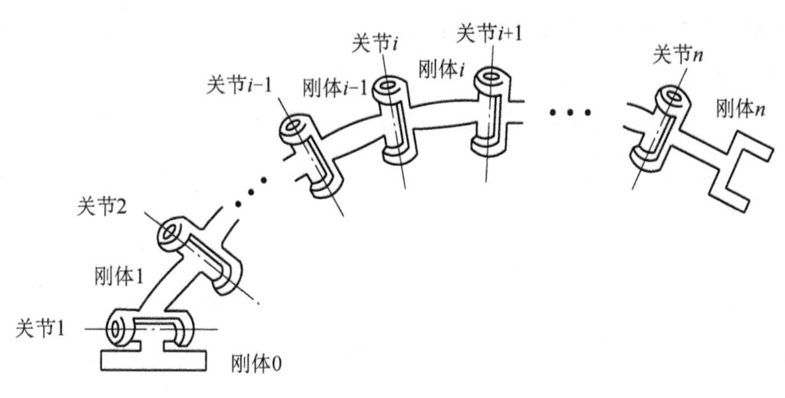

图6-1　机器人结构示意图

6.1　机器人结构的数学描述

6.1.1　杆件与关节的编号

机器人的结构如图6-1所示，杆件和关节的编号方法为：基座为杆0，从基座起依次向上为杆(刚体)1、杆2、…；关节i连接杆i–1和杆i，即杆i离基座近的一端(简称近端)有关节i，而离基座远的一端(简称远端)有关节i+1。

6.1.2　杆件的连体坐标系

对于n自由度机器人，如图6-1所示，可用以下步骤建立与各杆件i(i=0,1,…,n)连体坐标系$o_ix_iy_iz_i$，简称系i，各轴的单位矢量分别为$\boldsymbol{e}_{i1}$、$\boldsymbol{e}_{i2}$、$\boldsymbol{e}_{i3}$，即矢量基$\underline{\boldsymbol{e}_i}$。注意：其中每一步都从$i$=0到$i$=$n$进行完后再执行下一步骤。

(1)确定各坐标系的z轴。基本原则是：选取z_i轴沿关节i+1的轴向。指向可任选，但通常将各平行的z轴均取为相同的指向。这里要说明如下几点。

①当关节i+1是移动关节(即$\sigma_{i+1}=1$)时，其轴线指向已知但位置不确定，这时选取z_i轴与z_{i+1}轴相交(若关节i+2也是移动关节，则取z_i轴与z_{i+1}轴都与z_{i+2}轴相交……)。

②机器人杆n的远端没有关节n+1，这时可选取z_n轴与z_{n-1}轴重合。

(2)确定各坐标系的原点。基本原则是：选取原点o_i在过z_{i-1}轴和z_i轴的公法线上(即o_i为此公法线与z_i轴的交点)。这里要说明如下几点。

①当z_{i-1}轴与z_i轴平行时，经过两轴的公法线不唯一，确定o_i的方法是：若z_{i-1}轴与z_i轴重合，取$o_i=o_{i-1}$(如果关节i–1是移动关节，也可取$o_i=o_{i+1}$)；若z_{i-1}轴与z_i轴平行且不重合，过o_{i-1}点作z_{i-1}轴与z_i轴的公法线，取此公法线与z_i轴的交点为o_i。

②由于没有z_{i-1}轴，故无法按上述基本原则选取o_0。这时确定o_0的方法是：若z_0与z_1相交，取$o_0=o_1$；若z_0与z_1不相交，取o_0在z_0与z_1的公法线上。

(3)确定各坐标系的 x 轴。基本原则是：选取 x_i 轴沿过 z_{i-1} 轴与 z_i 轴的公法线，方向从 z_{i-1} 轴指向 z_i 轴。这里要说明如下几点。

①当 z_{i-1} 轴与 z_i 轴重合时(这时 $o_i = o_{i-1}$)，选取 x_i 轴，满足在初始位置时 x_i 轴与 x_{i-1} 轴重合。

②当 z_{i-1} 轴与 z_i 轴相交且不重合时，选择 x_i 轴，使 $\boldsymbol{e}_{i1} = \pm[\boldsymbol{e}_{i3} \times \boldsymbol{e}_{(i-1)3}]$，通常使所有平行的 x 轴均有相同的指向。

③当 $i=0$ 时，由上所述可知，这时 $o_0 = o_1$ 或 o_0 在 z_0 轴与 z_1 轴的公法线上，选取在初始位置时 x_0 轴与 x_1 轴重合，或选取 x_0 轴使竖直向上方向、z_0 轴构成右手坐标系。

(4)确定各坐标系的 y 轴。原则是使 $\boldsymbol{e}_{i2} = \boldsymbol{e}_{i3} \times \boldsymbol{e}_{i1}$，即构成右手坐标系。

补充说明：有时为应用方便，也可不像前面所述那样设置系 n，而是将系 n 设置在机器人末端夹持器的端点，或在其所夹持工具的端点。

6.1.3　结构的 D-H 参数

当用 D-H 方法建立起各杆件的坐标系后，系 $i-1$ 和系 i 间的相对位置与指向可用以下 4 个参数表示。

(1)杆件长度 a_i 定义为从 z_{i-1} 轴到 z_i 轴的距离，沿 x_i 轴的指向为正。

(2)杆件扭角 α_i 定义为从 z_{i-1} 轴到 z_i 轴的转角，绕 x_i 轴正向转动为正，且规定 $\alpha_i \in (-\pi, \pi]$。

(3)关节距离 d_i 定义为从 x_{i-1} 轴到 x_i 轴的距离，沿 z_{i-1} 轴的指向为正。

(4)关节转角 θ_i 定义为从 x_{i-1} 轴到 x_i 轴的转角，绕 z_{i-1} 轴正向转动为正，且规定 $\theta_i \in (-\pi, \pi]$。

参数 $\{a_i, \alpha_i, d_i, \theta_i\}$ 的意义如图 6-2 所示，这些参数称为 D-H 参数，又常称为机器人的运动参数或几何参数。这里要说明如下几点。

(1)杆(刚体) i 的两端分别有 z_{i-1} 和 z_i，a_i 和 α_i 分别描述了从 z_{i-1} 轴到 z_i 轴的距离与转角。关节 i 的轴向 z_{i-1} 是 x_{i-1} 轴和 x_i 轴的公法线，d_i 和 θ_i 分别描述了从 x_{i-1} 轴到 x_i 轴的距离与转角。

(2) a_i 和 α_i 由杆 i 的结构确定，是常数；而 d_i 和 θ_i 与关节 i 的类型有关，其中一个是常数，另一个是变量。当关节 i 是转动关节时，d_i 是常数，θ_i 是变量；当关节 i 是移动关节时，d_i 是变量，θ_i 是常数。关节变量刻画了系 i 相对于系 $i-1$ 的运动。

(3)根据 D-H 参数的概念可看出，在用 D-H 方法建立杆坐标系时，当某一步不能按基本原则唯一确定时，总是在设置时力图使更多的 D-H 参数为零，这样做可以极大地简化机器人运动学与动力学模型及计算的复杂性。

6.1.4　用 D-H 参数确定坐标系间的齐次变换矩阵

由图 6-2 可以明显看出，系 $i-1$ 可经过以下连续的相对运动变到系 i。

第一步：沿 z_{i-1} 轴移动 d_i。

第二步：绕 z_{i-1} 轴转动 θ_i。

第三步：沿 x_i 轴移动 a_i。

第四步：绕 x_i 轴转动 α_i。

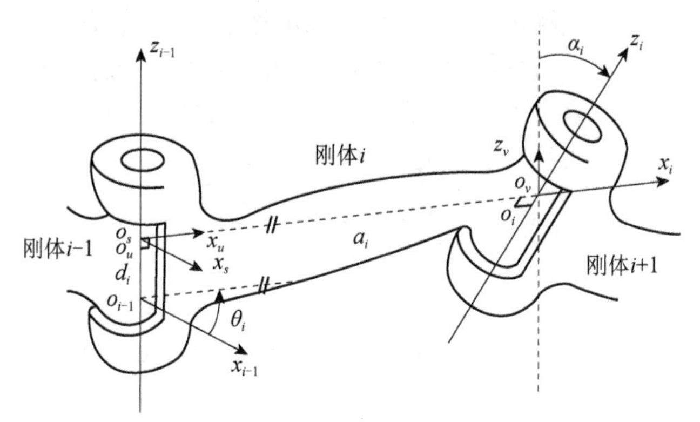

图 6-2　D-H 参数示意图

或者在系 i−1 与系 i 之间建立 3 个坐标系，将系 i−1 与系 i 的关系变换为 6 个坐标系之间的关系。增加的 3 个坐标系描述如下。

(1) 系 s：与系 i−1 方向一致，位置在 z_{i-1} 轴方向增加 d_i，其他位置与系 i−1 一致。

(2) 系 u：与系 s 位置一致，方向绕 z_s 轴转动 θ_i，其他方向与系 s 一致。

(3) 系 v：与系 u 方向一致，位置在 x_u 轴方向增加 a_i，其他位置与系 u 一致。

(4) 系 i：与系 v 位置一致，方向绕 x_v 轴转动 α_i，其他方向与系 v 一致。

由多个系之间的齐次变换矩阵的关系可知：

$$
\begin{aligned}
\underline{T}^{(i-1)i} &= \underline{T}^{(i-1)s}\underline{T}^{su}\underline{T}^{uv}\underline{T}^{vi} \\
&= \begin{bmatrix} 1 & 0 & 0 & 0 \\ 0 & 1 & 0 & 0 \\ 0 & 0 & 1 & d_i \\ 0 & 0 & 0 & 1 \end{bmatrix}
\begin{bmatrix} \mathrm{c}_i & -\mathrm{s}_i & 0 & 0 \\ \mathrm{s}_i & \mathrm{c}_i & 0 & 0 \\ 0 & 0 & 1 & 0 \\ 0 & 0 & 0 & 1 \end{bmatrix}
\begin{bmatrix} 1 & 0 & 0 & a_i \\ 0 & 1 & 0 & 0 \\ 0 & 0 & 1 & 0 \\ 0 & 0 & 0 & 1 \end{bmatrix}
\begin{bmatrix} 1 & 0 & 0 & 0 \\ 0 & \mathrm{c}\alpha_i & -\mathrm{s}\alpha_i & 0 \\ 0 & \mathrm{s}\alpha_i & \mathrm{c}\alpha_i & 0 \\ 0 & 0 & 0 & 1 \end{bmatrix} \\
&= \begin{bmatrix} \mathrm{c}_i & -\mathrm{c}\alpha_i\mathrm{s}_i & \mathrm{s}\alpha_i\mathrm{s}_i & a_i\mathrm{c}_i \\ \mathrm{s}_i & \mathrm{c}\alpha_i\mathrm{c}_i & -\mathrm{s}\alpha_i\mathrm{c}_i & a_i\mathrm{s}_i \\ 0 & \mathrm{s}\alpha_i & \mathrm{c}\alpha_i & d_i \\ 0 & 0 & 0 & 1 \end{bmatrix}
\end{aligned} \tag{6.1-1}
$$

其中，s_i 表示 $\sin\theta_i$；c_i 表示 $\cos\theta_i$；$\mathrm{s}\alpha_i$ 表示 $\sin\alpha_i$；$\mathrm{c}\alpha_i$ 表示 $\cos\alpha_i$。

由式 (6.1-1)，并考虑多个坐标系之间的齐次变换矩阵的关系，可获得任意两刚体 (包括 0 刚体) 间的齐次变换矩阵为

$$
\begin{aligned}
\underline{T}^{ki} &= \begin{bmatrix} \underline{A}^{ki} & {}^{k}\underline{r}_{ki} \\ \underline{0} & 1 \end{bmatrix} \\
&= \begin{cases} \underline{T}^{k(k+1)}\underline{T}^{(k+1)(k+2)}\cdots\underline{T}^{(i-1)i} & (k \leqslant i) \\ \underline{T}^{k(k-1)}\underline{T}^{(k-1)(k-2)}\cdots\underline{T}^{(i+1)i} & (k > i) \end{cases}
\end{aligned} \tag{6.1-2}
$$

其中，$\underline{A}^{ki}$ 为系 i 相对系 k 的方向余弦阵；${}^{k}\underline{r}_{ki}$ 为系 k 原点到系 i 原点的矢量在系 k 中的坐标阵。

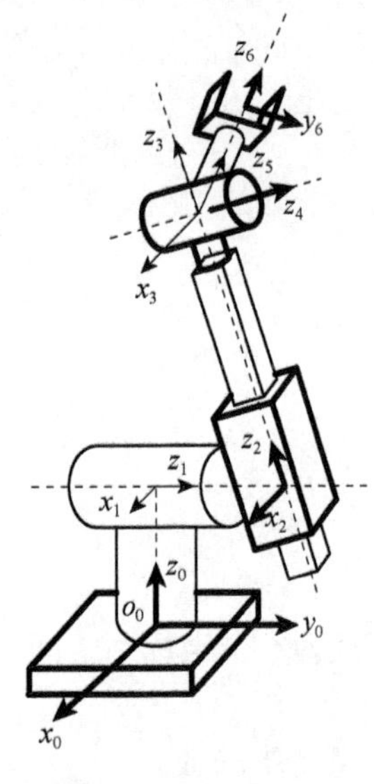

图 6-3　Stanford 臂

例题 6.1-1　对 Stanford 臂用 D-H 方法建立杆坐标系，如图 6-3 所示，列写其 D-H 参数表，并写出系 3 到系 6 的齐次变换矩阵。

解：Stanford 臂的 D-H 参数表见表 6-1。

由后 3 个杆的 D-H 参数可算出：

$$\underline{T}^{36}=\underline{T}^{34}\underline{T}^{45}\underline{T}^{56}=\begin{bmatrix}\underline{A}^{36} & {}^{3}\underline{r}_{36}\\ \underline{0} & 1\end{bmatrix}$$

$$=\begin{bmatrix}c_4 & 0 & -s_4 & 0\\ s_4 & 0 & c_4 & 0\\ 0 & -1 & 0 & 0\\ 0 & 0 & 0 & 1\end{bmatrix}\begin{bmatrix}c_5 & 0 & s_5 & 0\\ s_5 & 0 & -c_5 & 0\\ 0 & 1 & 0 & 0\\ 0 & 0 & 0 & 1\end{bmatrix}\begin{bmatrix}c_6 & -s_6 & 0 & 0\\ s_6 & c_6 & 0 & 0\\ 0 & 0 & 1 & d_6\\ 0 & 0 & 0 & 1\end{bmatrix}$$

$$=\begin{bmatrix}c_4c_5c_6-s_4s_6 & -c_4c_5s_6-s_4c_6 & c_4s_5 & c_4s_5d_6\\ s_4c_5c_6+c_4s_6 & -s_4c_5s_6+c_4s_6 & s_4s_5 & s_4s_5d_6\\ -s_5c_6 & s_5s_6 & c_5 & c_5d_6\\ 0 & 0 & 0 & 1\end{bmatrix}$$

表 6-1　D-H 参数表

i	a_i	α_i	d_i	θ_i
1	0	−0.5π	d_1	θ_1(变量)
2	0	0.5π	d_2	θ_2(变量)
3	0	0	d_3(变量)	0
4	0	−0.5π	0	θ_4(变量)
5	0	0.5π	0	θ_5(变量)
6	0	0	d_6	θ_6(变量)

6.1.5　用修改的 D-H 法建立的坐标系和选取的 D-H 参数

1) 传动轴坐标系与驱动轴坐标系

由上所述知，杆 i 的近端是关节 i，远端是关节 i+1。驱动杆 i 的力或力矩是经由关节 i 的轴线施加到杆 i 上的，故关节 i 的轴称为杆 i 的驱动轴(Driving Axis)。对杆 i 来说，关节 i+1 的作用是将杆 i 的运动和力传到杆 i+1 上，故关节 i+1 的轴称为杆 i 的传动轴(Transmitting Axis)。在用 D-H 法建立杆坐标系时，杆 i 的连体坐标系 i 的 z_i 轴沿杆 i 的传动轴轴向，故称用这种方法建立的杆坐标系为传动轴坐标系。这种建立杆坐标系方法的一个明显缺点是：对于树型结构或含闭链的机器人，有的杆上会存在多于一个传动轴，这时用 D-H 法建立坐标系会产生歧义。

1986 年 Khalil 和 Kleinfinger 提出一种修改的 D-H 法，其特点是：选取杆 i 的连体坐标系的 z_i 轴沿杆 i 的驱动轴轴向，故称这种方法建立的杆坐标系为驱动轴坐标系。修改的 D-H 法克服了原方法的缺点。

2) 建立驱动轴坐标系的方法

可按以下步骤建立驱动轴坐标系。

(1) 确定 z_i 轴。基本原则是：z_i 轴沿关节 i 的轴向。

(2) 确定原点 o_i。基本原则是：o_i 在过 z_i 和 z_{i+1} 轴的公法线上。

(3) 确定 x_i 轴。基本原则是：x_i 轴沿过 z_i 和 z_{i+1} 轴的公法线方向，由 z_i 轴指向 z_{i+1} 轴。

(4) 确定 y_i 轴。基本原则是：使 $\boldsymbol{e}_{i2}=\boldsymbol{e}_{i3}\times\boldsymbol{e}_{i1}$，即构成右手坐标系。

3) 修改的 D-H 参数

如图 6-4 所示，修改的 D-H 参数定义如下。

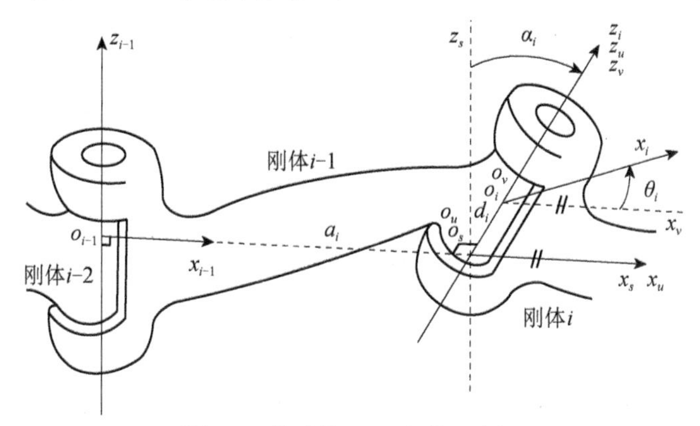

图 6-4　修改的 D-H 参数示意图

(1) 杆件长度 a_i 定义为从 z_{i-1} 轴到 z_i 轴的距离，沿 x_{i-1} 轴的指向为正。

(2) 杆件扭角 α_i 定义为从 z_{i-1} 轴到 z_i 轴的转角，绕 x_{i-1} 轴正向转动为正，且规定 $\alpha_i\in(-\pi,\pi]$。

(3) 关节距离 d_i 定义为从 x_{i-1} 轴到 x_i 轴的距离，沿 z_i 轴的指向为正。

(4) 关节转角 θ_i 定义为从 x_{i-1} 轴到 x_i 轴的转角，绕 z_i 轴正向转动为正，且规定 $\theta_i\in(-\pi,\pi]$。

这里值得说明的是如下两点。

(1) 在建立驱动轴坐标系遇到不可应用基本原则的特殊情况时，总是要使修改的 D-H 参数尽可能为零，特别是，当 i=1 和 i=n 时，可不失一般性地认为修改的 D-H 参数满足：

$$a_1=\alpha_1=\sigma_1\theta_1+\bar{\sigma}_1 d_1=\sigma_n\theta_n+\bar{\sigma}_n d_n=0$$

(2) D-H 参数与修改的 D-H 参数间，除 i=0 和 i=n 的某些特殊情况外，一般有如下关系：

$$\text{D-H 参数}[a_i\quad \alpha_i\quad d_i\quad \theta_i]=\text{修改的 D-H 参数}[a_{i+1}\quad \alpha_{i+1}\quad d_i\quad \theta_i]$$

4) 用修改的 D-H 参数确定齐次变换矩阵

在系 i−1 与系 i 之间建立 3 个坐标系，将系 i−1 与系 i 的关系变换为 6 个坐标系之间的关系。增加的 3 个坐标系描述如下。

(1) 系 s：与系 i−1 方向一致，位置在 z_{i-1} 轴方向增加 d_i，其他位置与系 i−1 一致。

(2) 系 u：与系 s 位置一致，方向绕 z_s 轴转动 θ_i，其他方向与系 s 一致。

(3) 系 v：与系 u 方向一致，位置在 x_u 轴方向增加 a_i，其他位置与系 u 一致。

(4) 系 i：与系 v 位置一致，方向绕 x_v 轴转动 α_i，其他方向与系 v 一致。

由多个系之间的齐次变化矩阵的关系可知：

$$\underline{T^{(i-1)i}} = \underline{T^{(i-1)s} T^{su} T^{uv} T^{vi}}$$

$$= \begin{bmatrix} 1 & 0 & 0 & 0 \\ 0 & 1 & 0 & 0 \\ 0 & 0 & 1 & d_i \\ 0 & 0 & 0 & 1 \end{bmatrix} \begin{bmatrix} \mathrm{c}_i & -\mathrm{s}_i & 0 & 0 \\ \mathrm{s}_i & \mathrm{c}_i & 0 & 0 \\ 0 & 0 & 1 & 0 \\ 0 & 0 & 0 & 1 \end{bmatrix} \begin{bmatrix} 1 & 0 & 0 & a_i \\ 0 & 1 & 0 & 0 \\ 0 & 0 & 1 & 0 \\ 0 & 0 & 0 & 1 \end{bmatrix} \begin{bmatrix} 1 & 0 & 0 & 0 \\ 0 & \mathrm{c}\alpha_i & -\mathrm{s}\alpha_i & 0 \\ 0 & \mathrm{s}\alpha_i & \mathrm{c}\alpha_i & 0 \\ 0 & 0 & 0 & 1 \end{bmatrix} \tag{6.1-3}$$

$$= \begin{bmatrix} \mathrm{c}_i & -\mathrm{c}\alpha_i \mathrm{s}_i & \mathrm{s}\alpha_i \mathrm{s}_i & a_i \mathrm{c}_i \\ \mathrm{s}_i & \mathrm{c}\alpha_i \mathrm{c}_i & -\mathrm{s}\alpha_i \mathrm{c}_i & a_i \mathrm{s}_i \\ 0 & \mathrm{s}\alpha_i & \mathrm{c}\alpha_i & d_i \\ 0 & 0 & 0 & 1 \end{bmatrix}$$

6.2　运动学分析

运动学分析的目的是根据机器人关节变量(较坐标) $\underline{q} = [q_1 \quad q_2 \quad \cdots \quad q_n]^{\mathrm{T}}$ 确定式(5.5-5)和式(5.5-7)中的系数矩阵。考虑式(6.0-1)及 D-H 参数，有

$$q_i = \sigma_i d_i + \bar{\sigma}_i \theta_i \qquad (i = 1, 2, \cdots, n) \tag{6.2-1}$$

6.2.1　刚体的速度与广义坐标的导数关系

图 6-5 为机器人的运动学关系示意图，杆(刚体) i 的质 C_i 心相对惯性系 0 的位置矢量 $\boldsymbol{r}_i$，与惯性系原点 o_0 到刚体 1 的连体坐标系原点 o_1 的位置矢量 $\boldsymbol{r}_{01}$，以及刚体 1 的连体坐标系原点 o_1 到刚体 i 的质心 C_i 的位置矢量 $\boldsymbol{r}_{1iC}$ 有如下关系：

$$\boldsymbol{r}_i = \boldsymbol{r}_{01} + \boldsymbol{r}_{1iC} \tag{6.2-2}$$

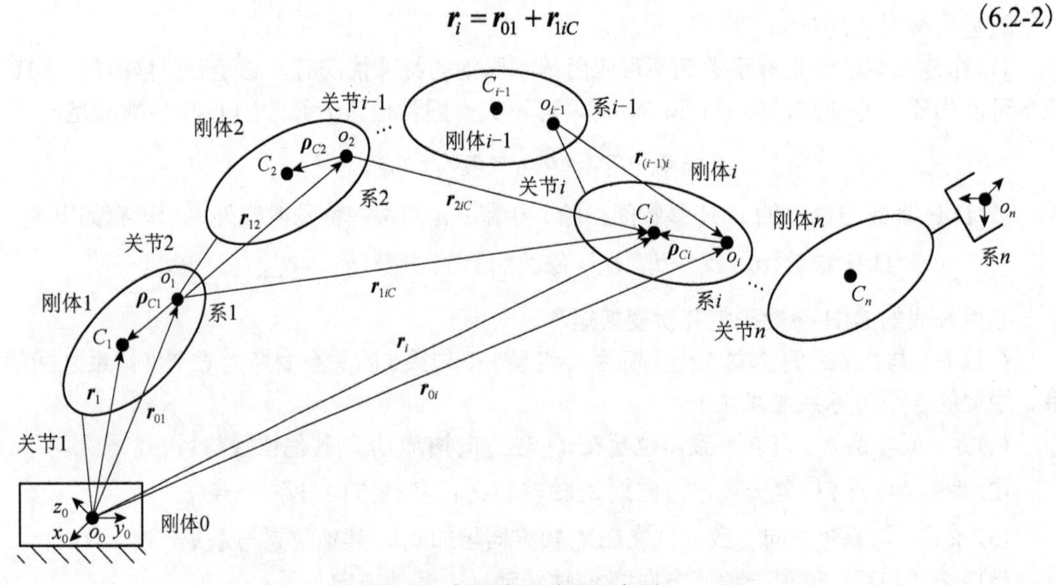

图 6-5　机器人运动学示意图

将式(6.2-2)相对惯性系对时间求导，有

$$\frac{{}^{0}\mathrm{d}}{\mathrm{d}t}\boldsymbol{r}_i=\frac{{}^{0}\mathrm{d}}{\mathrm{d}t}\boldsymbol{r}_{01}+\frac{{}^{0}\mathrm{d}}{\mathrm{d}t}\boldsymbol{r}_{1iC}\qquad \text{或} \qquad \dot{\boldsymbol{r}}_i=\dot{\boldsymbol{r}}_{01}+\dot{\boldsymbol{r}}_{1iC} \tag{6.2-3}$$

根据式(3.3-24)，并考虑到 $\boldsymbol{r}_{iiC}$ (即 $\boldsymbol{\rho}_{Ci}$) $(i=1,2,\cdots,n)$ 相对系 i 的时间导数为 0，有

$$\begin{aligned}
\frac{{}^{0}\mathrm{d}}{\mathrm{d}t}\boldsymbol{r}_i&=\frac{{}^{0}\mathrm{d}}{\mathrm{d}t}\boldsymbol{r}_{01}+\frac{{}^{0}\mathrm{d}}{\mathrm{d}t}\boldsymbol{r}_{1iC}=\frac{{}^{1}\mathrm{d}}{\mathrm{d}t}\boldsymbol{r}_{01}+\boldsymbol{\omega}^{01}\times\boldsymbol{r}_{01}+\frac{{}^{1}\mathrm{d}}{\mathrm{d}t}\boldsymbol{r}_{1iC}+\boldsymbol{\omega}^{01}\times\boldsymbol{r}_{1iC}\\
&=\frac{{}^{1}\mathrm{d}}{\mathrm{d}t}\boldsymbol{r}_{01}+\boldsymbol{\omega}^{01}\times\boldsymbol{r}_{0iC}+\frac{{}^{1}\mathrm{d}}{\mathrm{d}t}\boldsymbol{r}_{1iC}\\
&=\frac{{}^{1}\mathrm{d}}{\mathrm{d}t}\boldsymbol{r}_{01}+\boldsymbol{\omega}^{01}\times\boldsymbol{r}_{0iC}+\frac{{}^{2}\mathrm{d}}{\mathrm{d}t}\boldsymbol{r}_{12}+\boldsymbol{\omega}^{12}\times\boldsymbol{r}_{1iC}+\frac{{}^{2}\mathrm{d}}{\mathrm{d}t}\boldsymbol{r}_{2iC}\\
&=\frac{{}^{1}\mathrm{d}}{\mathrm{d}t}\boldsymbol{r}_{01}+\boldsymbol{\omega}^{01}\times\boldsymbol{r}_{0iC}+\frac{{}^{2}\mathrm{d}}{\mathrm{d}t}\boldsymbol{r}_{12}+\boldsymbol{\omega}^{12}\times\boldsymbol{r}_{1iC}+\frac{{}^{3}\mathrm{d}}{\mathrm{d}t}\boldsymbol{r}_{23}+\boldsymbol{\omega}^{23}\times\boldsymbol{r}_{2iC}+\frac{{}^{3}\mathrm{d}}{\mathrm{d}t}\boldsymbol{r}_{3iC}\\
&=\cdots\\
&=\sum_{k=1}^{i}\left[\frac{{}^{k}\mathrm{d}}{\mathrm{d}t}\boldsymbol{r}_{(k-1)k}+\boldsymbol{\omega}^{(k-1)k}\times\boldsymbol{r}_{(k-1)iC}\right]
\end{aligned} \tag{6.2-4}$$

考虑式(6.2-1)，由关节 k 相连的 2 杆的连体坐标系原点之间的位置矢量 $\boldsymbol{r}_{(k-1)k}$，其相对系 k 对时间的导数，以及 2 杆的相对角速度 $\boldsymbol{\omega}^{(k-1)k}$，与 D-H 参数的关系分别为

$$\frac{{}^{k}\mathrm{d}}{\mathrm{d}t}\boldsymbol{r}_{(k-1)k}=\sigma_k\boldsymbol{e}_{(k-1)3}\dot{d}_k,\quad \boldsymbol{\omega}^{(k-1)k}=\bar{\sigma}_k\boldsymbol{e}_{(k-1)3}\dot{\theta}_k \tag{6.2-5}$$

则

$$\dot{\boldsymbol{r}}_i=\frac{{}^{0}\mathrm{d}}{\mathrm{d}t}\boldsymbol{r}_i=\sum_{k=1}^{i}[\sigma_k\boldsymbol{e}_{(k-1)3}+\bar{\sigma}_k\boldsymbol{e}_{(k-1)3}\times\boldsymbol{r}_{(k-1)iC}]\,\dot{q}_k \tag{6.2-6}$$

其中，

$$\boldsymbol{r}_{(k-1)iC}=\boldsymbol{r}_{(k-1)k}+\boldsymbol{r}_{k(k+1)}+\boldsymbol{r}_{(k+1)(k+2)}+\cdots+\boldsymbol{r}_{(i-1)i}+\boldsymbol{r}_{iiC}=\boldsymbol{r}_{0i}-\boldsymbol{r}_{0(k-1)}+\boldsymbol{r}_{iiC}=\sum_{k=1}^{i}\left[\boldsymbol{r}_{(k-1)k}\right]+\boldsymbol{\rho}_{Ci} \tag{6.2-7}$$

则多刚体系统的各刚体质心速度矩阵为

$$\begin{aligned}
\underline{\dot{\boldsymbol{r}}}=\begin{bmatrix}\dot{\boldsymbol{r}}_1\\ \dot{\boldsymbol{r}}_2\\ \vdots\\ \dot{\boldsymbol{r}}_n\end{bmatrix}&=\begin{bmatrix}\sigma_1\boldsymbol{e}_{03}+\bar{\sigma}_1\boldsymbol{e}_{03}\times\boldsymbol{r}_{01C} & \boldsymbol{0} & \cdots & \boldsymbol{0}\\ \sigma_1\boldsymbol{e}_{03}+\bar{\sigma}_1\boldsymbol{e}_{03}\times\boldsymbol{r}_{02C} & \sigma_2\boldsymbol{e}_{13}+\bar{\sigma}_2\boldsymbol{e}_{13}\times\boldsymbol{r}_{12C} & \cdots & \boldsymbol{0}\\ \vdots & \vdots & & \vdots\\ \sigma_1\boldsymbol{e}_{03}+\bar{\sigma}_1\boldsymbol{e}_{03}\times\boldsymbol{r}_{0nC} & \sigma_2\boldsymbol{e}_{13}+\bar{\sigma}_2\boldsymbol{e}_{13}\times\boldsymbol{r}_{1nC} & \cdots & \sigma_n\boldsymbol{e}_{(n-1)3}+\bar{\sigma}_n\boldsymbol{e}_{(n-1)3}\times\boldsymbol{r}_{(n-1)nC}\end{bmatrix}\begin{bmatrix}\dot{q}_1\\ \dot{q}_2\\ \vdots\\ \dot{q}_n\end{bmatrix}\\
&=\underline{\boldsymbol{J}_v}\,\underline{\dot{q}}
\end{aligned} \tag{6.2-8}$$

另外，根据角速度矢量的叠加原理，多刚体系统的各刚体相对惯性系的角速度为

$$\boldsymbol{\omega}_i=\sum_{k=1}^{i}\boldsymbol{\omega}^{(k-1)k}=\sum_{k=1}^{i}\bar{\sigma}_k\boldsymbol{e}_{(k-1)3}\dot{q}_k \tag{6.2-9}$$

则多刚体系统的各刚体角速度矩阵为

$$\underline{\boldsymbol{\omega}} = \begin{bmatrix} \boldsymbol{\omega}_1 \\ \boldsymbol{\omega}_2 \\ \vdots \\ \boldsymbol{\omega}_n \end{bmatrix} = \begin{bmatrix} \bar{\sigma}_1 \boldsymbol{e}_{03} & \boldsymbol{0} & \cdots & \boldsymbol{0} \\ \bar{\sigma}_1 \boldsymbol{e}_{03} & \bar{\sigma}_2 \boldsymbol{e}_{13} & \cdots & \boldsymbol{0} \\ \vdots & \vdots & & \vdots \\ \bar{\sigma}_1 \boldsymbol{e}_{03} & \bar{\sigma}_2 \boldsymbol{e}_{13} & \cdots & \bar{\sigma}_n \boldsymbol{e}_{(n-1)3} \end{bmatrix} \begin{bmatrix} \dot{q}_1 \\ \dot{q}_2 \\ \vdots \\ \dot{q}_n \end{bmatrix} = \underline{\boldsymbol{J}_{\omega}} \underline{\dot{q}} \tag{6.2-10}$$

$\underline{\boldsymbol{J}_v}$、$\underline{\boldsymbol{J}_{\omega}}$ 的第 i 行元素分别称为刚体(杆) i 的平动雅可比(Jacobian)矩阵 $\underline{\boldsymbol{J}_{vi}}$ 和转动雅可比矩阵 $\underline{\boldsymbol{J}_{\omega i}}$：

$$\underline{\boldsymbol{J}_{vi}} = [\boldsymbol{J}_{vi1} \quad \boldsymbol{J}_{vi2} \quad \cdots \quad \boldsymbol{J}_{vin}]$$

其中，

$$\boldsymbol{J}_{vik} = \begin{cases} \sigma_k \boldsymbol{e}_{(k-1)3} + \bar{\sigma}_k \boldsymbol{e}_{(k-1)3} \times \boldsymbol{r}_{(k-1)iC} & (k \leqslant i) \\ \boldsymbol{0} & (k > i) \end{cases} \quad (k = 1, 2, \cdots, n) \tag{6.2-11}$$

$$\underline{\boldsymbol{J}_{\omega i}} = [\boldsymbol{J}_{\omega i1} \quad \boldsymbol{J}_{\omega i2} \quad \cdots \quad \boldsymbol{J}_{\omega in}]$$

其中，

$$\boldsymbol{J}_{\omega ik} = \begin{cases} \bar{\sigma}_k \boldsymbol{e}_{(k-1)3} & (k \leqslant i) \\ \boldsymbol{0} & (k > i) \end{cases} \quad (k = 1, 2, \cdots, n) \tag{6.2-12}$$

则

$$\dot{\boldsymbol{r}}_i = \underline{\boldsymbol{J}_{vi}} \underline{\dot{q}}, \quad \boldsymbol{\omega}_i = \underline{\boldsymbol{J}_{\omega i}} \underline{\dot{q}} \tag{6.2-13}$$

特别地，$\underline{\boldsymbol{a}_1}$ 的第 n 行称为机器人的平动雅可比矩阵 $\underline{\boldsymbol{J}_{vn}}$：

$$\underline{\boldsymbol{J}_{vn}} = [\boldsymbol{J}_{vn1} \quad \boldsymbol{J}_{vn2} \quad \cdots \quad \boldsymbol{J}_{vnn}]$$

其中，

$$\boldsymbol{J}_{vnk} = \sigma_k \boldsymbol{e}_{(k-1)3} + \bar{\sigma}_k \boldsymbol{e}_{(k-1)3} \times \boldsymbol{r}_{(k-1)nC} \quad (k = 1, 2, \cdots, n) \tag{6.2-14}$$

$\underline{\boldsymbol{a}_2}$ 的第 n 行称为机器人的转动雅可比矩阵 $\underline{\boldsymbol{J}_{\omega n}}$：

$$\underline{\boldsymbol{J}_{\omega n}} = [\boldsymbol{J}_{\omega n1} \quad \boldsymbol{J}_{\omega n2} \quad \cdots \quad \boldsymbol{J}_{\omega nn}]$$

其中，

$$\boldsymbol{J}_{\omega nk} = \bar{\sigma}_k \boldsymbol{e}_{(k-1)3} \quad (k = 1, 2, \cdots, n) \tag{6.2-15}$$

机器人的平动与转动雅可比合并一起，称为机器人的雅可比矩阵 $\underline{\boldsymbol{J}_n}$：

$$\underline{\boldsymbol{J}_n} = \begin{bmatrix} \underline{\boldsymbol{J}_{vn}} \\ \underline{\boldsymbol{J}_{\omega n}} \end{bmatrix} = [\boldsymbol{J}_1 \quad \boldsymbol{J}_2 \quad \cdots \quad \boldsymbol{J}_n]$$

其中，

$$\boldsymbol{J}_k = \bar{\sigma}_k \begin{bmatrix} \bar{\sigma}_k \boldsymbol{e}_{(k-1)3} \times \boldsymbol{r}_{(k-1)nC} \\ \boldsymbol{e}_{(k-1)3} \end{bmatrix} + \sigma_k \begin{bmatrix} \boldsymbol{e}_{(k-1)3} \\ \boldsymbol{0} \end{bmatrix} \quad (k = 1, 2, \cdots, n) \tag{6.2-16}$$

雅可比矩阵具有明确的物理意义。当关节 k 是转动关节时，其转动速度 $\dot{q}_k$ 引起的系 n 角速度为 $\boldsymbol{e}_{(k-1)3}\dot{q}_k$，而它引起的系 n 质心的速度为 $\boldsymbol{e}_{(k-1)3}\dot{q}_k \times \boldsymbol{r}_{(k-1)nC}$；当关节 k 是移动关节时，其移动速度 $\dot{q}_k$ 只引起系 n 质心的速度为 $\boldsymbol{e}_{(k-1)3}\dot{q}_k$，而不会引起系 n 的角速度。

6.2.2　刚体的加速度与广义坐标的导数关系

将式(6.2-8)相对惯性系对时间求导，根据分步求导法则，有

$$\underline{\ddot{r}} = \frac{{}^{0}\mathrm{d}}{\mathrm{d}t}\underline{\dot{r}} = \underline{J_v}\underline{\ddot{q}} + \underline{\dot{J}_v}\underline{\dot{q}} \tag{6.2-17}$$

其中，

$$\underline{\dot{J}_v} = \begin{bmatrix} \underline{\dot{J}_{v1}} \\ \underline{\dot{J}_{v2}} \\ \vdots \\ \underline{\dot{J}_{vn}} \end{bmatrix} = \begin{bmatrix} \dot{J}_{v11} & \mathbf{0} & \cdots & \mathbf{0} \\ \dot{J}_{v21} & \dot{J}_{v22} & \cdots & \mathbf{0} \\ \vdots & \vdots & & \vdots \\ \dot{J}_{vn1} & \dot{J}_{vn2} & \cdots & \dot{J}_{vnn} \end{bmatrix} \tag{6.2-18}$$

由式(6.2-11)，有

$$\dot{J}_{vik} = \begin{cases} \sigma_k \omega_{k-1} \times e_{(k-1)3} + \bar{\sigma}_k \omega_{k-1} \times e_{(k-1)3} \times r_{(k-1)iC} + \bar{\sigma}_k e_{(k-1)3} \times \dot{r}_{(k-1)iC} & (k \leqslant i) \\ \mathbf{0} & (k > i) \end{cases} \quad (i,k = 1,2,\cdots,n) \tag{6.2-19}$$

其中，

$$\dot{r}_{kiC} = \dot{r}_{0i} - \dot{r}_{0k} + \dot{r}_{iiC} = \dot{r}_i - \dot{\rho}_{Ci} - \dot{r}_k + \dot{\rho}_{Ck} + \dot{\rho}_{Ci} = \underline{J_{vi}}\underline{\dot{q}} - \underline{J_{vk}}\underline{\dot{q}} + \omega_k \times \rho_{Ck} \tag{6.2-20}$$

将式(6.2-10)相对惯性系对时间求导，根据分步求导法则，有

$$\underline{\dot{\omega}} = \frac{{}^{0}\mathrm{d}}{\mathrm{d}t}\underline{\omega} = \underline{J_\omega}\underline{\ddot{q}} + \underline{\dot{J}_\omega}\underline{\dot{q}} \tag{6.2-21}$$

其中，

$$\underline{\dot{J}_\omega} = \begin{bmatrix} \underline{\dot{J}_{\omega 1}} \\ \underline{\dot{J}_{\omega 2}} \\ \vdots \\ \underline{\dot{J}_{\omega n}} \end{bmatrix} = \begin{bmatrix} \dot{J}_{\omega 11} & \mathbf{0} & \cdots & \mathbf{0} \\ \dot{J}_{\omega 21} & \dot{J}_{\omega 22} & \cdots & \mathbf{0} \\ \vdots & \vdots & & \vdots \\ \dot{J}_{\omega n1} & \dot{J}_{\omega n2} & \cdots & \dot{J}_{\omega nn} \end{bmatrix} \tag{6.2-22}$$

由式(6.2-12)有

$$\dot{J}_{\omega ik} = \begin{cases} \bar{\sigma}_k \omega_{k-1} \times e_{(k-1)3} & (k \leqslant i) \\ \mathbf{0} & (k > i) \end{cases} \quad (i,k = 1,2,\cdots,n) \tag{6.2-23}$$

6.3　动力学分析

6.3.1　动力学方程

比较式(5.5-5)、式(5.5-7)与式(6.2-8)、式(6.2-10)、式(6.2-17)、式(6.2-21)，可得

$$\underline{a_1} = \underline{J_v}, \quad \underline{b_1} = \underline{\dot{J}_v}\underline{\dot{q}}, \quad \underline{a_2} = \underline{J_\omega}, \quad \underline{b_2} = \underline{\dot{J}_\omega}\underline{\dot{q}} \tag{6.3-1}$$

将式(6.3-1)代入式(5.5-11)，有

$$
\begin{aligned}
\underline{A} &= \underline{\boldsymbol{a}_1}^{\mathrm{T}} \cdot \underline{m}\underline{\boldsymbol{a}_1} + \underline{\boldsymbol{a}_2}^{\mathrm{T}} \cdot \underline{\boldsymbol{J}} \cdot \underline{\boldsymbol{a}_2} \\
&= m_1 \begin{bmatrix} \boldsymbol{J}_{v11} \cdot \boldsymbol{J}_{v11} & 0 & \cdots & 0 \\ 0 & 0 & \cdots & 0 \\ \vdots & \vdots & & \vdots \\ 0 & 0 & \cdots & 0 \end{bmatrix} + m_2 \begin{bmatrix} \boldsymbol{J}_{v21} \cdot \boldsymbol{J}_{v21} & \boldsymbol{J}_{v21} \cdot \boldsymbol{J}_{v22} & \cdots & 0 \\ \boldsymbol{J}_{v22} \cdot \boldsymbol{J}_{v21} & \boldsymbol{J}_{v22} \cdot \boldsymbol{J}_{v22} & \cdots & 0 \\ \vdots & \vdots & & \vdots \\ 0 & 0 & \cdots & 0 \end{bmatrix} \\
&\quad + \cdots + m_n \begin{bmatrix} \boldsymbol{J}_{vn1} \cdot \boldsymbol{J}_{vn1} & \boldsymbol{J}_{vn1} \cdot \boldsymbol{J}_{vn2} & \cdots & \boldsymbol{J}_{vn1} \cdot \boldsymbol{J}_{vnn} \\ & \boldsymbol{J}_{vn2} \cdot \boldsymbol{J}_{vn2} & \cdots & \boldsymbol{J}_{vn2} \cdot \boldsymbol{J}_{vnn} \\ & & \ddots & \vdots \\ \text{sym} & & & \boldsymbol{J}_{vnn} \cdot \boldsymbol{J}_{vnn} \end{bmatrix} \\
&\quad + \begin{bmatrix} \boldsymbol{J}_{\omega 11} \cdot \boldsymbol{J}_1^C \cdot \boldsymbol{J}_{\omega 11} & 0 & \cdots & 0 \\ 0 & 0 & \cdots & 0 \\ \vdots & \vdots & & \vdots \\ 0 & 0 & \cdots & 0 \end{bmatrix} + \begin{bmatrix} \boldsymbol{J}_{\omega 21} \cdot \boldsymbol{J}_2^C \cdot \boldsymbol{J}_{\omega 21} & \boldsymbol{J}_{\omega 21} \cdot \boldsymbol{J}_2^C \cdot \boldsymbol{J}_{\omega 22} & \cdots & 0 \\ \boldsymbol{J}_{\omega 22} \cdot \boldsymbol{J}_2^C \cdot \boldsymbol{J}_{\omega 21} & \boldsymbol{J}_{\omega 22} \cdot \boldsymbol{J}_2^C \cdot \boldsymbol{J}_{\omega 22} & \cdots & 0 \\ \vdots & \vdots & & \vdots \\ 0 & 0 & \cdots & 0 \end{bmatrix} \\
&\quad + \cdots + \begin{bmatrix} \boldsymbol{J}_{\omega n1} \cdot \boldsymbol{J}_n^C \cdot \boldsymbol{J}_{\omega n1} & \boldsymbol{J}_{\omega n1} \cdot \boldsymbol{J}_n^C \cdot \boldsymbol{J}_{\omega n2} & \cdots & \boldsymbol{J}_{\omega n1} \cdot \boldsymbol{J}_n^C \cdot \boldsymbol{J}_{\omega nn} \\ & \boldsymbol{J}_{\omega n2} \cdot \boldsymbol{J}_2^C \cdot \boldsymbol{J}_{\omega n2} & \cdots & \boldsymbol{J}_{\omega n2} \cdot \boldsymbol{J}_n^C \cdot \boldsymbol{J}_{\omega nn} \\ & & \ddots & \vdots \\ \text{sym} & & & \boldsymbol{J}_{\omega nn} \cdot \boldsymbol{J}_n^C \cdot \boldsymbol{J}_{\omega nn} \end{bmatrix}
\end{aligned}
\tag{6.3-2}
$$

$$
\begin{aligned}
\underline{B} &= \underline{\boldsymbol{a}_1}^{\mathrm{T}} \cdot \left(\underline{\boldsymbol{F}} - \underline{m}\underline{\boldsymbol{b}_1} \right) + \underline{\boldsymbol{a}_2}^{\mathrm{T}} \cdot \left(\underline{\boldsymbol{M}^*} - \underline{\boldsymbol{J}} \cdot \underline{\boldsymbol{b}_2} \right) \\
&= \begin{bmatrix} \boldsymbol{J}_{v11} \\ \boldsymbol{0} \\ \vdots \\ \boldsymbol{0} \end{bmatrix} \cdot \boldsymbol{F}_{1a} + \begin{bmatrix} \boldsymbol{J}_{v21} \\ \boldsymbol{J}_{v22} \\ \vdots \\ \boldsymbol{0} \end{bmatrix} \cdot \boldsymbol{F}_{2a} + \cdots + \begin{bmatrix} \boldsymbol{J}_{vn1} \\ \boldsymbol{J}_{vn2} \\ \vdots \\ \boldsymbol{J}_{vnn} \end{bmatrix} \cdot \boldsymbol{F}_{na} \\
&\quad - \left(m_1 \begin{bmatrix} \boldsymbol{J}_{v11} \cdot \dot{\boldsymbol{J}}_{v11} & 0 & \cdots & 0 \\ 0 & 0 & \cdots & 0 \\ \vdots & \vdots & & \vdots \\ 0 & 0 & \cdots & 0 \end{bmatrix} + m_2 \begin{bmatrix} \boldsymbol{J}_{v21} \cdot \dot{\boldsymbol{J}}_{v21} & \boldsymbol{J}_{v21} \cdot \dot{\boldsymbol{J}}_{v22} & \cdots & 0 \\ \boldsymbol{J}_{v22} \cdot \dot{\boldsymbol{J}}_{v21} & \boldsymbol{J}_{v22} \cdot \dot{\boldsymbol{J}}_{v22} & \cdots & 0 \\ \vdots & \vdots & & \vdots \\ 0 & 0 & \cdots & 0 \end{bmatrix} \right. \\
&\quad \left. + \cdots + m_n \begin{bmatrix} \boldsymbol{J}_{vn1} \cdot \dot{\boldsymbol{J}}_{vn1} & \boldsymbol{J}_{vn1} \cdot \dot{\boldsymbol{J}}_{vn2} & \cdots & \boldsymbol{J}_{vn1} \cdot \dot{\boldsymbol{J}}_{vnn} \\ \boldsymbol{J}_{vn2} \cdot \dot{\boldsymbol{J}}_{vn1} & \boldsymbol{J}_{vn2} \cdot \dot{\boldsymbol{J}}_{vn2} & \cdots & \boldsymbol{J}_{vn2} \cdot \dot{\boldsymbol{J}}_{vnn} \\ \vdots & \vdots & & \vdots \\ \boldsymbol{J}_{vnn} \cdot \dot{\boldsymbol{J}}_{vn1} & \boldsymbol{J}_{vnn} \cdot \dot{\boldsymbol{J}}_{vn2} & \cdots & \boldsymbol{J}_{vnn} \cdot \dot{\boldsymbol{J}}_{vnn} \end{bmatrix} \right) \begin{bmatrix} \dot{q}_1 \\ \dot{q}_2 \\ \vdots \\ \dot{q}_n \end{bmatrix} \\
&\quad + \begin{bmatrix} \boldsymbol{J}_{\omega 11} \\ \boldsymbol{0} \\ \vdots \\ \boldsymbol{0} \end{bmatrix} \cdot \left(\boldsymbol{M}_{1a} - \boldsymbol{\omega}_1 \times \boldsymbol{J}_1^C \cdot \boldsymbol{\omega}_1 \right) + \begin{bmatrix} \boldsymbol{J}_{\omega 21} \\ \boldsymbol{J}_{\omega 22} \\ \vdots \\ \boldsymbol{0} \end{bmatrix} \cdot \left(\boldsymbol{M}_{2a} - \boldsymbol{\omega}_2 \times \boldsymbol{J}_2^C \cdot \boldsymbol{\omega}_2 \right)
\end{aligned}
$$

$$
+\cdots+\begin{bmatrix} \boldsymbol{J}_{\omega n1} \\ \boldsymbol{J}_{\omega n2} \\ \vdots \\ \boldsymbol{J}_{\omega nn} \end{bmatrix}\cdot(\boldsymbol{M}_{na}-\boldsymbol{\omega}_n\times\boldsymbol{J}_n^C\cdot\boldsymbol{\omega}_n)
$$

$$
-\left(\begin{bmatrix} \boldsymbol{J}_{\omega 11}\cdot\boldsymbol{J}_1^C\cdot\dot{\boldsymbol{J}}_{\omega 11} & 0 & \cdots & 0 \\ 0 & 0 & \cdots & 0 \\ \vdots & \vdots & & \vdots \\ 0 & 0 & \cdots & 0 \end{bmatrix}+\begin{bmatrix} \boldsymbol{J}_{\omega 21}\cdot\boldsymbol{J}_2^C\cdot\dot{\boldsymbol{J}}_{\omega 21} & \boldsymbol{J}_{\omega 21}\cdot\boldsymbol{J}_2^C\cdot\dot{\boldsymbol{J}}_{\omega 22} & \cdots & 0 \\ \boldsymbol{J}_{\omega 22}\cdot\boldsymbol{J}_2^C\cdot\dot{\boldsymbol{J}}_{\omega 21} & \boldsymbol{J}_{\omega 22}\cdot\boldsymbol{J}_2^C\cdot\dot{\boldsymbol{J}}_{\omega 22} & \cdots & 0 \\ \vdots & \vdots & & \vdots \\ 0 & 0 & \cdots & 0 \end{bmatrix}\right.
$$

$$
\left.+\cdots+\begin{bmatrix} \boldsymbol{J}_{\omega n1}\cdot\boldsymbol{J}_n^C\cdot\dot{\boldsymbol{J}}_{\omega n1} & \boldsymbol{J}_{\omega n1}\cdot\boldsymbol{J}_n^C\cdot\dot{\boldsymbol{J}}_{\omega n2} & \cdots & \boldsymbol{J}_{\omega n1}\cdot\boldsymbol{J}_n^C\cdot\dot{\boldsymbol{J}}_{\omega nn} \\ \boldsymbol{J}_{\omega n2}\cdot\boldsymbol{J}_2^C\cdot\dot{\boldsymbol{J}}_{\omega n1} & \boldsymbol{J}_{\omega n2}\cdot\boldsymbol{J}_2^C\cdot\dot{\boldsymbol{J}}_{\omega n2} & \cdots & \boldsymbol{J}_{\omega n2}\cdot\boldsymbol{J}_n^C\cdot\dot{\boldsymbol{J}}_{\omega nn} \\ \vdots & \vdots & & \vdots \\ \boldsymbol{J}_{\omega nn}\cdot\boldsymbol{J}_n^C\cdot\dot{\boldsymbol{J}}_{\omega n1} & \boldsymbol{J}_{\omega nn}\cdot\boldsymbol{J}_n^C\cdot\dot{\boldsymbol{J}}_{\omega n2} & \cdots & \boldsymbol{J}_{\omega nn}\cdot\boldsymbol{J}_n^C\cdot\dot{\boldsymbol{J}}_{\omega nn} \end{bmatrix}\right)\begin{bmatrix} \dot{q}_1 \\ \dot{q}_2 \\ \vdots \\ \dot{q}_n \end{bmatrix} \tag{6.3-3}
$$

将式(6.3-2)和式(6.3-3)代入式(5.5-12)，即可获得系统的动力学方程。

将式(6.3-2)和式(6.3-3)写成坐标阵的形式，平动部分写成在惯性系下的坐标阵，转动部分写成在各自连体坐标系的坐标阵，有

$$
\underline{A}=m_1\begin{bmatrix} \underline{{}^0J_{v11}}^{\mathrm{T}}\,\underline{{}^0J_{v11}} & 0 & \cdots & 0 \\ 0 & 0 & \cdots & 0 \\ \vdots & \vdots & & \vdots \\ 0 & 0 & \cdots & 0 \end{bmatrix}+m_2\begin{bmatrix} \underline{{}^0J_{v21}}^{\mathrm{T}}\,\underline{{}^0J_{v21}} & \underline{{}^0J_{v21}}^{\mathrm{T}}\,\underline{{}^0J_{v22}} & \cdots & 0 \\ \underline{{}^0J_{v22}}^{\mathrm{T}}\,\underline{{}^0J_{v21}} & \underline{{}^0J_{v22}}^{\mathrm{T}}\,\underline{{}^0J_{v22}} & \cdots & 0 \\ \vdots & \vdots & & \vdots \\ 0 & 0 & \cdots & 0 \end{bmatrix}
$$

$$
+\cdots+m_n\begin{bmatrix} \underline{{}^0J_{vn1}}^{\mathrm{T}}\,\underline{{}^0J_{vn1}} & \underline{{}^0J_{vn1}}^{\mathrm{T}}\,\underline{{}^0J_{vn2}} & \cdots & \underline{{}^0J_{vn1}}^{\mathrm{T}}\,\underline{{}^0J_{vnn}} \\ & \underline{{}^0J_{vn2}}^{\mathrm{T}}\,\underline{{}^0J_{vn2}} & \cdots & \underline{{}^0J_{vn2}}^{\mathrm{T}}\,\underline{{}^0J_{vnn}} \\ & & \ddots & \vdots \\ \text{sym} & & & \underline{{}^0J_{vnn}}^{\mathrm{T}}\,\underline{{}^0J_{vnn}} \end{bmatrix}
$$

$$
+\begin{bmatrix} \underline{{}^1J_{\omega 11}}^{\mathrm{T}}\,\underline{{}^1J_1^C\,{}^1J_{\omega 11}} & 0 & \cdots & 0 \\ 0 & 0 & \cdots & 0 \\ \vdots & \vdots & & \vdots \\ 0 & 0 & \cdots & 0 \end{bmatrix}+\begin{bmatrix} \underline{{}^2J_{\omega 21}}^{\mathrm{T}}\,\underline{{}^2J_2^C\,{}^2J_{\omega 21}} & \underline{{}^2J_{\omega 21}}^{\mathrm{T}}\,\underline{{}^2J_2^C\,{}^2J_{\omega 22}} & \cdots & 0 \\ \underline{{}^2J_{\omega 22}}^{\mathrm{T}}\,\underline{{}^2J_2^C\,{}^2J_{\omega 21}} & \underline{{}^2J_{\omega 22}}^{\mathrm{T}}\,\underline{{}^2J_2^C\,{}^2J_{\omega 22}} & \cdots & 0 \\ \vdots & \vdots & & \vdots \\ 0 & 0 & \cdots & 0 \end{bmatrix} \tag{6.3-4}
$$

$$
+\cdots+\begin{bmatrix} \underline{{}^nJ_{\omega n1}}^{\mathrm{T}}\,\underline{{}^nJ_n^C\,{}^nJ_{\omega n1}} & \underline{{}^nJ_{\omega n1}}^{\mathrm{T}}\,\underline{{}^nJ_n^C\,{}^nJ_{\omega n2}} & \cdots & \underline{{}^nJ_{\omega n1}}^{\mathrm{T}}\,\underline{{}^nJ_n^C\,{}^nJ_{\omega nn}} \\ & \underline{{}^nJ_{\omega n2}}^{\mathrm{T}}\,\underline{{}^nJ_n^C\,{}^nJ_{\omega n2}} & \cdots & \underline{{}^nJ_{\omega n2}}^{\mathrm{T}}\,\underline{{}^nJ_n^C\,{}^nJ_{\omega nn}} \\ & & \ddots & \vdots \\ \text{sym} & & & \underline{{}^nJ_{\omega nn}}^{\mathrm{T}}\,\underline{{}^nJ_n^C\,{}^nJ_{\omega nn}} \end{bmatrix}
$$

$$
\begin{aligned}
\underline{B}=&\begin{bmatrix}\underline{{}^{0}J_{v11}}^{\mathrm{T}}\,\underline{{}^{0}F_{1a}}\\0\\\vdots\\0\end{bmatrix}+\begin{bmatrix}\underline{{}^{0}J_{v21}}^{\mathrm{T}}\,\underline{{}^{0}F_{2a}}\\\underline{{}^{0}J_{v22}}^{\mathrm{T}}\,\underline{{}^{0}F_{2a}}\\\vdots\\0\end{bmatrix}+\cdots+\begin{bmatrix}\underline{{}^{0}J_{vn1}}^{\mathrm{T}}\,\underline{{}^{0}F_{na}}\\\underline{{}^{0}J_{vn2}}^{\mathrm{T}}\,\underline{{}^{0}F_{na}}\\\vdots\\\underline{{}^{0}J_{vnn}}^{\mathrm{T}}\,\underline{{}^{0}F_{na}}\end{bmatrix}\\
&-\left(m_1\begin{bmatrix}\underline{{}^{0}J_{v11}}^{\mathrm{T}}\,\underline{{}^{0}\dot{J}_{v11}}&0&\cdots&0\\0&0&\cdots&0\\\vdots&\vdots&&\vdots\\0&0&\cdots&0\end{bmatrix}+m_2\begin{bmatrix}\underline{{}^{0}J_{v21}}^{\mathrm{T}}\,\underline{{}^{0}\dot{J}_{v21}}&\underline{{}^{0}J_{v21}}^{\mathrm{T}}\,\underline{{}^{0}\dot{J}_{v22}}&\cdots&0\\\underline{{}^{0}J_{v22}}^{\mathrm{T}}\,\underline{{}^{0}\dot{J}_{v21}}&\underline{{}^{0}J_{v22}}^{\mathrm{T}}\,\underline{{}^{0}\dot{J}_{v22}}&\cdots&0\\\vdots&\vdots&&\vdots\\0&0&\cdots&0\end{bmatrix}\right.\\
&\left.+\cdots+m_n\begin{bmatrix}\underline{{}^{0}J_{vn1}}^{\mathrm{T}}\,\underline{{}^{0}\dot{J}_{vn1}}&\underline{{}^{0}J_{vn1}}^{\mathrm{T}}\,\underline{{}^{0}\dot{J}_{vn2}}&\cdots&\underline{{}^{0}J_{vn1}}^{\mathrm{T}}\,\underline{{}^{0}\dot{J}_{vnn}}\\\underline{{}^{0}J_{vn2}}^{\mathrm{T}}\,\underline{{}^{0}\dot{J}_{vn1}}&\underline{{}^{0}J_{vn2}}^{\mathrm{T}}\,\underline{{}^{0}\dot{J}_{vn2}}&\cdots&\underline{{}^{0}J_{vn2}}^{\mathrm{T}}\,\underline{{}^{0}\dot{J}_{vnn}}\\\vdots&\vdots&&\vdots\\\underline{{}^{0}J_{vnn}}^{\mathrm{T}}\,\underline{{}^{0}\dot{J}_{vn1}}&\underline{{}^{0}J_{vnn}}^{\mathrm{T}}\,\underline{{}^{0}\dot{J}_{vn2}}&\cdots&\underline{{}^{0}J_{vnn}}^{\mathrm{T}}\,\underline{{}^{0}\dot{J}_{vnn}}\end{bmatrix}\right)\begin{bmatrix}\dot{q}_1\\\dot{q}_2\\\vdots\\\dot{q}_n\end{bmatrix}\\
&+\begin{bmatrix}\underline{{}^{1}J_{\omega11}}^{\mathrm{T}}(\underline{{}^{1}M_{1a}}-\underline{{}^{1}\tilde{\omega}_1\,{}^{1}J_1^{C}\,{}^{1}\omega_1})\\0\\\vdots\\0\end{bmatrix}+\begin{bmatrix}\underline{{}^{2}J_{\omega21}}^{\mathrm{T}}(\underline{{}^{2}M_{2a}}-\underline{{}^{2}\tilde{\omega}_2\,{}^{2}J_2^{C}\,{}^{2}\omega_2})\\\underline{{}^{2}J_{\omega22}}^{\mathrm{T}}(\underline{{}^{2}M_{2a}}-\underline{{}^{2}\tilde{\omega}_2\,{}^{2}J_2^{C}\,{}^{2}\omega_2})\\\vdots\\0\end{bmatrix}\\
&+\cdots+\begin{bmatrix}\underline{{}^{n}J_{\omega n1}}^{\mathrm{T}}(\underline{{}^{n}M_{na}}-\underline{{}^{n}\tilde{\omega}_n\,{}^{n}J_n^{C}\,{}^{n}\omega_n})\\\underline{{}^{n}J_{\omega n2}}^{\mathrm{T}}(\underline{{}^{n}M_{na}}-\underline{{}^{n}\tilde{\omega}_n\,{}^{n}J_n^{C}\,{}^{n}\omega_n})\\\vdots\\\underline{{}^{n}J_{\omega nn}}^{\mathrm{T}}(\underline{{}^{n}M_{na}}-\underline{{}^{n}\tilde{\omega}_n\,{}^{n}J_n^{C}\,{}^{n}\omega_n})\end{bmatrix}\\
&-\left(\begin{bmatrix}\underline{{}^{1}J_{\omega11}}^{\mathrm{T}}\,\underline{{}^{1}J_1^{C}\,{}^{1}\dot{J}_{\omega11}}&0&\cdots&0\\0&0&\cdots&0\\\vdots&\vdots&&\vdots\\0&0&\cdots&0\end{bmatrix}+\begin{bmatrix}\underline{{}^{2}J_{\omega21}}^{\mathrm{T}}\,\underline{{}^{2}J_2^{C}\,{}^{2}\dot{J}_{\omega21}}&\underline{{}^{2}J_{\omega21}}^{\mathrm{T}}\,\underline{{}^{2}J_2^{C}\,{}^{2}\dot{J}_{\omega22}}&\cdots&0\\\underline{{}^{2}J_{\omega22}}^{\mathrm{T}}\,\underline{{}^{2}J_2^{C}\,{}^{2}\dot{J}_{\omega21}}&\underline{{}^{2}J_{\omega22}}^{\mathrm{T}}\,\underline{{}^{2}J_2^{C}\,{}^{2}\dot{J}_{\omega22}}&\cdots&0\\\vdots&\vdots&&\vdots\\0&0&\cdots&0\end{bmatrix}\right.\\
&\left.+\cdots+\begin{bmatrix}\underline{{}^{n}J_{\omega n1}}^{\mathrm{T}}\,\underline{{}^{n}J_n^{C}\,{}^{n}\dot{J}_{\omega n1}}&\underline{{}^{n}J_{\omega n1}}^{\mathrm{T}}\,\underline{{}^{n}J_n^{C}\,{}^{n}\dot{J}_{\omega n2}}&\cdots&\underline{{}^{n}J_{\omega n1}}^{\mathrm{T}}\,\underline{{}^{n}J_n^{C}\,{}^{n}\dot{J}_{\omega nn}}\\\underline{{}^{n}J_{\omega n2}}^{\mathrm{T}}\,\underline{{}^{n}J_n^{C}\,{}^{n}\dot{J}_{\omega n1}}&\underline{{}^{n}J_{\omega n2}}^{\mathrm{T}}\,\underline{{}^{n}J_n^{C}\,{}^{n}\dot{J}_{\omega n2}}&\cdots&\underline{{}^{n}J_{\omega n2}}^{\mathrm{T}}\,\underline{{}^{n}J_n^{C}\,{}^{n}\dot{J}_{\omega nn}}\\\vdots&\vdots&&\vdots\\\underline{{}^{n}J_{\omega nn}}^{\mathrm{T}}\,\underline{{}^{n}J_n^{C}\,{}^{n}\dot{J}_{\omega n1}}&\underline{{}^{n}J_{\omega nn}}^{\mathrm{T}}\,\underline{{}^{n}J_n^{C}\,{}^{n}\dot{J}_{\omega n2}}&\cdots&\underline{{}^{n}J_{\omega nn}}^{\mathrm{T}}\,\underline{{}^{n}J_n^{C}\,{}^{n}\dot{J}_{\omega nn}}\end{bmatrix}\right)\begin{bmatrix}\dot{q}_1\\\dot{q}_2\\\vdots\\\dot{q}_n\end{bmatrix}
\end{aligned}
\tag{6.3-5}
$$

6.3.2　建模步骤

在以下说明中，$i,k=1,2,\cdots,n$。

(1) 结构描述与结构参数。

①建立坐标系。

②确定 D-H 参数。

③广义坐标 $\underline{q}$。

④质量 m_i、刚体对质心转动惯量在连体系下的坐标阵 $\underline{{}^{i}J_{i}^{C}}$、质心位置矢量在连体系下的坐标阵 $\underline{{}^{i}\rho_{Ci}}$。

(2) 齐次变换矩阵与方向余弦阵。

①根据式(6.1-1)计算相邻 2 刚体连体系的齐次变换矩阵 $\underline{T^{(i-1)i}}$，从而获得 $\underline{A^{(i-1)i}}$。

②根据式(6.1-2)进一步计算各刚体相对惯性系的 $\underline{T^{0i}}$，并根据 $\underline{T^{0i}}$ 获得 $\underline{A^{0i}}$ 及其转置 $\underline{A^{i0}}$。

③计算 $\underline{T^{(i-1)i}}$ $(k\leqslant i)$。

(3) 速度参数。

①根据 $\underline{T^{0i}}$ 获得各刚体连体系原点在惯性系下的坐标阵 $\underline{{}^{0}r_{0i}}$（$\underline{T^{0i}}$ 第 4 列的前 3 个元素）。

②根据 $\underline{T^{0(i-1)}}$ 获得各刚体连体系 z_{i-1} 轴 $\boldsymbol{e}_{(i-1)3}$ 在惯性系下的坐标阵 $\underline{{}^{0}e_{(i-1)3}}$（$\underline{T^{0(i-1)}}$ 第 3 列的前 3 个元素），并根据坐标阵与坐标方阵的关系，计算其坐标方阵 $\underline{{}^{0}\tilde{e}_{(i-1)3}}$。

③根据 $\underline{A^{(i-1)i}}$ 获得各刚体的前一刚体连体系 z_{i-1} 轴 $\boldsymbol{e}_{(i-1)3}$ 在刚体连体系下的坐标阵 $\underline{{}^{i}\boldsymbol{e}_{(i-1)3}}$（$\underline{A^{(i-1)i}}$ 的第 3 行元素）；根据 $\underline{T^{i(k-1)}}$ 获得刚体 $k-1$ 连体系 z_{k-1} 轴 $\boldsymbol{e}_{(k-1)3}$ 的在刚体 i 连体系下的坐标阵 $\underline{{}^{i}e_{(k-1)3}}(k\leqslant i)$。

④计算质心位置矢量在惯性系下的坐标阵 $\underline{{}^{0}\rho_{Ci}}=\underline{A^{0i}}\,\underline{{}^{i}\rho_{Ci}}$。

⑤根据式(6.2-7)计算系 $k-1$ 原点到刚体 i 质心的矢量 $\boldsymbol{r}_{(k-1)iC}$ 在惯性系下的坐标阵 $\underline{{}^{0}r_{(k-1)iC}}$，有

$$\underline{{}^{0}r_{(k-1)iC}}=\underline{{}^{0}r_{0i}}-\underline{{}^{0}r_{0(k-1)}}+\underline{{}^{0}\rho_{Ci}}\qquad (k\leqslant i) \tag{6.3-6}$$

⑥由式(6.2-11)计算多刚体系统平动雅可比矩阵元素 $\boldsymbol{J}_{vik}$ 在惯性系下的坐标阵 $\underline{{}^{0}J_{vik}}$，有

$$\underline{{}^{0}J_{vik}}=\begin{cases}\sigma_k\,\underline{{}^{0}e_{(k-1)3}}+\bar{\sigma}_k\,\underline{{}^{0}\tilde{e}_{(k-1)3}\,{}^{0}r_{(k-1)iC}} & (k\leqslant i)\\ \underline{0} & (k>i)\end{cases} \tag{6.3-7}$$

⑦由式(6.2-12)计算多刚体系统转动雅可比矩阵元素 $\boldsymbol{J}_{\omega ik}$ 在各刚体连体系下的坐标阵 $\underline{{}^{i}J_{\omega ik}}$，有

$$\underline{{}^{i}J_{\omega ik}}=\begin{cases}\bar{\sigma}_k\,\underline{{}^{i}e_{(k-1)3}} & (k\leqslant i)\\ \underline{0} & (k>i)\end{cases} \tag{6.3-8}$$

(4) 加速度参数。

①由式(6.2-9)计算各刚体角速度矢量 $\boldsymbol{\omega}_i$ 在惯性系下的坐标阵 $\underline{{}^{0}\omega_i}$，并根据坐标阵与坐标方阵的关系，计算其坐标方阵 $\underline{{}^{0}\tilde{\omega}_i}$。$\underline{{}^{0}\omega_i}$ 为

$$\underline{{}^0\omega_i} = \bar{\sigma}_1 \underline{{}^0e_{03}}\dot{q}_1 + \bar{\sigma}_2 \underline{{}^0e_{13}}\dot{q}_2 + \cdots + \bar{\sigma}_i \underline{{}^0e_{(i-1)3}}\dot{q}_i \tag{6.3-9}$$

②计算刚体 k 角速度矢量 $\boldsymbol{\omega}_k$ 在刚体 i 连体系下的坐标阵 $\underline{{}^i\omega_k}$ $(k \leqslant i)$，并根据坐标阵与坐标方阵的关系，计算其坐标方阵 $\underline{{}^i\tilde{\omega}_k}$ 。$\underline{{}^i\omega_k}$ 为

$$\underline{{}^i\omega_k} = \underline{A^{i0}}\,\underline{{}^0\omega_k} \tag{6.3-10}$$

③由式(6.2-20)计算系 k−1 原点到刚体 i 质心的矢量 $\boldsymbol{r}_{(k-1)iC}$ 相对惯性系对时间的导数 $\dot{\boldsymbol{r}}_{(k-1)iC}$ 在惯性系下的坐标阵 $\underline{{}^0\dot{r}_{(k-1)iC}}$ $(k \leqslant i)$（或对式 $\underline{{}^0r_{(k-1)iC}}$ 求时间导数来计算获得），有

$$\begin{aligned}\underline{{}^0\dot{r}_{(k-1)iC}} &= \underline{{}^0J_{vi}}\,\underline{\dot{q}} - \underline{{}^0J_{v(k-1)}}\,\underline{\dot{q}} + \underline{{}^0\tilde{\omega}_{(k-1)}}\,\underline{{}^0\rho_{C(k-1)}} \\ &= \underline{{}^0J_{vi1}}\dot{q}_1 + \underline{{}^0J_{vi2}}\dot{q}_2 + \cdots + \underline{{}^0J_{vii}}\dot{q}_i \\ &\quad -(\underline{{}^0J_{v(k-1)1}}\dot{q}_1 + \underline{{}^0J_{v(k-1)2}}\dot{q}_2 + \cdots + \underline{{}^0J_{v(k-1)(k-1)}})\dot{q}_{(k-1)} + \underline{{}^0\tilde{\omega}_{(k-1)}}\,\underline{{}^0\rho_{C(k-1)}}\end{aligned} \tag{6.3-11}$$

④由式(6.2-19)计算多刚体系统平动雅可比矩阵元素 $\boldsymbol{J}_{vik}$ 相对惯性系对时间的导数在惯性系下的坐标阵 $\underline{{}^0\dot{J}_{vik}}$ $(k \leqslant i)$ （或对式 $\underline{{}^0J_{vik}}$ 求时间导数来计算获得），有

$$\underline{{}^0\dot{J}_{vik}} = \begin{cases}\sigma_k \underline{{}^0\tilde{\omega}_{k-1}}\,\underline{{}^0e_{(k-1)3}} + \bar{\sigma}_k(\underline{{}^0e_{(k-1)3}}\,\underline{{}^0\omega_{k-1}}^{\mathrm{T}} - \underline{{}^0\omega_{k-1}}\,\underline{{}^0e_{(k-1)3}}^{\mathrm{T}})\underline{{}^0r_{(k-1)iC}} + \bar{\sigma}_k \underline{{}^0\tilde{e}_{(k-1)3}}\,\underline{{}^0\dot{r}_{(k-1)iC}} & (k \leqslant i) \\ \underline{0} & (k > i)\end{cases} \tag{6.3-12}$$

⑤由式(6.2-23)计算多刚体系统转动雅可比矩阵元素 $\boldsymbol{J}_{\omega ik}$ 相对惯性系对时间的导数在各刚体连体系下的坐标阵 $\underline{{}^i\dot{J}_{\omega ik}}$ $(k \leqslant i)$ （或对式 $\underline{{}^iJ_{\omega ik}}$ 求时间导数来计算获得），有

$$\underline{{}^i\dot{J}_{\omega ik}} = \begin{cases}\bar{\sigma}_k \underline{{}^i\tilde{\omega}_{(k-1)}}\,\underline{{}^ie_{(k-1)3}} & (k \leqslant i) \\ \underline{0} & (k > i)\end{cases} \tag{6.3-13}$$

(5) 列写各刚体主动外力 $\boldsymbol{F}_{ia}$ 在惯性系下的坐标阵 $\underline{{}^0F_{ia}}$ 和外力矩 $\boldsymbol{M}_{ia}$ 在刚体连体系下的坐标阵 $\underline{{}^iM_{ia}}$ ；根据式(6.3-4)和式(6.3-5)计算动力学方程的两个矩阵 $\underline{A}$ 、$\underline{B}$ ，将式(6.3-4)和式(6.3-5)代入式(5.5-12)，即可获得系统的动力学方程。

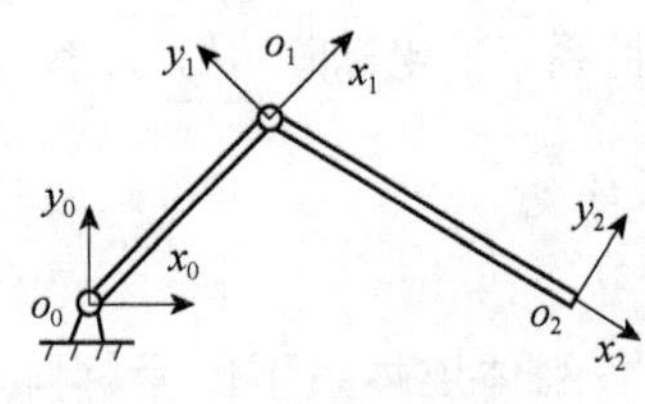

图 6-6　二连杆机构 D-H 法

例题 6.3-1　用 D-H 法建立例题 5.1-1 问题的动力学方程。

解：(1) 结构描述与结构参数。

①建立坐标系，如图 6-6 所示。

②确定 D-H 参数，如表 6-2 所示。

表 6-2　D-H 参数表

i	a_i	α_i	d_i	θ_i	σ_i	$\bar{\sigma}_i$
1	$2l_1$	0	0	θ_1(变量)	0	1
2	$2l_2$	0	0	θ_2(变量)	0	1

③广义坐标 $\underline{q}$：

$$\underline{q}=\begin{bmatrix}\theta_1\\ \theta_2\end{bmatrix}$$

④质量 m_i、刚体对质心转动惯量在连体系下的坐标阵 ${}^i\underline{J}_i^C$、质心位置矢量在连体系下的坐标阵 ${}^i\underline{\rho}_{Ci}$：

$$\underline{m}=\begin{bmatrix}m_1 & 0\\ 0 & m_2\end{bmatrix}$$

$${}^1\underline{J}_1^C=\begin{bmatrix}0 & 0 & 0\\ 0 & \dfrac{m_1 l_1^2}{3} & 0\\ 0 & 0 & \dfrac{m_1 l_1^2}{3}\end{bmatrix},\quad {}^2\underline{J}_2^C=\begin{bmatrix}0 & 0 & 0\\ 0 & \dfrac{m_2 l_2^2}{3} & 0\\ 0 & 0 & \dfrac{m_2 l_2^2}{3}\end{bmatrix},\quad {}^1\underline{\rho}_{C1}=\begin{bmatrix}-l_1\\ 0\\ 0\end{bmatrix},\quad {}^2\underline{\rho}_{C2}=\begin{bmatrix}-l_2\\ 0\\ 0\end{bmatrix}$$

(2) 齐次变换矩阵与方向余弦阵。

①根据式(6.1-1)计算相邻 2 刚体连体系的齐次变换矩阵 $\underline{T}^{(i-1)i}$、$\underline{A}^{(i-1)i}$：

$$\underline{T}^{01}=\begin{bmatrix}\underline{A}^{01} & {}^0\underline{r}_{01}\\ \underline{0} & 1\end{bmatrix}=\begin{bmatrix}\cos\theta_1 & -\sin\theta_1 & 0 & 2l_1\cos\theta_1\\ \sin\theta_1 & \cos\theta_1 & 0 & 2l_1\sin\theta_1\\ 0 & 0 & 1 & 0\\ 0 & 0 & 0 & 1\end{bmatrix}$$

$$\underline{T}^{12}=\begin{bmatrix}\underline{A}^{12} & {}^1\underline{r}_{12}\\ \underline{0} & 1\end{bmatrix}=\begin{bmatrix}\cos\theta_2 & -\sin\theta_2 & 0 & 2l_2\cos\theta_2\\ \sin\theta_2 & \cos\theta_2 & 0 & 2l_2\sin\theta_2\\ 0 & 0 & 1 & 0\\ 0 & 0 & 0 & 1\end{bmatrix}$$

②根据式(6.1-2)计算各刚体相对惯性系的 $\underline{T}^{0i}$、$\underline{A}^{0i}$ 及其转置 $\underline{A}^{i0}$：

$$\underline{T}^{02}=\underline{T}^{01}\underline{T}^{12}=\begin{bmatrix}\underline{A}^{02} & {}^0\underline{r}_{02}\\ \underline{0} & 1\end{bmatrix}=\begin{bmatrix}\cos(\theta_1+\theta_2) & -\sin(\theta_1+\theta_2) & 0 & 2l_1\cos\theta_1+2l_2\cos(\theta_1+\theta_2)\\ \sin(\theta_1+\theta_2) & \cos(\theta_1+\theta_2) & 0 & 2l_1\sin\theta_1+2l_2\sin(\theta_1+\theta_2)\\ 0 & 0 & 1 & 0\\ 0 & 0 & 0 & 1\end{bmatrix}$$

③计算 $\underline{T}^{i(k-1)}$ $(k\leqslant i)$：

$$\underline{T}^{10}=\begin{bmatrix}\underline{A}^{10} & -\underline{A}^{10}\,{}^0\underline{r}_{01}\\ \underline{0} & 1\end{bmatrix}=\begin{bmatrix}\cos\theta_1 & \sin\theta_1 & 0 & -2l_1\\ -\sin\theta_1 & \cos\theta_1 & 0 & 0\\ 0 & 0 & 1 & 0\\ 0 & 0 & 0 & 1\end{bmatrix}$$

$$\underline{T}^{21}=\begin{bmatrix}\underline{A}^{21} & -\underline{A}^{21}\,{}^{1}\underline{r}_{12}\\ \underline{0} & 1\end{bmatrix}=\begin{bmatrix}\cos\theta_2 & \sin\theta_2 & 0 & -2l_2\\ -\sin\theta_2 & \cos\theta_2 & 0 & 0\\ 0 & 0 & 1 & 0\\ 0 & 0 & 0 & 1\end{bmatrix}$$

$$\underline{T}^{20}=\begin{bmatrix}\underline{A}^{20} & -\underline{A}^{20}\,{}^{0}\underline{r}_{02}\\ \underline{0} & 1\end{bmatrix}=\begin{bmatrix}\cos(\theta_1+\theta_2) & \sin(\theta_1+\theta_2) & 0 & -2l_1\cos\theta_2-2l_2\\ -\sin(\theta_1+\theta_2) & \cos(\theta_1+\theta_2) & 0 & 2l_1\sin\theta_2\\ 0 & 0 & 1 & 0\\ 0 & 0 & 0 & 1\end{bmatrix}$$

(3) 速度参数。

①根据 $\underline{T}^{0i}$ 获得各刚体连体系原点在惯性系下的坐标阵 ${}^{0}\underline{r}_{0i}$（$\underline{T}^{0i}$ 第 4 列的前 3 个元素）：

$${}^{0}\underline{r}_{01}=\begin{bmatrix}2l_1\cos\theta_1\\ 2l_1\sin\theta_1\\ 0\end{bmatrix},\quad {}^{0}\underline{r}_{02}=\begin{bmatrix}2l_1\cos\theta_1+2l_2\cos(\theta_1+\theta_2)\\ 2l_1\sin\theta_1+2l_2\sin(\theta_1+\theta_2)\\ 0\end{bmatrix}$$

②根据 $\underline{T}^{0(i-1)}$ 获得各刚体连体系 z_{i-1} 轴 $\boldsymbol{e}_{(i-1)3}$ 在惯性系下的坐标阵 ${}^{0}\underline{e}_{(i-1)3}$（$\underline{T}^{0(i-1)}$ 第 3 列的前 3 个元素），并根据坐标阵与坐标方阵的关系，计算其坐标方阵 ${}^{0}\underline{\tilde{e}}_{(i-1)3}$：

$${}^{0}\underline{e}_{03}=\begin{bmatrix}0\\0\\1\end{bmatrix},\quad {}^{0}\underline{\tilde{e}}_{03}=\begin{bmatrix}0 & -1 & 0\\ 1 & 0 & 0\\ 0 & 0 & 0\end{bmatrix},\quad {}^{0}\underline{e}_{13}=\begin{bmatrix}0\\0\\1\end{bmatrix},\quad {}^{0}\underline{\tilde{e}}_{13}=\begin{bmatrix}0 & -1 & 0\\ 1 & 0 & 0\\ 0 & 0 & 0\end{bmatrix}$$

③根据 $\underline{A}^{(i-1)i}$ 获得各刚体的前一刚体连体系 z_{i-1} 轴 $\boldsymbol{e}_{(i-1)3}$ 在刚体连体系下的坐标阵 ${}^{i}\underline{e}_{(i-1)3}$（$\underline{A}^{(i-1)i}$ 的第 3 行元素）；根据 $\underline{T}^{i(k-1)}$ 获得刚体 $k-1$ 连体系 z_{k-1} 轴 $\boldsymbol{e}_{(k-1)3}$ 的在刚体 i 连体系下的坐标阵 ${}^{i}\underline{e}_{(k-1)3}$ $(k\leqslant i)$：

$${}^{1}\underline{e}_{03}=\begin{bmatrix}0\\0\\1\end{bmatrix},\quad {}^{2}\underline{e}_{13}=\begin{bmatrix}0\\0\\1\end{bmatrix},\quad {}^{2}\underline{e}_{03}=\begin{bmatrix}0\\0\\1\end{bmatrix}$$

④计算质心位置矢量在惯性系下的坐标阵 ${}^{0}\underline{\rho}_{Ci}=\underline{A}^{0i}\,{}^{i}\underline{\rho}_{Ci}$：

$${}^{0}\underline{\rho}_{C1}={}^{0}\underline{r}_{11C}=\underline{A}^{01}\,{}^{1}\underline{\rho}_{C1}=\begin{bmatrix}\cos\theta_1 & -\sin\theta_1 & 0\\ \sin\theta_1 & \cos\theta_1 & 0\\ 0 & 0 & 1\end{bmatrix}\begin{bmatrix}-l_1\\0\\0\end{bmatrix}=\begin{bmatrix}-l_1\cos\theta_1\\ -l_1\sin\theta_1\\ 0\end{bmatrix}$$

$${}^{0}\underline{\rho}_{C2}={}^{0}\underline{r}_{22C}=\underline{A}^{02}\,{}^{2}\underline{\rho}_{C2}=\begin{bmatrix}\cos(\theta_1+\theta_2) & -\sin(\theta_1+\theta_2) & 0\\ \sin(\theta_1+\theta_2) & \cos(\theta_1+\theta_2) & 0\\ 0 & 0 & 1\end{bmatrix}\begin{bmatrix}-l_2\\0\\0\end{bmatrix}=\begin{bmatrix}-l_2\cos(\theta_1+\theta_2)\\ -l_2\sin(\theta_1+\theta_2)\\ 0\end{bmatrix}$$

⑤由式(6.3-6)计算系 k−1 原点到刚体 i 质心的矢量 $\boldsymbol{r}_{(k-1)iC}$ $(k\leqslant i)$ 在惯性系下的坐标阵

$\underline{{}^0r_{(k-1)iC}}$：

$$\underline{{}^0r_{01C}}=\underline{{}^0r_{01}}-\underline{{}^0r_{00}}+\underline{{}^0\rho_{C1}}=\underline{{}^0r_{01}}=\begin{bmatrix}2l_1\cos\theta_1\\2l_1\sin\theta_1\\0\end{bmatrix}+\begin{bmatrix}-l_1\cos\theta_1\\-l_1\sin\theta_1\\0\end{bmatrix}=\begin{bmatrix}l_1\cos\theta_1\\l_1\sin\theta_1\\0\end{bmatrix}$$

$$\underline{{}^0r_{12C}}=\underline{{}^0r_{02}}-\underline{{}^0r_{01}}+\underline{{}^0\rho_{C2}}=\begin{bmatrix}2l_1\cos\theta_1+2l_2\cos(\theta_1+\theta_2)\\2l_1\sin\theta_1+2l_2\sin(\theta_1+\theta_2)\\0\end{bmatrix}-\begin{bmatrix}2l_1\cos\theta_1\\2l_1\sin\theta_1\\0\end{bmatrix}+\begin{bmatrix}-l_2\cos(\theta_1+\theta_2)\\-l_2\sin(\theta_1+\theta_2)\\0\end{bmatrix}=\begin{bmatrix}l_2\cos(\theta_1+\theta_2)\\l_2\sin(\theta_1+\theta_2)\\0\end{bmatrix}$$

$$\underline{{}^0r_{02C}}=\underline{{}^0r_{02}}-\underline{{}^0r_{00}}+\underline{{}^0\rho_{C2}}=\begin{bmatrix}2l_1\cos\theta_1+2l_2\cos(\theta_1+\theta_2)\\2l_1\sin\theta_1+2l_2\sin(\theta_1+\theta_2)\\0\end{bmatrix}+\begin{bmatrix}-l_2\cos(\theta_1+\theta_2)\\-l_2\sin(\theta_1+\theta_2)\\0\end{bmatrix}=\begin{bmatrix}2l_1\cos\theta_1+l_2\cos(\theta_1+\theta_2)\\2l_1\sin\theta_1+l_2\sin(\theta_1+\theta_2)\\0\end{bmatrix}$$

⑥由式(6.3-7)计算多刚体系统平动雅可比矩阵元素 $\boldsymbol{J}_{vik}$ 在惯性系下的坐标阵 $\underline{{}^0J_{vik}}$：

$$\underline{{}^0J_{v11}}=\underline{{}^0\tilde{e}_{03}}\,\underline{{}^0r_{01C}}=\begin{bmatrix}0&-1&0\\1&0&0\\0&0&0\end{bmatrix}\begin{bmatrix}l_1\cos\theta_1\\l_1\sin\theta_1\\0\end{bmatrix}=\begin{bmatrix}-l_1\sin\theta_1\\l_1\cos\theta_1\\0\end{bmatrix}$$

$$\underline{{}^0J_{v22}}=\underline{{}^0\tilde{e}_{13}}\,\underline{{}^0r_{12C}}=\begin{bmatrix}0&-1&0\\1&0&0\\0&0&0\end{bmatrix}\begin{bmatrix}2l_1\cos\theta_1+l_2\cos(\theta_1+\theta_2)\\2l_1\sin\theta_1+l_2\sin(\theta_1+\theta_2)\\0\end{bmatrix}=\begin{bmatrix}-2l_1\sin\theta_1-l_2\sin(\theta_1+\theta_2)\\2l_1\cos\theta_1+l_2\cos(\theta_1+\theta_2)\\0\end{bmatrix}$$

$$\underline{{}^0J_{v22}}=\underline{{}^0\tilde{e}_{13}}\,\underline{{}^0r_{12C}}=\begin{bmatrix}0&-1&0\\1&0&0\\0&0&0\end{bmatrix}\begin{bmatrix}l_2\cos(\theta_1+\theta_2)\\l_2\sin(\theta_1+\theta_2)\\0\end{bmatrix}=\begin{bmatrix}-l_2\sin(\theta_1+\theta_2)\\l_2\cos(\theta_1+\theta_2)\\0\end{bmatrix}$$

⑦由式(6.3-8)计算多刚体系统转动雅可比矩阵元素 $\boldsymbol{J}_{\omega ik}$ 在连体系下的坐标阵 $\underline{{}^iJ_{\omega ik}}$：

$$\underline{{}^1J_{\omega11}}=\underline{{}^1e_{03}}=\begin{bmatrix}0\\0\\1\end{bmatrix},\quad \underline{{}^2J_{\omega21}}=\underline{{}^2e_{03}}=\begin{bmatrix}0\\0\\1\end{bmatrix},\quad \underline{{}^2J_{\omega22}}=\underline{{}^2e_{13}}=\begin{bmatrix}0\\0\\1\end{bmatrix}$$

(4)加速度参数。

①由式(6.3-9)计算各刚体角速度矢量 $\boldsymbol{\omega}_i$ 在惯性系下的坐标阵 $\underline{{}^0\omega_i}$，并根据坐标阵与坐标方阵的关系，计算其坐标方阵 $\underline{{}^0\tilde{\omega}_i}$：

$$\underline{{}^0\omega_1}=\underline{{}^0e_{03}}\dot{\theta}_1=\begin{bmatrix}0\\0\\\dot{\theta}_1\end{bmatrix},\quad \underline{{}^0\tilde{\omega}_1}=\begin{bmatrix}0&-\dot{\theta}_1&0\\\dot{\theta}_1&0&0\\0&0&0\end{bmatrix}$$

$$\underline{{}^0\omega_2}=\underline{{}^0e_{03}}\dot{\theta}_1+\underline{{}^0e_{13}}\dot{\theta}_2=\begin{bmatrix}0\\0\\\dot{\theta}_1\end{bmatrix}+\begin{bmatrix}0\\0\\\dot{\theta}_2\end{bmatrix}=\begin{bmatrix}0\\0\\\dot{\theta}_1+\dot{\theta}_2\end{bmatrix},\qquad \underline{{}^0\tilde{\omega}_2}=\begin{bmatrix}0&-\dot{\theta}_1-\dot{\theta}_2&0\\\dot{\theta}_1+\dot{\theta}_2&0&0\\0&0&0\end{bmatrix}$$

②由式(6.3-10)计算刚体 k 角速度矢量 $\boldsymbol{\omega}_k$ 在刚体 i 连体系下的坐标阵 $\underline{{}^i\omega_k}$ $(k \leqslant i)$，并根据坐标阵与坐标方阵的关系，计算其坐标方阵 $\underline{{}^i\tilde{\omega}_k}$：

$$\underline{{}^1\omega_1} = \underline{A^{10}}\,\underline{{}^0\omega_1}\begin{bmatrix}\cos\theta_1 & \sin\theta_1 & 0\\ -\sin\theta_1 & \cos\theta_1 & 0\\ 0 & 0 & 1\end{bmatrix}\begin{bmatrix}0\\0\\\dot{\theta}_1\end{bmatrix}=\begin{bmatrix}0\\0\\\dot{\theta}_1\end{bmatrix},\qquad \underline{{}^1\tilde{\omega}_1}=\begin{bmatrix}0 & -\dot{\theta}_1 & 0\\ \dot{\theta}_1 & 0 & 0\\ 0 & 0 & 0\end{bmatrix}$$

$$\underline{{}^2\omega_1} = \underline{A^{20}}\,\underline{{}^0\omega_1}\begin{bmatrix}\cos(\theta_1+\theta_2) & \sin(\theta_1+\theta_2) & 0\\ -\sin(\theta_1+\theta_2) & \cos(\theta_1+\theta_2) & 0\\ 0 & 0 & 1\end{bmatrix}\begin{bmatrix}0\\0\\\dot{\theta}_1\end{bmatrix}=\begin{bmatrix}0\\0\\\dot{\theta}_1\end{bmatrix},\qquad \underline{{}^2\tilde{\omega}_1}=\begin{bmatrix}0 & -\dot{\theta}_1 & 0\\ \dot{\theta}_1 & 0 & 0\\ 0 & 0 & 0\end{bmatrix}$$

$$\underline{{}^2\omega_2} = \underline{A^{20}}\,\underline{{}^0\omega_2}\begin{bmatrix}\cos(\theta_1+\theta_2) & \sin(\theta_1+\theta_2) & 0\\ -\sin(\theta_1+\theta_2) & \cos(\theta_1+\theta_2) & 0\\ 0 & 0 & 1\end{bmatrix}\begin{bmatrix}0\\0\\\dot{\theta}_1+\dot{\theta}_2\end{bmatrix}=\begin{bmatrix}0\\0\\\dot{\theta}_1+\dot{\theta}_2\end{bmatrix},\quad \underline{{}^2\tilde{\omega}_2}=\begin{bmatrix}0 & -\dot{\theta}_1-\dot{\theta}_2 & 0\\ \dot{\theta}_1+\dot{\theta}_2 & 0 & 0\\ 0 & 0 & 0\end{bmatrix}$$

③由式(6.3-11)计算系 $k-1$ 原点到刚体 i 质心的矢量 $\boldsymbol{r}_{(k-1)iC}$ 相对惯性系对时间的导数 $\dot{\boldsymbol{r}}_{(k-1)iC}$ 在惯性系下的坐标阵 $\underline{{}^0\dot{r}_{(k-1)iC}}$ $(k \leqslant i)$：

$$\underline{{}^0\dot{r}_{01C}} = \underline{{}^0J_{v11}}\dot{q}_1 + \underline{{}^0\tilde{\omega}_0}\,\underline{{}^0\rho_{C0}} = \begin{bmatrix}-l_1\sin\theta_1\\ l_1\cos\theta_1\\ 0\end{bmatrix}\dot{\theta}_1$$

$$\begin{aligned}\underline{{}^0\dot{r}_{02C}} &= \underline{{}^0J_{v21}}\dot{q}_1 + \underline{{}^0J_{v22}}\dot{q}_2 + \underline{{}^0\tilde{\omega}_0}\,\underline{{}^0\rho_{C0}}\\ &=\begin{bmatrix}-2l_1\sin\theta_1 - l_2\sin(\theta_1+\theta_2)\\ 2l_1\cos\theta_1 + l_2\cos(\theta_1+\theta_2)\\ 0\end{bmatrix}\dot{\theta}_1 + \begin{bmatrix}-l_2\sin(\theta_1+\theta_2)\\ l_2\cos(\theta_1+\theta_2)\\ 0\end{bmatrix}\dot{\theta}_2\\ &=\begin{bmatrix}-2l_1\sin\theta_1\\ 2l_1\cos\theta_1\\ 0\end{bmatrix}\dot{\theta}_1 + \begin{bmatrix}-l_2\sin(\theta_1+\theta_2)\\ l_2\cos(\theta_1+\theta_2)\\ 0\end{bmatrix}(\dot{\theta}_1+\dot{\theta}_2)\end{aligned}$$

$$\begin{aligned}\underline{{}^0\dot{r}_{12C}} &= \underline{{}^0J_{v21}}\dot{q}_1 + \underline{{}^0J_{v22}}\dot{q}_2 - \underline{{}^0J_{v11}}\dot{q}_1 + \underline{{}^0\tilde{\omega}_1}\,\underline{{}^0\rho_{C1}}\\ &=\begin{bmatrix}-2l_1\sin\theta_1 - l_2\sin(\theta_1+\theta_2)\\ 2l_1\cos\theta_1 + l_2\cos(\theta_1+\theta_2)\\ 0\end{bmatrix}\dot{\theta}_1 + \begin{bmatrix}-l_2\sin(\theta_1+\theta_2)\\ l_2\cos(\theta_1+\theta_2)\\ 0\end{bmatrix}\dot{\theta}_2 - \begin{bmatrix}-l_1\sin\theta_1\\ l_1\cos\theta_1\\ 0\end{bmatrix}\dot{\theta}_1 + \begin{bmatrix}0 & -\dot{\theta}_1 & 0\\ \dot{\theta}_1 & 0 & 0\\ 0 & 0 & 0\end{bmatrix}\begin{bmatrix}-l_1\cos\theta_1\\ -l_1\sin\theta_1\\ 0\end{bmatrix}\\ &=\begin{bmatrix}-l_2\sin(\theta_1+\theta_2)\\ l_2\cos(\theta_1+\theta_2)\\ 0\end{bmatrix}(\dot{\theta}_1+\dot{\theta}_2)\end{aligned}$$

④由式(6.3-12)计算多刚体系统平动雅可比矩阵元素 $\boldsymbol{J}_{vik}$ 相对惯性系对时间的导数在惯性系下的坐标阵 $\underline{{}^0\dot{J}_{vik}}$ $(R \leqslant i)$：

$$\underline{{}^0\dot{J}_{v11}} = (\underline{{}^0e_{03}}\,\underline{{}^0\omega_0}^{\mathrm{T}} - \underline{{}^0\omega_0}\,\underline{{}^0e_{03}}^{\mathrm{T}})\underline{{}^0r_{01C}} + \underline{{}^0\tilde{e}_{03}}\,\underline{{}^0\dot{r}_{01C}} = \begin{bmatrix} 0 & -1 & 0 \\ 1 & 0 & 0 \\ 0 & 0 & 0 \end{bmatrix}\begin{bmatrix} -l_1\sin\theta_1 \\ l_1\cos\theta_1 \\ 0 \end{bmatrix}\dot{\theta}_1 = \begin{bmatrix} -l_1\cos\theta_1 \\ -l_1\sin\theta_1 \\ 0 \end{bmatrix}\dot{\theta}_1$$

$$\underline{{}^0\dot{J}_{v21}} = (\underline{{}^0e_{03}}\,\underline{{}^0\omega_0}^{\mathrm{T}} - \underline{{}^0\omega_0}\,\underline{{}^0e_{03}}^{\mathrm{T}})\underline{{}^0r_{02C}} + \underline{{}^0\tilde{e}_{03}}\,\underline{{}^0\dot{r}_{02C}}$$

$$= \begin{bmatrix} 0 & -1 & 0 \\ 1 & 0 & 0 \\ 0 & 0 & 0 \end{bmatrix}\left[\begin{bmatrix} -2l_1\sin\theta_1 \\ 2l_1\cos\theta_1 \\ 0 \end{bmatrix}\dot{\theta}_1 + \begin{bmatrix} -l_2\sin(\theta_1+\theta_2) \\ l_2\cos(\theta_1+\theta_2) \\ 0 \end{bmatrix}(\dot{\theta}_1+\dot{\theta}_2)\right] = \begin{bmatrix} -2l_1\dot{\theta}_1\cos\theta_1 - l_2(\dot{\theta}_1+\dot{\theta}_2)\cos(\theta_1+\theta_2) \\ -2l_1\dot{\theta}_1\sin\theta_1 - l_2\sin(\dot{\theta}_1+\dot{\theta}_2)(\theta_1+\theta_2) \\ 0 \end{bmatrix}$$

$$\underline{{}^0\dot{J}_{v22}} = (\underline{{}^0e_{13}}\,\underline{{}^0\omega_1}^{\mathrm{T}} - \underline{{}^0\omega_1}\,\underline{{}^0e_{13}}^{\mathrm{T}})\underline{{}^0r_{12C}} + \underline{{}^0\tilde{e}_{13}}\,\underline{{}^0\dot{r}_{12C}}$$

$$= \left(\begin{bmatrix} 0 \\ 0 \\ 1 \end{bmatrix}\begin{bmatrix} 0 \\ 0 \\ \dot{\theta}_1 \end{bmatrix}^{\mathrm{T}} - \begin{bmatrix} 0 \\ 0 \\ \dot{\theta}_1 \end{bmatrix}\begin{bmatrix} 0 \\ 0 \\ 1 \end{bmatrix}^{\mathrm{T}}\right)\begin{bmatrix} l_2\cos(\theta_1+\theta_2) \\ l_2\sin(\theta_1+\theta_2) \\ 0 \end{bmatrix} + \begin{bmatrix} 0 & -1 & 0 \\ 1 & 0 & 0 \\ 0 & 0 & 0 \end{bmatrix}\begin{bmatrix} -l_2\sin(\theta_1+\theta_2) \\ l_2\cos(\theta_1+\theta_2) \\ 0 \end{bmatrix}(\dot{\theta}_1+\dot{\theta}_2)$$

$$= \begin{bmatrix} -l_2\cos(\theta_1+\theta_2) \\ -l_2\sin(\theta_1+\theta_2) \\ 0 \end{bmatrix}(\dot{\theta}_1+\dot{\theta}_2)$$

⑤由式(6.3-13)计算多刚体系统转动雅可比矩阵元素 $\boldsymbol{J}_{\omega ik}$ 相对惯性系对时间的导数在各刚体连体系下的坐标阵 $\underline{{}^i\dot{J}_{\omega ik}}$ $(k \leqslant i)$：

$$\underline{{}^1\dot{J}_{\omega 11}} = \underline{{}^1\tilde{\omega}_0}\,\underline{{}^1e_{03}} = \begin{bmatrix} 0 \\ 0 \\ 0 \end{bmatrix},\quad \underline{{}^2\dot{J}_{\omega 21}} = \underline{{}^2\tilde{\omega}_0}\,\underline{{}^2e_{03}} = \begin{bmatrix} 0 \\ 0 \\ 0 \end{bmatrix}$$

$$\underline{{}^2\dot{J}_{\omega 22}} = \underline{{}^2\tilde{\omega}_1}\,\underline{{}^2e_{13}} = \underline{{}^2\tilde{\omega}_1} = \begin{bmatrix} 0 & -\dot{\theta}_1 & 0 \\ \dot{\theta}_1 & 0 & 0 \\ 0 & 0 & 0 \end{bmatrix}\begin{bmatrix} 0 \\ 0 \\ 1 \end{bmatrix} = \begin{bmatrix} 0 \\ 0 \\ 0 \end{bmatrix}$$

(5)代入主动力，计算 $\underline{A}$ 、 $\underline{B}$ 矩阵，获得系统方程 $\underline{A}\ddot{\underline{q}} = \underline{B}$ 。

$$\underline{{}^0F_{1a}} = \begin{bmatrix} 0 \\ -m_1 g \\ 0 \end{bmatrix},\quad \underline{{}^0F_{2a}} = \begin{bmatrix} 0 \\ -m_2 g \\ 0 \end{bmatrix},\quad \underline{{}^1M_{1a}} = \begin{bmatrix} 0 \\ 0 \\ 0 \end{bmatrix},\quad \underline{{}^1M_{2a}} = \begin{bmatrix} 0 \\ 0 \\ 0 \end{bmatrix}$$

$$\underline{A} = m_1\begin{bmatrix} \underline{{}^0J_{v11}}^{\mathrm{T}}\,\underline{{}^0J_{v11}} & 0 \\ 0 & 0 \end{bmatrix} + m_2\begin{bmatrix} \underline{{}^0J_{v21}}^{\mathrm{T}}\,\underline{{}^0J_{v21}} & \underline{{}^0J_{v21}}^{\mathrm{T}}\,\underline{{}^0J_{v22}} \\ \underline{{}^0J_{v22}}^{\mathrm{T}}\,\underline{{}^0J_{v21}} & \underline{{}^0J_{v22}}^{\mathrm{T}}\,\underline{{}^0J_{v22}} \end{bmatrix}$$

$$+\begin{bmatrix} \underline{{}^1J_{\omega 11}}^{\mathrm{T}}\,\underline{{}^1J_1^C\,{}^1J_{\omega 11}} & 0 \\ 0 & 0 \end{bmatrix} + \begin{bmatrix} \underline{{}^2J_{\omega 21}}^{\mathrm{T}}\,\underline{{}^2J_2^C\,{}^2J_{\omega 21}} & \underline{{}^2J_{\omega 21}}^{\mathrm{T}}\,\underline{{}^2J_2^C\,{}^2J_{\omega 22}} \\ \underline{{}^2J_{\omega 22}}^{\mathrm{T}}\,\underline{{}^2J_2^C\,{}^2J_{\omega 21}} & \underline{{}^2J_{\omega 22}}^{\mathrm{T}}\,\underline{{}^2J_2^C\,{}^2J_{\omega 22}} \end{bmatrix}$$

$$=m_1\begin{bmatrix} l_1^2 & 0 \\ 0 & 0 \end{bmatrix}+m_2\begin{bmatrix} 4l_1^2+l_2^2+4l_1l_2\cos\theta_2 & 2l_1l_2\cos\theta_2+l_2^2 \\ 2l_1l_2\cos\theta_2+l_2^2 & l_2^2 \end{bmatrix}+\begin{bmatrix} \dfrac{m_1l_1^2}{3} & 0 \\ 0 & 0 \end{bmatrix}+\begin{bmatrix} \dfrac{m_2l_2^2}{3} & \dfrac{m_2l_2^2}{3} \\ \dfrac{m_2l_2^2}{3} & \dfrac{m_2l_2^2}{3} \end{bmatrix}$$

$$=\begin{bmatrix} \dfrac{4m_1l_1^2}{3}+\dfrac{4m_2l_2^2}{3}+4m_2l_1^2+4l_1l_2\cos\theta_2 & \dfrac{4m_2l_2^2}{3}+2m_2l_1l_2\cos\theta_2 \\ \dfrac{4m_2l_2^2}{3}+2m_2l_1l_2\cos\theta_2 & \dfrac{4m_2l_2^2}{3} \end{bmatrix}$$

$$\underline{B}=\begin{bmatrix} \underline{{}^0J_{v11}}^{\mathrm{T}}\,\underline{{}^0F_{1a}} \\ 0 \end{bmatrix}+\begin{bmatrix} \underline{{}^0J_{v21}}^{\mathrm{T}}\,\underline{{}^0F_{2a}} \\ \underline{{}^0J_{v22}}^{\mathrm{T}}\,\underline{{}^0F_{2a}} \end{bmatrix}+\begin{bmatrix} \underline{{}^1J_{\omega11}}^{\mathrm{T}}(\underline{{}^1M_{1a}}-\underline{{}^1\tilde{\omega}_1}\,{}^1J_1^C\,\underline{{}^1\omega_1}) \\ 0 \end{bmatrix}+\begin{bmatrix} \underline{{}^2J_{\omega21}}^{\mathrm{T}}(\underline{{}^2M_{2a}}-\underline{{}^2\tilde{\omega}_2\,{}^2J_2^C\,{}^2\omega_2}) \\ \underline{{}^2J_{\omega22}}^{\mathrm{T}}(\underline{{}^2M_{2a}}-\underline{{}^2\tilde{\omega}_2\,{}^2J_2^C\,{}^2\omega_2}) \end{bmatrix}$$

$$-\left(m_1\begin{bmatrix} \underline{{}^0J_{v11}}^{\mathrm{T}}\,\underline{{}^0\dot{J}_{v11}} & 0 \\ 0 & 0 \end{bmatrix}+m_2\begin{bmatrix} \underline{{}^0J_{v21}}^{\mathrm{T}}\,\underline{{}^0\dot{J}_{v21}} & \underline{{}^0J_{v21}}^{\mathrm{T}}\,\underline{{}^0\dot{J}_{v22}} \\ \underline{{}^0J_{v22}}^{\mathrm{T}}\,\underline{{}^0\dot{J}_{v21}} & \underline{{}^0J_{v22}}^{\mathrm{T}}\,\underline{{}^0\dot{J}_{v22}} \end{bmatrix}\right)\begin{bmatrix} \dot{\theta}_1 \\ \dot{\theta}_2 \end{bmatrix}$$

$$-\left(\begin{bmatrix} \underline{{}^1J_{\omega11}}^{\mathrm{T}}\,\underline{{}^1J_1^C\,{}^1\dot{J}_{\omega11}} & 0 \\ 0 & 0 \end{bmatrix}+\begin{bmatrix} \underline{{}^2J_{\omega21}}^{\mathrm{T}}\,\underline{{}^2J_2^C\,{}^2\dot{J}_{\omega21}} & \underline{{}^2J_{\omega21}}^{\mathrm{T}}\,\underline{{}^2J_2^C\,{}^2\dot{J}_{\omega22}} \\ \underline{{}^2J_{\omega22}}^{\mathrm{T}}\,\underline{{}^2J_2^C\,{}^2\dot{J}_{\omega21}} & \underline{{}^2J_{\omega22}}^{\mathrm{T}}\,\underline{{}^2J_2^C\,{}^2\dot{J}_{\omega22}} \end{bmatrix}\right)\begin{bmatrix} \dot{\theta}_1 \\ \dot{\theta}_2 \end{bmatrix}$$

$$=\begin{bmatrix} -m_1gl_1\cos\theta_1 \\ 0 \end{bmatrix}+\begin{bmatrix} -2m_2gl_1\cos\theta_1-m_2gl_2\cos(\theta_1+\theta_2) \\ -m_2gl_2\cos(\theta_1+\theta_2) \end{bmatrix}+\begin{bmatrix} 0 \\ 0 \end{bmatrix}+\begin{bmatrix} 0 \\ 0 \end{bmatrix}$$

$$-\left(m_1\begin{bmatrix} 0 & 0 \\ 0 & 0 \end{bmatrix}+m_2\begin{bmatrix} -2l_1l_2\dot{\theta}_2\sin\theta_2 & -2l_1l_2(\dot{\theta}_1+\dot{\theta}_2)\sin\theta_2 \\ 2l_1l_2\dot{\theta}_1\sin\theta_2 & 0 \end{bmatrix}\right)\begin{bmatrix} \dot{\theta}_1 \\ \dot{\theta}_2 \end{bmatrix}-\left(\begin{bmatrix} 0 & 0 \\ 0 & 0 \end{bmatrix}+\begin{bmatrix} 0 & 0 \\ 0 & 0 \end{bmatrix}\right)\begin{bmatrix} \dot{\theta}_1 \\ \dot{\theta}_2 \end{bmatrix}$$

$$=\begin{bmatrix} -m_1gl_1\cos\theta_1-2m_2gl_1\cos\theta_1-m_2gl_2\cos(\theta_1+\theta_2)+2m_2l_1l_2\dot{\theta}_2^2\sin\theta_2+4m_2l_1l_2\dot{\theta}_1\dot{\theta}_2\sin\theta_2 \\ -m_2gl_2\cos(\theta_1+\theta_2)-2m_2l_1l_2\dot{\theta}_1^2\sin\theta_2 \end{bmatrix}$$

则系统动力学方程为

$$\underline{A}\underline{\ddot{q}}=\underline{B}$$

第 7 章　罗伯森-维登伯格多刚体系统动力学

本章知识要点

(1) 掌握有向结构图、关联函数、关联矩阵、通路矩阵、规则树系统。

(2) 掌握单独铰运动学、树系统运动学与动力学。

(3) 了解非树系统动力学。

兴趣实践

18 世纪初，在普鲁士的哥尼斯堡(现在的俄罗斯加里宁格勒市)，有一条河穿过，河上有两个小岛，有七座桥把两个岛与河岸联系起来，如图 7-1 所示。有个人提出一个问题：一个步行者怎样才能不重复、不遗漏地一次走完七座桥，最后回到出发点？这就是由数学家欧拉解决的著名的七桥问题。

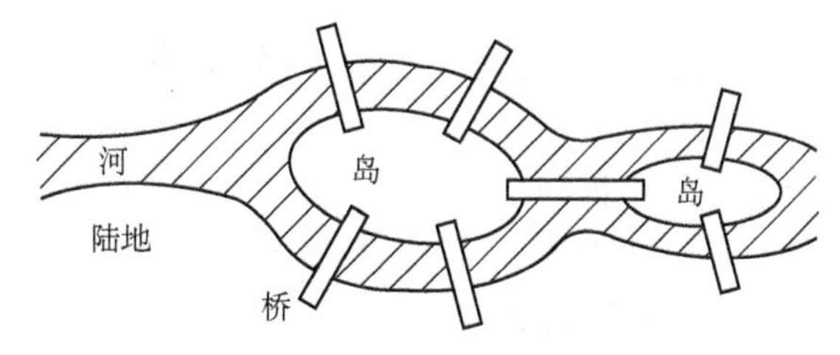

图 7-1　七桥问题

探索思考

在运动学和动力学建模中，经常遇到求某个刚体相对系统中另一个刚体的位姿、速度、角速度等问题，这些运动量与两个刚体之间的连接刚体以及刚体之间铰的形式有关，有经验的研究人员通过观察便可确定连接了哪些刚体、哪些铰。对于特别复杂的系统，刚体和铰的数量非常多的情况，人为观察变得困难，能否利用计算机来实现呢？也就是说，将系统中所有铰以及其连接的两个刚体输入计算机，通过某种运算，使计算机自动输出任意两个刚体之间连接的刚体和铰。

预习准备

大学物理与理论力学。

用第 5 章的方法进行动力学建模时，给定一个多刚体系统，按照各种方法的建模过程，必然可以建立其动力学方程。对于绝大多数工程应用需求，第 5 章的方法已能够满足。唯一的缺憾是：对于不同的多刚体系统，其建模过程并不相同。例如，各刚体的质心相对惯性系原点的位置、角速度与独立广义坐标的关系式，需要针对不同系统单独分析，使得不能形成一种适用于任意多刚体系统的统一的建模过程与方程形式，从而不能利用其理论编制统一的动力学仿真程序或软件。其原因主要在于：对于不同的多刚体系统，各刚体的关联关系未能以数学语言描述清楚，需要人为分析介入。第 6 章的方法在一定程度上解决了这一问题，通过对系统刚体统一编号，将各种铰等效为 2 种单自由度的转动铰和移动铰的组合，利用 D-H 参数，并利用开链机器人的刚体关联关系简单的特点，实现了对开链机器人的统一建模过程和方程形式。而对于一般系统，D-H 法对铰的等效方式未必允许，刚体关联关系也未必是开链的或树型的，可能是带闭链的非树系统。所以，本章研究的意义在于：需要建立一种对任意多刚体系统都有效的建模方法，其具有统一的建模过程和方程形式，利用该方法能够编制统一的动力学仿真程序或软件。

20 世纪 70 年代，罗伯森和维登伯格首先提出利用欧拉提出的图论(Graph Theory)方法描述多刚体系统的关联关系，从而推导出具有统一的建模过程和方程形式的动力学方程。1975 年，维登伯格利用 Fortran 计算机语言编写了第一款基于该方法的计算机软件，用于奔驰(Daimler-Benz AG)公司对车辆事故中假人(乘客以及行人)的动力学仿真分析。

7.1 多刚体系统组成元素

在第 5 章已经简单介绍过多刚体系统的组成元素，如图 5-1 所示，多刚体系统主要由 4 部分组成：①多个未给定其运动规律刚体；②各刚体之间的产生运动学约束的连接元件——铰(或运动副，如转动副、移动副等)；③各刚体之间的不产生运动学约束的连接元件——力元(如弹簧、阻尼器等)；④与惯性系固连或给定其运动规律的刚体——零刚体(或载体)。

铰和力元的共同点是：连接 2 个刚体，并对 2 个刚体施加大小相等、方向相反的力。不同点是：力的本质不同，并且力元对连接的刚体不产生运动学约束，铰则产生运动学约束。力元产生的力是一个已知的关于连接刚体的位姿或速度的函数，如弹簧(Spring)力和阻尼(Damper)力。而铰产生的是纯运动学约束力，它是由无摩擦的刚体接触引起的，不能表示为连接刚体的位姿或速度的函数，并且其对系统的虚功或虚功率为零。

关于铰的定义有一些约定俗成的限定：①2 个刚体之间只能有一个铰；②一个铰只能连接 2 个刚体。如图 7-2 所示，图 7-2(a)的两个刚体不能认为由 2 个球铰相连，而应将其等效为由 1 个转动铰相连；图 7-2(b)的 3 个刚体不能认为由 1 个转动铰相连，而应将其等效为图 7-2(c)的由 2 个转动铰相连。

铰的自由度 f 的取值范围为 $1 \leqslant f \leqslant 6$。如图 7-3 所示，图 7-3(a)的两个刚体只能相对轴线平移，有 1 个相对自由度；图 7-3(b)的两个刚体能够相对轴线平移，还能绕轴线转动，有 2 个相对自由度；图 7-3(c)的两个刚体能够相对接触面的 2 个方向平移，还能绕垂直接触面的轴线转动，有 3 个相对自由度；图 7-3(d)的两个刚体能够相对轴线平移，还能绕接触点任意转动，有 4 个相对自由度；图 7-3(e)的两个刚体能够相对 2 个轴线平移，还能绕接触点任意转动，有5个相对自由度；图7-3(f)的两个刚体实际没有受到约束，但可以认为有一个虚铰存在，有6个相对自由度，这种虚铰存在的意义在于：某些系统若没有这种铰的存在，则某些刚体的关联关系无法确定。如天空中飞行的飞机、太空中的卫星、宇宙飞船，它们与地面这个零刚体之间实际并没有约束存在，但为了将这些问题归纳为统一的形式进行处理，则认为它们与地面之间有一个6自由度的铰存在。

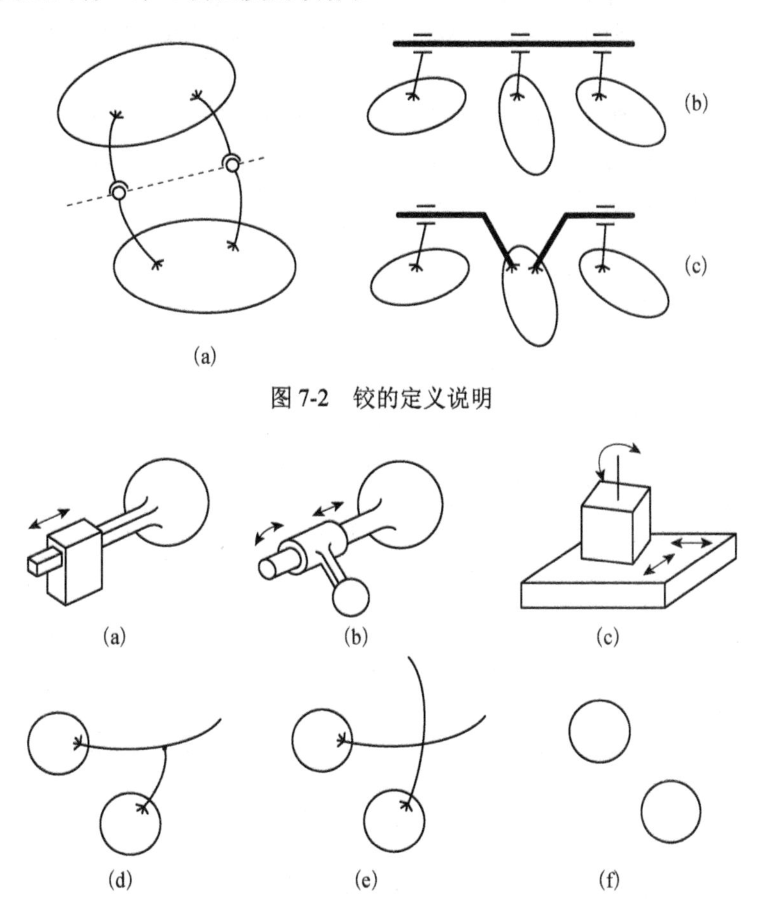

图7-2　铰的定义说明

图7-3　铰的自由度

零刚体(或载体)定义为与惯性系固连或给定其运动规律的刚体。如机械臂与地面固连的基座；人在电梯上走动时，电梯可认为是人的零刚体，因为电梯的运动规律是给定的、已知的。

7.2　多刚体系统的关联结构

7.2.1　关联结构类型

1)通路

由6自由度铰的定义,任何多刚体系统都是相互连接的系统。那么系统内任意2个刚体(包括零刚体)之间，从一个刚体出发，经过一系列的刚体和铰，必然可以到达另一个刚体。若经过的这些刚体和铰不重复，则这样的路径称为通路(Path)。

2)树系统与非树系统

如果系统内任意 2 个刚体的通路是唯一确定的，那么这样的系统称为树系统(Tree Structure System)，否则称为非树系统。如图 7-4 所示，图 7-4(b)中人只有一只脚与地面相连，系统内不存在刚体与铰组成的闭环，该系统内任意 2 个刚体的通路是唯一确定的，如刚体 B_0 与刚体 B_5，其通路为 H_1、B_1、H_2、B_2、H_3、B_3、H_4、B_4、H_5，所以，图 7-4(b)的系统是树系统；图 7-4(a)中人 2 只脚都与地面相连，系统内存在刚体与铰组成的闭环 B_0、H_1、B_1、H_2、B_2、H_3、B_3、H_4、B_4、H_5、B_5、H_6、B_6、H_7、B_7、H_{14}、B_0，该系统不能保证任意 2 个刚体的通路是唯一的，如地面 B_0 与头部 B_{12}，既可以通过后腿的路径到达，也可以通过前腿的路径到达，所以，图 7-4(a)的系统是非树系统；图 7-4(c)中人的双脚离地，通过引入具有 6 个自由度的铰 H_1，使后脚与地面相连，使系统变为树系统。

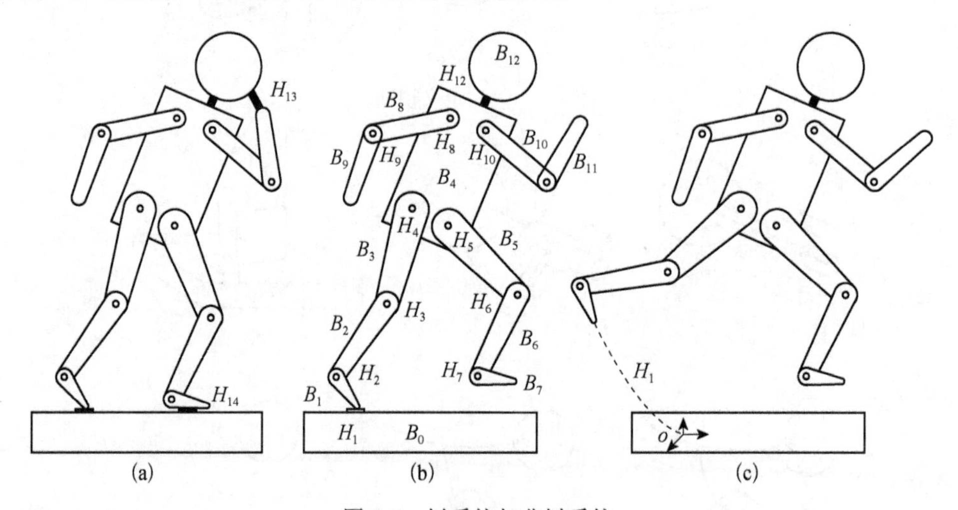

图 7-4　树系统与非树系统

树系统最重要的特点是：系统的所有铰变量不受运动学约束，整个系统的自由度等于系统内所有单独铰的自由度的加和。反之，非树系统则因为有闭环的存在，某些铰变量(Joint Variable)受到运动学约束。相比之下，树系统比非树系统更易于分析。当然，对于非树系统，也可以通过去除某个铰使闭环断开，使之转化为树系统。

7.2.2　关联结构的数学表达

20 世纪 70 年代，罗伯森和维登伯格将欧拉提出的图论方法用于描述多刚体系统的关联关系。本节将以图 7-5 中的多刚体系统为例来说明这种方法。其中，刚体的编号为 $n=0\sim n=7$，力元和约束都是用于连接刚体的，对这种连接进行统一编号为 $m=0\sim m=10$。图 7-5 中刚体和连接的编号，除了零刚体编号为 0，其他刚体的编号是任意的，约束的编号 $m=1\sim m=7$ 是任意的，力元的编号 $m=8\sim m=10$ 也是任意的。实际上，也可不对约束和力元进行区分，统一任意编号也是可以的。

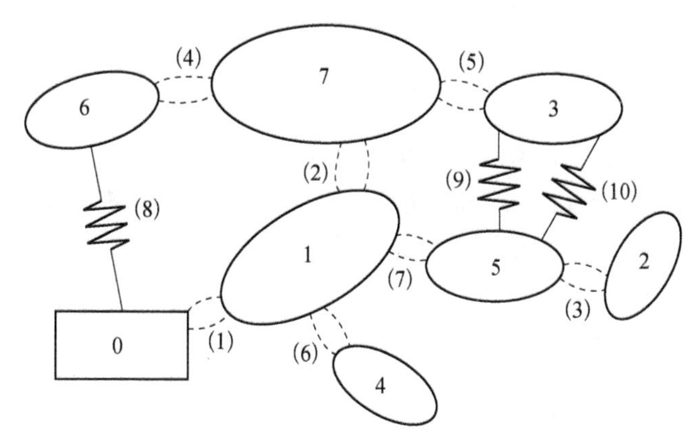

图 7-5　多刚体系统关联关系例图

1. 有向结构图

有向结构图(Directed System Graph)是最基本地描述多刚体系统关联关系的方法。该图中包含 4 种元素：点、线、方向和编号。如图 7-6 所示，图 7-6(a)为图 7-5 所示的多刚体系统的有向结构图，图 7-6(b)为将力元 8、9、10 切断后，剩下的树系统的有向结构图，该树系统也称为原图的生成树或派生树(Spanning Tree)。图 7-6 中的点代表刚体，也称为顶点(Vertex)，可放置在任意位置，因为该图的目的是描述多刚体系统的关联关系，而并非刚体或连接的位置或物理属性；刚体之间的连接用线表示，称为弧(Arc)，弧可以是直线，也可以是曲线；编号包括顶点的编号(Label)和弧的编号(为区分顶点编号，用带括号的数字表示)，数值与原图一致；弧上的箭头表示弧的方向，此方向是任意给出的，其意义在于确定弧相连刚体的相对关系，从而明确运动学、动力学分析时一些量的符号及含义。

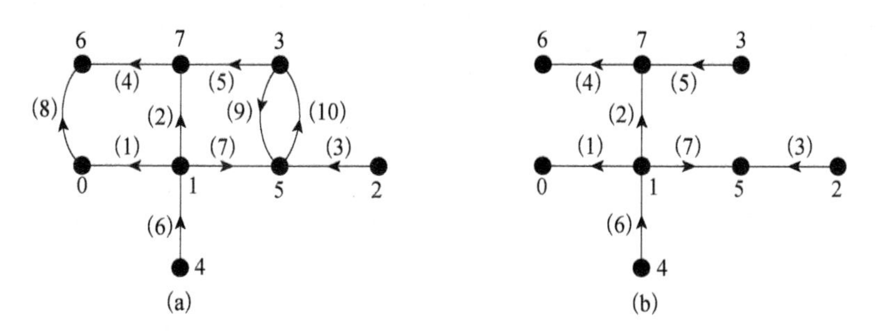

图 7-6　有向结构图

从有向结构图也可以判断出系统的关联结构类型。根据树系统和非树系统的定义可知：任意 2 个顶点之间，若从一个顶点出发，经过一系列顶点、弧到达另一顶点，顶点与弧的编号不重复，则该系统为树系统，该图称为树系统有向结构图。否则，称为非树系统有向结构图。在树系统有向结构图中有 $m=n$，因为从顶点 0 开始，每加入 1 个顶点，则必须且只能加入 1 个弧。

在将非树系统转换为树系统的过程中，会去除一些弧，为区分起见，这些弧也称为弦，它们的编号为 $n+1\sim m$。在以下的分析中，为了简化阅读，用 i、j 代表顶点编号，a、b 代表弧的编号，c 代表弦的编号。

2. 关联数组

关联数组是最基本地描述多刚体系统关联关系的数学表示方法。在介绍关联数组之前，首先，定义 2 个关联函数(Incidence Function)：起点函数 $i^{+}(a)$ 和终点函数 $i^{-}(a)$，它们都是以弧的编号为自变量，以顶点的编号为函数值的函数，所以，它们的自变量和函数值都是整数(Integer)。2 个函数的不同之处在于，起点函数表示弧的起始顶点编号，终点函数表示弧的终止顶点编号。这 2 个函数的函数值可以通过有向结构图获得。在弧的编号范围内，由起点函数和终点函数确定的 2 组整数函数值称为关联数组。一般将其列为表格形式。表7-1 为图 7-6(a)的关联数组表。

表 7-1　图 7-6(a)中多刚体系统的关联数组表

a	1	2	3	4	5	6	7	8	9	10
$i^{+}(a)$	1	1	2	7	3	4	1	0	3	5
$i^{-}(a)$	0	7	5	6	7	1	5	6	5	3

关联数组与有向结构图存在一一对应的关系，即给定有向结构图，便能确定关联数组，给定关联数组，也能画出有向结构图。后面问题的具体做法分两步：第一步，在纸上画出 n+1 个顶点，并给予相应的编号；第二步，根据关联数组，对于每个弧，从顶点 $i^{+}(a)$ 连线到顶点 $i^{-}(a)$，连线的箭头方向为起点到终点。

3. 关联矩阵

关联矩阵(Incidence Matrix)是一种描述多刚体系统关联关系的矩阵表示方法。它是一个以顶点(刚体)编号为行号、弧(连接)编号为列号的矩阵。为后续分析需要，通常将其分成块矩阵：零刚体块、其他刚体块、树系统块、弦块，如下所示：

$$\underline{S_H}=\begin{bmatrix}\underline{S_0}\\ \underline{S}\end{bmatrix}=\begin{bmatrix}\underline{S_{0t}} & \underline{S_{0c}}\\ \underline{S_t} & \underline{S_c}\end{bmatrix}=\begin{matrix}\begin{bmatrix}S_{01} & S_{02} & \cdots & S_{0n}\end{bmatrix}\begin{bmatrix}S_{0(n+1)} & S_{0(n+2)} & \cdots & S_{0m}\end{bmatrix}\\ \begin{bmatrix}S_{11} & S_{12} & \cdots & S_{1n}\\ S_{21} & S_{22} & \cdots & S_{2n}\\ \vdots & \vdots & & \vdots\\ S_{n1} & S_{n2} & \cdots & S_{nn}\end{bmatrix}\begin{bmatrix}S_{1(n+1)} & S_{1(n+2)} & \cdots & S_{1m}\\ S_{2(n+1)} & S_{2(n+2)} & \cdots & S_{2m}\\ \vdots & \vdots & & \vdots\\ S_{n(n+1)} & S_{n(n+2)} & \cdots & S_{nm}\end{bmatrix}\end{matrix} \tag{7.2-1}$$

关联矩阵中第 i 行第 a 列的元素 S_{ia} 意义及取值说明如下：

$$S_{ia}=\begin{cases}+1 & \left(\text{顶点}\,i\,\text{是弧}\,a\,\text{的起点，即}\,i=i^{+}(a)\right)\\ -1 & \left(\text{顶点}\,i\,\text{是弧}\,a\,\text{的终点，即}\,i=i^{-}(a)\right)\\ 0 & (\text{其他})\end{cases}\quad (i=0,1,\cdots,n;a=1,2,\cdots,m) \tag{7.2-2}$$

例如，图 7-6(a)所示的多刚体系统的有向结构图的关联矩阵如下：

$$\underline{S}_H = \begin{bmatrix} \underline{S}_0 \\ \underline{S} \end{bmatrix} = \begin{bmatrix} \underline{S}_{0t} & \underline{S}_{0c} \\ \underline{S}_t & \underline{S}_c \end{bmatrix} = \begin{array}{c} \begin{bmatrix} -1 & 0 & 0 & 0 & 0 & 0 & 0 \end{bmatrix} \begin{bmatrix} +1 & 0 & 0 \end{bmatrix} \\ \begin{bmatrix} +1 & +1 & 0 & 0 & 0 & -1 & +1 \\ 0 & 0 & +1 & 0 & 0 & 0 & 0 \\ 0 & 0 & 0 & 0 & +1 & 0 & 0 \\ 0 & 0 & 0 & 0 & 0 & +1 & 0 \\ 0 & 0 & -1 & 0 & 0 & 0 & -1 \\ 0 & 0 & 0 & -1 & 0 & 0 & 0 \\ 0 & -1 & 0 & +1 & -1 & 0 & 0 \end{bmatrix} \begin{bmatrix} 0 & 0 & 0 \\ 0 & 0 & 0 \\ 0 & +1 & -1 \\ 0 & 0 & 0 \\ 0 & -1 & +1 \\ -1 & 0 & 0 \\ 0 & 0 & 0 \end{bmatrix} \end{array} \tag{7.2-3}$$

关联矩阵的特点是：每一列只有 2 个非零元素，且一个是+1，另一个是-1。因为 1 个弧只能连接 2 个顶点，一个是起点，另一个是终点。因此，关联矩阵的每一列加和为 0，表示为矩阵形式如下：

$$\underline{S}_0 + \underline{1}^{\mathrm{T}}\underline{S} = \underline{0} \tag{7.2-4}$$

其中，$\underline{1}$ 为 n 行 1 列，且元素都为 1 的矩阵。

另外，关联矩阵的第 i 行中的非零元素的列号等于与顶点 i 相连的弧的编号。所以，如果树块阵 $\underline{S}$ 的第 i 行中只有一个非零元素 S_{ia}，说明顶点 i 只与弧 a 相连，这意味着顶点 i 是有向结构图的一个端点。例如，在图 7-6(a) 中，顶点 2 和顶点 4 是端点，与式(7.2-3)的块阵 $\underline{S}$ 的第 2、第 4 行只有一个非零元素对应；在图 7-6(b) 中，顶点 2、顶点 3、顶点 4 和顶点 6 是端点，与式(7.2-3)的树系统块阵 $\underline{S}_t$ 的第 2、第 3、第 4 和第 6 行只有一个非零元素对应。

关联矩阵中的块阵 $\underline{S}$ 与关联数组以及有向结构图存在一一对应的关系，即给定有向结构图或关联数组，就能够确定关联矩阵的块阵 $\underline{S}$，给定关联矩阵的块阵 $\underline{S}$，也能画出有向结构图和确定关联数组。关联矩阵中的块阵 $\underline{S}_0$ 并不需要，因为其中非零元素的值可以通过分析块阵 $\underline{S}$ 得出，即块阵 $\underline{S}$ 中只有 1 个非零元素的列 a，说明该列所对应的弧 a 与零刚体相连，即 $\underline{S}_0$ 的 a 为+1 或-1，符号与 $\underline{S}$ 中非零元素相反。因此，有时也直接将块阵 $\underline{S}$ 称为关联矩阵。

4. 通路矩阵

通路矩阵(Path Matrix)是一种描述多刚体系统中树系统关联关系的矩阵表示方法。它是一个以弧(连接)编号为行号、顶点(刚体)编号为列号的矩阵。与关联矩阵中的块阵 $\underline{S}_t$ 类似，它是一个 n 行 n 列的方阵：

$$\underline{T} = \begin{bmatrix} T_{11} & T_{12} & \cdots & T_{1n} \\ T_{21} & T_{22} & \cdots & T_{2n} \\ \vdots & \vdots & & \vdots \\ T_{n1} & T_{n2} & \cdots & T_{nn} \end{bmatrix} \tag{7.2-5}$$

通路矩阵中第 a 行第 i 列的元素 T_{ai} 意义及取值说明如下：

$$T_{ai} = \begin{cases} +1 & (\text{弧 } a \text{ 在顶点 0 到顶点 } i \text{ 的通路上，方向指向顶点0}) \\ -1 & (\text{弧 } a \text{ 在顶点 0 到顶点 } i \text{ 的通路上，方向指向顶点} i) \\ 0 & (\text{其他}) \end{cases} \quad (i, a = 1, 2, \cdots, n) \tag{7.2-6}$$

例如，图 7-6(b)所示的多刚体系统的生成树系统的有向结构图的通路矩阵如下：

$$\underline{T}=\begin{bmatrix} +1 & +1 & +1 & +1 & +1 & +1 & +1 \\ 0 & 0 & -1 & 0 & 0 & -1 & -1 \\ 0 & +1 & 0 & 0 & 0 & 0 & 0 \\ 0 & 0 & 0 & 0 & 0 & -1 & 0 \\ 0 & 0 & +1 & 0 & 0 & 0 & 0 \\ 0 & 0 & 0 & +1 & 0 & 0 & 0 \\ 0 & -1 & 0 & 0 & -1 & 0 & 0 \end{bmatrix} \tag{7.2-7}$$

通路矩阵的特点是：每一行中非零元素的值是相等的，因为行号对应的弧 a 的方向是确定的；每一行至少有一个非零元素，若第 a 行第 i 列的元素 T_{ai} 是该行唯一的非零元素，则顶点 i 是有向结构图的一个端点，弧 a 是与端点连接的弧。

另外，通路矩阵 $\underline{T}$ 与关联矩阵的块阵 $\underline{S_t}$ 互为逆矩阵，即

$$\underline{T}\underline{S_t}=\underline{I} \quad 或 \quad \underline{T}=\underline{S_t}^{-1} \tag{7.2-8}$$

证明如下。

因为$\underline{T}\underline{S_t}$ 是一个 n 行 n 列的矩阵，其 a 行 b 列元素为

$$(\underline{T}\underline{S_t})_{ab}=\sum_{i=1}^{n}T_{ai}S_{ib} \quad (a,b=1,2,\cdots,n)$$

由于 $\underline{S_t}$ 的第 b 列只可能有 2 行是非零元素，第 $i^+(b)$行为+1 和第 $i^-(b)$行为−1，则上式可写成

$$(\underline{T}\underline{S_t})_{ab}=T_{ai^+(b)}-T_{ai^-(b)}$$

首先，考虑矩阵$\underline{T}\underline{S_t}$的对角线元素，即 $a=b$。因为弧 a 的方向是确定的，朝向顶点 0，或者远离顶点 0。若是前者，根据式(7.2-6)，则 $T_{ai^+(a)}=1$，$T_{ai^-(a)}=0$；若是后者，则 $T_{ai^+(a)}=0$，$T_{ai^-(a)}=-1$。无论哪种情况，都有下式成立：

$$(\underline{T}\underline{S_t})_{aa}=1$$

然后，考虑矩阵$\underline{T}\underline{S_t}$的非对角线元素，即 $a\neq b$。考虑两条通路：一条是顶点 0 到顶点 $i^+(b)$，另一条是顶点 0 到顶点 $i^-(b)$。弧 a 要么都在两条通路上，要么都不在。无论哪种情况，都有下式成立：

$$T_{ai^+(b)}=T_{ai^-(b)} 或 T_{ai^+(b)}-T_{ai^-(b)}=0 \qquad 即 (\underline{T}\underline{S_t})_{ab}=0 \quad (a\neq b)$$

综上所述，矩阵$\underline{T}\underline{S_t}$ 的对角线元素为 1，非对角线元素为 0，其为单位阵，证毕。

此外，通路矩阵 $\underline{T}$ 与关联矩阵的块阵 $\underline{S_{0t}}$ 有如下关系：

$$\underline{S_{0t}}\underline{T}=-\underline{1}^{\mathrm{T}} \quad （\underline{1} 为 n 行 1 列，且元素都为 1 的矩阵） \tag{7.2-9}$$

证明如下。

式(7.2-9)等价于

$$\sum_{a=1}^{n}S_{0a}T_{ai}=-1 \quad (i=1,2,\cdots,n)$$

首先，考虑在顶点 0 到顶点通路：一条是顶点 0 到顶点 i 的通路上，对于树系统，有且只有一个弧与顶点 0 相连，设为弧 b，则上式的加和中只有一项 $S_{0b}T_{bi}\neq 0$。而弧 b 要么朝向顶点 0，要么远离顶点 0。若是前者，则 $S_{0b}=-1$，$T_{bi}=1$；若是后者，则 $S_{0b}=1$，$T_{bi}=-1$。所以无论哪种情况，$S_{0b}T_{bi}=-1$。证毕。

正是由于树系统有通路矩阵的存在，以及式(7.2-8)和式(7.2-9)的关系存在，所以树系统比非树系统易于研究。

另外要说明的是：对于任意编号的树系统有向结构图，很难通过关联数组计算通路矩阵；反过来也是，很难通过通路矩阵计算关联数组。后续章节中会介绍树系统的规则编号和规则编号的树系统有向结构图，对于规则树系统，通路矩阵与关联数组可以相互推算。

5. 规则树系统

在前述分析中，顶点和弧的编号以及弧的方向都是任意设置的，目的是说明关联矩阵 $\underline{S_t}$ 和通路矩阵 $\underline{T}$ 对任意树系统都是有效的。但在实际计算时，这种任意设置的结果会使计算复杂。为了简化计算，可将任意设置的树系统转化为规则树系统(Regular Tree Structure System)。

在介绍规则树系统之前首先定义两个概念：顶点的内接弧(Inboard Arc)和顶点的内接顶点(Inboard Vertex)。若弧 a 与顶点 $i(i\neq 0)$ 相连，并且弧 a 在顶点 0 到顶点 i 的通路上，则称弧 a 是顶点 i 的内接弧。若顶点 j 与顶点 i 的内接弧相连，则称顶点 j 是顶点 i 的内接顶点。

规则树系统的定义为：若从顶点 0 到任意顶点的通路上，顶点的编号是单调递增(Monotonically Increasing)的，顶点的内接弧的编号等于顶点的编号，并且所有弧的方向都指向顶点 0，则该树系统称为规则树系统。

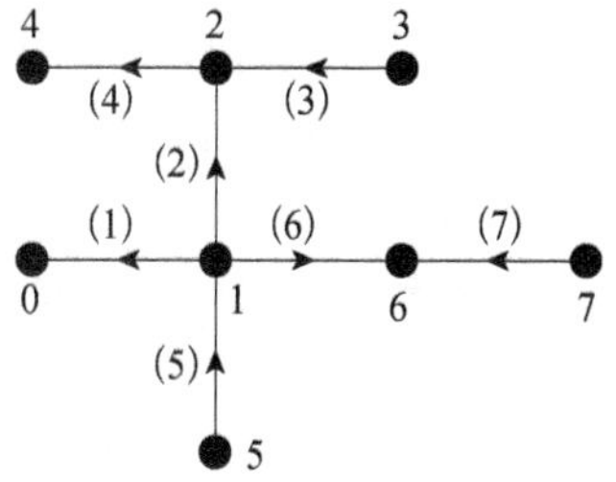

图 7-7 为图 7-6(b)中树系统转化的一种规则树系统有向结构图。一般情况下，某一树系统能够转化的规则树系统并不唯一。例如，图 7-7 中，顶点和弧 7、5 调换位置后，仍然为规则树系统。

图 7-7　规则树系统有向结构图

规则树系统的优点是：①关联函数 $i^-(a)$单独就可以描述系统的关联关系，因为关联函数 $i^+(a)=a$ 已确定；②关联矩阵 $\underline{S_t}$ 和通路矩阵 $\underline{T}$ 都是上三角阵，且对角线元素都是 1，$\underline{T}$ 的非零元素都是 1。式(7.2-10)为图 7-7 的关联矩阵和通路矩阵：

$$\underline{S_t}=\begin{bmatrix} +1 & -1 & 0 & 0 & -1 & -1 & 0 \\ 0 & +1 & -1 & -1 & 0 & 0 & 0 \\ 0 & 0 & +1 & 0 & 0 & 0 & 0 \\ 0 & 0 & 0 & +1 & 0 & 0 & 0 \\ 0 & 0 & 0 & 0 & +1 & 0 & 0 \\ 0 & 0 & 0 & 0 & 0 & +1 & -1 \\ 0 & 0 & 0 & 0 & 0 & 0 & +1 \end{bmatrix},\quad \underline{T}=\begin{bmatrix} +1 & +1 & +1 & +1 & +1 & +1 & +1 \\ 0 & +1 & +1 & +1 & 0 & 0 & 0 \\ 0 & 0 & +1 & 0 & 0 & 0 & 0 \\ 0 & 0 & 0 & +1 & 0 & 0 & 0 \\ 0 & 0 & 0 & 0 & +1 & 0 & 0 \\ 0 & 0 & 0 & 0 & 0 & +1 & +1 \\ 0 & 0 & 0 & 0 & 0 & 0 & +1 \end{bmatrix} \tag{7.2-10}$$

以下将介绍一种通过非规则树系统的关联函数 $i^+(a)$、$i^-(a)$，将非规则树系统转化为规则树系统的方法。以图 7-6(b)中的非规则树系统为例来说明这种方法。

(1)建立新旧编号对照表。如表 7-2 所示，将表 7-1 中的树系统部分的 3 行复制到表 7-2

的前 3 行，并假设表 7-2 的后 3 行的编号部分是空的，等待填写。

表 7-2　非规则树系统转化为规则树系统的新旧编号对照表

1	弧 a	旧编号	1	2	3	4	5	6	7
2	顶点 $i^+(a)$	旧编号	1	1	2	7	3	4	1
3	顶点 $i^-(a)$	旧编号	0	7	5	6	7	1	5
4	变化顶点	旧编号	1	7	2	6	3	4	5
5	顶点和内接弧 j	新编号	1	2	7	4	3	5	6
6	内接顶点 $i^-(j)$	新编号	0	1	6	2	2	1	1

(2) 在非规则树系统有向结构图中寻找端点重新编号。根据端点是在表 7-2 第 2、第 3 行只出现一次的编号，如果在第 2 行，那么其内接弧是指向顶点 0 的；如果在第 3 行，那么其内接弧是远离顶点 0 的。在这些端点中任选一个，重新编号，将其赋值为目前可行的最大编号。在端点所在列的第 4 行填写旧编号，第 5 行填写新编号。例如，在表第 2、第 3 行只出现一次的、编号是 2、3、4 和 6，任选一个第 3 列的端点 2，将目前可行的最大编号 7 赋给它，在第 3 列的第 4、第 5 行分别填写 2 和 7。

(3) 将端点所在列的前三行删除。这意味着一个端点和其内接弧从旧的有向结构图中被去除，剩下一个小一点的新的有向结构图。

(4) 重复第 (2) 和第 (3) 步，直到第 4、第 5 行填满。例如，表 7-2 去除第 3 列的前三行后，第 2、第 3 行只出现一次的编号是 3、4、5 和 6，任意地，选择第 7 列的端点 5，将目前可行的最大编号 6 赋给它，在第 7 列的第 4、第 5 行分别填写 5 和 6，去除第 7 列的前三行；之后，第 2、第 3 行只出现一次的编号是 3、4 和 6，任意地，选择第 6 列的端点 4，将目前可行的最大编号 5 赋给它，在第 6 列的第 4、第 5 行分别填写 4 和 5，去除第 6 列的前三行；之后，第 2、第 3 行只出现一次的编号是 3 和 6，任意地，选择第 4 列的端点 6，将目前可行的最大编号 4 赋给它，在第 4 列的第 4、第 5 行分别填写 6 和 4，去除第 4 列的前三行；之后，第 2、第 3 行只出现一次的编号是 3，将目前可行的最大编号 3 赋给它，在第 5 列的第 4、第 5 行分别填写 3 和 3，去除第 5 列的前三行；之后，第 2、第 3 行只出现一次的编号是 7，将目前可行的最大编号 2 赋给它，在第 2 列的第 4、第 5 行分别填写 7 和 2，去除第 2 列的前三行；之后，只剩顶点 1，将目前仅剩的编号 1 赋给它，在第 1 列的第 4、第 5 行分别填写 1 和 1，去除第 1 列的前三行。至此，表的第 4、第 5 行填满。

(5) 将旧顶点的内接顶点的新编号填入第 6 行。例如，第 3 列旧顶点 2 的内接顶点为旧顶点 5，旧顶点 5 的新编号在表 7-2 第 4、第 5 行中可看出为 6，所以，在第 3 列的第 6 行填入 6；第 1 列旧顶点 1 的内接顶点为旧顶点 0，旧顶点 0 的新编号在表 7-2 第 4、第 5 行中可看出为 0，所以，在第 1 列的第 6 行填入 0；第 2 列旧顶点 7 的内接顶点为旧顶点 1，旧顶点 1 的新编号在表 7-2 第 4、第 5 行中可看出为 1，所以，在第 2 列的第 6 行填入 1；第 4 列旧顶点 6 的内接顶点为旧顶点 7，旧顶点 7 的新编号在表 7-2 第 4、第 5 行中可看出为 2，所以，在第 4 列的第 6 行填入 2；第 5 列旧顶点 3 的内接顶点为旧顶点 7，旧顶点 7 的新编号在表 7-2 第 4、第 5 行中可看出为 2，所以，在第 5 列的第 6 行填入 2；第 6 列旧顶点 4 的内接顶点为旧顶点 1，旧顶点 1 的新编号在表 7-2 第 4、第 5 行中可看出为 1，所以，在第 6 列的第 6 行填入 1；第 7 列旧顶点 5 的内接顶点为旧顶点 1，旧顶点 1 的新编号在表 7-2 第 4、第 5

行中可看出为 1，所以，在第 7 列的第 6 行填入 1。至此，表格填写完毕。

表 7-2 的第 4、第 5 行分别为顶点的旧编号和新编号；第 1、第 5 行分别为弧的旧编号和新编号；弧的方向为第 5 行指向第 6 行。第 5 行和第 6 行共同定义了关联函数 $i^-(j)$。

规则树系统的通路矩阵 $\underline{T}$ 与关联函数 $i^-(j)$存在一一对应的关系。例如，对于图 7-7，给定关联函数 $i^-(j)$，确定通路矩阵 $\underline{T}$，对于 $\underline{T}$ 的第 j 列，在顶点 0 到 j 的通路上的弧的编号为：$j, i^-(j), i^-(i^-(j)), i^-(i^-(i^-(j))),\cdots,1$。例如，$\underline{T}$ 的第 7 列，在顶点 0 到 7 的通路上的弧的编号为：7、$i^-(7)=6$、$i^-(6)=1$。所以，第 7 列的第 1、第 6、第 7 行为非零元素 1，其余为 0，与式(7.2-10)一致。依此法，可计算出 $\underline{T}$ 的每一列。

7.3　树系统的运动学与动力学

树系统比非树系统更易于分析，其原因前面已经分析过，主要有两方面：一是各个铰变量相互独立；二是描述其关联结构的关联矩阵与通路矩阵互为逆矩阵。所以，以下章节先对树系统的运动学与动力学进行分析，以此为基础，再对非树系统进行研究。

树系统的运动学研究主要目的是建立式(5.5-11)中的各系数矩阵。其中的单独铰的运动学研究的主要任务是建立单个铰连接的两个刚体的相对质心位置、速度、加速度以及角速度、角加速度与铰变量的关系；整个树系统的运动学研究的主要任务是利用关联矩阵和通路矩阵建立系统刚体质心速度矩阵、加速度矩阵以及角速度矩阵、角加速度矩阵与铰变量矩阵的关系。

7.3.1　单独铰的运动学

图 7-8 为多刚体系统中某一铰 a 连接 2 个刚体的示意图。铰 a 对应于有向结构图中的弧 a，其连接的两个刚体分别为弧的起点刚体 $i^+(a)$和终点刚体 $i^-(a)$，图 7-8 中的弧线箭头即表示在有向结构图中弧 a 的指向；在两个刚体的质心 $C_{i^+(a)}$、$C_{i^-(a)}$ 处分别建立各自的连体基 $\underline{\boldsymbol{e}}_{i^+(a)}$ 和 $\underline{\boldsymbol{e}}_{i^-(a)}$，关于连体基的位置有个例外，当其中一个刚体是零刚体时，零刚体的连体基可以不建立在质心处，因为其运动规律是已知的，其质量、转动惯量不列入最终方程；选取铰 a 的铰变量，与铰 a 的自由度数 f_a 相等个数的 q_{al}，$l=1, 2, \cdots, f_a$，规定铰变量描述的是刚体 $i^-(a)$相对刚体 $i^+(a)$的位置关系。

以下将建立 6 个运动学量与铰变量的关系。其中 3 个是关于姿态的：刚体 $i^-(a)$相对刚体 $i^+(a)$的姿态、角速度和角加速度。另外 3 个是关于位置的：刚体 $i^-(a)$上的某个固连点相对刚体 $i^+(a)$的位置、速度和加速度。与刚体 $i^-(a)$固连的这个点称为铰点(Articulation Point)，如图 7-8 中的铰点 a。其在刚体 $i^-(a)$的连体基的位置矢量为 $\boldsymbol{c}_{[i^-(a)]a}$，$\boldsymbol{c}_{[i^-(a)]a}$ 在连体基 $\underline{\boldsymbol{e}}_{i^-(a)}$ 中的坐标阵为常值阵，所以，称其为刚体 $i^-(a)$的体铰矢量(Body Joint Vector)。铰点 a 在刚体 $i^+(a)$的连体基的位置矢量为 $\boldsymbol{c}_{[i^+(a)]a}$，它是部分铰变量或所有铰变量的函数，或者说它在刚体 $i^+(a)$连体基 $\underline{\boldsymbol{e}}_{i^+(a)}$ 的坐标阵是关于铰变量的已知函数。

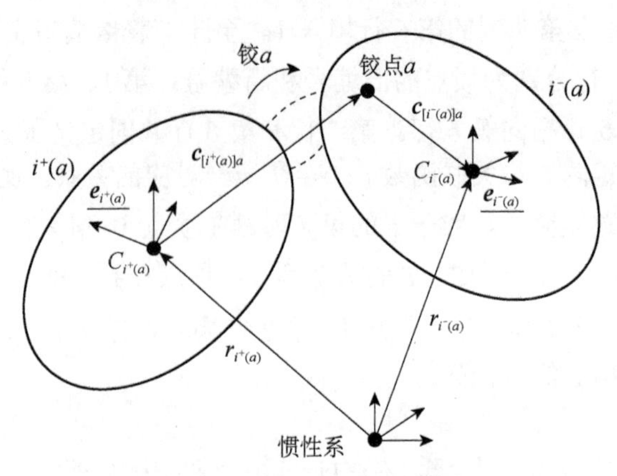

图 7-8　单独铰运动学示意图

铰点 a 选取的原则是使上述函数最简化。例如，如果铰 a 是球铰，那么铰点 a 选在球心处，则 $\boldsymbol{c}_{[i^+(a)]a}$ 是刚体 $i^+(a)$ 的连体矢量，在连体基 $\underline{\boldsymbol{e}_{i^+(a)}}$ 中的坐标阵是常值阵；如果铰 a 是虎克铰，那么铰点 a 选在十字轴的交点处；如果铰 a 是转动铰，那么铰点 a 选在转轴上的任意点均可。以上 3 种情况，$\boldsymbol{c}_{[i^+(a)]a}$ 都是刚体 $i^+(a)$ 的连体矢量，在连体基 $\underline{\boldsymbol{e}_{i^+(a)}}$ 中的坐标阵都是常值阵。

铰点 a 相对刚体 $i^+(a)$ 的速度和加速度等于矢量 $\boldsymbol{c}_{[i^+(a)]a}$ 相对刚体连体基 $\underline{\boldsymbol{e}_{i^+(a)}}$ 对时间的一阶导数与二阶导数。可以写成以下关于铰变量导数的形式：

$$\boldsymbol{v}_a = \sum_{l=1}^{f_a}\left(\boldsymbol{k}_{al}\dot{q}_{al}\right),\quad \boldsymbol{a}_a = \sum_{l=1}^{f_a}\left(\boldsymbol{k}_{al}\ddot{q}_{al}\right) + \sum_{l=1}^{f_a}\left(\dot{\boldsymbol{k}}_{al}\dot{q}_{al}\right) = \sum_{l=1}^{f_a}\left(\boldsymbol{k}_{al}\ddot{q}_{al}\right) + \boldsymbol{s}_a \tag{7.3-1}$$

其中，$\boldsymbol{v}_a$ 称为铰相对速度；$\boldsymbol{k}_{al}$ 称为铰平移轴矢量；$\boldsymbol{a}_a$ 称为铰相对加速度；$\boldsymbol{s}_a$ 称为铰轴相对加速度。

例如，①当铰 a 是球铰、虎克铰或旋转铰时，$\boldsymbol{v}_a=\boldsymbol{0}$，$\boldsymbol{a}_a=\boldsymbol{0}$；②当铰 a 是圆柱铰时，设其转轴单位矢量为 $\boldsymbol{n}$，q_{a1} 是沿 $\boldsymbol{n}$ 平动的铰变量，q_{a2} 是绕 $\boldsymbol{n}$ 转动的铰变量，则 $\boldsymbol{k}_{a1}=\boldsymbol{n}$，$\boldsymbol{k}_{a2}=\boldsymbol{0}$，$\boldsymbol{s}_a=\boldsymbol{0}$。

关于刚体 $i^-(a)$ 相对刚体 $i^+(a)$ 的姿态，根据式(3.1-8)，有

$$\underline{\boldsymbol{e}_{i^-(a)}} = \underline{A^{i^-(a)i^+(a)}}\,\underline{\boldsymbol{e}_{i^+(a)}} \tag{7.3-2}$$

式中的方向余弦阵是关于铰变量的函数。例如，当铰 a 是圆柱铰时，方向余弦阵仅是绕转轴 $\boldsymbol{n}$ 转动的铰变量 q_{a2} 的函数。

刚体 $i^-(a)$ 相对刚体 $i^+(a)$ 的角速度和角加速度可以写成如下形式：

$$\boldsymbol{\Omega}_a = \sum_{l=1}^{f_a}\left(\boldsymbol{p}_{al}\dot{q}_{al}\right),\quad \boldsymbol{\varepsilon}_a = \sum_{l=1}^{f_a}\left(\boldsymbol{p}_{al}\ddot{q}_{al}\right) + \sum_{l=1}^{f_a}\left(\dot{\boldsymbol{p}}_{al}\dot{q}_{al}\right) = \sum_{l=1}^{f_a}\left(\boldsymbol{p}_{al}\ddot{q}_{al}\right) + \boldsymbol{w}_a \tag{7.3-3}$$

其中，$\boldsymbol{\Omega}_a$ 称为铰相对角速度；$\boldsymbol{p}_{al}$ 称为铰转轴矢量；$\boldsymbol{\varepsilon}_a$ 称为铰相对角加速度；$\boldsymbol{w}_a$ 称为铰轴相对角加速度。

例如，①当铰 a 是平移铰时，$\boldsymbol{\Omega}_a=\boldsymbol{0}$，$\boldsymbol{\varepsilon}_a=\boldsymbol{0}$；②当铰 a 是圆柱铰时，设其转轴单位矢量为

$\boldsymbol{n}$，q_{a1} 是沿 $\boldsymbol{n}$ 平动的铰变量，q_{a2} 是绕 $\boldsymbol{n}$ 转动的铰变量，则 $\boldsymbol{p}_{a1}=\boldsymbol{0}$，$\boldsymbol{p}_{a2}=\boldsymbol{n}$，$\boldsymbol{w}_a=\boldsymbol{0}$；③当铰 a 是虎克铰时，设与刚体 $i^+(a)$ 固连的转轴单位矢量为 $\boldsymbol{p}_{a1}$，与刚体 $i^-(a)$ 固连的转轴单位矢量为 $\boldsymbol{p}_{a2}$，则

$$\boldsymbol{\Omega}_a=\boldsymbol{p}_{a1}\dot{q}_{a1}+\boldsymbol{p}_{a2}\dot{q}_{a2},\quad \boldsymbol{\varepsilon}_a=\boldsymbol{p}_{a1}\ddot{q}_{a1}+\boldsymbol{p}_{a2}\ddot{q}_{a2}+\boldsymbol{\Omega}_a\times\boldsymbol{p}_{a2}\dot{q}_{a2},\quad \boldsymbol{w}_a=\boldsymbol{p}_{a1}\times\boldsymbol{p}_{a2}\dot{q}_{a1}\dot{q}_{a2} \tag{7.3-4}$$

式(7.3-1)和式(7.3-3)可以写成以下矩阵形式：

$$\boldsymbol{v}_a=\sum_{l=1}^{f_a}\left(\boldsymbol{k}_{al}\dot{q}_{al}\right)=\underline{\boldsymbol{k}_a}^{\mathrm{T}}\underline{\dot{q}_a},\quad \boldsymbol{a}_a=\sum_{l=1}^{f_a}\left(\boldsymbol{k}_{al}\ddot{q}_{al}\right)+\boldsymbol{s}_a=\underline{\boldsymbol{k}_a}^{\mathrm{T}}\underline{\ddot{q}_a}+\boldsymbol{s}_a \tag{7.3-5}$$

$$\boldsymbol{\Omega}_a=\sum_{l=1}^{f_a}\left(\boldsymbol{p}_{al}\dot{q}_{al}\right)=\underline{\boldsymbol{p}_a}^{\mathrm{T}}\underline{\dot{q}_a},\quad \boldsymbol{\varepsilon}_a=\sum_{l=1}^{f_a}\left(\boldsymbol{p}_{al}\ddot{q}_{al}\right)+\boldsymbol{w}_a=\underline{\boldsymbol{p}_a}^{\mathrm{T}}\underline{\ddot{q}_a}+\boldsymbol{w}_a \tag{7.3-6}$$

其中，

$$\underline{\boldsymbol{k}_a}=\begin{bmatrix}\boldsymbol{k}_{a1}\\ \vdots\\ \boldsymbol{k}_{af_a}\end{bmatrix},\quad \underline{\boldsymbol{p}_a}=\begin{bmatrix}\boldsymbol{p}_{a1}\\ \vdots\\ \boldsymbol{p}_{af_a}\end{bmatrix} \tag{7.3-7}$$

对于整个多刚体系统$(a=1,2,\cdots,n)$，则除零刚体外，其余刚体的铰点速度矩阵、加速度矩阵以及其余刚体的相对角速度矩阵、角加速度矩阵如下：

$$\underline{\boldsymbol{v}}=\underline{\boldsymbol{k}}^{\mathrm{T}}\underline{\dot{q}},\quad \underline{\boldsymbol{a}}=\underline{\boldsymbol{k}}^{\mathrm{T}}\underline{\ddot{q}}+\underline{\boldsymbol{s}} \tag{7.3-8}$$

$$\underline{\boldsymbol{\Omega}}=\underline{\boldsymbol{p}}^{\mathrm{T}}\underline{\dot{q}},\quad \underline{\boldsymbol{\varepsilon}}=\underline{\boldsymbol{p}}^{\mathrm{T}}\underline{\ddot{q}}+\underline{\boldsymbol{w}} \tag{7.3-9}$$

其中，

$$\underline{\boldsymbol{k}}=\begin{bmatrix}\underline{\boldsymbol{k}_1} & \underline{0} & \cdots & \underline{0}\\ \underline{0} & \underline{\boldsymbol{k}_2} & \cdots & \underline{0}\\ \vdots & \vdots & & \vdots\\ \underline{0} & \underline{0} & \cdots & \underline{\boldsymbol{k}_n}\end{bmatrix},\quad \underline{\boldsymbol{p}}=\begin{bmatrix}\underline{\boldsymbol{p}_1} & \underline{0} & \cdots & \underline{0}\\ \underline{0} & \underline{\boldsymbol{p}_2} & \cdots & \underline{0}\\ \vdots & \vdots & & \vdots\\ \underline{0} & \underline{0} & \cdots & \underline{\boldsymbol{p}_n}\end{bmatrix} \tag{7.3-10}$$

7.3.2　树系统的运动学

本节将以图 7-9 为例来推导树系统的运动学的相应公式。图 7-9 为图 7-5 去掉力元后的树系统运动学示意图，该树系统的有向结构图如图 7-6(b)所示；其关联矩阵和通路矩阵分别为式(7.2-3)和式(7.2-7)；图 7-9 中铰附近的点为图 7-8 所示的铰点，例如，对于铰 2，其起点刚体 $i^+(2)=1$，其终点刚体 $i^-(2)=7$，所以，铰点在刚体 7 上，并与之固连，$\boldsymbol{c}_{72}=\boldsymbol{c}_{[i^-(a)]a}$，$\boldsymbol{c}_{12}=\boldsymbol{c}_{[i^+(a)]a}$。$\boldsymbol{r}_7$ 为刚体 7 的质心相对惯性系的位置矢量。

在图 7-9 中，零刚体只与一个刚体相连，但后续推导出的公式并无此限制。另外，规定所有与零刚体相连的弧都指向零刚体，从而相应的铰点都在零刚体上，并与之固连，相应的体铰矢量 $\boldsymbol{c}_{0a}$ 也与零刚体的连体坐标系固连，而零刚体连体坐标系的原点位置在惯性系下为已知运动规律的时间函数 $\boldsymbol{r}_0(t)$，使得零刚体上的铰点位置在惯性系下也为已知运动规律的时间函数 $\boldsymbol{r}_0(t)+\boldsymbol{c}_{0a}$，所以，其绝对速度为 $\dot{\boldsymbol{r}}_0+\boldsymbol{\omega}_0\times\boldsymbol{c}_{0a}$，绝对加速度为

$$\ddot{\boldsymbol{r}}_0+\dot{\boldsymbol{\omega}}_0\times\boldsymbol{c}_{0a}+\boldsymbol{\omega}_0\times(\boldsymbol{\omega}_0\times\boldsymbol{c}_{0a}) \tag{7.3-11}$$

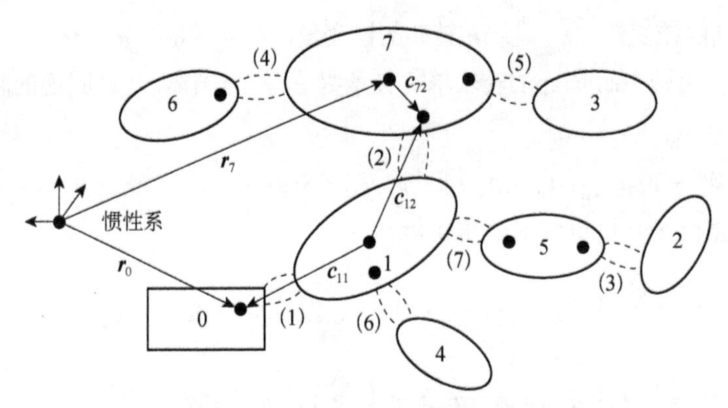

图 7-9　树系统运动学示意图

不失一般性，可以将零刚体的连体坐标系原点设置在零刚体的其中一个铰点上，从而使这个铰的体铰矢量$\boldsymbol{c}_{0a}$为零。这样设置使得像图 7-9 这样的只有一个铰与零刚体相连的树系统中没有非零的$\boldsymbol{c}_{0a}$。

本节研究的目的是列写式(5.5-11)中的$\underline{\boldsymbol{a}_1}$、$\underline{\boldsymbol{a}_{10}}$、$\underline{\boldsymbol{b}_1}$、$\underline{\boldsymbol{a}_2}$、$\underline{\boldsymbol{a}_{20}}$、$\underline{\boldsymbol{b}_2}$与铰变量以及铰变量导数的关系。

1. *转动方面*

如图 7-9 所示，根据角速度矢量叠加原理，刚体 7 相对惯性系的绝对角速度$\boldsymbol{\omega}_7$为

$$\begin{aligned}\boldsymbol{\omega}_7 &= \boldsymbol{\omega}_0 + \boldsymbol{\omega}^{01} + \boldsymbol{\omega}^{17} = \boldsymbol{\omega}_0 - \boldsymbol{\Omega}_1 + \boldsymbol{\Omega}_2 = \boldsymbol{\omega}_0 - T_{17}\boldsymbol{\Omega}_1 - T_{27}\boldsymbol{\Omega}_2 \\ &= \boldsymbol{\omega}_0 - T_{17}\boldsymbol{\Omega}_1 - T_{27}\boldsymbol{\Omega}_2 - T_{37}\boldsymbol{\Omega}_3 - T_{47}\boldsymbol{\Omega}_4 - T_{57}\boldsymbol{\Omega}_5 - T_{67}\boldsymbol{\Omega}_6 - T_{77}\boldsymbol{\Omega}_7 \\ &= \boldsymbol{\omega}_0 - \sum_{a=1}^{7}\left(T_{a7}\boldsymbol{\Omega}_a\right)\end{aligned} \tag{7.3-12}$$

根据式(7.3-12)，可得出树系统任意刚体相对惯性系的绝对角速度$\boldsymbol{\omega}_i$为

$$\boldsymbol{\omega}_i = \boldsymbol{\omega}_0 - \sum_{a=1}^{n}\left(T_{ai}\boldsymbol{\Omega}_a\right) \quad (i=1,2,\cdots,n) \tag{7.3-13}$$

其中，通路矩阵元素T_{ai}能够筛选出在零刚体到刚体i通路上的所有铰，并给出正确的铰相对角速度前的符号。将式(7.3-13)相对惯性系对时间求导，有

$$\begin{aligned}\dot{\boldsymbol{\omega}}_i &= \dot{\boldsymbol{\omega}}_0 - \frac{\mathrm{d}}{\mathrm{d}t}\sum_{a=1}^{n}\left(T_{ai}\boldsymbol{\Omega}_a\right) \\ &= \dot{\boldsymbol{\omega}}_0 - \sum_{a=1}^{n}\left(T_{ai}\frac{\mathrm{d}}{\mathrm{d}t}\boldsymbol{\Omega}_a\right) = \dot{\boldsymbol{\omega}}_0 - \sum_{a=1}^{n}\left[T_{ai}\left(\frac{{}^{i^+(a)}\mathrm{d}}{\mathrm{d}t}\boldsymbol{\Omega}_a + \boldsymbol{\omega}_{i^+(a)} \times \boldsymbol{\Omega}_a\right)\right] \\ &= \dot{\boldsymbol{\omega}}_0 - \sum_{a=1}^{n}\left[T_{ai}\left(\boldsymbol{\varepsilon}_a + (\boldsymbol{\omega}_{i^-(a)} - \boldsymbol{\Omega}_a) \times \boldsymbol{\Omega}_a\right)\right] \\ &= \dot{\boldsymbol{\omega}}_0 - \sum_{a=1}^{n}\left[T_{ai}\left(\boldsymbol{\varepsilon}_a + \boldsymbol{\omega}_{i^-(a)} \times \boldsymbol{\Omega}_a\right)\right] \\ &= \dot{\boldsymbol{\omega}}_0 - \sum_{a=1}^{n}\left[T_{ai}\left(\boldsymbol{\varepsilon}_a + \boldsymbol{f}_a\right)\right]\end{aligned} \tag{7.3-14}$$

其中，$\boldsymbol{f}_a=\boldsymbol{\omega}_{i^-(a)}\times\boldsymbol{\Omega}_a$，称为铰牵连角加速度矢量。

因此，整个系统的所有刚体的角度速矢量矩阵和角加速度矢量矩阵分别为

$$\begin{bmatrix}\boldsymbol{\omega}_1\\\boldsymbol{\omega}_2\\\vdots\\\boldsymbol{\omega}_n\end{bmatrix}=\boldsymbol{\omega}_0\begin{bmatrix}1\\1\\\vdots\\1\end{bmatrix}-\begin{bmatrix}T_{11}&T_{12}&\cdots&T_{1n}\\T_{21}&T_{22}&\cdots&T_{2n}\\\vdots&\vdots&&\vdots\\T_{n1}&T_{n2}&\cdots&T_{nn}\end{bmatrix}^{\mathrm{T}}\begin{bmatrix}\boldsymbol{\Omega}_1\\\boldsymbol{\Omega}_2\\\vdots\\\boldsymbol{\Omega}_n\end{bmatrix}\tag{7.3-15}$$

$$\underline{\boldsymbol{\omega}}=\boldsymbol{\omega}_0\underline{1}-\underline{T}^{\mathrm{T}}\underline{\boldsymbol{\Omega}}$$

$$\begin{bmatrix}\dot{\boldsymbol{\omega}}_1\\\dot{\boldsymbol{\omega}}_2\\\vdots\\\dot{\boldsymbol{\omega}}_n\end{bmatrix}=\dot{\boldsymbol{\omega}}_0\begin{bmatrix}1\\1\\\vdots\\1\end{bmatrix}-\begin{bmatrix}T_{11}&T_{12}&\cdots&T_{1n}\\T_{21}&T_{22}&\cdots&T_{2n}\\\vdots&\vdots&&\vdots\\T_{n1}&T_{n2}&\cdots&T_{nn}\end{bmatrix}^{\mathrm{T}}\begin{bmatrix}\boldsymbol{\varepsilon}_1\\\boldsymbol{\varepsilon}_2\\\vdots\\\boldsymbol{\varepsilon}_n\end{bmatrix}-\begin{bmatrix}T_{11}&T_{12}&\cdots&T_{1n}\\T_{21}&T_{22}&\cdots&T_{2n}\\\vdots&\vdots&&\vdots\\T_{n1}&T_{n2}&\cdots&T_{nn}\end{bmatrix}^{\mathrm{T}}\begin{bmatrix}\boldsymbol{f}_1\\\boldsymbol{f}_2\\\vdots\\\boldsymbol{f}_n\end{bmatrix}\tag{7.3-16}$$

$$\underline{\dot{\boldsymbol{\omega}}}=\dot{\boldsymbol{\omega}}_0\underline{1}-\underline{T}^{\mathrm{T}}\underline{\boldsymbol{\varepsilon}}-\underline{T}^{\mathrm{T}}\underline{\boldsymbol{f}}$$

考虑(7.3-9)，有

$$\underline{\boldsymbol{\omega}}=\boldsymbol{\omega}_0\underline{1}-\underline{T}^{\mathrm{T}}\underline{\boldsymbol{p}}^{\mathrm{T}}\underline{\dot{q}}=-(\underline{\boldsymbol{p}}\underline{T})^{\mathrm{T}}\underline{\dot{q}}+\boldsymbol{\omega}_0\underline{1}$$

$$\underline{\dot{\boldsymbol{\omega}}}=\dot{\boldsymbol{\omega}}_0\underline{1}-\underline{T}^{\mathrm{T}}(\underline{\boldsymbol{p}}^{\mathrm{T}}\underline{\ddot{q}}+\underline{\boldsymbol{w}})-\underline{T}^{\mathrm{T}}\underline{\boldsymbol{f}}=-(\underline{\boldsymbol{p}}\underline{T})^{\mathrm{T}}\underline{\ddot{q}}+\dot{\boldsymbol{\omega}}_0\underline{1}-\underline{T}^{\mathrm{T}}(\underline{\boldsymbol{w}}+\underline{\boldsymbol{f}})\tag{7.3-17}$$

所以，转动方面各系数矩阵为

$$\underline{\boldsymbol{a}_2}=-(\underline{\boldsymbol{p}}\underline{T})^{\mathrm{T}},\quad \underline{\boldsymbol{a}_{20}}=\boldsymbol{\omega}_0\underline{1},\quad \underline{\boldsymbol{b}_2}=\dot{\boldsymbol{\omega}}_0\underline{1}-\underline{T}^{\mathrm{T}}(\underline{\boldsymbol{w}}+\underline{\boldsymbol{f}})\tag{7.3-18}$$

2. 平动方面

如图 7-9 所示，刚体 7 相对惯性系的位置矢量有如下关系式：

$$\begin{aligned}\boldsymbol{r}_7&=\boldsymbol{r}_0+\boldsymbol{r}_{01}+\boldsymbol{r}_{17}\\&=\boldsymbol{r}_0-\boldsymbol{c}_{11}+\boldsymbol{c}_{12}-\boldsymbol{c}_{72}=\boldsymbol{r}_0-(\boldsymbol{c}_{11}-\boldsymbol{c}_{01})+(\boldsymbol{c}_{12}-\boldsymbol{c}_{72})\\&=\boldsymbol{r}_0-T_{17}(\boldsymbol{c}_{11}-\boldsymbol{c}_{01})-T_{27}(\boldsymbol{c}_{12}-\boldsymbol{c}_{72})\\&=\boldsymbol{r}_0-\sum_{a=1}^{7}\left[T_{a7}(\boldsymbol{c}_{[i^+(a)]a}-\boldsymbol{c}_{[i^-(a)]a})\right]\end{aligned}\tag{7.3-19}$$

根据式(7.3-19)，可得出树系统任意刚体相对惯性系的位置矢量 $\boldsymbol{r}_i$：

$$\boldsymbol{r}_i=\boldsymbol{r}_0-\sum_{a=1}^{n}\left[T_{ai}(\boldsymbol{c}_{[i^+(a)]a}-\boldsymbol{c}_{[i^-(a)]a})\right]\qquad(i=1,2,\cdots,n)\tag{7.3-20}$$

将式(7.3-20)相对惯性系对时间求导，其中，

$$\begin{aligned}\dot{\boldsymbol{c}}_{[i^+(a)]a}-\dot{\boldsymbol{c}}_{[i^-(a)]a}&=\frac{\mathrm{d}}{\mathrm{d}t}(\boldsymbol{c}_{[i^+(a)]a}-\boldsymbol{c}_{[i^-(a)]a})\\&=\frac{{}^{i^+(a)}\mathrm{d}}{\mathrm{d}t}\boldsymbol{c}_{[i^+(a)]a}+\boldsymbol{\omega}_{i^+(a)}\times\boldsymbol{c}_{[i^+(a)]a}-\frac{{}^{i^-(a)}\mathrm{d}}{\mathrm{d}t}\boldsymbol{c}_{[i^-(a)]a}-\boldsymbol{\omega}_{i^-(a)}\times\boldsymbol{c}_{[i^-(a)]a}\\&=-\boldsymbol{c}_{[i^+(a)]a}\times\boldsymbol{\omega}_{i^+(a)}+\boldsymbol{v}_a+\boldsymbol{c}_{[i^-(a)]a}\times\boldsymbol{\omega}_{i^-(a)}\end{aligned}\tag{7.3-21}$$

将式(7.3-21)相对惯性系再对时间求导，有

$$
\begin{aligned}
\ddot{\boldsymbol{c}}_{[i^+(a)]a}-\ddot{\boldsymbol{c}}_{[i^-(a)]a} &= \frac{\mathrm{d}}{\mathrm{d}t}(-\boldsymbol{c}_{[i^+(a)]a}\times\boldsymbol{\omega}_{i^+(a)}+\boldsymbol{v}_a+\boldsymbol{c}_{[i^-(a)]a}\times\boldsymbol{\omega}_{i^-(a)}) \\
&= \boldsymbol{\omega}_{i^+(a)}\times(\boldsymbol{v}_a+\boldsymbol{\omega}_{i^+(a)}\times\boldsymbol{c}_{[i^+(a)]a})-\boldsymbol{c}_{[i^+(a)]a}\times\dot{\boldsymbol{\omega}}_{i^+(a)}+\boldsymbol{a}_a+\boldsymbol{\omega}_{i^+(a)}\times\boldsymbol{v}_a \\
&\quad +\boldsymbol{c}_{[i^-(a)]a}\times\dot{\boldsymbol{\omega}}_{i^-(a)}+\left(\frac{{}^{i^-(a)}\mathrm{d}}{\mathrm{d}t}\boldsymbol{c}_{[i^-(a)]a}+\boldsymbol{\omega}_{i^-(a)}\times\boldsymbol{c}_{[i^-(a)]a}\right)\times\boldsymbol{\omega}_{i^-(a)} \\
&= -\boldsymbol{c}_{[i^+(a)]a}\times\dot{\boldsymbol{\omega}}_{i^+(a)}+\boldsymbol{a}_a+\boldsymbol{c}_{[i^-(a)]a}\times\dot{\boldsymbol{\omega}}_{i^-(a)} \\
&\quad +\boldsymbol{\omega}_{i^+(a)}\times(\boldsymbol{\omega}_{i^+(a)}\times\boldsymbol{c}_{[i^+(a)]a})-\boldsymbol{\omega}_{i^-(a)}\times(\boldsymbol{\omega}_{i^-(a)}\times\boldsymbol{c}_{[i^-(a)]a})+2\boldsymbol{\omega}_{i^+(a)}\times\boldsymbol{v}_a \\
&= -\boldsymbol{c}_{[i^+(a)]a}\times\dot{\boldsymbol{\omega}}_{i^+(a)}+\boldsymbol{a}_a+\boldsymbol{c}_{[i^-(a)]a}\times\dot{\boldsymbol{\omega}}_{i^-(a)}+\boldsymbol{h}_a
\end{aligned} \tag{7.3-22}
$$

其中，$\boldsymbol{h}_a$ 称为铰牵连向心和科氏加速度：

$$
\boldsymbol{h}_a=\boldsymbol{\omega}_{i^+(a)}\times(\boldsymbol{\omega}_{i^+(a)}\times\boldsymbol{c}_{[i^+(a)]a})-\boldsymbol{\omega}_{i^-(a)}\times(\boldsymbol{\omega}_{i^-(a)}\times\boldsymbol{c}_{[i^-(a)]a})+2\boldsymbol{\omega}_{i^+(a)}\times\boldsymbol{v}_a \tag{7.3-23}
$$

根据关联矩阵的定义，有

$$
\boldsymbol{c}_{[i^+(a)]a}-\boldsymbol{c}_{[i^-(a)]a}=\sum_{i=0}^{n}(S_{ia}\boldsymbol{c}_{ia}) \tag{7.3-24}
$$

则根据式(7.3-21)和式(7.3-22)，有

$$
\dot{\boldsymbol{c}}_{[i^+(a)]a}-\dot{\boldsymbol{c}}_{[i^-(a)]a}=-\sum_{i=0}^{n}(S_{ia}\boldsymbol{c}_{ia}\times\boldsymbol{\omega}_i)+\boldsymbol{v}_a \tag{7.3-25}
$$

$$
\ddot{\boldsymbol{c}}_{[i^+(a)]a}-\ddot{\boldsymbol{c}}_{[i^-(a)]a}=-\sum_{i=0}^{n}(S_{ia}\boldsymbol{c}_{ia}\times\dot{\boldsymbol{\omega}}_i)+\boldsymbol{a}_a+\boldsymbol{h}_a \tag{7.3-26}
$$

定义加权体铰矢量(Weighted Body Joint Vector) $\boldsymbol{C}_{ia}$ 为

$$
\boldsymbol{C}_{ia}=S_{ia}\boldsymbol{c}_{ia}\quad(i=0,1,\cdots,n;a=1,2,\cdots,n) \tag{7.3-27}
$$

定义加权体铰矢量矩阵 $\underline{\boldsymbol{C}_H}$ 为

$$
\underline{\boldsymbol{C}_H}=\begin{bmatrix}\underline{\boldsymbol{C}_0}\\ \underline{\boldsymbol{C}}\end{bmatrix}=\begin{bmatrix}\boldsymbol{C}_{01} & \boldsymbol{C}_{02} & \cdots & \boldsymbol{C}_{0n}\\ \boldsymbol{C}_{11} & \boldsymbol{C}_{12} & \cdots & \boldsymbol{C}_{1n}\\ \boldsymbol{C}_{21} & \boldsymbol{C}_{22} & \cdots & \boldsymbol{C}_{2n}\\ \vdots & \vdots & & \vdots\\ \boldsymbol{C}_{n1} & \boldsymbol{C}_{n2} & \cdots & \boldsymbol{C}_{nn}\end{bmatrix} \tag{7.3-28}
$$

则整个系统的所有刚体的质心相对惯性系的位置矢量矩阵为

$$
\left.\begin{aligned}
&\begin{bmatrix}\boldsymbol{r}_1\\ \boldsymbol{r}_2\\ \vdots\\ \boldsymbol{r}_n\end{bmatrix}=\boldsymbol{r}_0\begin{bmatrix}1\\1\\ \vdots\\1\end{bmatrix}-\begin{bmatrix}T_{11} & T_{12} & \cdots & T_{1n}\\ T_{21} & T_{22} & \cdots & T_{2n}\\ \vdots & \vdots & & \vdots\\ T_{n1} & T_{n2} & \cdots & T_{nn}\end{bmatrix}^{\mathrm{T}}\begin{bmatrix}\boldsymbol{C}_{01}+\boldsymbol{C}_{11}+\cdots+\boldsymbol{C}_{n1}\\ \boldsymbol{C}_{02}+\boldsymbol{C}_{12}+\cdots+\boldsymbol{C}_{n2}\\ \vdots\\ \boldsymbol{C}_{0n}+\boldsymbol{C}_{1n}+\cdots+\boldsymbol{C}_{nn}\end{bmatrix}\\
&\begin{bmatrix}\boldsymbol{r}_1\\ \boldsymbol{r}_2\\ \vdots\\ \boldsymbol{r}_n\end{bmatrix}=\boldsymbol{r}_0\begin{bmatrix}1\\1\\ \vdots\\1\end{bmatrix}-\begin{bmatrix}T_{11} & T_{12} & \cdots & T_{1n}\\ T_{21} & T_{22} & \cdots & T_{2n}\\ \vdots & \vdots & & \vdots\\ T_{n1} & T_{n2} & \cdots & T_{nn}\end{bmatrix}^{\mathrm{T}}\left(\begin{bmatrix}\boldsymbol{C}_{01}\\ \boldsymbol{C}_{02}\\ \vdots\\ \boldsymbol{C}_{0n}\end{bmatrix}+\begin{bmatrix}\boldsymbol{C}_{11} & \boldsymbol{C}_{12} & \cdots & \boldsymbol{C}_{1n}\\ \boldsymbol{C}_{21} & \boldsymbol{C}_{22} & \cdots & \boldsymbol{C}_{2n}\\ \vdots & \vdots & & \vdots\\ \boldsymbol{C}_{n1} & \boldsymbol{C}_{n2} & \cdots & \boldsymbol{C}_{nn}\end{bmatrix}^{\mathrm{T}}\begin{bmatrix}1\\1\\ \vdots\\1\end{bmatrix}\right)\\
&\underline{\boldsymbol{r}}=\boldsymbol{r}_0\underline{1}-(\underline{\boldsymbol{C}_0}\underline{T})^{\mathrm{T}}-(\underline{\boldsymbol{C}T})^{\mathrm{T}}\underline{1}
\end{aligned}\right\} \tag{7.3-29}
$$

将式(7.3-20)相对惯性系对时间求导，并考虑式(7.3-25)，则整个系统的所有刚体的质心相对惯性系的速度矢量矩阵为

$$
\left.\begin{aligned}
&\begin{bmatrix}\dot{\boldsymbol r}_1\\ \dot{\boldsymbol r}_2\\ \vdots\\ \dot{\boldsymbol r}_n\end{bmatrix}=\dot{\boldsymbol r}_0\begin{bmatrix}1\\1\\ \vdots\\1\end{bmatrix}-\begin{bmatrix}T_{11}&T_{12}&\cdots&T_{1n}\\T_{21}&T_{22}&\cdots&T_{2n}\\ \vdots&\vdots&&\vdots\\T_{n1}&T_{n2}&\cdots&T_{nn}\end{bmatrix}^{\mathrm T}\left(-\begin{bmatrix}\boldsymbol C_{01}\times\boldsymbol\omega_0+\boldsymbol C_{11}\times\boldsymbol\omega_1+\cdots+\boldsymbol C_{n1}\times\boldsymbol\omega_n\\ \boldsymbol C_{02}\times\boldsymbol\omega_0+\boldsymbol C_{12}\times\boldsymbol\omega_1+\cdots+\boldsymbol C_{n2}\times\boldsymbol\omega_n\\ \vdots\\ \boldsymbol C_{0n}\times\boldsymbol\omega_0+\boldsymbol C_{1n}\times\boldsymbol\omega_1+\cdots+\boldsymbol C_{nn}\times\boldsymbol\omega_n\end{bmatrix}+\begin{bmatrix}\boldsymbol v_1\\ \boldsymbol v_2\\ \vdots\\ \boldsymbol v_n\end{bmatrix}\right)\\
&\begin{bmatrix}\boldsymbol r_1\\ \boldsymbol r_2\\ \vdots\\ \boldsymbol r_n\end{bmatrix}=\dot{\boldsymbol r}_0\begin{bmatrix}1\\1\\ \vdots\\1\end{bmatrix}-\begin{bmatrix}T_{11}&T_{12}&\cdots&T_{1n}\\T_{21}&T_{22}&\cdots&T_{2n}\\ \vdots&\vdots&&\vdots\\T_{n1}&T_{n2}&\cdots&T_{nn}\end{bmatrix}^{\mathrm T}\left(\boldsymbol\omega_0\times\begin{bmatrix}\boldsymbol C_{01}\\ \boldsymbol C_{02}\\ \vdots\\ \boldsymbol C_{0n}\end{bmatrix}-\begin{bmatrix}\boldsymbol C_{11}&\boldsymbol C_{12}&\cdots&\boldsymbol C_{1n}\\ \boldsymbol C_{21}&\boldsymbol C_{22}&\cdots&\boldsymbol C_{2n}\\ \vdots&\vdots&&\vdots\\ \boldsymbol C_{n1}&\boldsymbol C_{n2}&\cdots&\boldsymbol C_{nn}\end{bmatrix}^{\mathrm T}\times\begin{bmatrix}\boldsymbol\omega_1\\ \boldsymbol\omega_2\\ \vdots\\ \boldsymbol\omega_n\end{bmatrix}+\begin{bmatrix}\boldsymbol v_1\\ \boldsymbol v_2\\ \vdots\\ \boldsymbol v_n\end{bmatrix}\right)\\
&\underline{\dot{\boldsymbol r}}=\dot{\boldsymbol r}_0\underline{1}-\boldsymbol\omega_0\times(\underline{\boldsymbol C_0}\underline{T})^{\mathrm T}+(\underline{\boldsymbol C}\underline{T})^{\mathrm T}\times\underline{\boldsymbol\omega}-\underline{T}^{\mathrm T}\underline{\boldsymbol v}
\end{aligned}\right\}\qquad(7.3\text{-}30)
$$

将式(7.3-20)相对惯性系对时间求二阶导，并考虑式(7.3-26)，则整个系统的所有刚体的质心相对惯性系的加速度矢量矩阵为

$$
\left.\begin{aligned}
&\begin{bmatrix}\ddot{\boldsymbol r}_1\\ \ddot{\boldsymbol r}_2\\ \vdots\\ \ddot{\boldsymbol r}_n\end{bmatrix}=\ddot{\boldsymbol r}_0\begin{bmatrix}1\\1\\ \vdots\\1\end{bmatrix}-\begin{bmatrix}T_{11}&T_{12}&\cdots&T_{1n}\\T_{21}&T_{22}&\cdots&T_{2n}\\ \vdots&\vdots&&\vdots\\T_{n1}&T_{n2}&\cdots&T_{nn}\end{bmatrix}^{\mathrm T}\left(-\begin{bmatrix}\boldsymbol C_{01}\times\dot{\boldsymbol\omega}_0+\boldsymbol C_{11}\times\dot{\boldsymbol\omega}_1+\cdots+\boldsymbol C_{n1}\times\dot{\boldsymbol\omega}_n\\ \boldsymbol C_{02}\times\dot{\boldsymbol\omega}_0+\boldsymbol C_{12}\times\dot{\boldsymbol\omega}_1+\cdots+\boldsymbol C_{n2}\times\dot{\boldsymbol\omega}_n\\ \vdots\\ \boldsymbol C_{0n}\times\dot{\boldsymbol\omega}_0+\boldsymbol C_{1n}\times\dot{\boldsymbol\omega}_1+\cdots+\boldsymbol C_{nn}\times\dot{\boldsymbol\omega}_n\end{bmatrix}+\begin{bmatrix}\boldsymbol a_1\\ \boldsymbol a_2\\ \vdots\\ \boldsymbol a_n\end{bmatrix}+\begin{bmatrix}\boldsymbol h_1\\ \boldsymbol h_2\\ \vdots\\ \boldsymbol h_n\end{bmatrix}\right)\\
&\begin{bmatrix}\ddot{\boldsymbol r}_1\\ \ddot{\boldsymbol r}_2\\ \vdots\\ \ddot{\boldsymbol r}_n\end{bmatrix}=\ddot{\boldsymbol r}_0\begin{bmatrix}1\\1\\ \vdots\\1\end{bmatrix}-\begin{bmatrix}T_{11}&T_{12}&\cdots&T_{1n}\\T_{21}&T_{22}&\cdots&T_{2n}\\ \vdots&\vdots&&\vdots\\T_{n1}&T_{n2}&\cdots&T_{nn}\end{bmatrix}^{\mathrm T}\left(\dot{\boldsymbol\omega}_0\times\begin{bmatrix}\boldsymbol C_{01}\\ \boldsymbol C_{02}\\ \vdots\\ \boldsymbol C_{0n}\end{bmatrix}-\begin{bmatrix}\boldsymbol C_{11}&\boldsymbol C_{12}&\cdots&\boldsymbol C_{1n}\\ \boldsymbol C_{21}&\boldsymbol C_{22}&\cdots&\boldsymbol C_{2n}\\ \vdots&\vdots&&\vdots\\ \boldsymbol C_{n1}&\boldsymbol C_{n2}&\cdots&\boldsymbol C_{nn}\end{bmatrix}^{\mathrm T}\times\begin{bmatrix}\dot{\boldsymbol\omega}_1\\ \dot{\boldsymbol\omega}_2\\ \vdots\\ \dot{\boldsymbol\omega}_n\end{bmatrix}+\begin{bmatrix}\boldsymbol a_1\\ \boldsymbol a_2\\ \vdots\\ \boldsymbol a_n\end{bmatrix}+\begin{bmatrix}\boldsymbol h_1\\ \boldsymbol h_2\\ \vdots\\ \boldsymbol h_n\end{bmatrix}\right)\\
&\underline{\ddot{\boldsymbol r}}=\ddot{\boldsymbol r}_0\underline{1}-\dot{\boldsymbol\omega}_0\times(\underline{\boldsymbol C_0}\underline{T})^{\mathrm T}+(\underline{\boldsymbol C}\underline{T})^{\mathrm T}\times\underline{\dot{\boldsymbol\omega}}-\underline{T}^{\mathrm T}(\underline{\boldsymbol a}+\underline{\boldsymbol h})
\end{aligned}\right\}
$$

(7.3-31)

将式(7.3-8)和式(7.3-17)代入式(7.3-30)及式(7.3-31)，有

$$
\begin{aligned}
\underline{\dot{\boldsymbol r}}&=\dot{\boldsymbol r}_0\underline{1}-\boldsymbol\omega_0\times(\underline{\boldsymbol C_0}\underline{T})^{\mathrm T}+(\underline{\boldsymbol C}\underline{T})^{\mathrm T}\times(\underline{\boldsymbol a_2}\,\underline{\dot q}+\boldsymbol\omega_0\underline{1})-\underline{T}^{\mathrm T}\underline{\boldsymbol k}^{\mathrm T}\underline{\dot q}\\
&=\left[(\underline{\boldsymbol C}\underline{T})^{\mathrm T}\times\underline{\boldsymbol a_2}-(\underline{\boldsymbol k}\underline{T})^{\mathrm T}\right]\underline{\dot q}+\dot{\boldsymbol r}_0\underline{1}-\boldsymbol\omega_0\times[(\underline{\boldsymbol C_0}\underline{T})^{\mathrm T}+(\underline{\boldsymbol C}\underline{T})^{\mathrm T}\underline{1}]
\end{aligned}\qquad(7.3\text{-}32)
$$

$$
\begin{aligned}
\underline{\ddot{\boldsymbol r}}&=\ddot{\boldsymbol r}_0\underline{1}-\dot{\boldsymbol\omega}_0\times(\underline{\boldsymbol C_0}\underline{T})^{\mathrm T}+(\underline{\boldsymbol C}\underline{T})^{\mathrm T}\times(\underline{\boldsymbol a_2}\,\underline{\ddot q}+\underline{\boldsymbol b_2})-\underline{T}^{\mathrm T}(\underline{\boldsymbol k}^{\mathrm T}\underline{\ddot q}+\underline{\boldsymbol s}+\underline{\boldsymbol h})\\
&=\left[(\underline{\boldsymbol C}\underline{T})^{\mathrm T}\times\underline{\boldsymbol a_2}-(\underline{\boldsymbol k}\underline{T})^{\mathrm T}\right]\underline{\ddot q}+\ddot{\boldsymbol r}_0\underline{1}-\dot{\boldsymbol\omega}_0\times(\underline{\boldsymbol C_0}\underline{T})^{\mathrm T}+(\underline{\boldsymbol C}\underline{T})^{\mathrm T}\times\underline{\boldsymbol b_2}-\underline{T}^{\mathrm T}(\underline{\boldsymbol s}+\underline{\boldsymbol h})
\end{aligned}\qquad(7.3\text{-}33)
$$

所以，平动方面各系数矩阵为

$$
\begin{aligned}
\underline{\boldsymbol a_1}&=(\underline{\boldsymbol C}\underline{T})^{\mathrm T}\times\underline{\boldsymbol a_2}-(\underline{\boldsymbol k}\underline{T})^{\mathrm T}\\
\underline{\boldsymbol a_{10}}&=\dot{\boldsymbol r}_0\underline{1}-\boldsymbol\omega_0\times[(\underline{\boldsymbol C_0}\underline{T})^{\mathrm T}+(\underline{\boldsymbol C}\underline{T})^{\mathrm T}\underline{1}]\\
\underline{\boldsymbol b_1}&=\ddot{\boldsymbol r}_0\underline{1}-\dot{\boldsymbol\omega}_0\times(\underline{\boldsymbol C_0}\underline{T})^{\mathrm T}+(\underline{\boldsymbol C}\underline{T})^{\mathrm T}\times\underline{\boldsymbol b_2}-\underline{T}^{\mathrm T}(\underline{\boldsymbol s}+\underline{\boldsymbol h})
\end{aligned}\qquad(7.3\text{-}34)
$$

转动方面各系数矩阵为

$$\underline{a}_2 = -(\underline{p}\underline{T})^{\mathrm{T}},\quad \underline{a}_{20} = \omega_0 \underline{1},\quad \underline{b}_2 = \dot{\omega}_0 \underline{1} - \underline{T}^{\mathrm{T}}(\underline{w} + \underline{f}) \tag{7.3-35}$$

至此，运动学分析的任务已完成。

7.3.3　树系统的动力学

将式(7.3-34)和式(7.3-35)代入式(5.5-11)，得到树系统的动力学方程为

$$\underline{A}\ddot{\underline{q}} = \underline{B} \tag{7.3-36}$$

其中，

$$\left.\begin{aligned} \underline{A} &= \underline{a}_1^{\mathrm{T}} \cdot \underline{m}\underline{a}_1 + \underline{a}_2^{\mathrm{T}} \cdot \underline{J} \cdot \underline{a}_2 \\ \underline{B} &= \underline{a}_1^{\mathrm{T}} \cdot \left(\underline{F} - \underline{m}\underline{b}_1\right) + \underline{a}_2^{\mathrm{T}} \cdot \left(\underline{M}^* - \underline{J} \cdot \underline{b}_2\right) \end{aligned}\right\} \tag{7.3-37}$$

式(7.3-37)对于任意树系统都有效。而对于系统中的铰都为转动铰且零刚体与惯性系固连的树系统，方程会更为简洁。很多机器人属于这类系统。在这类系统中，体铰矢量$\boldsymbol{c}_{[i^+(a)]a}$、$\boldsymbol{c}_{[i^-(a)]a}$在连体基中的坐标阵均为常值阵；运动学关系中的铰平移轴矢量矩阵$\underline{k}$、铰轴相对角加速度矢量矩阵$\underline{w}$、铰轴相对加速度矩阵$\underline{s}$均为零，因此，动力学方程中各系数矩阵简化为

$$\begin{aligned} &\underline{a}_1 = (\underline{C}\underline{T})^{\mathrm{T}} \times \underline{a}_2,\quad \underline{b}_1 = (\underline{C}\underline{T})^{\mathrm{T}} \times \underline{b}_2 - \underline{T}^{\mathrm{T}}\underline{h} \\ &\underline{a}_2 = -(\underline{p}\underline{T})^{\mathrm{T}},\qquad \underline{b}_2 = -\underline{T}^{\mathrm{T}}\underline{f} \end{aligned} \tag{7.3-38}$$

例题 7.3-1　用独立广义坐标的统一形式动力学方程来建立例题 5.1-1 的动力学方程。

解：(1)图 7-10 为系统的有向结构图，则系统的关联数组如表 7-3 所示。

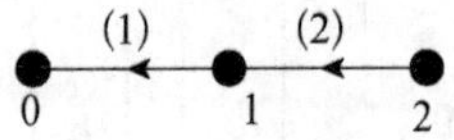

图 7-10　有向结构图

表 7-3　系统的关联数组表

a	1	2
$i^+(a)$	1	2
$i^-(a)$	0	1

(2)关联矩阵和通路矩阵分别为

$$\underline{S}_H = \begin{bmatrix} \underline{S}_0 \\ \hline \underline{S} \end{bmatrix} = \begin{bmatrix} -1 & 0 \\ \hline 1 & -1 \\ 0 & 1 \end{bmatrix},\quad \underline{T} = \begin{bmatrix} 1 & 1 \\ 0 & 1 \end{bmatrix}$$

(3)加权体铰矢量。系统中各刚体的体铰矢量如图 7-11 所示，则系统的加权体铰矢量矩阵为

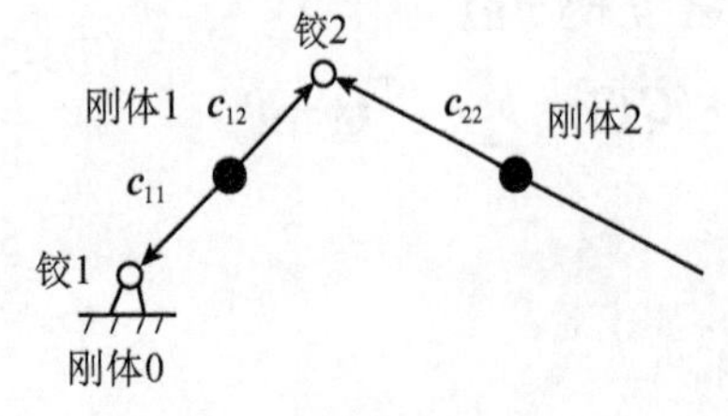

图 7-11　体铰矢量示意图

$$\underline{C}_H = \begin{bmatrix} \underline{C}_0 \\ \hline \underline{C} \end{bmatrix} = \begin{bmatrix} \boldsymbol{C}_{01} & \boldsymbol{C}_{02} \\ \hline \boldsymbol{C}_{11} & \boldsymbol{C}_{12} \\ \boldsymbol{C}_{21} & \boldsymbol{C}_{22} \end{bmatrix} = \begin{bmatrix} \boldsymbol{0} & \boldsymbol{0} \\ \hline \boldsymbol{c}_{11} & -\boldsymbol{c}_{12} \\ \boldsymbol{0} & \boldsymbol{c}_{22} \end{bmatrix}$$

(4)铰转轴矢量矩阵为

$$\underline{p}^{\mathrm{T}} = \begin{bmatrix} \underline{p}_1^{\mathrm{T}} & 0 \\ 0 & \underline{p}_2^{\mathrm{T}} \end{bmatrix} = \begin{bmatrix} -\boldsymbol{e}_{r3} & 0 \\ 0 & -\boldsymbol{e}_{r3} \end{bmatrix}$$

(5) 系统铰变量为

$$\underline{q}=\begin{bmatrix}\psi_1\\ \psi_2\end{bmatrix}$$

(6) 铰相对速度和角速度矢量为

$$\boldsymbol{v}_1=\boldsymbol{0},\ \ \boldsymbol{v}_2=\boldsymbol{0},\ \ \boldsymbol{\Omega}_1=-\dot{\psi}_1\boldsymbol{e}_{r3},\ \ \boldsymbol{\Omega}_2=-\dot{\psi}_2\boldsymbol{e}_{r3}$$

(7) 系统各刚体绝对角速度矢量为

$$\boldsymbol{\omega}_1=\dot{\psi}_1\boldsymbol{e}_{r3}\ ,\quad \boldsymbol{\omega}_2=(\dot{\psi}_1+\dot{\psi}_2)\boldsymbol{e}_{r3}$$

(8) 铰牵连角加速度矢量矩阵为

$$\boldsymbol{f}_1=\boldsymbol{\omega}_1\times\boldsymbol{\Omega}_1=\boldsymbol{0}\ ,\quad \boldsymbol{f}_2=\boldsymbol{\omega}_2\times\boldsymbol{\Omega}_2=\boldsymbol{0}\ ,\quad \underline{\boldsymbol{f}}=\begin{bmatrix}\boldsymbol{f}_1\\ \boldsymbol{f}_2\end{bmatrix}=\begin{bmatrix}\boldsymbol{0}\\ \boldsymbol{0}\end{bmatrix}$$

(9) 铰牵连向心和科氏加速度矢量矩阵为

$$\underline{\boldsymbol{h}}=\begin{bmatrix}\boldsymbol{h}_1\\ \boldsymbol{h}_2\end{bmatrix}$$

$$\begin{aligned}\boldsymbol{h}_1&=\boldsymbol{\omega}_1\times(\boldsymbol{\omega}_1\times\boldsymbol{c}_{11})-\boldsymbol{\omega}_0\times(\boldsymbol{\omega}_0\times\boldsymbol{c}_{01})+2\boldsymbol{\omega}_1\times\boldsymbol{v}_1=\boldsymbol{\omega}_1\times(\boldsymbol{\omega}_1\times\boldsymbol{c}_{11})\\ &=\underline{\boldsymbol{e}_1}^{\mathrm{T}}\begin{bmatrix}0&-\dot{\psi}_1&0\\ \dot{\psi}_1&0&0\\ 0&0&0\end{bmatrix}\begin{bmatrix}0&-\dot{\psi}_1&0\\ \dot{\psi}_1&0&0\\ 0&0&0\end{bmatrix}\begin{bmatrix}-l_1\\ 0\\ 0\end{bmatrix}=\underline{\boldsymbol{e}_1}^{\mathrm{T}}\begin{bmatrix}l_1\dot{\psi}_1^2\\ 0\\ 0\end{bmatrix}\end{aligned}$$

$$\begin{aligned}\boldsymbol{h}_2&=\boldsymbol{\omega}_2\times(\boldsymbol{\omega}_2\times\boldsymbol{c}_{22})-\boldsymbol{\omega}_1\times(\boldsymbol{\omega}_1\times\boldsymbol{c}_{12})+2\boldsymbol{\omega}_2\times\boldsymbol{v}_2\\ &=\boldsymbol{\omega}_2\times(\boldsymbol{\omega}_2\times\boldsymbol{c}_{22})-\boldsymbol{\omega}_1\times(\boldsymbol{\omega}_1\times\boldsymbol{c}_{12})\\ &=\underline{\boldsymbol{e}_2}^{\mathrm{T}}\begin{bmatrix}l_2(\dot{\psi}_1+\dot{\psi}_2)^2\\ 0\\ 0\end{bmatrix}-\underline{\boldsymbol{e}_1}^{\mathrm{T}}\begin{bmatrix}-l_1\dot{\psi}_1^2\\ 0\\ 0\end{bmatrix}=\underline{\boldsymbol{e}_2}^{\mathrm{T}}\begin{bmatrix}l_2(\dot{\psi}_1+\dot{\psi}_2)^2\\ 0\\ 0\end{bmatrix}-\underline{\boldsymbol{e}_2}^{\mathrm{T}}\underline{A}^{21}\begin{bmatrix}-l_1\dot{\psi}_1^2\\ 0\\ 0\end{bmatrix}\\ &=\underline{\boldsymbol{e}_2}^{\mathrm{T}}\left(\begin{bmatrix}l_2(\dot{\psi}_1+\dot{\psi}_2)^2\\ 0\\ 0\end{bmatrix}-\begin{bmatrix}\cos\psi_2&\sin\psi_2&0\\ -\sin\psi_2&\cos\psi_2&0\\ 0&0&1\end{bmatrix}\begin{bmatrix}-l_1\dot{\psi}_1^2\\ 0\\ 0\end{bmatrix}\right)\\ &=\underline{\boldsymbol{e}_2}^{\mathrm{T}}\left(\begin{bmatrix}l_2(\dot{\psi}_1+\dot{\psi}_2)^2\\ 0\\ 0\end{bmatrix}-\begin{bmatrix}-l_1\dot{\psi}_1^2\cos\psi_2\\ l_1\dot{\psi}_1^2\sin\psi_2\\ 0\end{bmatrix}\right)=\underline{\boldsymbol{e}_2}^{\mathrm{T}}\begin{bmatrix}l_2(\dot{\psi}_1+\dot{\psi}_2)^2+l_1\dot{\psi}_1^2\cos\psi_2\\ -l_1\dot{\psi}_1^2\sin\psi_2\\ 0\end{bmatrix}\end{aligned}$$

(10) 动力学方程各系数矩阵为

$$\underline{\boldsymbol{a}_2}=-(\underline{p}\underline{T})^{\mathrm{T}}=-\left(\begin{bmatrix}-\boldsymbol{e}_{r3}&0\\ 0&-\boldsymbol{e}_{r3}\end{bmatrix}\begin{bmatrix}1&1\\ 0&1\end{bmatrix}\right)^{\mathrm{T}}=\begin{bmatrix}\boldsymbol{e}_{r3}&0\\ \boldsymbol{e}_{r3}&\boldsymbol{e}_{r3}\end{bmatrix}$$

$$\begin{aligned}\underline{\boldsymbol{a}_1}&=(\underline{C}\underline{T})^{\mathrm{T}}\times\underline{\boldsymbol{a}_2}=\left(\begin{bmatrix}\boldsymbol{c}_{11}&-\boldsymbol{c}_{12}\\ 0&\boldsymbol{c}_{22}\end{bmatrix}\begin{bmatrix}1&1\\ 0&1\end{bmatrix}\right)^{\mathrm{T}}\times\begin{bmatrix}\boldsymbol{e}_{r3}&0\\ \boldsymbol{e}_{r3}&\boldsymbol{e}_{r3}\end{bmatrix}=\begin{bmatrix}\boldsymbol{c}_{11}&0\\ \boldsymbol{c}_{11}-\boldsymbol{c}_{12}&\boldsymbol{c}_{22}\end{bmatrix}\times\begin{bmatrix}\boldsymbol{e}_{r3}&0\\ \boldsymbol{e}_{r3}&\boldsymbol{e}_{r3}\end{bmatrix}\\ &=\begin{bmatrix}\boldsymbol{c}_{11}\times\boldsymbol{e}_{r3}&0\\ (\boldsymbol{c}_{11}-\boldsymbol{c}_{12}+\boldsymbol{c}_{22})\times\boldsymbol{e}_{r3}&\boldsymbol{c}_{22}\times\boldsymbol{e}_{r3}\end{bmatrix}\end{aligned}$$

$$\underline{\boldsymbol{b}_2}=-\underline{\boldsymbol{T}}^{\mathrm{T}}\underline{\boldsymbol{f}}=\begin{bmatrix}0\\0\end{bmatrix}$$

$$\underline{\boldsymbol{b}_1}=(\underline{\boldsymbol{C}\boldsymbol{T}})^{\mathrm{T}}\times\underline{\boldsymbol{b}_2}-\underline{\boldsymbol{T}}^{\mathrm{T}}\underline{\boldsymbol{h}}=-\underline{\boldsymbol{T}}^{\mathrm{T}}\underline{\boldsymbol{h}}=-\begin{bmatrix}1&0\\1&1\end{bmatrix}\begin{bmatrix}\boldsymbol{h}_1\\\boldsymbol{h}_2\end{bmatrix}=\begin{bmatrix}-\boldsymbol{h}_1\\-\boldsymbol{h}_1-\boldsymbol{h}_2\end{bmatrix}$$

(11)质量和转动惯量矩阵为

$$\underline{\boldsymbol{m}}=\begin{bmatrix}m_1&0\\0&m_2\end{bmatrix},\quad\underline{\boldsymbol{J}}=\begin{bmatrix}\boldsymbol{J}_1&0\\0&\boldsymbol{J}_2\end{bmatrix},\quad\underline{{}^1J_1^C}=\begin{bmatrix}0&0&0\\0&\dfrac{m_1l_1^2}{3}&0\\0&0&\dfrac{m_1l_1^2}{3}\end{bmatrix},\quad\underline{{}^2J_2^C}=\begin{bmatrix}0&0&0\\0&\dfrac{m_2l_2^2}{3}&0\\0&0&\dfrac{m_2l_2^2}{3}\end{bmatrix}$$

(12) $\underline{A}$ 矩阵为

$$\underline{\boldsymbol{m}\boldsymbol{a}_1}=\begin{bmatrix}m_1&0\\0&m_2\end{bmatrix}\begin{bmatrix}\boldsymbol{c}_{11}\times\boldsymbol{e}_{r3}&0\\(\boldsymbol{c}_{11}-\boldsymbol{c}_{12}+\boldsymbol{c}_{22})\times\boldsymbol{e}_{r3}&\boldsymbol{c}_{22}\times\boldsymbol{e}_{r3}\end{bmatrix}=\begin{bmatrix}m_1\boldsymbol{c}_{11}\times\boldsymbol{e}_{r3}&0\\m_2(\boldsymbol{c}_{11}-\boldsymbol{c}_{12}+\boldsymbol{c}_{22})\times\boldsymbol{e}_{r3}&m_2\boldsymbol{c}_{22}\times\boldsymbol{e}_{r3}\end{bmatrix}$$

$$\begin{aligned}\underline{\boldsymbol{a}_1}^{\mathrm{T}}\cdot\underline{\boldsymbol{m}\boldsymbol{a}_1}&=\begin{bmatrix}\boldsymbol{c}_{11}\times\boldsymbol{e}_{r3}&(\boldsymbol{c}_{11}-\boldsymbol{c}_{12}+\boldsymbol{c}_{22})\times\boldsymbol{e}_{r3}\\0&\boldsymbol{c}_{22}\times\boldsymbol{e}_{r3}\end{bmatrix}\cdot\begin{bmatrix}m_1\boldsymbol{c}_{11}\times\boldsymbol{e}_{r3}&0\\m_2(\boldsymbol{c}_{11}-\boldsymbol{c}_{12}+\boldsymbol{c}_{22})\times\boldsymbol{e}_{r3}&m_2\boldsymbol{c}_{22}\times\boldsymbol{e}_{r3}\end{bmatrix}\\&=\begin{bmatrix}m_1\left|\boldsymbol{c}_{11}\times\boldsymbol{e}_{r3}\right|^2+m_2\left|(\boldsymbol{c}_{11}-\boldsymbol{c}_{12}+\boldsymbol{c}_{22})\times\boldsymbol{e}_{r3}\right|^2&[(\boldsymbol{c}_{11}-\boldsymbol{c}_{12}+\boldsymbol{c}_{22})\times\boldsymbol{e}_{r3}]\cdot(m_2\boldsymbol{c}_{22}\times\boldsymbol{e}_{r3})\\{}[(\boldsymbol{c}_{11}-\boldsymbol{c}_{12}+\boldsymbol{c}_{22})\times\boldsymbol{e}_{r3}]\cdot(m_2\boldsymbol{c}_{22}\times\boldsymbol{e}_{r3})&m_2\left|\boldsymbol{c}_{22}\times\boldsymbol{e}_{r3}\right|^2\end{bmatrix}\\&=\begin{bmatrix}m_1l_1^2+m_2(4l_1^2+l_2^2+4l_1l_2\cos\psi_2)&[(\boldsymbol{c}_{11}-\boldsymbol{c}_{12})\times\boldsymbol{e}_{r3}]\cdot(m_2\boldsymbol{c}_{22}\times\boldsymbol{c}_{r3})+m_2\left|\boldsymbol{c}_{22}\times\boldsymbol{e}_{r3}\right|^2\\{}[(\boldsymbol{c}_{11}-\boldsymbol{c}_{12})\times\boldsymbol{e}_{r3}]\cdot(m_2\boldsymbol{c}_{22}\times\boldsymbol{e}_{r3})+m_2\left|\boldsymbol{c}_{22}\times\boldsymbol{e}_{r3}\right|^2&m_2l_2^2\end{bmatrix}\\&=\begin{bmatrix}m_1l_1^2+m_2(4l_1^2+l_2^2+4l_1l_2\cos\psi_2)&2m_2l_1l_2\cos\psi_2+m_2l_2^2\\2m_2l_1l_2\cos\psi_2+m_2l_2^2&m_2l_2^2\end{bmatrix}\end{aligned}$$

$$\begin{aligned}\underline{\boldsymbol{a}_2}^{\mathrm{T}}\cdot\underline{\boldsymbol{J}}\cdot\underline{\boldsymbol{a}_2}&=\begin{bmatrix}\boldsymbol{e}_{r3}&\boldsymbol{e}_{r3}\\0&\boldsymbol{e}_{r3}\end{bmatrix}\cdot\begin{bmatrix}\boldsymbol{J}_1&0\\0&\boldsymbol{J}_2\end{bmatrix}\cdot\begin{bmatrix}\boldsymbol{e}_{r3}&0\\\boldsymbol{e}_{r3}&\boldsymbol{e}_{r3}\end{bmatrix}=\begin{bmatrix}\boldsymbol{e}_{r3}\cdot\boldsymbol{J}_1&\boldsymbol{e}_{r3}\cdot\boldsymbol{J}_2\\0&\boldsymbol{e}_{r3}\cdot\boldsymbol{J}_2\end{bmatrix}\cdot\begin{bmatrix}\boldsymbol{e}_{r3}&0\\\boldsymbol{e}_{r3}&\boldsymbol{e}_{r3}\end{bmatrix}\\&=\begin{bmatrix}\boldsymbol{e}_{r3}\cdot\boldsymbol{J}_1\cdot\boldsymbol{e}_{r3}+\boldsymbol{e}_{r3}\cdot\boldsymbol{J}_2\cdot\boldsymbol{e}_{r3}&\boldsymbol{e}_{r3}\cdot\boldsymbol{J}_2\cdot\boldsymbol{e}_{r3}\\\boldsymbol{e}_{r3}\cdot\boldsymbol{J}_2\cdot\boldsymbol{e}_{r3}&\boldsymbol{e}_{r3}\cdot\boldsymbol{J}_2\cdot\boldsymbol{e}_{r3}\end{bmatrix}=\begin{bmatrix}\dfrac{m_1l_1^2}{3}+\dfrac{m_2l_2^2}{3}&\dfrac{m_2l_2^2}{3}\\\dfrac{m_2l_2^2}{3}&\dfrac{m_2l_2^2}{3}\end{bmatrix}\end{aligned}$$

$$\begin{aligned}\underline{A}&=\underline{\boldsymbol{a}_1}^{\mathrm{T}}\cdot\underline{\boldsymbol{m}\boldsymbol{a}_1}+\underline{\boldsymbol{a}_2}^{\mathrm{T}}\cdot\underline{\boldsymbol{J}}\cdot\underline{\boldsymbol{a}_2}\\&=\begin{bmatrix}m_1l_1^2+m_2(4l_1^2+l_2^2+4l_1l_2\cos\psi_2)&2m_2l_1l_2\cos\psi_2+m_2l_2^2\\2m_2l_1l_2\cos\psi_2+m_2l_2^2&m_2l_2^2\end{bmatrix}+\begin{bmatrix}\dfrac{m_1l_1^2}{3}+\dfrac{m_2l_2^2}{3}&\dfrac{m_2l_2^2}{3}\\\dfrac{m_2l_2^2}{3}&\dfrac{m_2l_2^2}{3}\end{bmatrix}\end{aligned}$$

$$
=\begin{bmatrix} \dfrac{4m_1l_1^2}{3}+\dfrac{4m_2l_2^2}{3}+4m_2l_1^2+4m_2l_1l_2\cos\psi_2 & 2m_2l_1l_2\cos\psi_2+\dfrac{4m_2l_2^2}{3} \\ 2m_2l_1l_2\cos\psi_2+\dfrac{4m_2l_2^2}{3} & \dfrac{4m_2l_2^2}{3} \end{bmatrix}
$$

(13) 力矩阵和力矩矩阵为

$$
\underline{F}=[0\quad -m_1g\quad 0\quad 0\quad -m_2g\quad 0]^{\mathrm{T}},\quad \underline{M}^*=[0\quad 0\quad 0\quad 0\quad 0\quad 0]^{\mathrm{T}}
$$

(14) $\underline{B}$ 矩阵为

$$
\underline{B}=\underline{\boldsymbol{a}_1}^{\mathrm{T}}\cdot(\underline{\boldsymbol{F}}-\underline{m}\underline{\boldsymbol{b}_1})+\underline{\boldsymbol{a}_2}^{\mathrm{T}}\cdot(\underline{\boldsymbol{M}}^*-\underline{J}\cdot\underline{\boldsymbol{b}_2})=\underline{\boldsymbol{a}_1}^{\mathrm{T}}\cdot(\underline{\boldsymbol{F}}-\underline{m}\underline{\boldsymbol{b}_1})+\boldsymbol{0}
$$

$$
=\begin{bmatrix} \boldsymbol{c}_{11}\times\boldsymbol{e}_{r3} & (\boldsymbol{c}_{11}-\boldsymbol{c}_{12}+\boldsymbol{c}_{22})\times\boldsymbol{e}_{r3} \\ 0 & \boldsymbol{c}_{22}\times\boldsymbol{e}_{r3} \end{bmatrix}\cdot\left(\begin{bmatrix}\boldsymbol{F}_1\\ \boldsymbol{F}_2\end{bmatrix}-\begin{bmatrix} m_1 & \\ & m_2\end{bmatrix}\begin{bmatrix}-\boldsymbol{h}_1\\ -\boldsymbol{h}_1-\boldsymbol{h}_2\end{bmatrix}\right)
$$

$$
=\begin{bmatrix} \boldsymbol{c}_{11}\times\boldsymbol{e}_{r3} & (\boldsymbol{c}_{11}-\boldsymbol{c}_{12}+\boldsymbol{c}_{22})\times\boldsymbol{e}_{r3} \\ 0 & \boldsymbol{c}_{22}\times\boldsymbol{e}_{r3} \end{bmatrix}\cdot\begin{bmatrix}\boldsymbol{F}_1+m_1\boldsymbol{h}_1\\ \boldsymbol{F}_2+m_2(\boldsymbol{h}_1+\boldsymbol{h}_2)\end{bmatrix}
$$

$$
=\begin{bmatrix} \underline{A}^{r1}\begin{bmatrix}0&0&0\\0&0&l_1\\0&-l_1&0\end{bmatrix}\begin{bmatrix}0\\0\\1\end{bmatrix} & -\underline{A}^{r1}\begin{bmatrix}0&-1&0\\1&0&0\\0&0&0\end{bmatrix}\left(\begin{bmatrix}-l_1\\0\\0\end{bmatrix}-\begin{bmatrix}l_1\\0\\0\end{bmatrix}+\underline{A}^{12}\begin{bmatrix}-l_2\\0\\0\end{bmatrix}\right) \\ 0 & \underline{A}^{r2}\begin{bmatrix}0&0&0\\0&0&l_2\\0&-l_2&0\end{bmatrix}\begin{bmatrix}0\\0\\1\end{bmatrix} \end{bmatrix}^{\mathrm{T}}
$$

$$
\cdot\begin{bmatrix} \begin{bmatrix}0\\-m_1g\\0\end{bmatrix}+\underline{A}^{r1}\begin{bmatrix}m_1l_1\dot{\psi}_1^2\\0\\0\end{bmatrix} \\ \begin{bmatrix}0\\-m_2g\\0\end{bmatrix}+\underline{A}^{r1}\begin{bmatrix}m_2l_1\dot{\psi}_1^2\\0\\0\end{bmatrix}+\underline{A}^{r2}\begin{bmatrix}m_2l_2(\dot{\psi}_1+\dot{\psi}_2)^2+m_2l_1\dot{\psi}_1^2\cos\psi_2\\-m_2l_1\dot{\psi}_1^2\sin\psi_2\\0\end{bmatrix} \end{bmatrix}
$$

$$
=\begin{bmatrix} \begin{bmatrix}\cos\psi_1&-\sin\psi_1&0\\ \sin\psi_1&\cos\psi_1&0\\0&0&1\end{bmatrix}\begin{bmatrix}0\\l_1\\0\end{bmatrix} & \begin{matrix}-\begin{bmatrix}\cos\psi_1&-\sin\psi_1&0\\ \sin\psi_1&\cos\psi_1&0\\0&0&1\end{bmatrix}\begin{bmatrix}0&-1&0\\1&0&0\\0&0&0\end{bmatrix}\\ \left(\begin{bmatrix}-2l_1\\0\\0\end{bmatrix}+\begin{bmatrix}\cos\psi_2&-\sin\psi_2&0\\ \sin\psi_2&\cos\psi_2&0\\0&0&1\end{bmatrix}\begin{bmatrix}-l_2\\0\\0\end{bmatrix}\right)\end{matrix} \\ 0 & \begin{bmatrix}\cos(\psi_1+\psi_2)&-\sin(\psi_1+\psi_2)&0\\ \sin(\psi_1+\psi_2)&\cos(\psi_1+\psi_2)&0\\0&0&1\end{bmatrix}\begin{bmatrix}0\\l_2\\0\end{bmatrix} \end{bmatrix}^{\mathrm{T}}
$$

$$
\left[\begin{array}{l}
\begin{bmatrix} 0 \\ -m_1 g \\ 0 \end{bmatrix}+\begin{bmatrix} \cos\psi_1 & -\sin\psi_1 & 0 \\ \sin\psi_1 & \cos\psi_1 & 0 \\ 0 & 0 & 1 \end{bmatrix}\begin{bmatrix} m_1 l_1\dot{\psi}_1^2 \\ 0 \\ 0 \end{bmatrix} \\
\cdot\begin{bmatrix} 0 \\ -m_2 g \\ 0 \end{bmatrix}+\begin{bmatrix} \cos\psi_1 & -\sin\psi_1 & 0 \\ \sin\psi_1 & \cos\psi_1 & 0 \\ 0 & 0 & 1 \end{bmatrix}\begin{bmatrix} m_2 l_1\dot{\psi}_1^2 \\ 0 \\ 0 \end{bmatrix}+\begin{bmatrix} \cos(\psi_1+\psi_2) & -\sin(\psi_1+\psi_2) & 0 \\ \sin(\psi_1+\psi_2) & \cos(\psi_1+\psi_2) & 0 \\ 0 & 0 & 1 \end{bmatrix} \\
\begin{bmatrix} m_2 l_2(\dot{\psi}_1+\dot{\psi}_2)^2+m_2 l_1\dot{\psi}_1^2\cos\psi_2 \\ -m_2 l_1\dot{\psi}_1^2\sin\psi_2 \\ 0 \end{bmatrix}
\end{array}\right]
$$

$$
=\begin{bmatrix} -m_1 g l_1\cos\psi_1-2m_2 g l_1\cos\psi_1-m_2 g l_2\cos(\psi_1+\psi_2)+2m_2 l_1 l_2\dot{\psi}_2^2\sin\psi_2 \\ +4m_2 l_1 l_2\dot{\psi}_1\dot{\psi}_2\sin\psi_2-m_2 g l_2\cos(\psi_1+\psi_2)-2m_2 l_1 l_2\dot{\psi}_1^2\sin\psi_2 \end{bmatrix}
$$

(15)系统动力学方程为

$$
\underline{A}\underline{\ddot{q}}=\underline{B}
$$

$$
\begin{bmatrix} \dfrac{4m_1 l_1^2}{3}+\dfrac{4m_2 l_2^2}{3}+4m_2 l_1^2+4m_2 l_1 l_2\cos\psi_2 & 2m_2 l_1 l_2\cos\psi_2+\dfrac{4m_2 l_2^2}{3} \\ 2m_2 l_1 l_2\cos\psi_2+\dfrac{4m_2 l_2^2}{3} & \dfrac{4m_2 l_2^2}{3} \end{bmatrix}\begin{bmatrix} \ddot{\psi}_1 \\ \ddot{\psi}_2 \end{bmatrix}
$$

$$
=\begin{bmatrix} -m_1 g l_1\cos\psi_1-2m_2 g l_1\cos\psi_1-m_2 g l_2\cos(\psi_1+\psi_2)+2m_2 l_1 l_2\dot{\psi}_2^2\sin\psi_2+4m_2 l_1 l_2\dot{\psi}_1\dot{\psi}_2\sin\psi_2 \\ -m_2 g l_2\cos(\psi_1+\psi_2)-2m_2 l_1 l_2\dot{\psi}_1^2\sin\psi_2 \end{bmatrix}
$$

7.3.4 力元

力元产生大小相等、方向相反的力或力矩在它连接的两个刚体上。这些力和力矩出现在动力学方程的矩阵 $\underline{B}$ 中。力元根据其作用效果可分为转动力元和直线力元。转动力元一般是作用在转动铰的轴线上，如转动弹簧、转动阻尼，其对相连的两个刚体产生对各自质心的力矩作用 $\boldsymbol{M}_{i^-(a)}$、$\boldsymbol{M}_{i^+(a)}$；而直线力元则可能作用在平移铰的轴线上，也可能作用在任意两个刚体的任意点上，如直线弹簧、直线阻尼等，其对相连的两个刚体产生作用于各自质心处的合力 $\boldsymbol{F}_{i^-(a)}$、$\boldsymbol{F}_{i^+(a)}$，以及对各自质心的力矩作用 $\boldsymbol{M}_{i^-(a)}$、$\boldsymbol{M}_{i^+(a)}$。这些力和力矩会作为各刚体的主动力加入动力学方程的力与力矩矩阵中。

1)转动力元

对于任意转动铰 a 上的转动力元，设其转轴矢量为 $\boldsymbol{p}_a$，弹簧转动刚度系数为 k_a，未压缩状态时的铰变量 $q_a=q_{a0}$，则其对刚体 $i^-(a)$ 和刚体 $i^+(a)$ 质心的力矩分别为

$$
\boldsymbol{M}_{i^-(a)}=-\boldsymbol{p}_a k_a(q_a-q_{a0}),\quad \boldsymbol{M}_{i^+(a)}=-\boldsymbol{M}_{i^-(a)} \tag{7.3-39}
$$

若转动力元由转动弹簧和转动阻尼共同组成，设转动阻尼系数为 d_a，则其对刚体 $i^-(a)$ 和刚体 $i^+(a)$ 质心的力矩分别为

$$\boldsymbol{M}_{i^-(a)} = -d_a\dot{q}_a - \boldsymbol{p}_a k_a(q_a - q_{a0}), \quad \boldsymbol{M}_{i^+(a)} = -\boldsymbol{M}_{i^-(a)} \tag{7.3-40}$$

2) 直线力元

图 7-12 为由直线力元 a 连接的两个刚体 $i^+(a)$、$i^-(a)$，力元与刚体 $i^+(a)$ 的连接点为力元的起点 a_s，与刚体 $i^-(a)$ 的连接点为力元的终点 a_e，两个连接点在各自刚体质心连体系中的位置矢量分别为 $\boldsymbol{c}_{[i^+(a)]a}$ 和 $\boldsymbol{c}_{[i^-(a)]a}$，由 a_s 到 a_e 的矢量为 z_a。

由矢量关系可知：

$$z_a = \boldsymbol{r}_{i^+(a)} + \boldsymbol{c}_{[i^+(a)]a} - \boldsymbol{c}_{[i^-(a)]a} - \boldsymbol{r}_{i^-(a)} \tag{7.3-41}$$

则力元长度为 $L_a = \sqrt{z_a \cdot z_a}$，力元方向的单位矢量为 $\boldsymbol{e}_a = z_a / L_a$。

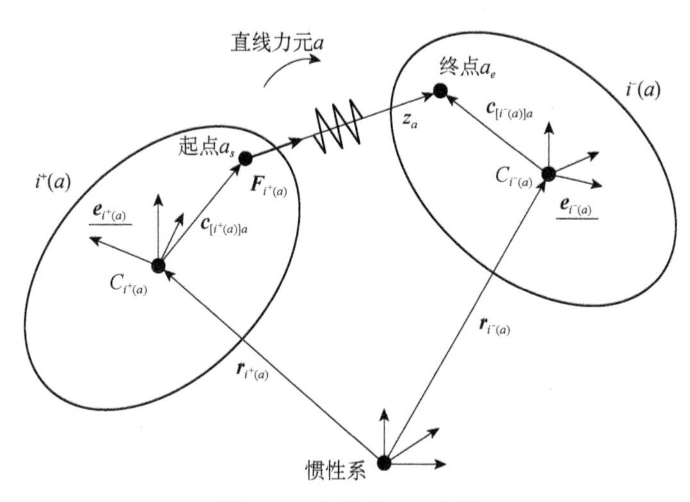

图 7-12　直线力元示意图

设直线力元由直线弹簧和直线阻尼共同组成，弹簧刚度系数为 k_a，设阻尼系数为 d_a，弹簧未压缩状态时长度为 L_{a0}，则力元对刚体 $i^-(a)$ 和刚体 $i^+(a)$ 质心的力与力矩分别为

$$\boldsymbol{F}_{i^-(a)} = -\boldsymbol{e}_a k_a (L_a - L_{a0}), \quad \boldsymbol{F}_{i^+(a)} = -\boldsymbol{F}_{i^-(a)} \tag{7.3-42}$$

$$\boldsymbol{M}_{i^-(a)} = \boldsymbol{c}_{[i^-(a)]a} \times \boldsymbol{F}_{i^-(a)}, \quad \boldsymbol{M}_{i^+(a)} = \boldsymbol{c}_{[i^+(a)]a} \times \boldsymbol{F}_{i^+(a)} \tag{7.3-43}$$

7.3.5　铰的约束力

铰的约束力不进入系统的动力学方程，但对于单个刚体的受力分析及设计具有重要意义。铰的约束力是由铰连接刚体在接触点、线或面处的挤压产生的，因此，它们是分布力，由于接触线或面是假设为刚性的，所以无法确定约束力的分布情况，而只能确定分布力的等效力和力矩。

对于任意铰 a，设其约束力等效为作用于铰点 a 处的约束力 $\boldsymbol{F}_{aJ}$ 和对铰点 a 的力矩 $\boldsymbol{M}_{aJ}$，更准确地说，作用于刚体 $i^+(a)$ 的力和力矩分别为 $+\boldsymbol{F}_{aJ}$、$+\boldsymbol{M}_{aJ}$，作用于刚体 $i^-(a)$ 的力和力矩分别为 $-\boldsymbol{F}_{aJ}$、$-\boldsymbol{M}_{aJ}$。利用关联矩阵，以上叙述可表述为，铰 a 对任意刚体 i 作用的约束力和力矩分别为 $S_{ia}\boldsymbol{F}_{aJ}$、$S_{ia}\boldsymbol{M}_{aJ}$，则对于任意刚体 i，所有铰作用其上的合力和合力矩分别为

$$\boldsymbol{F}_{irJ}=\sum_{a=1}^{n}S_{ia}\boldsymbol{F}_{aJ}\ ,\quad \boldsymbol{M}_{irJ}=\sum_{a=1}^{n}\left[S_{ia}(\boldsymbol{c}_{ia}\times\boldsymbol{F}_{aJ}+\boldsymbol{M}_{aJ})\right] \tag{7.3-44}$$

则根据牛顿-欧拉方程，有

$$\begin{cases}m_i\ddot{\boldsymbol{r}}_i=\boldsymbol{F}_i+\boldsymbol{F}_{irJ}\\ \boldsymbol{J}_i^C\cdot\dot{\boldsymbol{\omega}}_i+\boldsymbol{\omega}_i\times\boldsymbol{J}_i^C\cdot\boldsymbol{\omega}_i=\boldsymbol{M}_i^C+\boldsymbol{M}_{irJ}\end{cases}\quad(i=1,2,\cdots,n) \tag{7.3-45}$$

其中，$\boldsymbol{F}_i$、$\boldsymbol{M}_i^C$ 分别为作用于刚体 i 的主动力和对质心的主动力矩。

对于多刚体系统系统，式(7.3-45)写成矩阵形式，有

$$\begin{cases}\underline{m\ddot{\boldsymbol{r}}}=\underline{\boldsymbol{F}}+\underline{S}\underline{\boldsymbol{F}_J}\\ \underline{\boldsymbol{J}}\cdot\underline{\dot{\boldsymbol{\omega}}}=\underline{\boldsymbol{M}^*}+\underline{\boldsymbol{C}}\times\underline{\boldsymbol{F}_J}+\underline{S}\underline{\boldsymbol{M}_J}\end{cases} \tag{7.3-46}$$

其中，$\underline{\boldsymbol{M}^*}$ 见式(5.5-2)，$\underline{\boldsymbol{F}_J}=\begin{bmatrix}\boldsymbol{F}_{1J} & \boldsymbol{F}_{2J} & \cdots & \boldsymbol{F}_{nJ}\end{bmatrix}^{\mathrm{T}}$；$\underline{\boldsymbol{M}_J}=\begin{bmatrix}\boldsymbol{M}_{1J} & \boldsymbol{M}_{2J} & \cdots & \boldsymbol{M}_{nJ}\end{bmatrix}^{\mathrm{T}}$。

将式(7.3-46)用通路矩阵进行左乘，根据式(7.2-8)，有

$$\begin{cases}\underline{\boldsymbol{F}_J}=\underline{T}(\underline{m\ddot{\boldsymbol{r}}}-\underline{\boldsymbol{F}})\\ \underline{\boldsymbol{M}_J}=\underline{T}(\underline{\boldsymbol{J}}\cdot\underline{\dot{\boldsymbol{\omega}}}-\underline{\boldsymbol{M}^*}-\underline{\boldsymbol{C}}\times\underline{\boldsymbol{F}_J})\end{cases} \tag{7.3-47}$$

7.3.6 编程说明

对于具有树系统关联结构的多刚体系统，根据式(7.3-34)～式(7.3-36)即可编写出一款通用的动力学仿真程序，该程序的输入参数如下。

(1)刚体和铰的个数 n。

(2)关联函数 $i^+(a)$ 和 $i^-(a)$，$(a=1,2,\cdots,n)$。

(3)各刚体质量 m_i 和对质心的转动惯量 $\boldsymbol{J}_i^C$，$(i=1,2,\cdots,n)$。

(4)各刚体上作用于质心的主动力 $\boldsymbol{F}_i$ 和对质心的主动力矩 $\boldsymbol{M}_i^C$，$(i=1,2,\cdots,n)$。

(5)每个铰的参数如下，$(a=1,2,\cdots,n)$（以下参数也可通过建立约束库，在库中检索获得）。

①方向余弦阵 $\underline{A^{i^-(a)i^+(a)}}$。

②体铰矢量 $\boldsymbol{c}_{[i^+(a)]a}$ 和 $\boldsymbol{c}_{[i^-(a)]a}$。

③铰平移轴矢量矩阵 $\underline{\boldsymbol{k}_a}$ 和铰转轴矢量矩阵 $\underline{\boldsymbol{p}_a}$。

④铰轴相对加速度 $\boldsymbol{s}_a$ 和铰轴相对角加速度 $\boldsymbol{w}_a$。

以上参数是以矢量或张量形式给出的，而实际应用中，应该将其分解到合适的坐标系中，给出坐标阵以及坐标系的编号。例如，体铰矢量 $\boldsymbol{c}_{[i^-(a)]a}$ 在刚体 $i^-(a)$ 的连体系 $\underline{\boldsymbol{e}_{i^-(a)}}$ 中为常值阵，则输入参数为 3 个坐标及坐标系编号 $i^-(a)$。当需要进行矢量或张量的坐标阵在不同基之间进行转换时，可先根据关联函数 $i^+(a)$ 和 $i^-(a)$ 获得两个基的通路，再利用各个基之间的方向余弦阵 $\underline{A^{i^-(a)i^+(a)}}$ 进行转换，这些转换可以通过编制程序自动进行。

前面的动力学方程或表达式是以矩阵形式给出的，它的优点是结构紧凑，且易于理解。但对于数值计算，这种形式却并不是最高效的。下面介绍一种更高效的递归形式。

在前面推导动力学方程的很多表达式中，都有通路矩阵的转置与某列矩阵相乘的形

式，如

$$\underline{\boldsymbol{\omega}} = \underline{\boldsymbol{\omega}}_0 \underline{1} - \underline{T}^{\mathrm{T}} \underline{\boldsymbol{\Omega}}, \quad \underline{\boldsymbol{r}} = \boldsymbol{r}_0 \underline{1} - (\underline{\boldsymbol{C}}_0 \underline{T})^{\mathrm{T}} - (\underline{\boldsymbol{C}} \underline{T})^{\mathrm{T}} \underline{1} \tag{7.3-48}$$

因子$\underline{T}^{\mathrm{T}}$说明这些式子可以通过从零刚体到系统终端刚体的递归运算获得。式(7.3-48)的递归公式为

$$\boldsymbol{\omega}_{i^+(a)} = \boldsymbol{\omega}_{i^-(a)} - \boldsymbol{\Omega}_a, \quad \boldsymbol{r}_{i^+(a)} = \boldsymbol{r}_{i^-(a)} + \boldsymbol{c}_{[i^-(a)]a} - \boldsymbol{c}_{[i^+(a)]a} \qquad (a = 1,2,\cdots,n) \tag{7.3-49}$$

更高效的做法是将树系统变为规则树系统，则递归公式为

$$\boldsymbol{\omega}_i = \boldsymbol{\omega}_{i^-(i)} - \boldsymbol{\Omega}_i, \quad \boldsymbol{r}_i = \boldsymbol{r}_{i^-(i)} + \boldsymbol{c}_{[i^-(i)]i} - \boldsymbol{c}_{ii} \qquad (i = 1,2,\cdots,n) \tag{7.3-50}$$

上述递归运算从 i=1 开始，$\boldsymbol{\omega}_{i^-(1)} = \boldsymbol{\omega}_0$，$\boldsymbol{r}_{i^-(i)} = \boldsymbol{r}_0$。需要注意的是：对于程序的用户来说，并不要求其输入的是规则树系统，即其输入的刚体及铰的编号任意，可以通过“规则树系统”的内容，将非规则树系统转化为规则树系统。

7.4　非树系统的动力学

对于关联结构中包含由约束组成的闭环的这类非树系统，组成闭环的各铰的铰变量受到约束而不独立，系统总的自由度数小于各个单独铰自由度的加和，无法由带有广义坐标变分的式(5.5-10)获得微分形式的式(5.5-12)。本节研究的目标是以一组独立的铰变量为广义坐标，建立这类系统的动力学方程。

总体思路分为两步：第一步是将系统转化为树系统，其动力学方程前面已叙述过；第二步是建立这些铰变量的约束方程，并将其融合到树系统的方程中。

将非树系统转化为树系统有两种方法：一种是通过移除铰来实现；另一种是通过复制刚体来实现。下面将分别进行介绍。

7.4.1　移除铰

如前面所述，通过移除非树系统的某些铰，可以将其转化为树系统，也称为原系统的生成树。对于生成树，可以建立如下方程：

$$\delta \underline{\dot{q}}^{\mathrm{T}} \left(\underline{A} \underline{\ddot{q}} - \underline{B} \right) = 0 \tag{7.4-1}$$

广义速度变分受到移除铰(Removal of Joint)的运动学约束，使其不独立，不能得到其系数矩阵为零的结论。对于完整约束，设有 n 个铰变量 $\underline{q}$，受到 s 个独立约束方程限制，有 $u = n - s$ 个独立铰变量，有

$$\underline{\Phi}\left(\underline{q}, t\right) = \begin{bmatrix} \Phi_1\left(q_1, q_2, \cdots, q_n, t\right) \\ \Phi_2\left(q_1, q_2, \cdots, q_n, t\right) \\ \vdots \\ \Phi_s\left(q_1, q_2, \cdots, q_n, t\right) \end{bmatrix} = \underline{0} \tag{7.4-2}$$

对式(7.4-2)求一阶和二阶时间导数，有

$$\underline{\dot{\Phi}}\left(\underline{q},t\right)=\begin{bmatrix}\sum_{i=1}^{n}\left(\frac{\partial\Phi_1}{\partial q_i}\dot{q}_i\right)+\frac{\partial\Phi_1}{\partial t}\\ \sum_{i=1}^{n}\left(\frac{\partial\Phi_2}{\partial q_i}\dot{q}_i\right)+\frac{\partial\Phi_2}{\partial t}\\ \vdots\\ \sum_{i=1}^{n}\left(\frac{\partial\Phi_s}{\partial q_i}\dot{q}_i\right)+\frac{\partial\Phi_s}{\partial t}\end{bmatrix}=\underline{0} \tag{7.4-3}$$

$$\underline{\ddot{\Phi}}\left(\underline{q},t\right)=\begin{bmatrix}\sum_{i=1}^{n}\left(\frac{\partial\Phi_1}{\partial q_i}\ddot{q}_i\right)+\sum_{i=1}^{n}\sum_{j=1}^{n}\left(\frac{\partial^2\Phi_1}{\partial q_i\partial q_j}\dot{q}_i\dot{q}_j\right)+2\sum_{i=1}^{n}\left(\frac{\partial^2\Phi_1}{\partial q_i\partial t}\ddot{q}_i\right)+\frac{\partial^2\Phi_1}{\partial t^2}\\ \sum_{i=1}^{n}\left(\frac{\partial\Phi_2}{\partial q_i}\ddot{q}_i\right)+\sum_{i=1}^{n}\sum_{j=1}^{n}\left(\frac{\partial^2\Phi_2}{\partial q_i\partial q_j}\dot{q}_i\dot{q}_j\right)+2\sum_{i=1}^{n}\left(\frac{\partial^2\Phi_2}{\partial q_i\partial t}\ddot{q}_i\right)+\frac{\partial^2\Phi_2}{\partial t^2}\\ \vdots\\ \sum_{i=1}^{n}\left(\frac{\partial\Phi_s}{\partial q_i}\ddot{q}_i\right)+\sum_{i=1}^{n}\sum_{j=1}^{n}\left(\frac{\partial^2\Phi_s}{\partial q_i\partial q_j}\dot{q}_i\dot{q}_j\right)+2\sum_{i=1}^{n}\left(\frac{\partial^2\Phi_s}{\partial q_i\partial t}\ddot{q}_i\right)+\frac{\partial^2\Phi_s}{\partial t^2}\end{bmatrix}=\underline{0} \tag{7.4-4}$$

式(7.4-3)和式(7.4-4)分别是关于铰变量的一阶导数及二阶导数的线性方程，则必可将s个不独立铰变量用u个独立铰变量线性表示，设u个独立铰变量用$\underline{q}^*$表示，则有如下关系式：

$$\underline{\dot{q}}=\underline{G}\underline{\dot{q}}^*+\underline{Q}，\quad \delta\underline{\dot{q}}=\underline{G}\delta\underline{\dot{q}}^*，\quad \underline{\ddot{q}}=\underline{G}\underline{\ddot{q}}^*+\underline{H} \tag{7.4-5}$$

其中，$\underline{G}$是n行u列的矩阵，矩阵元素是关于$\underline{q}$和t的函数；$\underline{Q}$是n行的列阵，其元素也是关于$\underline{q}$和t的函数；$\underline{H}$是n行的列阵，其元素是关于$\underline{q}$、$\underline{\dot{q}}$和t的函数。如果系统的约束是定常约束(Scleronomic Constraint)，则$\underline{Q}$为零。由于$\underline{q}^*$中的每个元素都与$\underline{q}$中的某一元素相等，所以式(7.4-5)中的n个方程中，有u个是恒等关系的，例如，设$q_l^*=q_k$，则$Q_k=0$，$H_k=0$，且$\underline{G}$的第k行只有第l列为1，其他均为0，即［00⋯1⋯0］。

将式(7.4-5)代入式(7.4-1)，有

$$\left.\begin{aligned}&\delta\underline{\dot{q}}^{*\mathrm{T}}\underline{G}^{\mathrm{T}}\left(\underline{A}\underline{G}\underline{\ddot{q}}^*+\underline{A}\underline{H}-\underline{B}\right)=0\\&\delta\underline{\dot{q}}^{*\mathrm{T}}\left(\underline{G}^{\mathrm{T}}\underline{A}\underline{G}\underline{\ddot{q}}^*+\underline{G}^{\mathrm{T}}\underline{A}\underline{H}-\underline{G}^{\mathrm{T}}\underline{B}\right)=0\\&\delta\underline{\dot{q}}^{*\mathrm{T}}\left(\underline{A}^*\underline{\ddot{q}}^*-\underline{B}^*\right)=0\end{aligned}\right\} \tag{7.4-6}$$

其中，

$$\underline{A}^*=\underline{G}^{\mathrm{T}}\underline{A}\underline{G}，\quad \underline{B}^*=\underline{G}^{\mathrm{T}}(\underline{B}-\underline{A}\underline{H}) \tag{7.4-7}$$

根据广义速度变分的独立性和任意性，有

$$\underline{A}^*\underline{\ddot{q}}^*=\underline{B}^* \tag{7.4-8}$$

式(7.4-8)就是要求的非树系统的动力学方程。其中，矩阵$\underline{A}^*$和$\underline{B}^*$是铰变量$\underline{q}$的函数，在数值积分的每一步都要重新计算两个矩阵的值。如果约束方程(7.4-2)不能显式地根据独立

铰变量解出非独立铰变量，那么就要通过数值迭代法求解，如牛顿-拉弗森(Newton-Raphson)迭代法，其中所需的雅可比矩阵 $\underline{G}$ 已求出，另外，所需的迭代初值可选择上一步的结果，只有第一步迭代初值较难选择。

本方法中的矩阵 $\underline{G}$ 和 $\underline{H}$，对于复杂的三维空间系统，较难列写。更困难的工作是确定独立约束方程的个数。若无法用解析法进行分析，则要借助于数值方法，其原理是：其数值等于约束方程雅可比矩阵的秩。

如果需要用户列写矩阵 $\underline{G}$、$\underline{Q}$ 和 $\underline{H}$，那么这样的多刚体系统通用仿真程序是很难使用的。所以，需要一种通过树系统运动学表达式自动生成以上矩阵的算法。该方法由 Lilov 和 Chirikov 首先提出，具体内容见 7.4.2 节。

7.4.2　复制刚体

如图 7-13 所示，本节将以这个具有单个闭环的系统为例，来说明如何通过复制刚体(Duplication of Body)的方法来将非树系统转换为树系统。很显然，此方法可推广到具有多个闭环的非树系统。

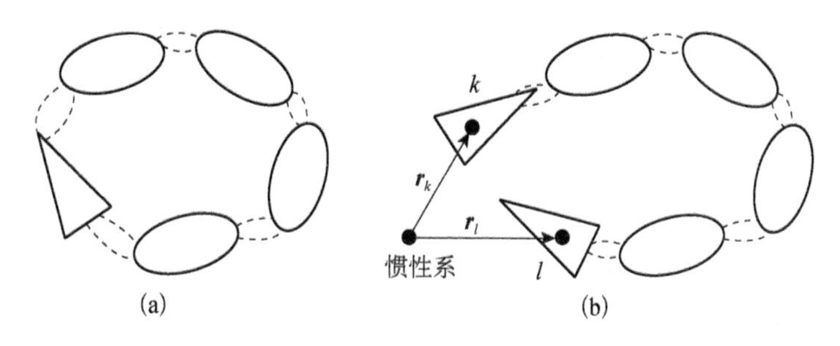

图 7-13　复制刚体示意图

首先，选择闭环系统中的某个刚体进行复制，在图 7-13(a)中用三角形表示，将其复制成形状、质量参数等完全相同的两个刚体 k 和 l，如图 7-13(b)所示。与原刚体不同的是：原刚体有两个铰与之相连，而对于两个新刚体 k 和 l，每个刚体上只有其中一个铰与之相连。与原系统相比，新系统中增加了一个刚体，铰的个数不变，闭环被打开，非树系统变为树系统。为了使新系统与原系统等价，需要在两个新刚体上施加约束进行限制，限制条件分两个层次：一是两个新刚体的位姿一致；二是两个新刚体的质心加速度和角加速度一致。

对于第一个层次，由刚体的位置一致，有 $\boldsymbol{r}_k=\boldsymbol{r}_l$，这两个矢量是式(7.3-29)中的元素，它们是关于铰变量的函数，矢量方程转化为三个标量的坐标方程。由刚体的姿态一致，有 $\underline{A}^{kl}$ 或 $\underline{A}^{lk}$ 为单位阵，其等于所有铰对应的方向余弦阵 $\underline{A^{i^-(a)i^+(a)}}$ 的乘积，九个方程中只需考虑其中的三个。

对于第二个层次，有 $\ddot{\boldsymbol{r}}_k=\ddot{\boldsymbol{r}}_l$ 和 $\dot{\boldsymbol{\omega}}_k=\dot{\boldsymbol{\omega}}_l$，它们是式(5.5-5)和式(5.5-7)中的元素：

$$\underline{\ddot{\boldsymbol{r}}}=\underline{\boldsymbol{a}_1}\underline{\ddot{q}}+\underline{\boldsymbol{b}_1}\,,\quad \underline{\dot{\boldsymbol{\omega}}}=\underline{\boldsymbol{a}_2}\underline{\ddot{q}}+\underline{\boldsymbol{b}_2} \tag{7.4-9}$$

两个矢量方程转化为六个关于 $\underline{\ddot{q}}$ 的非齐次线性方程。在动力学方程数值积分过程中，这六个方程也同样以数值的形式生成，其系数矩阵的秩便可以确定，其系数矩阵的秩决定了独立铰变量二阶导数的数目，同时可确定哪些铰变量为独立铰变量。一旦独立铰变量被确定，数值形式的矩阵 $\underline{G}$ 、$\underline{H}$ 便可获得，从而获得式(7.4-8)所示的非树系统动力学方程。更详细的介绍请参考 Weber 和 Wolz 的文献[17, 18]。

第 8 章　弹性力学基础

本章将介绍弹性力学[19, 20]的基本概念和基本方程，为后面章节的有限元法打好基础。

(1) 掌握弹性力学中的物理量：载荷、应力、应变和位移的概念。
(2) 掌握弹性力学中的基本方程：平衡方程、几何方程和物理方程。

兴趣实践

找一根锯条、一块玻璃、一块薄铁片，对其施加同样的力，它们的反应有何不同？为什么？

清代画家郑板桥的题画诗《竹石》：“咬定青山不放松，立根原在破岩中。千磨万击还坚劲，任尔东西南北风。”蕴涵着怎样的力学原理？

线性代数、高等数学与材料力学。

8.1　弹性力学中的物理量

载荷、应力、应变和位移是弹性力学中的几个重要物理量。

8.1.1　载荷

载荷(Force or Load)是外界作用在弹性体上的力，又称为外力。它包括体力、面力和集中力三种形式。体力是分布于整个弹性体体积内的外力，如重力和惯性力。在弹性体内任一点，单位体积的体力用 $\boldsymbol{F}_v$ 表示，它在给定坐标系三个坐标轴上的投影，称为体力分量：

$$\underline{F_v} = \begin{bmatrix} F_{vx} & F_{vy} & F_{vz} \end{bmatrix}^{\mathrm{T}} \tag{8.1-1}$$

面力是作用于弹性体表面上的外力，如流体压力和接触压力。在表面上的任一点，作用在单位面积上的面力用 $\boldsymbol{F}_s$ 表示，它在坐标轴上的三个投影，称为面力分量：

$$\underline{F_s} = \begin{bmatrix} F_{sx} & F_{sy} & F_{sz} \end{bmatrix}^{\mathrm{T}} \tag{8.1-2}$$

集中力是指外力作用面很小，或者说作用在某一点上。集中力用 $\boldsymbol{F}_c$ 表示，它在坐标轴上的三个投影，称为集中力分量：

$$\underline{F_c} = \begin{bmatrix} F_{cx} & F_{cy} & F_{cz} \end{bmatrix}^{\mathrm{T}} \tag{8.1-3}$$

8.1.2 应力

当弹性体受到载荷作用时，其内部将产生内力。弹性体内某一点作用于某个截面单位面积上的内力称为应力(Stress)，它反映了内力在截面上的分布密度。

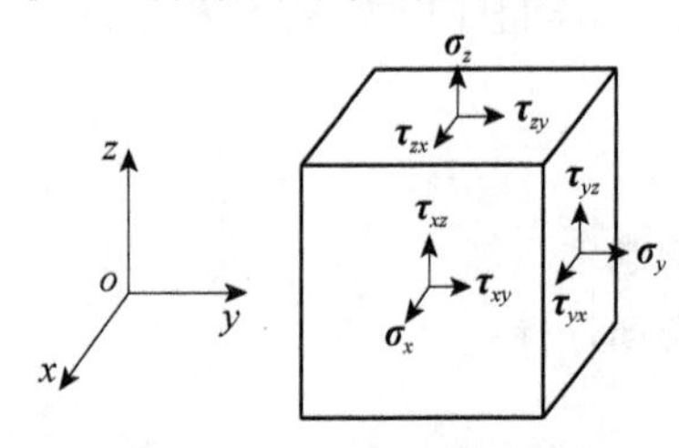

图 8-1　微分体的应力分布

为研究弹性体内某一点的应力，从该点附近切出一个微小的六面体，称为微分体，其棱边分别平行于三个坐标轴，如图 8-1 所示。

微分体表面上的应力可分解为一个正应力和两个切应力。垂直于表面的应力称为正应力(Normal Stress)，用字母$\boldsymbol{\sigma}$表示，并附加一个角标，以表示应力的作用面和作用方向。例如$\boldsymbol{\sigma}_x$表示作用在垂直于 x 轴的平面上，沿 x 轴方向的正应力。平行于表面的应力称为切应力(Shear Stress)，用字母$\boldsymbol{\tau}$表示，并加上两个下角标，前一个表示作用面垂直于哪一个坐标轴，后一个表示作用方向。例如，$\boldsymbol{\tau}_{xy}$是作用在垂直于 x 轴的平面上且沿着 y 轴方向的切应力。

根据切应力互等定律：

$$\boldsymbol{\tau}_{xy} = \boldsymbol{\tau}_{yx}\,,\quad \boldsymbol{\tau}_{yz} = \boldsymbol{\tau}_{zy}\,,\quad \boldsymbol{\tau}_{zx} = \boldsymbol{\tau}_{xz} \tag{8.1-4}$$

因此，弹性体在某一点上的应力有 6 个独立的应力分量：

$$\underline{\sigma} = \begin{bmatrix} \sigma_x & \sigma_y & \sigma_z & \tau_{xy} & \tau_{yz} & \tau_{zx} \end{bmatrix}^{\mathrm{T}} \tag{8.1-5}$$

某一点在不同方向截面上的应力是不同的，即同一点在不同方向上的应力不同，但任意斜截面上的应力都可通过上述六个应力求出，同时也可求得该点的最大、最小正应力和切应力。也就是说，这六个应力决定了一点的应力状态，所以称其为该点的应力分量。

8.1.3 应变

外力作用下弹性体将产生变形，因此微分体棱边的长度以及它们之间的夹角将发生变化。各棱边每单位长度的伸缩量称为正应变(Normal Strain)，各棱边之间的直角改变则称为切应变(Shear Strain)，如图 8-2 所示。

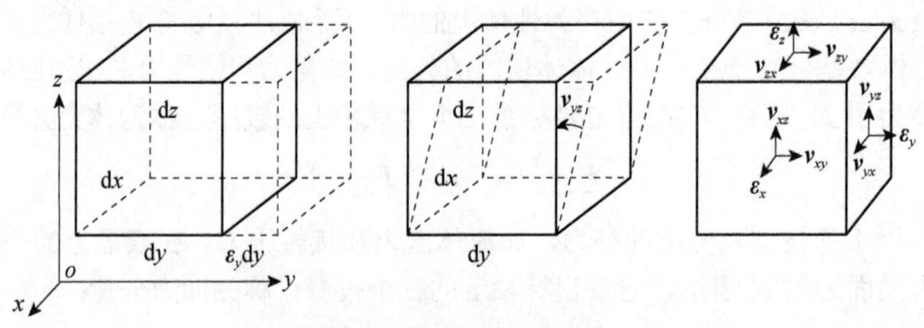

图 8-2　微分体的应变分布

正应变用字母$\boldsymbol{\varepsilon}$表示，下角标表示正应变的方向，例如，$\boldsymbol{\varepsilon}_y$为 y 方向棱边的正应变。正应变以伸长为正，缩短为负。切应变用字母$\boldsymbol{v}$表示，两个下角标表示两个方向的棱边，例如，

$\boldsymbol{\nu}_{yz}$ 为 y 与 z 两个方向的棱边之间的直角改变。切应变以直角减小为正，增大为负。

同样，微分体存在六个独立应变。只要知道了这六个应变，便可求出该点任意方向棱边的正应变和任何两边之间的切应变。即这六个应变决定了点的应变状态，所以称其为应变分量：

$$\underline{\varepsilon}=\begin{bmatrix}\varepsilon_x & \varepsilon_y & \varepsilon_z & \nu_{xy} & \nu_{yz} & \nu_{zx}\end{bmatrix}^{\mathrm{T}} \tag{8.1-6}$$

8.1.4　位移

弹性体变形实际上是弹性体内质点的位置发生变化，这种位置的改变称为位移，用字母 d 表示。位移可分解为三个坐标轴上的投影，称为位移分量。如式(8.1-7)所示。沿坐标轴正方向的位移分量为正，反之为负。

$$\underline{d}=\begin{bmatrix}u & v & w\end{bmatrix}^{\mathrm{T}} \tag{8.1-7}$$

8.2　弹性力学的基本方程

弹性力学的基本方程描述弹性体内任一点应力、应变、位移以及载荷之间的关系，它包括平衡方程、几何方程和物理方程三类。

8.2.1　平衡方程

如图 8-3 所示，图中有一微元体，其上的点 P 在参考基中的坐标为 (x,y,z)，微元体的边长 $PA=\mathrm{d}x$，$PB=\mathrm{d}y$，$PC=\mathrm{d}z$。

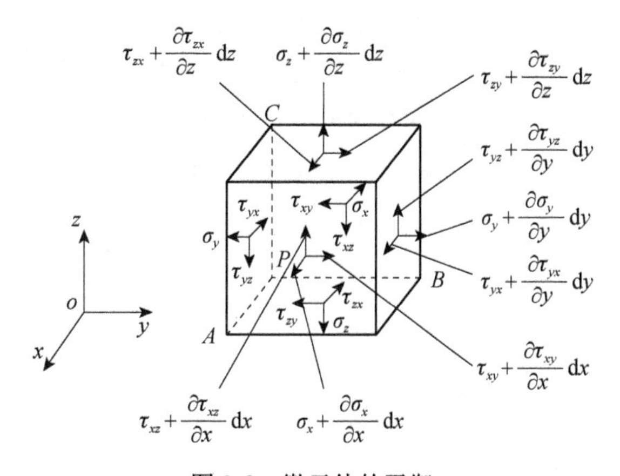

图 8-3　微元体的平衡

设点 P 处的应力为　　$\underline{\sigma}=\begin{bmatrix}\sigma_x & \sigma_y & \sigma_z & \tau_{xy} & \tau_{yz} & \tau_{zx}\end{bmatrix}^{\mathrm{T}}$

根据高等数学中的泰勒公式，有

$$\sigma_x(x+\mathrm{d}x,y,z)=\sigma_x(x,y,z)+\frac{\partial\sigma_x(x,y,z)}{\partial x}\mathrm{d}x+\frac{\partial^2\sigma_x(x,y,z)}{2\partial x^2}(\mathrm{d}x)^2+\cdots \tag{8.2-1}$$

忽略式(8.2-1)中的二阶以上的无穷小量，即可得到与点P距离为$\mathrm{d}x$的面上的正应力为

$$\sigma_x(x+\mathrm{d}x,y,z)=\sigma_x+\frac{\partial\sigma_x}{\partial x}\mathrm{d}x \tag{8.2-2}$$

同理可求得微元体所有面上的应力。

如果微元体处于平衡状态，在x轴方向建立平衡方程，有

$$\begin{aligned}&\left(\sigma_x+\frac{\partial\sigma_x}{\partial x}\mathrm{d}x\right)\mathrm{d}y\mathrm{d}z-\sigma_x\mathrm{d}y\mathrm{d}z+\left(\tau_{yx}+\frac{\partial\tau_{yx}}{\partial y}\mathrm{d}y\right)\mathrm{d}z\mathrm{d}x-\tau_{yx}\mathrm{d}z\mathrm{d}x\\&+\left(\tau_{zx}+\frac{\partial\tau_{zx}}{\partial z}\mathrm{d}z\right)\mathrm{d}x\mathrm{d}y-\tau_{zx}\mathrm{d}x\mathrm{d}y+F_{vx}\mathrm{d}x\mathrm{d}y\mathrm{d}z=0\end{aligned} \tag{8.2-3}$$

同理可建立y轴和z轴方向的平衡方程，经化简后有

$$\begin{cases}\dfrac{\partial\sigma_x}{\partial x}+\dfrac{\partial\tau_{yx}}{\partial y}+\dfrac{\partial\tau_{zx}}{\partial z}+F_{vx}=0\\[2mm]\dfrac{\partial\tau_{xy}}{\partial x}+\dfrac{\partial\sigma_y}{\partial y}+\dfrac{\partial\tau_{yz}}{\partial z}+F_{vy}=0\\[2mm]\dfrac{\partial\tau_{xz}}{\partial x}+\dfrac{\partial\tau_{yz}}{\partial y}+\dfrac{\partial\sigma_z}{\partial z}+F_{vz}=0\end{cases} \tag{8.2-4}$$

式(8.2-4)就是弹性体内一点处的平衡方程，该方程描述了一点处的应力与外载荷之间的关系。

8.2.2　几何方程

如图8-4(a)所示，图中有一微元体，在外力作用下，其从初始位置运动到任意位置(图中细实线六面体)，其上的8个顶点产生相应的位移，点P运动到P'，点A运动到A'，点B运动到B'，点C运动到C'。点P的位移在参考基中的坐标阵为$[u\quad v\quad w]^{\mathrm{T}}$，微元体的边长分别为$\mathrm{d}x$，$\mathrm{d}y$，$\mathrm{d}z$。运动前后的微元体在$oxy$面的投影如图8-4(b)所示。

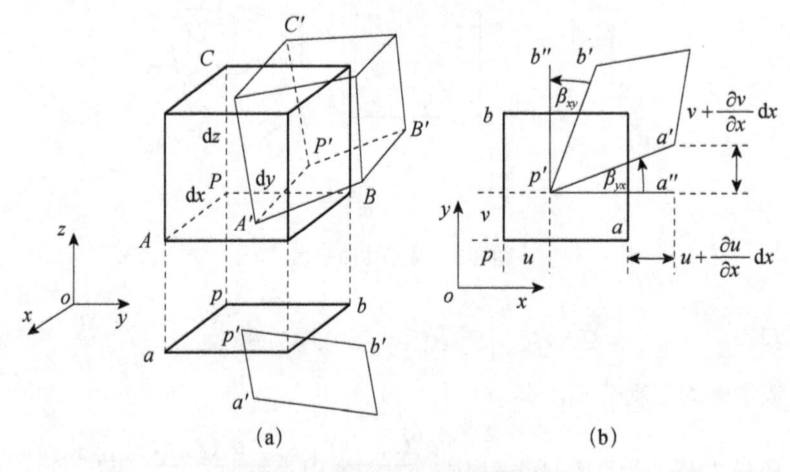

图8-4　微元体的应变和位移

根据高等数学中的泰勒公式，有

$$u(x+\mathrm{d}x,y,z)=u(x,y,z)+\frac{\partial u(x,y,z)}{\partial x}\mathrm{d}x+\frac{\partial^2 u(x,y,z)}{2\partial x^2}(\mathrm{d}x)^2+\cdots \tag{8.2-5}$$

忽略式(8.2-5)中的二阶以上的无穷小量，即可得到与点 P 距离为 $\mathrm{d}x$ 的面上的沿 x 轴方向的位移(a 点的沿 x 轴方向的位移)为

$$u(x+\mathrm{d}x,y,z)=u(x,y,z)+\frac{\partial u(x,y,z)}{\partial x}\mathrm{d}x \tag{8.2-6}$$

同理，可知(a 点的沿 y 轴方向的位移)：

$$v(x+\mathrm{d}x,y,z)=v(x,y,z)+\frac{\partial v(x,y,z)}{\partial x}\mathrm{d}x \tag{8.2-7}$$

根据 8.1.3 节对正应变的定义，则点 P 的 x 轴方向正应变为

$$\varepsilon_x=\frac{p'a''-pa}{pa}=\frac{\mathrm{d}x-u+u+\dfrac{\partial u}{\partial x}\mathrm{d}x-\mathrm{d}x}{\mathrm{d}x}=\frac{\partial u}{\partial x} \tag{8.2-8}$$

同理可得 y 轴和 z 轴方向正应变为

$$\varepsilon_y=\frac{\partial v}{\partial y},\quad \varepsilon_z=\frac{\partial w}{\partial z} \tag{8.2-9}$$

设角 $\angle a''p'a'$ 为 β_{yx}，由于 β_{yx} 很小，有

$$\beta_{yx}\approx\tan\beta_{yx}=\frac{a''a'}{a''p'}=\frac{\left(v+\dfrac{\partial v}{\partial x}\mathrm{d}x\right)-v}{\mathrm{d}x-u+u+\dfrac{\partial u}{\partial x}\mathrm{d}x}=\frac{\dfrac{\partial v}{\partial x}\mathrm{d}x}{\left(1+\dfrac{\partial u}{\partial x}\right)\mathrm{d}x}\approx\frac{\partial v}{\partial x} \tag{8.2-10}$$

其中，由于 $\frac{\partial u}{\partial x}$ 很小，所以有 $\left(1+\frac{\partial u}{\partial x}\right)\approx 1$。

同理，设角 $\angle b''p'b'$ 为 β_{xy}，有

$$\beta_{xy}\approx\frac{\partial u}{\partial y} \tag{8.2-11}$$

根据 8.1.3 节对切应变的定义，有

$$\nu_{xy}=\frac{\pi}{2}-\angle b'p'a'=\beta_{yx}+\beta_{xy}=\frac{\partial v}{\partial x}+\frac{\partial u}{\partial y} \tag{8.2-12}$$

同理，有

$$\nu_{yz}=\frac{\partial v}{\partial z}+\frac{\partial w}{\partial y},\quad \nu_{zx}=\frac{\partial w}{\partial x}+\frac{\partial u}{\partial z} \tag{8.2-13}$$

将应变与位移的关系整理成矩阵形式，有

$$\underline{\varepsilon}=\begin{bmatrix}\varepsilon_x\\ \varepsilon_y\\ \varepsilon_z\\ \nu_{xy}\\ \nu_{yz}\\ \nu_{zx}\end{bmatrix}=\begin{bmatrix}\dfrac{\partial u}{\partial x}\\ \dfrac{\partial v}{\partial y}\\ \dfrac{\partial w}{\partial z}\\ \dfrac{\partial u}{\partial y}+\dfrac{\partial v}{\partial x}\\ \dfrac{\partial v}{\partial z}+\dfrac{\partial w}{\partial y}\\ \dfrac{\partial w}{\partial x}+\dfrac{\partial u}{\partial z}\end{bmatrix}=\begin{bmatrix}\dfrac{\partial}{\partial x} & 0 & 0\\ 0 & \dfrac{\partial}{\partial y} & 0\\ 0 & 0 & \dfrac{\partial}{\partial z}\\ \dfrac{\partial}{\partial y} & \dfrac{\partial}{\partial x} & 0\\ 0 & \dfrac{\partial}{\partial z} & \dfrac{\partial}{\partial y}\\ \dfrac{\partial}{\partial z} & 0 & \dfrac{\partial}{\partial x}\end{bmatrix}\begin{bmatrix}u\\ v\\ w\end{bmatrix} \tag{8.2-14}$$

式(8.2-14)就是弹性体内一点处的几何方程，该方程描述了一点处的应变和位移之间的关系。

8.2.3　物理方程

根据泊松方程有

$$\underline{\varepsilon}=\begin{bmatrix}\varepsilon_x\\ \varepsilon_y\\ \varepsilon_z\\ \nu_{xy}\\ \nu_{yz}\\ \nu_{zx}\end{bmatrix}=\begin{bmatrix}\dfrac{1}{E}\left(\sigma_x-\mu\sigma_y-\mu\sigma_z\right)\\ \dfrac{1}{E}\left(\sigma_y-\mu\sigma_x-\mu\sigma_z\right)\\ \dfrac{1}{E}\left(\sigma_z-\mu\sigma_x-\mu\sigma_y\right)\\ \dfrac{1}{G}\tau_{xy}\\ \dfrac{1}{G}\tau_{yz}\\ \dfrac{1}{G}\tau_{zx}\end{bmatrix} \tag{8.2-15}$$

其中，E 为材料的弹性模量；μ 为材料的泊松比，材料在单向受拉或受压时，横向正应变与轴向正应变的绝对值的比值；G 为材料切变弹性模量，其与弹性模量和泊松比的关系为

$$G=\frac{E}{2(1+\mu)} \tag{8.2-16}$$

常用材料的弹性模量和泊松比如表 8-1 所示。

表 8-1　常用材料的弹性模量和泊松比

名称	弹性模量 E/GPa	切变弹性模量 G/GPa	泊松比 μ
镍铬钢	206	79.38	0.25～0.30
合金钢	206	79.38	0.25～0.30

续表

名称	弹性模量 E/GPa	切变弹性模量 G/GPa	泊松比 μ
碳钢	196～206	79	0.24～0.28
球墨铸铁	140～154	73～76	0.23～0.27
灰铸铁	113～157	44	0.23～0.27
白口铸铁	113～157	44	0.23～0.27
轧制磷青铜	113	41	0.32～0.35
轧制纯铜	108	39	0.31～0.34
轧制锰青铜	108	39	0.35
冷拔黄铜	89～97	34～36	0.32～0.42
轧制锌	82	31	0.27
轧制铝	68	25～26	0.32～0.36
铅	17	7	0.42
玻璃	55	22	0.25
混凝土	14～23	4.9～15.7	0.1～0.18
尼龙	28.3	10.1	0.4

根据式(8.2-15)，可以将应力用应变来表示(用前三式解出正应力，后三式解出切应力)，有

$$\underline{\sigma}=\begin{bmatrix}\sigma_x\\ \sigma_y\\ \sigma_z\\ \tau_{xy}\\ \tau_{yz}\\ \tau_{zx}\end{bmatrix}=\frac{E(1-\mu)}{(1+\mu)(1-2\mu)}\begin{bmatrix}1 & \frac{\mu}{1-\mu} & \frac{\mu}{1-\mu} & 0 & 0 & 0\\ \frac{\mu}{1-\mu} & 1 & \frac{\mu}{1-\mu} & 0 & 0 & 0\\ \frac{\mu}{1-\mu} & \frac{\mu}{1-\mu} & 1 & 0 & 0 & 0\\ 0 & 0 & 0 & \frac{1-2\mu}{2(1-\mu)} & 0 & 0\\ 0 & 0 & 0 & 0 & \frac{1-2\mu}{2(1-\mu)} & 0\\ 0 & 0 & 0 & 0 & 0 & \frac{1-2\mu}{2(1-\mu)}\end{bmatrix}\begin{bmatrix}\varepsilon_x\\ \varepsilon_y\\ \varepsilon_z\\ \gamma_{xy}\\ \gamma_{yz}\\ \gamma_{zx}\end{bmatrix}=\underline{D\varepsilon} \tag{8.2-17}$$

第 9 章　静态分析的有限元法

有限元法的基本思想可归结为两方面：离散和分片插值。

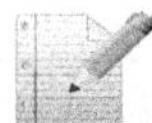

本章知识要点

(1) 掌握有限元法的求解流程。

(2) 理解位移函数、形函数、单元刚度矩阵。

(3) 理解总刚集成原理、载荷移置和约束处理。

(4) 了解后处理的内容。

兴趣实践

在一张纸上画一个直角坐标系和一条波浪线，将波浪线在横轴的投影长度均分为 10 等份，在横轴上会有 11 个点，每个点对应波浪线上一个点，将这些点用直线按顺序相连，观察这条折线与波浪线的相似度。如果等分份数增加，会有怎样效果？

探索思考

材料力学中介绍了杆、轴、梁等简单结构的变形及内力问题，那么对于变速器外壳等复杂形状的零部件如何研究？

预习准备

线性代数、高等数学与材料力学。

9.1　结 构 离 散

离散是将一个连续的求解域人为地划分为一定数量的单元(Element)，单元又称网格(Mesh)，单元之间的连接点称为节点(Node)，单元间的相互作用只能通过节点传递。通过离散，一个连续体便被分割为由有限数量单元组成的组合体。如图 9-1 所示，对结构进行离散时，离散的单元类型有很多，对于可以简化为一维结构的，其单元类型可以为杆单元、梁单元等；对于可以简化为二维结构的，其单元类型可以为三角形单元、四边形单元等；对于普通的三维结构，单元类型可为四面体单元、长方体单元等。

分片插值是假设单元内的运动为关于节点变量的简单函数，据此建立单元数学模型。系统的数学模型为单元数学模型的组合。

书中 9.2～9.4 节将以四面体单元为例，说明如何利用有限元法分析弹性力学的问题。

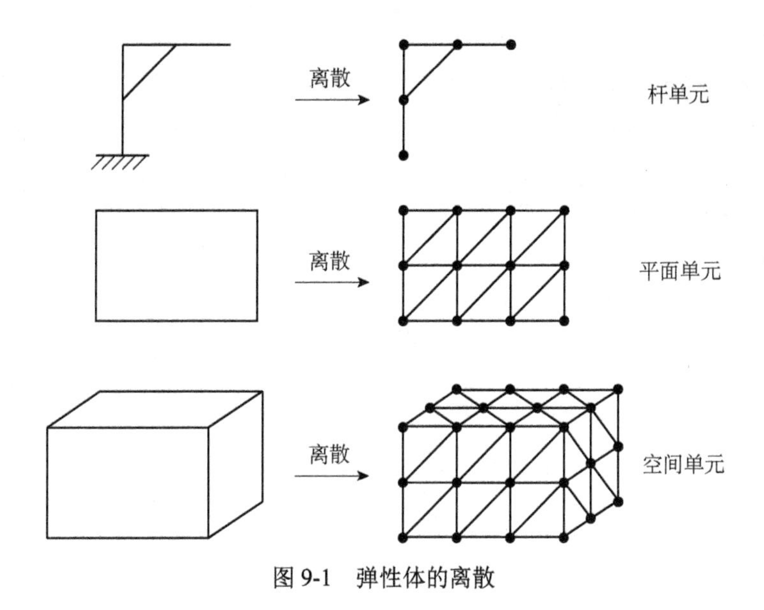

图 9-1　弹性体的离散

9.2　单 元 分 析

单元分析的目的是建立单元节点力与单元节点位移的关系。

9.2.1　位移函数

位移函数是用来近似地表示单元内部的位移分布的。当已知节点位移时，利用位移函数可以求出单元内任意一点的位移。一般选择多项式函数作为位移函数，如选择一次函数作为位移函数，则

$$\begin{cases} u = u(x,y,z) = \alpha_1 + \alpha_2 x + \alpha_3 y + \alpha_4 z \\ v = v(x,y,z) = \alpha_5 + \alpha_6 x + \alpha_7 y + \alpha_8 z \\ w = w(x,y,z) = \alpha_9 + \alpha_{10} x + \alpha_{11} y + \alpha_{12} z \end{cases} \tag{9.2-1}$$

其中，(u,v,w) 为节点的沿三个轴方向的位移；(x,y,z) 为节点在参考系中的坐标；α_i $(i=1, 2, \cdots, 12)$ 为待定系数。

如图 9-2 所示，对于四面体单元，设各顶点的坐标为 (x_i,y_i,z_i)、(x_j,y_j,z_j)、(x_m,y_m,z_m)、(x_p,y_p,z_p)，各顶点的位移为 (u_i,v_i,w_i)、(u_j,v_j,w_j)、(u_m,v_m,w_m)、(u_p,v_p,w_p)，将以上数据代入式(9.2-1)，可得 12 个方程，利用格莱姆（Gramer)法则，解 12 个待定系数。将求得的待定系数进行整理，再代入式(9.2-1)，可得单元内任意点的位移与节点位移之间的关系：

$$\begin{cases} u = N_i u_i + N_j u_j + N_m u_m + N_p u_p \\ v = N_i v_i + N_j v_j + N_m v_m + N_p v_p \\ w = N_i w_i + N_j w_j + N_m w_m + N_p w_p \end{cases} \tag{9.2-2}$$

其中，

$$\begin{cases} N_i = (a_i + b_i x + c_i y + d_i z) / 6V \\ N_j = (a_j + b_j x + c_j y + d_j z) / 6V \\ N_m = (a_m + b_m x + c_m y + d_m z) / 6V \\ N_p = (a_p + b_p x + c_p y + d_p z) / 6V \end{cases} \tag{9.2-3}$$

$$6V = \begin{vmatrix} 1 & x_i & y_i & z_i \\ 1 & x_j & y_j & z_j \\ 1 & x_m & y_m & z_m \\ 1 & x_p & y_p & z_p \end{vmatrix} \tag{9.2-4}$$

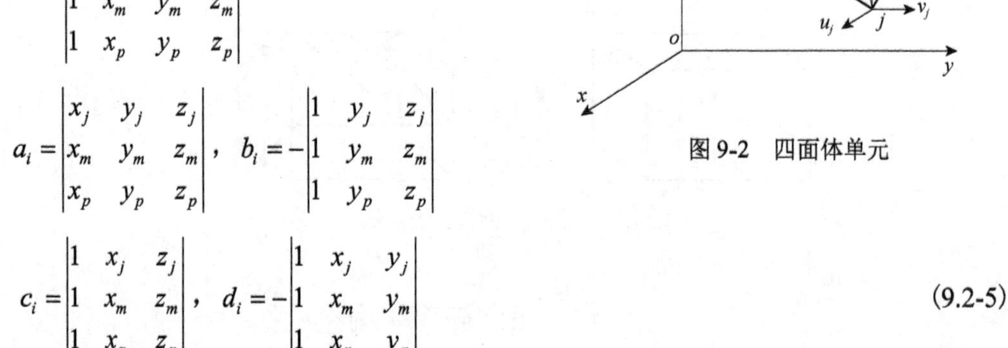

图 9-2　四面体单元

$$a_i = \begin{vmatrix} x_j & y_j & z_j \\ x_m & y_m & z_m \\ x_p & y_p & z_p \end{vmatrix}, \quad b_i = -\begin{vmatrix} 1 & y_j & z_j \\ 1 & y_m & z_m \\ 1 & y_p & z_p \end{vmatrix}$$

$$c_i = \begin{vmatrix} 1 & x_j & z_j \\ 1 & x_m & z_m \\ 1 & x_p & z_p \end{vmatrix}, \quad d_i = -\begin{vmatrix} 1 & x_j & y_j \\ 1 & x_m & y_m \\ 1 & x_p & y_p \end{vmatrix} \tag{9.2-5}$$

将式(9.2-2)整理成矩阵形式，有

$$\underline{d_e} = \underline{N}\underline{q_e} \tag{9.2-6}$$

其中，$\underline{d_e}$ 为单元内任意一点位移在参考基的坐标阵：

$$\underline{d_e} = \begin{bmatrix} u & v & w \end{bmatrix}^{\mathrm{T}} \tag{9.2-7}$$

$\underline{N}$ 为形函数矩阵：

$$\underline{N} = \begin{bmatrix} N_i \underline{I} & N_j \underline{I} & N_m \underline{I} & N_p \underline{I} \end{bmatrix} \tag{9.2-8}$$

$\underline{q_e}$ 为单元节点位移在参考基的坐标阵：

$$\underline{q_e} = \begin{bmatrix} u_i & v_i & w_i & u_j & v_j & w_j & u_m & v_m & w_m & u_p & v_p & w_p \end{bmatrix}^{\mathrm{T}} \tag{9.2-9}$$

9.2.2　单元应变矩阵

得到节点位移后，根据几何方程，即可求得单元应变：

$$\begin{aligned} \underline{\varepsilon} &= \begin{bmatrix} \varepsilon_x & \varepsilon_y & \varepsilon_z & \nu_{xy} & \nu_{yz} & \nu_{zx} \end{bmatrix}^{\mathrm{T}} \\ &= \begin{bmatrix} \dfrac{\partial u}{\partial x} & \dfrac{\partial v}{\partial y} & \dfrac{\partial w}{\partial z} & \dfrac{\partial u}{\partial y} + \dfrac{\partial v}{\partial x} & \dfrac{\partial v}{\partial z} + \dfrac{\partial w}{\partial y} & \dfrac{\partial w}{\partial x} + \dfrac{\partial u}{\partial z} \end{bmatrix}^{\mathrm{T}} \\ &= \underline{B}\underline{q_e} = \begin{bmatrix} \underline{B_i} & -\underline{B_j} & \underline{B_m} & -\underline{B_p} \end{bmatrix} \underline{q_e} \end{aligned} \tag{9.2-10}$$

其中，

$$\underline{B_l} = \frac{1}{6V}\begin{bmatrix} b_l & 0 & 0 \\ 0 & c_l & 0 \\ 0 & 0 & d_l \\ c_l & b_l & 0 \\ 0 & d_l & c_l \\ d_l & 0 & b_l \end{bmatrix} \qquad (l = i, j, m, p) \tag{9.2-11}$$

9.2.3　单元应力矩阵

得到节点位移后，根据物理方程，即可求得单元应力：

$$\underline{\sigma} = \underline{D}\underline{\varepsilon} = \underline{D}\underline{B}\underline{q_e} = \underline{S}\underline{q_e} = \begin{bmatrix} \underline{S_i} & \underline{S_j} & \underline{S_m} & \underline{S_p} \end{bmatrix}\underline{q_e} \tag{9.2-12}$$

其中，

$$\underline{S_l} = \underline{D}\underline{B_l} = \frac{6A_3}{V}\begin{bmatrix} b_l & A_1c_l & A_1b_l \\ A_1b_l & c_l & A_1d_l \\ A_1b_l & A_1c_l & d_l \\ A_2c_l & A_2b_l & 0 \\ 0 & A_2d_l & A_2c_l \\ A_2d_l & 0 & A_2b_l \end{bmatrix} \qquad (l = i, j, m, p) \tag{9.2-13}$$

$$A_1 = \frac{\mu}{1-\mu}, \quad A_2 = \frac{1-2\mu}{2(1-\mu)}, \quad A_3 = \frac{E(1-\mu)}{36(1+\mu)(1-2\mu)} \tag{9.2-14}$$

9.2.4　单元刚度矩阵

设单元节点力为

$$\begin{aligned} \underline{F_e} &= \begin{bmatrix} \underline{F_i}^{\mathrm{T}} & \underline{F_j}^{\mathrm{T}} & \underline{F_m}^{\mathrm{T}} & \underline{F_p}^{\mathrm{T}} \end{bmatrix}^{\mathrm{T}} \\ &= \begin{bmatrix} F_{ix} & F_{iy} & F_{iz} & F_{jx} & F_{jy} & F_{jz} & F_{mx} & F_{my} & F_{mz} & F_{px} & F_{py} & F_{pz} \end{bmatrix}^{\mathrm{T}} \end{aligned} \tag{9.2-15}$$

单元节点处发生的虚位移为

$$\delta \underline{q}^e = \begin{bmatrix} \delta u_i & \delta v_i & \delta w_i & \delta u_j & \delta v_j & \delta w_j & \delta u_m & \delta v_m & \delta w_m & \delta u_p & \delta v_p & \delta w_p \end{bmatrix}^{\mathrm{T}} \tag{9.2-16}$$

则单元节点力的虚功为

$$\begin{aligned} \delta W &= \delta u_i F_{ix} + \delta v_i F_{iy} + \delta w_i F_{iz} + \delta u_j F_{jx} + \delta v_j F_{jy} + \delta w_j F_{jz} \\ &\quad + \delta u_m F_{mx} + \delta v_m F_{my} + \delta w_m F_{mz} + \delta u_p F_{px} + \delta v_p F_{py} + \delta w_p F_{pz} \\ &= \delta \underline{q_e}^{\mathrm{T}} \underline{F_e} \end{aligned} \tag{9.2-17}$$

如图 9-3 所示，设单元内一点的虚应变为

$$\delta \underline{\varepsilon} = \begin{bmatrix} \delta\varepsilon_x & \delta\varepsilon_y & \delta\varepsilon_z & \delta\nu_{xy} & \delta\nu_{yz} & \delta\nu_{zx} \end{bmatrix}^{\mathrm{T}} \tag{9.2-18}$$

则正应力 σ_y 在一点处虚应变能为

$$(\sigma_y \mathrm{d}x\mathrm{d}z)\times(\delta\varepsilon_y \mathrm{d}y)=\sigma_y\delta\varepsilon_y \mathrm{d}x\mathrm{d}y\mathrm{d}z \tag{9.2-19}$$

切应力 τ_{xy} 在一点处虚应变能为

$$(\tau_{xy}\mathrm{d}y\mathrm{d}z\times \mathrm{d}x)\times(\delta\nu_{xy})=\tau_{xy}\delta\nu_{xy}\mathrm{d}x\mathrm{d}y\mathrm{d}z \tag{9.2-20}$$

同理，可知单元内一点的虚应变能为

$$\delta\underline{\varepsilon}^{\mathrm{T}}\underline{\sigma}\mathrm{d}x\mathrm{d}y\mathrm{d}z \tag{9.2-21}$$

则整个单元的虚应变能为

$$\delta U=\iiint_V \delta\underline{\varepsilon}^{\mathrm{T}}\underline{\sigma}\mathrm{d}V \tag{9.2-22}$$

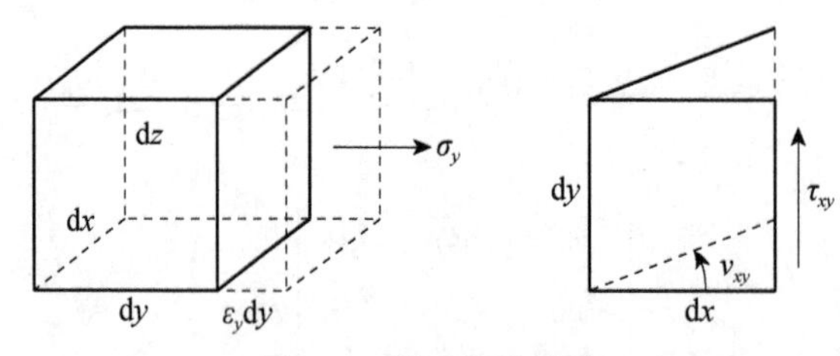

图 9-3　微元体的虚功

根据能量守恒原理，系统外力的虚功等于弹性体的总变形能，即

$$\delta W=\delta U\Rightarrow \delta\underline{q_e}^{\mathrm{T}}\underline{F_e}=\iiint_V \delta\underline{\varepsilon}^{\mathrm{T}}\underline{\sigma}\mathrm{d}V \tag{9.2-23}$$

将式(9.2-10)进行转置，有

$$\delta\underline{\varepsilon}^{\mathrm{T}}=\delta\underline{q_e}^{\mathrm{T}}\underline{B}^{\mathrm{T}} \tag{9.2-24}$$

将式(9.2-24)和式(9.2-12)代入式(9.2-23)，有

$$\delta\underline{q_e}^{\mathrm{T}}(\underline{F_e})=\delta\underline{q_e}^{\mathrm{T}}(\underline{B}^{\mathrm{T}}\underline{DB}\underline{q_e}V) \tag{9.2-25}$$

考虑单元节点位移的变分是独立的，有

$$\underline{F_e}=\underline{B}^{\mathrm{T}}\underline{DB}V\underline{q_e}=\underline{K_e}\underline{q_e} \tag{9.2-26}$$

其中，$\underline{K_e}$ 称为单元的刚度矩阵：

$$\underline{K_e}=\underline{B}^{\mathrm{T}}\underline{DB}V \tag{9.2-27}$$

$$\underline{K_e}=\begin{bmatrix} \underline{K_{ii}} & -\underline{K_{ij}} & \underline{K_{im}} & -\underline{K_{ip}} \\ -\underline{K_{ji}} & \underline{K_{jj}} & -\underline{K_{jm}} & \underline{K_{jp}} \\ \underline{K_{mi}} & -\underline{K_{mj}} & \underline{K_{mm}} & -\underline{K_{mp}} \\ -\underline{K_{pi}} & \underline{K_{pj}} & -\underline{K_{pm}} & \underline{K_{pp}} \end{bmatrix} \tag{9.2-28}$$

其中，

$$\underline{K_{rs}}=\underline{B_r}^{\mathrm{T}}\underline{DB}V=\frac{A_3}{V}\begin{bmatrix} k_1 & k_2 & k_3 \\ k_4 & k_5 & k_6 \\ k_7 & k_8 & k_9 \end{bmatrix}\quad (r,s=i,j,m,p) \tag{9.2-29}$$

其中，
$$\begin{cases} k_1 = b_r b_s + A_2(c_r c_s + d_r d_s) \\ k_2 = A_1 c_r b_s + A_2 b_r c_s \\ k_3 = A_1 d_r c_s + A_2 b_r d_s \\ k_4 = A_1 b_r c_s + A_2 b_s c_r \\ k_5 = c_r c_s + A_2(b_r b_s + d_r d_s) \\ k_6 = A_1 d_r c_s + A_2 c_r d_s \\ k_7 = A_1 b_r d_s + A_2 d_r b_s \\ k_8 = A_1 c_r d_s + A_2 d_r c_s \\ k_9 = d_r d_s + A_2(b_r b_s + c_r c_s) \end{cases} \tag{9.2-30}$$

由此可见，单元刚度矩阵是由节点坐标和材料弹性常数构成的，反映了单元节点力与单元节点位移的关系。

9.3　总 体 分 析

通过单元分析得到了单元特性方程式(9.2-26)，根据该式还不能求出广义坐标。因为在节点力矩阵中，存在未知的约束力、内力，即使是已知的外力也需要处理；另外，单元刚度矩阵是奇异阵，未考虑约束，解无意义。

(1) 由于内力成对出现，它们大小相等，方向相反，因此如果将每个单元的特性方程叠加，便能消除这些成对的内力。

(2) 外力需要合理地转化为相应的节点力。

(3) 未知约束力和刚度矩阵奇异性可通过将约束加进方程来处理。

单元的特性方程叠加的过程又称为总刚集成。总刚集成的任务是将所有单元的刚度矩阵集成为整个结构的刚度矩阵，称为总刚度矩阵，简称总刚。

9.3.1　总刚集成原理

1. 单元方程扩展

设结构的总节点数为n，则将单元方程的力阵扩展为$3n$行1列的矩阵，在对应节点位置赋值为单元节点力，其他位置为零。将单元刚度矩阵扩展为$3n$行$3n$列矩阵，在对应节点位置赋值为单元刚度矩阵，其他位置为零。将单元节点位移阵扩展为$3n$行1列的矩阵，在对应节点位置赋值为单元节点位移。例如，如图9-4所示的两个四面体单元，共有5个节点。

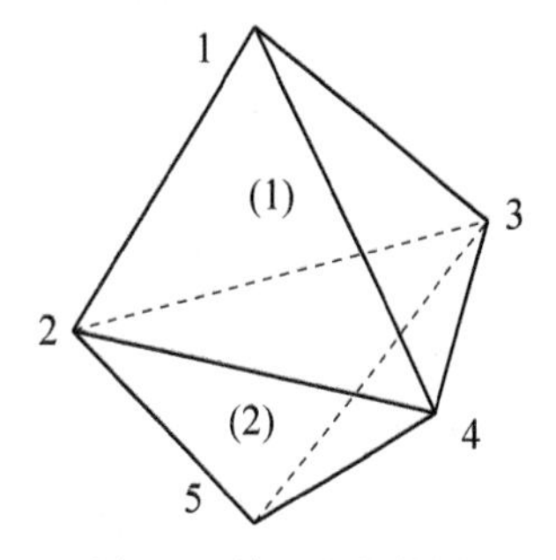

图9-4　单元方程扩展

对于单元(1)，其单元刚度矩阵、节点位移矩阵和节点力矩阵可分别扩展为

$$\underline{K_{e1e}}=\begin{bmatrix} {}^1\underline{K_{11}} & -{}^1\underline{K_{12}} & {}^1\underline{K_{13}} & -{}^1\underline{K_{14}} & \underline{0} \\ -{}^1\underline{K_{21}} & {}^1\underline{K_{22}} & -{}^1\underline{K_{23}} & {}^1\underline{K_{24}} & \underline{0} \\ {}^1\underline{K_{31}} & -{}^1\underline{K_{32}} & {}^1\underline{K_{33}} & -{}^1\underline{K_{34}} & \underline{0} \\ -{}^1\underline{K_{41}} & {}^1\underline{K_{42}} & -{}^1\underline{K_{43}} & {}^1\underline{K_{44}} & \underline{0} \\ \underline{0} & \underline{0} & \underline{0} & \underline{0} & \underline{0} \end{bmatrix},\quad \underline{q_{e1e}}=\begin{bmatrix} \underline{q_1} \\ \underline{q_2} \\ \underline{q_3} \\ \underline{q_4} \\ \underline{q_5} \end{bmatrix},\quad \underline{F_{e1e}}=\begin{bmatrix} \underline{F_{11}} \\ \underline{F_{12}} \\ \underline{F_{13}} \\ \underline{F_{14}} \\ \underline{0} \end{bmatrix} \tag{9.3-1}$$

对于单元(2)，其单元刚度矩阵、节点位移矩阵和节点力矩阵可分别扩展为

$$\underline{K_{e2e}}=\begin{bmatrix} \underline{0} & \underline{0} & \underline{0} & \underline{0} & \underline{0} \\ \underline{0} & {}^2\underline{K_{22}} & -{}^2\underline{K_{23}} & {}^2\underline{K_{24}} & -{}^2\underline{K_{25}} \\ \underline{0} & -{}^2\underline{K_{32}} & {}^2\underline{K_{33}} & -{}^2\underline{K_{34}} & {}^2\underline{K_{35}} \\ \underline{0} & {}^2\underline{K_{42}} & -{}^2\underline{K_{43}} & {}^2\underline{K_{44}} & -{}^2\underline{K_{45}} \\ \underline{0} & -{}^2\underline{K_{52}} & {}^2\underline{K_{53}} & -{}^2\underline{K_{54}} & {}^2\underline{K_{55}} \end{bmatrix},\quad \underline{q_{e2e}}=\begin{bmatrix} \underline{q_1} \\ \underline{q_2} \\ \underline{q_3} \\ \underline{q_4} \\ \underline{q_5} \end{bmatrix},\quad \underline{F_{e2e}}=\begin{bmatrix} \underline{0} \\ \underline{F_{22}} \\ \underline{F_{23}} \\ \underline{F_{24}} \\ \underline{F_{25}} \end{bmatrix} \tag{9.3-2}$$

根据矩阵的乘法运算可知，扩展前和扩展后的单元方程是等价的，根据式(9.2-26)可知：

$$\begin{cases} \underline{K_{e1e}}\,\underline{q_{e1e}} = \underline{F_{e1e}} \\ \underline{K_{e2e}}\,\underline{q_{e2e}} = \underline{F_{e2e}} \end{cases} \tag{9.3-3}$$

2. 单元扩展方程叠加过程

通过观察可发现，扩展后的所有单元节点位移矩阵相等，即

$$\underline{q} = \underline{q_{e1e}} = \underline{q_{e2e}} = \cdots = \underline{q_{ene}} = \begin{bmatrix} \underline{q_1} & \underline{q_2} & \cdots & \underline{q_n} \end{bmatrix}^{\mathrm{T}} \tag{9.3-4}$$

则将弹性体所有单元扩展方程进行累加，有

$$\left(\sum_{i=1}^{n}\underline{K_{eie}}\right)\underline{q} = \sum_{i=1}^{n}\underline{F_{eie}} \Leftrightarrow \underline{K}\,\underline{q} = \underline{F} \tag{9.3-5}$$

其中，$\underline{K}$ 为弹性体的总体刚度矩阵：

$$\underline{K} = \sum_{i=1}^{n}\underline{K_{eie}} \tag{9.3-6}$$

$\underline{F}$ 为弹性体的总体力矩阵：

$$\underline{F} = \sum_{i=1}^{n}\underline{F_{eie}} \tag{9.3-7}$$

在总体力矩阵中，由于内力合力为零，所以只剩下外力。

9.3.2 载荷移置

通过总刚集成形成的有限元方程，其中的总体力矩阵的元素为节点载荷，是集中力。但在实际中，载荷不一定作用在节点上，而且可能是体力和面力。因此需要将各种载荷转换为节点载荷，这就是载荷移置的目的和任务。

载荷移置遵循能量等效原则，即原载荷与移置产生的节点载荷在虚位移上所做的虚功相等。载荷移置是在结构的局部区域进行的。根据圣维南原理，这种移置可能在局部产生误差，但不会影响整个结构的力学特性。

1. 集中力

若节点发生虚位移 $\delta\underline{q_e}$，则单元内任一点发生的虚位移为 $\delta\underline{d_e}$，根据载荷移置的原则，设单元内任一点的集中力为 $\underline{F_c}$，其等效的节点力为 $\underline{F_e}$，有

$$\delta\underline{q_e}^{\mathrm{T}}\underline{F_e} = \delta\underline{d_e}^{\mathrm{T}}\underline{F_c} \tag{9.3-8}$$

考虑式(9.2-6)，有

$$\delta\underline{d} = \underline{N}\delta\underline{q_e} \tag{9.3-9}$$

则单元内任一点的集中力的等效节点力为

$$\underline{F_e} = \underline{N}^{\mathrm{T}}\underline{F_c} \tag{9.3-10}$$

2. 面力

作用在单元单位面积上的面力 $\underline{F_s}$ 移置后产生的等效节点载荷为

$$\underline{F_e} = \iint_S \underline{N}^{\mathrm{T}}\underline{F_s}\mathrm{d}A \tag{9.3-11}$$

3. 体力

作用在单元单位体积上的体力 $\underline{F_v}$ 移置后产生的等效节点载荷为

$$\underline{F_e} = \iiint_V \underline{N}^{\mathrm{T}}\underline{F_v}\mathrm{d}V \tag{9.3-12}$$

9.3.3 约束处理

对于静态分析，一般要施加适当的约束，否则结构会在力的作用下做刚体运动，稳态解有无穷多个，分析无意义。前面得到的结构的总体方程 $\underline{Kq} = \underline{F}$ 需要进行施加约束处理，排除结构的刚体位移。约束处理有如下两种情况。

1. 边界位移为零的处理方法

将总刚矩阵中零位移分量所对应行和列的主对角元素置为 1，而其他元素皆为 0。在节点载荷列阵中，将零位移分量所对应的节点载荷也变为 0。如图 9-5 所示的结构，经过约束处理后的总体方程为

$$\begin{bmatrix} k_{11} & k_{12} & 0 & 0 & k_{15} & k_{16} & k_{17} & k_{18} & k_{19} & k_{110} & k_{111} & 0 \\ k_{21} & k_{22} & 0 & 0 & k_{25} & k_{26} & k_{27} & k_{28} & k_{29} & k_{210} & k_{211} & 0 \\ 0 & 0 & 1 & 0 & 0 & 0 & 0 & 0 & 0 & 0 & 0 & 0 \\ 0 & 0 & 0 & 1 & 0 & 0 & 0 & 0 & 0 & 0 & 0 & 0 \\ \vdots & \vdots & \vdots & \vdots & \vdots & \vdots & \vdots & \vdots & \vdots & \vdots & \vdots & \vdots \\ k_{111} & k_{112} & 0 & 0 & k_{115} & k_{116} & k_{117} & k_{118} & k_{119} & k_{1110} & k_{1111} & 0 \\ 0 & 0 & 0 & 0 & 0 & 0 & 0 & 0 & 0 & 0 & 0 & 1 \end{bmatrix} \begin{bmatrix} q_1 \\ q_2 \\ q_3 \\ q_4 \\ \vdots \\ q_{11} \\ q_{12} \end{bmatrix} = \begin{bmatrix} F_1 \\ F_2 \\ 0 \\ 0 \\ \vdots \\ F_{11} \\ 0 \end{bmatrix} \tag{9.3-13}$$

将式(9.3-13)展开，有

$$\begin{cases} q_3 = 0 \\ q_4 = 0 \\ q_{12} = 0 \end{cases} \tag{9.3-14}$$

式(9.3-14)恰为约束方程。

2. 边界位移为已知值的处理方法

如图 9-6 所示的结构，经约束处理后总体方程为

$$\begin{bmatrix} k_{11} & k_{12} & k_{13} & k_{14} & k_{15} & k_{16} & k_{17} & k_{18} & k_{19} & k_{110} \\ \vdots & \vdots & \vdots & \vdots & \vdots & \vdots & \vdots & \vdots & \vdots & \vdots \\ k_{71} & k_{72} & k_{73} & k_{74} & k_{75} & k_{76} & M & k_{78} & k_{79} & k_{710} \\ k_{81} & k_{82} & k_{83} & k_{84} & k_{85} & k_{86} & k_{87} & k_{88} & k_{89} & k_{810} \\ k_{91} & k_{92} & k_{93} & k_{94} & k_{95} & k_{96} & k_{97} & k_{98} & M & k_{910} \\ k_{101} & k_{102} & k_{103} & k_{104} & k_{105} & k_{106} & k_{107} & k_{108} & k_{109} & k_{1010} \end{bmatrix} \begin{bmatrix} q_1 \\ \vdots \\ q_7 \\ q_8 \\ q_9 \\ q_{10} \end{bmatrix} = \begin{bmatrix} F_1 \\ \vdots \\ M\varDelta \\ F_8 \\ M\varDelta \\ F_{10} \end{bmatrix} \tag{9.3-15}$$

其中，M 为给定的大数，如 10^{10}、10^{15}，则将式(9.3-15)展开，有

$$q_7 = \varDelta - \frac{k_{71}q_1 + k_{72}q_2 + k_{73}q_3 + k_{74}q_4 + k_{75}q_5 + k_{76}q_6 + k_{77}q_7 + k_{78}q_8 + k_{79}q_9 + k_{710}q_{10}}{M} \approx \varDelta \tag{9.3-16}$$

式(9.3-16)恰为约束方程。

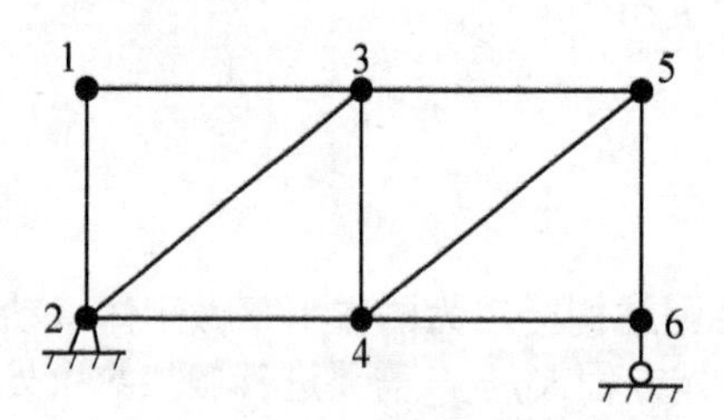

图 9-5　边界位移为零的约束处理

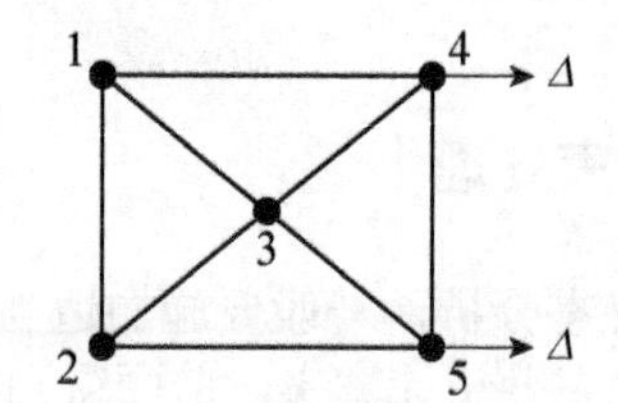

图 9-6　边界位移为已知值的约束处理

9.4　总 体 方 程

经载荷移置和约束处理后的总体方程为

$$\underline{K_m}\,\underline{q} = \underline{F_m} \tag{9.4-1}$$

这是一个关于节点位移的线性方程组。利用线性代数或数值方法的知识可以求解。

得到结构中所有单元的节点位移后，便可以由式(9.2-6)、式(9.2-10)、式(9.2-12)分别求出单元内任意一点的位移、应变和应力。

第 10 章　动态分析的有限元法

工程中有许多受动载荷的机械系统，如受道路载荷的汽车，受风载荷的雷达、桥梁，受海浪冲击的海洋平台，受偏心离心力作用的旋转机械等。当机械系统受到随时间变化的动载荷时，需要进行动态分析，以了解产品的动态特性，避免结构发生共振和有害的振动。动态分析主要是研究机械系统的固有特性和响应分析。固有特性是由结构本身(质量和刚度分布)决定的，包括固有频率和振型，它们与外部载荷无关，但决定了结构对动载荷的响应；响应分析是研究系统的各物理量(位移、速度、加速度、应力、应变等)随时间变化的规律。

本章知识要点

(1) 了解静态分析和动态分析的区别。

(2) 理解固有频率、振型的概念。

(3) 了解运用叠加法进行响应分析的步骤。

兴趣实践

找 8 根锯条，分成 4 对，每对的长度相等，但与其他对的长度不等(长度差别尽量大些)。将这些锯条的根部固定到木桌或木块上，使各锯条垂直木块放置，锯条之间相互平行，且至少有一对中的两个锯条不相邻。用手扳动任一长度的锯条，松手后其会发生抖动，并且可以观察到与之相同长度的锯条也会发生较为剧烈的抖动，而其他长度的锯条反应不明显。

探索思考

在高中物理中研究过弹簧的物理特性，并了解到“质量-弹簧”具有确定的固有频率，当外力是变力且变力的频率接近固有频率时，会发生共振。那么，当弹性体受到变力作用时会有怎样的反应呢?

预习准备

线性代数、高等数学、材料力学与理论力学。

10.1　结构离散

动态分析与静态分析相比，由于两者分析内容不同，对网格形式的要求与静态分析不一样。例如，静态分析时要求应力集中位置加密网格，但在动态分析中，由于物体的固有频率和振型主要与结构的质量及刚度分布有关，因此要求整个结构采用尽可能均匀的网格。

10.2 单 元 分 析

单元分析的任务是形成单元的特性方程，获得相应的特性矩阵。在动态分析中，除了刚度矩阵，单元特性矩阵还包括质量矩阵和阻尼矩阵。单元特性方程是利用虚位移原理，根据能量守恒原理，系统外力的虚功等于弹性体的总变形能建立的。系统的外力包括节点力、惯性力和阻尼力。

由式(9.2-17)可知单元节点力的虚功为$\delta\underline{q_e}^{\mathrm{T}}\underline{F_e}$。

单元惯性力的虚功为
$$\iiint_V -\delta\underline{d_e}^{\mathrm{T}}\rho\underline{\ddot{d}_e}\mathrm{d}V \tag{10.2-1}$$

其中，ρ为弹性体的材料密度。

单元阻尼力的虚功为
$$\iiint_V -\delta\underline{d_e}^{\mathrm{T}}c\underline{\dot{d}_e}\mathrm{d}V \tag{10.2-2}$$

其中，c为弹性体的线性阻尼系数。

单元外力总虚功为

$$\delta W = \delta\underline{q_e}^{\mathrm{T}}\underline{F_e} - \iiint_V \delta\underline{d_e}^{\mathrm{T}}\rho\underline{\ddot{d}_e}\mathrm{d}V - \iiint_V \delta\underline{d_e}^{\mathrm{T}}c\underline{\dot{d}_e}\mathrm{d}V \tag{10.2-3}$$

将式(9.2-6)两边对时间求导，由于形函数与时间无关，有

$$\underline{\dot{d}_e} = \underline{N}\underline{\dot{q}_e} \qquad \underline{\ddot{d}_e} = \underline{N}\underline{\ddot{q}_e} \tag{10.2-4}$$

由 9.2.4 节可知单元的虚应变能，考虑式(10.2-4)，且根据系统外力的虚功等于弹性体的总变形能，有

$$\delta\underline{q_e}^{\mathrm{T}}\underline{F_e} - \delta\underline{q_e}^{\mathrm{T}}\left(\iiint_V \underline{N}^{\mathrm{T}}\rho\underline{N}\mathrm{d}V\right)\underline{\ddot{q}_e} - \delta\underline{q_e}^{\mathrm{T}}\left(\iiint_V \underline{N}^{\mathrm{T}}c\underline{N}\mathrm{d}V\right)\underline{\dot{q}_e} = \delta\underline{q_e}^{\mathrm{T}}(\underline{B}^{\mathrm{T}}\underline{D}\underline{B}\underline{q_e}V) \tag{10.2-5}$$

将式(10.2-5)整理成简洁的形式，即为单元的特性方程：

$$\underline{M_e}\underline{\ddot{q}_e} + \underline{C_e}\underline{\dot{q}_e} + \underline{K_e}\underline{q_e} = \underline{F_e} \tag{10.2-6}$$

其中，$\underline{M_e}$为单元的质量矩阵：
$$\underline{M_e} = \iiint_V \underline{N}^{\mathrm{T}}\rho\underline{N}\mathrm{d}V \tag{10.2-7}$$

$\underline{C_e}$为单元的阻尼矩阵：
$$\underline{C_e} = \iiint_V \underline{N}^{\mathrm{T}}c\underline{N}\mathrm{d}V \tag{10.2-8}$$

$\underline{K_e}$为单元的刚度矩阵：
$$\underline{K_e}=\underline{B}^{\mathrm{T}}\underline{D}\underline{B}V \tag{10.2-9}$$

将式(9.2-8)代入质量矩阵中，有

$$\underline{M_e} = \iiint_V \underline{N}^{\mathrm{T}}\rho\underline{N}\mathrm{d}V = \rho\iiint_V \begin{bmatrix} N_i^2\underline{I} & N_iN_j\underline{I} & N_iN_p\underline{I} & N_iN_m\underline{I} \\ N_jN_i\underline{I} & N_j^2\underline{I} & N_jN_m\underline{I} & N_jN_p\underline{I} \\ N_mN_i\underline{I} & N_mN_j\underline{I} & N_m^2\underline{I} & N_mN_p\underline{I} \\ N_pN_i\underline{I} & N_pN_j\underline{I} & N_pN_m\underline{I} & N_p^2\underline{I} \end{bmatrix}\mathrm{d}V \tag{10.2-10}$$

式(10.2-10)称为四面体单元的一致质量矩阵(Consistent Mass Matrix)。四面体单元利用式

(10.2-10)求质量矩阵较烦琐，另一种常用的质量矩阵的形式为

$$\underline{M}_e = \frac{\rho V}{4}\underline{I}_{12} \tag{10.2-11}$$

式(10.2-11)称为四面体单元的集中质量矩阵(Lumped Mass Matrix)(质量在节点上)。集中质量矩阵可简化动态计算，减小存储容量。利用这种矩阵计算出的结构的固有频率偏低，不过由于有限元模型本身比实际结构偏刚，两者互补，计算出的结果反而更接近真实值。

单元的阻尼矩阵与质量矩阵成比例，称为比例阻尼。本书只对这种比例阻尼的情况进行研究。

10.3　总 体 分 析

总体分析的任务是将单元的特性方程集成为总体的特性方程，集成的方法与静态分析时类似。包括单元矩阵扩展、扩展单元特性方程叠加、载荷移置和约束处理。其中质量矩阵和阻尼矩阵的处理方式与刚度矩阵相同。

n 个单元特性方程(10.2-6)经历单元矩阵扩展、扩展单元特性方程累叠、载荷移置和约束处理后，得到弹性体总体特性方程：

$$\underline{M}\ddot{\underline{q}} + \underline{C}\dot{\underline{q}} + \underline{K}\underline{q} = \underline{F} \tag{10.3-1}$$

10.4　固有特性分析

固有特性分析又称为模态分析。模态是结构的固有振动特性，每一个模态具有特定的固有频率、阻尼比和振型。振型是指系统所有自由度以同一固有频率振动时，各个自由度上的振动的振幅比。与线性代数对应，固有频率的平方对应于特征值，振型对应于特征向量。这些模态参数可以由计算或试验分析取得，这样一个计算或试验分析过程称为模态分析。

固有特性分析的目的是获得系统的固有特性，从而据此避免结构出现共振和有害的振型，并且为响应分析提供必要依据。

由于固有特性与外载荷无关，且阻尼对固有频率和振型的影响不大，因此可通过无阻尼自由振动方程计算固有特性。式(10.3-1)变为

$$\underline{M}\ddot{\underline{q}} + \underline{K}\underline{q} = \underline{0} \tag{10.4-1}$$

系统做自由振动，各节点做简谐振动，设

$$\underline{q} = \underline{A}\cos(\omega t) \tag{10.4-2}$$

其中，$\underline{A}$ 为节点做简谐振动的振幅矩阵：

$$\underline{A} = \begin{bmatrix} A_1 & A_2 & \cdots & A_n \end{bmatrix}^{\mathrm{T}} \tag{10.4-3}$$

ω 为节点做简谐振动的频率；t 为时间。

将式(10.4-2)代入式(10.4-1)，有

$$(\underline{K} - \omega^2 \underline{M})\underline{A} = \underline{0} \tag{10.4-4}$$

根据线性代数可知：该特征方程可以解出 n 个特征值 $\omega_1^2,\omega_2^2,\cdots,\omega_n^2$ (从小到大排列)，分别称为第 i 阶固有频率，以及与特征值对应的 n 个特征向量 $\underline{A_1},\underline{A_2},\cdots,\underline{A_n}$，分别称为第 i 阶振型。求解过程是：先求特征值，由于自由振动时，振幅不全为零，齐次线性方程组有非零解的条件是系数矩阵的行列式为零，即

$$\left|\underline{K}-\omega^2\underline{M}\right|=\begin{vmatrix}K_{11}-\omega^2 M_{11} & K_{12}-\omega^2 M_{12} & \cdots & K_{1n}-\omega^2 M_{1n}\\ K_{22}-\omega^2 M_{21} & K_{22}-\omega^2 M_{22} & \cdots & K_{2n}-\omega^2 M_{2n}\\ \vdots & \vdots & & \vdots\\ K_{n1}-\omega^2 M_{n1} & K_{n2}-\omega^2 M_{n2} & \cdots & K_{nn}-\omega^2 M_{nn}\end{vmatrix}=0 \tag{10.4-5}$$

先解出 n 个特征值，将 n 个特征值分别代入原方程可以求出对应的特征向量。每个特征向量的元素是振幅的比值。

对固有特性的分析关键是求特征值，对于低阶的特征多项式(3 阶以内)可以直接用求根公式求解。对于高阶的要用数值方法求解，主要有变换法和迭代法，将在 11.4 节介绍。

10.5 响 应 分 析

响应分析研究的是系统的各物理量(位移、速度、加速度、应力、应变等)随时间变化的规律。因此，响应分析的目的是求解二阶微分方程组。解法主要有振型叠加法和直接积分法。下面主要介绍振型叠加法。

任意两阶振型之间存在着关于质量矩阵、阻尼矩阵和刚度矩阵的正交性，即

$$\begin{cases}\underline{A_i}^{\mathrm{T}}\underline{M}\underline{A_j}=0\\ \underline{A_i}^{\mathrm{T}}\underline{C}\underline{A_j}=0 \qquad (i\neq j)\\ \underline{A_i}^{\mathrm{T}}\underline{K}\underline{A_j}=0\end{cases} \tag{10.5-1}$$

证明过程如下。

由式(10.4-4)可知：

$$\begin{cases}\underline{K}\underline{A_i}=\omega_i^2\underline{M}\underline{A_i}\\ \underline{K}\underline{A_j}=\omega_j^2\underline{M}\underline{A_j}\end{cases} \tag{10.5-2}$$

将上式中的式子分别乘以 $\underline{A_j}^{\mathrm{T}}$ 和 $\underline{A_i}^{\mathrm{T}}$，有

$$\begin{cases}\underline{A_j}^{\mathrm{T}}\underline{K}\underline{A_i}=\omega_i^2\underline{A_j}^{\mathrm{T}}\underline{M}\underline{A_i}\\ \underline{A_i}^{\mathrm{T}}\underline{K}\underline{A_j}=\omega_j^2\underline{A_i}^{\mathrm{T}}\underline{M}\underline{A_j}\end{cases} \tag{10.5-3}$$

由于 $\underline{A_j}^{\mathrm{T}}\underline{K}\underline{A_i}$ 和 $\underline{A_j}^{\mathrm{T}}\underline{M}\underline{A_i}$ 均为标量，且 $\underline{K}$ 和 $\underline{M}$ 均为实对称矩阵，所以有

$$\begin{cases}\underline{A_j}^{\mathrm{T}}\underline{K}\underline{A_i}=(\underline{A_j}^{\mathrm{T}}\underline{K}\underline{A_i})^{\mathrm{T}}=\underline{A_i}^{\mathrm{T}}\underline{K}\underline{A_j}\\ \underline{A_j}^{\mathrm{T}}\underline{M}\underline{A_i}=(\underline{A_j}^{\mathrm{T}}\underline{M}\underline{A_i})^{\mathrm{T}}=\underline{A_i}^{\mathrm{T}}\underline{M}\underline{A_j}\end{cases} \tag{10.5-4}$$

将上式代入式(10.5-3)中的第一式，并与第二式相减，有

$$0=(\omega_i^2-\omega_j^2)\underline{A_i}^{\mathrm{T}}\underline{M}\,\underline{A_j} \tag{10.5-5}$$

由于$i\neq j$，所以由式(10.5-5)有

$$\underline{A_i}^{\mathrm{T}}\underline{M}\,\underline{A_j}=0 \tag{10.5-6}$$

将式(10.5-6)代入(10.5-3)中第二式，有

$$\underline{A_i}^{\mathrm{T}}\underline{K}\,\underline{A_j}=0 \tag{10.5-7}$$

由于$\underline{C}$与$\underline{M}$成比例，有

$$\underline{A_i}^{\mathrm{T}}\underline{C}\,\underline{A_j}=0 \tag{10.5-8}$$

证明完毕。

根据前面讲述的正交性，设矩阵$\underline{P}$为

$$\underline{P}=\begin{bmatrix}\underline{A_1} & \underline{A_2} & \cdots & \underline{A_n}\end{bmatrix} \tag{10.5-9}$$

该矩阵称为振型矩阵，其元素为各阶振型，则振型矩阵与质量矩阵、刚度矩阵和阻尼矩阵有如下关系：

$$\underline{P}^{\mathrm{T}}\underline{M}\,\underline{P}=\begin{bmatrix}\underline{A_1}^{\mathrm{T}}\underline{M}\,\underline{A_1} & & & \\ & \underline{A_2}^{\mathrm{T}}\underline{M}\,\underline{A_2} & & \\ & & \cdots & \\ & & & \underline{A_n}^{\mathrm{T}}\underline{M}\,\underline{A_n}\end{bmatrix}=\begin{bmatrix}M_1 & & & \\ & M_2 & & \\ & & \cdots & \\ & & & M_n\end{bmatrix} \tag{10.5-10}$$

$$\underline{P}^{\mathrm{T}}\underline{K}\,\underline{P}=\begin{bmatrix}\underline{A_1}^{\mathrm{T}}\underline{K}\,\underline{A_1} & & & \\ & \underline{A_2}^{\mathrm{T}}\underline{K}\,\underline{A_2} & & \\ & & \cdots & \\ & & & \underline{A_n}^{\mathrm{T}}\underline{K}\,\underline{A_n}\end{bmatrix}=\begin{bmatrix}K_1 & & & \\ & K_2 & & \\ & & \cdots & \\ & & & K_n\end{bmatrix} \tag{10.5-11}$$

$$\underline{P}^{\mathrm{T}}\underline{C}\,\underline{P}=\begin{bmatrix}\underline{A_1}^{\mathrm{T}}\underline{C}\,\underline{A_1} & & & \\ & \underline{A_2}^{\mathrm{T}}\underline{C}\,\underline{A_2} & & \\ & & \cdots & \\ & & & \underline{A_n}^{\mathrm{T}}\underline{C}\,\underline{A_n}\end{bmatrix}=\begin{bmatrix}C_1 & & & \\ & C_2 & & \\ & & \cdots & \\ & & & C_n\end{bmatrix} \tag{10.5-12}$$

可见，振型矩阵可将质量矩阵、刚度矩阵和阻尼矩阵相似对角化。

对广义坐标阵$\underline{q}$进行变换，设矩阵$\underline{X}$为

$$\underline{X}=\underline{P}^{-1}\underline{q}\Leftrightarrow\underline{q}=\underline{P}\,\underline{X}=\underline{A_1}X_1+\underline{A_2}X_2+\cdots+\underline{A_n}X_n \tag{10.5-13}$$

将上式代入式(10.3-1)，并用$\underline{P}^{\mathrm{T}}$左乘式(10.3-1)的两边，有

$$\underline{P}^{\mathrm{T}}\underline{M}\,\underline{P}\,\underline{\ddot{X}}+\underline{P}^{\mathrm{T}}\underline{C}\,\underline{P}\,\underline{\dot{X}}+\underline{P}^{\mathrm{T}}\underline{K}\,\underline{P}\,\underline{X}=\underline{P}^{\mathrm{T}}\underline{F} \tag{10.5-14}$$

将上式展开有

$$\begin{bmatrix}M_1 & & & \\ & M_2 & & \\ & & \cdots & \\ & & & M_n\end{bmatrix}\begin{bmatrix}\ddot{X}_1\\ \ddot{X}_2\\ \vdots\\ \ddot{X}_n\end{bmatrix}+\begin{bmatrix}C_1 & & & \\ & C_2 & & \\ & & \cdots & \\ & & & C_n\end{bmatrix}\begin{bmatrix}\dot{X}_1\\ \dot{X}_2\\ \vdots\\ \dot{X}_n\end{bmatrix}+\begin{bmatrix}K_1 & & & \\ & K_2 & & \\ & & \cdots & \\ & & & K_n\end{bmatrix}\begin{bmatrix}X_1\\ X_2\\ \vdots\\ X_n\end{bmatrix}=\begin{bmatrix}F_{m1}\\ F_{m2}\\ \vdots\\ F_{mn}\end{bmatrix} \tag{10.5-15}$$

其中，$F_{mi}\ (i=1,2,\cdots,n)$ 为 $\underline{P}^{\mathrm{T}}\underline{F}$ 的元素。

式(10.5-15)即为广义坐标经过振型矩阵后的弹性体的总体特性方程。该方程中质量矩阵、刚度矩阵和阻尼矩阵均是对角阵，该方程展开成变量方程后，每一个标量方程只是关于一个广义坐标的二阶微分方程，即完成了总体特性方程的解耦。

当阻尼为零，设外力为简谐力时，式(10.5-15)展开为

$$\begin{cases} \ddot{X}_1+\omega_1^2X_1=F_{m1}\sin\omega t \\ \ddot{X}_2+\omega_2^2X_2=F_{m2}\sin\omega t \\ \qquad\vdots \\ \ddot{X}_n+\omega_n^2X_n=F_{mn}\sin\omega t \end{cases} \tag{10.5-16}$$

根据高等数学知识，该方程的解为

$$\begin{cases} X_1=\dfrac{F_{m1}}{\omega_1^2-\omega^2}\sin\omega t \\ X_2=\dfrac{F_{m2}}{\omega_2^2-\omega^2}\sin\omega t \\ \qquad\vdots \\ X_n=\dfrac{F_{mn}}{\omega_n^2-\omega^2}\sin\omega t \end{cases} \tag{10.5-17}$$

当外力频率接近 n 个固有频率中任何一个值时，系统振幅将达到最大值，这就是共振现象，n 自由度系统有 n 个共振频率。

10.6 共振的应用和危害

随着近代科学的发展，共振应用的领域越来越多。

在建筑工地，建筑工人在浇灌混凝土的墙壁或地板时，为了提高质量，总是一面灌混凝土，一面用振荡器进行震荡，使混凝土之间由于振荡的作用而变得更紧密、更结实。此外，粉碎机、测振仪、电振泵、测速仪等也都是利用共振现象进行工作的。

在人们的日常生活中，共振也充当着重要的角色，如常用的微波炉。具有 2500Hz 左右频率的电磁波称为“微波”。食物中水分子的振动频率与微波大致相同，微波炉加热食品时，炉内产生很强的振荡电磁场，使食物中的水分子作受迫振动，发生共振，将电磁辐射能转化为热能，从而使食物的温度迅速升高。微波加热技术是物体内部的整体加热技术，完全不同于以往的从外部对物体进行加热的方式，是一种极大地提高了加热效率、极为有利于环保的先进技术。

又如收音机，电台通过天线发射出短波/长波信号，收音机通过将天线频率调至和电台电波信号相同频率来引起共振，将电台信号放大，再经过过滤后传至喇叭发声。还有市面上极为少见的共振音箱，它是使音频经过转换后，以机械振动介质面(木质桌面、玻璃等)使介质整个物体产生共振，从而使物体播放出悠扬的乐曲。

共振在医学上也有应用。专家研究认为，音乐的频率、节奏和有规律的声波振动是一种

物理能量，而适度的物理能量会引起人体组织细胞发生和谐共振现象，这种声波引起的共振现象会直接影响人们的脑电波、心率、呼吸节奏等，使细胞体产生轻度共振，使人有一种舒适、安逸感。就医学影像学来说，核磁共振是继 CT 后的又一重大进步。将人体置于特殊的磁场中，用无线电射频脉冲激发人体内氢原子核，引起氢原子核共振，并吸收能量。在停止射频脉冲后，氢原子核按特定频率发出射电信号，并将吸收的能量释放出来，被体外的接收器收录，经电子计算机处理获得图像，这就称为核磁共振成像。

任何事物都有两面性，共振有时还会给人类造成巨大危害。这其中最为人们所知晓的便是桥梁垮塌。18 世纪中叶，一座桥因大队士兵齐步走产生的频率正好与大桥的固有频率一致，使桥的振动加强，最终断裂。1940 年，美国的全长 860m 的塔柯姆大桥因大风引起的共振而塌毁，尽管当时的风速还不到设计风速限值的 1/3，可是因为这座大桥实际的抗共振强度没有过关，所以导致事故的发生。每年肆虐于沿海各地的热带风暴，也是借助于共振为虎作伥，才会使房屋和农作物饱受摧残。近几十年来，美国及欧洲等国家和地区还发生了多起高楼因大风造成的共振而剧烈摇摆的事件。另外还有许多例子：持续发出的某种频率的声音会使玻璃杯破碎；机器可以因共振而损坏机座；高山上的一声大喊，可引起山顶积雪的共振，顷刻之间造成一场大雪崩；行驶着的汽车，如果轮转周期正好与弹簧的固有频率同步，所产生的共振就能导致汽车失去控制，从而造成车毁人亡……

第 11 章　动力学方程的解法

第 5 章～第 10 章建立了机械系统的动力学方程，本章将对这些方程进行求解[21-24]。

本章知识要点

(1) 掌握线性方程组的解法。

(2) 掌握非线性方程组的解法。

(3) 掌握微分方程组的解法。

(4) 了解矩阵特征问题的解法。

兴趣实践

一个饲养场引进一只刚出生的新品种兔子，这种兔子从出生的下一个月开始，每月新生一只兔子，新生的兔子也如此繁殖。如果所有的兔子都不死去，问到第 12 个月时，该饲养场共有多少只兔子？

探索思考

数学是科学之母。一门学科是否成为科学，取决于该学科的问题描述是否能划归为数学。前述章节研究过机构和结构两类机械系统的数学模型，然而这些方程如何解算呢？是否能够获得以往高等数学中教授的解析形式的解？

预习准备

线性代数、高等数学。

11.1　线性方程组的解法

在静态分析的有限元法中得到的动力学方程为关于节点位移的线性方程组。对于低阶线性方程组，当系数矩阵 $\underline{A}$ 为方阵，且 $|\underline{A}| \neq \underline{0}$ 时，线性方程组有且仅有一个解，该解可以用格莱姆法则进行求解，但对于高阶方程，该方法工作量非常庞大、效率很低，本节将介绍一种求解线性方程组的通用方法——高斯(Gauss，1777～1855 年)消去法。

一般地，n 个未知量 m 个方程的线性方程组可以表示为

$$\begin{cases} a_{11}x_1 + a_{12}x_2 + \cdots + a_{1n}x_n = b_1 \\ a_{21}x_1 + a_{22}x_2 + \cdots + a_{2n}x_n = b_2 \\ \qquad \vdots \\ a_{m1}x_1 + a_{m2}x_2 + \cdots + a_{mn}x_n = b_m \end{cases} \tag{11.1-1}$$

其中，$x_1, x_2, \cdots, x_n$ 是方程组的 n 个未知量；$a_{ij}\ (i=1,2,\cdots,m; j=1,2,\cdots,n)$ 是第 i 个方程中第 j 个未知量 x_j 的系数；$b_i\ (i=1,2,\cdots,m)$ 是第 i 个方程的常数项。可以将式(11.1-1)写成矩阵形式：

$$\underline{A}\underline{X} = \underline{B} \tag{11.1-2}$$

其中，

$$\underline{A} = \begin{bmatrix} a_{11} & a_{12} & \cdots & a_{1n} \\ a_{21} & a_{22} & \cdots & a_{2n} \\ \vdots & \vdots & & \vdots \\ a_{m1} & a_{m2} & \cdots & a_{mn} \end{bmatrix}, \quad \underline{X} = \begin{bmatrix} x_1 \\ x_2 \\ \vdots \\ x_n \end{bmatrix}, \quad \underline{B} = \begin{bmatrix} b_1 \\ b_2 \\ \vdots \\ b_m \end{bmatrix} \tag{11.1-3}$$

当 $\underline{B} = \underline{0}$ 时，即

$$\underline{A}\underline{X} = \underline{0} \tag{11.1-4}$$

此方程组称为齐次线性方程组。

当 $m = n$ 时，且 $|\underline{A}| \neq \underline{0}$，则方阵 $\underline{A}$ 可逆，线性方程组有且仅有一个解：

$$\underline{X} = \underline{A}^{-1}\underline{B} \tag{11.1-5}$$

11.1.1　格莱姆法则

根据格莱姆法则，可知：

$$\underline{X} = \frac{1}{|\underline{A}|}\begin{bmatrix} D_1 \\ D_2 \\ \vdots \\ D_n \end{bmatrix} \tag{11.1-6}$$

其中，D_j 为以 $\underline{B}$ 代替 $|\underline{A}|$ 中的第 j 列所得到的行列式：

$$D_j = \begin{vmatrix} a_{11} & \cdots & a_{1j-1} & b_1 & a_{1j+1} & \cdots & a_{1n} \\ a_{21} & \cdots & a_{2j-1} & b_2 & a_{2j+1} & \cdots & a_{2n} \\ \vdots & & \vdots & \vdots & \vdots & & \vdots \\ a_{n1} & \cdots & a_{nj-1} & b_n & a_{nj+1} & \cdots & a_{nn} \end{vmatrix} \tag{11.1-7}$$

格莱姆法则只能求解方程个数与未知量个数相同，并且系数行列式不为零的线性方程组。随着未知量个数的增加，计算量的增长速度大得惊人。对于高阶线性方程组，可利用全主元高斯消去法求解。

例题 11.1-1　解如下线性方程组：

$$\begin{cases} x_1 + x_2 + x_3 = 6 \\ x_1 + 2x_2 + x_3 = 8 \\ 2x_1 + x_2 + x_3 = 7 \end{cases}$$

解：

$$\underline{A}=\begin{bmatrix}1&1&1\\1&2&1\\2&1&1\end{bmatrix},\quad \underline{X}=\begin{bmatrix}x_1\\x_2\\x_3\end{bmatrix},\quad \underline{B}=\begin{bmatrix}6\\8\\7\end{bmatrix}$$

$$|\underline{A}|=-1$$

$$D_1=\begin{vmatrix}6&1&1\\8&2&1\\7&1&1\end{vmatrix}=-1,\quad D_2=\begin{vmatrix}1&6&1\\1&8&1\\2&7&1\end{vmatrix}=-2,\quad D_3=\begin{vmatrix}1&1&6\\1&2&8\\1&1&7\end{vmatrix}=-3$$

$$\underline{X}=\frac{1}{|\underline{A}|}\begin{bmatrix}D_1\\D_2\\D_3\end{bmatrix}=\begin{bmatrix}1\\2\\3\end{bmatrix}$$

对于齐次线性方程组(11.1-4)，有非零解的充分必要条件是

$$|\underline{A}|=0 \tag{11.1-8}$$

若齐次线性方程组有非零解，则其解有无穷多个，设系数矩阵的秩 $R(\underline{A})=r$ ，则可由 $t=n-r$ 个线性无关的(11.1-4)的解构成其基础解系。设

$$\underline{X_1}=\begin{bmatrix}x_{11}\\x_{12}\\\vdots\\x_{1n}\end{bmatrix},\quad \underline{X_2}=\begin{bmatrix}x_{21}\\x_{22}\\\vdots\\x_{2n}\end{bmatrix},\quad \cdots,\quad \underline{X_t}=\begin{bmatrix}x_{t1}\\x_{t2}\\\vdots\\x_{tn}\end{bmatrix}$$

是式(11.1-4)的基础解系，则式(11.1-4)的通解为

$$\underline{X}=c_1\underline{X_1}+c_2\underline{X_2}+\cdots+c_t\underline{X_t} \tag{11.1-9}$$

对于非齐次线性方程组(11.1-2)，由系数矩阵和常数矩阵组成一个新矩阵：

$$\underline{A}^{+}=\begin{bmatrix}\underline{A} & \underline{B}\end{bmatrix} \tag{11.1-10}$$

称为矩阵 $\underline{A}$ 的增广矩阵。

非齐次线性方程组(11.1-2)有解的充分必要条件为系数矩阵的秩等于增广矩阵的秩，即

$$R(\underline{A})=R(\underline{A}^{+}) \tag{11.1-11}$$

非齐次线性方程组(11.1-2)有无穷多解的充分必要条件为系数矩阵的秩小于未知数的个数，即

$$R(\underline{A})<n \tag{11.1-12}$$

设 $\underline{X_0}$ 是非齐次线性方程组(11.1-2)的一个特解， $\underline{X_1},\underline{X_2},\cdots,\underline{X_t}$ 是相应齐次线性方程组的基础解系，则非齐次线性方程组(11.1-2)的通解为

$$\underline{X}=\underline{X_0}+c_1\underline{X_1}+c_2\underline{X_2}+\cdots+c_t\underline{X_t} \tag{11.1-13}$$

11.1.2　高斯消去法

高斯消去法主要有两个步骤：消元和回代。

1) 消元

设线性方程组的增广矩阵为 $\underline{A}^{+}$：

$$\underline{A}^{+}=\left[\underline{A}\quad \underline{B}\right]=\begin{bmatrix} a_{11} & a_{12} & \cdots & a_{1n} & b_1 \\ a_{21} & a_{22} & \cdots & a_{2n} & b_2 \\ \vdots & \vdots & & \vdots & \vdots \\ a_{m1} & a_{m2} & \cdots & a_{mn} & b_m \end{bmatrix} \tag{11.1-14}$$

首先，将线性方程组的增广矩阵 $\underline{A}^{+}$ 的第一行除以 a_{11}，使 x_1 的系数为 1(假设 a_{11} 不为零，如果为零，可通过变换方程或变量的次序，达到此目的)。其次，将 $\underline{A}^{+}$ 的第一行乘 $-a_{i1}$ $(i=2,3,\cdots,m)$ 加到第 i 行，从而使 a_{i1} 为零，即从第 i 个方程中消去变量 x_1，得到

$$\underline{A}^{+(1)}=\begin{bmatrix} 1 & a_{12}^{(1)} & \cdots & a_{1n}^{(1)} & b_1^{(1)} \\ 0 & a_{22}^{(1)} & \cdots & a_{2n}^{(1)} & b_2^{(1)} \\ \vdots & \vdots & & \vdots & \vdots \\ 0 & a_{m2}^{(1)} & \cdots & a_{mn}^{(1)} & b_m^{(1)} \end{bmatrix} \tag{11.1-15}$$

其中，

$$a_{1j}^{(1)}=\frac{a_{1j}}{a_{11}} \qquad (j=2,3,\cdots,n)，\quad b_1^{(1)}=\frac{b_1}{a_{11}} \tag{11.1-16}$$

$$a_{ij}^{(1)}=a_{ij}-a_{1j}^{(1)}a_{i1}，\quad b_i^{(1)}=b_i-b_1^{(1)}a_{i1} \qquad (i,j=2,3,\cdots,n) \tag{11.1-17}$$

经过第一次变换，线性方程组变为

$$\underline{A^{(1)}X}=\underline{B^{(1)}}=\begin{bmatrix} 1 & a_{12}^{(1)} & \cdots & a_{1n}^{(1)} \\ 0 & a_{22}^{(1)} & \cdots & a_{2n}^{(1)} \\ \vdots & \vdots & & \vdots \\ 0 & a_{m2}^{(1)} & \cdots & a_{mn}^{(1)} \end{bmatrix}\begin{bmatrix} x_1 \\ x_2 \\ \vdots \\ x_n \end{bmatrix}=\begin{bmatrix} b_1^{(1)} \\ b_2^{(1)} \\ \vdots \\ b_m^{(1)} \end{bmatrix} \tag{11.1-18}$$

然后，将 $\underline{A}^{+}$ 的第二行除以 $a_{22}^{(1)}$，使 x_2 的系数变为 1，再将 $\underline{A}^{+}$ 的第二行乘 $-a_{i2}$ $(i=3,4,\cdots,m)$ 加到第 i 行，得到

$$\underline{A}^{+(2)}=\begin{bmatrix} 1 & a_{12}^{(1)} & \cdots & a_{1n}^{(1)} & b_1^{(1)} \\ 0 & 1 & \cdots & a_{2n}^{(2)} & b_2^{(2)} \\ \vdots & \vdots & & \vdots & \vdots \\ 0 & 0 & \cdots & a_{mn}^{(2)} & b_m^{(2)} \end{bmatrix} \tag{11.1-19}$$

其中，

$$a_{2j}^{(2)}=\frac{a_{2j}}{a_{22}} \qquad (j=3,\cdots,n)，\quad b_2^{(2)}=\frac{b_2}{a_{22}} \tag{11.1-20}$$

$$a_{ij}^{(2)}=a_{ij}-a_{2j}^{(2)}a_{i2}，\quad b_i^{(2)}=b_i-b_2^{(2)}a_{i2} \quad (i,j=3,4,\cdots,n) \tag{11.1-21}$$

经过第二次变换，线性方程组(11.1-1)变为

$$\underline{A}^{(2)}\underline{X}=\underline{B}^{(2)}=\begin{bmatrix}1 & a_{12}^{(1)} & \cdots & a_{1n}^{(1)}\\0 & 1 & \cdots & a_{2n}^{(2)}\\\vdots & \vdots & & \vdots\\0 & 0 & \cdots & a_{mn}^{(2)}\end{bmatrix}\begin{bmatrix}x_1\\x_2\\\vdots\\x_n\end{bmatrix}=\begin{bmatrix}b_1^{(1)}\\b_2^{(2)}\\\vdots\\b_m^{(2)}\end{bmatrix}\tag{11.1-22}$$

依此类推，进行到第 m 次变换后（$m>n$），只要系数矩阵满秩，这样得到的消元后的最终结果为

$$\underline{A}^{(n)}\underline{X}=\underline{B}^{(n)}=\begin{bmatrix}1 & a_{12}^{(1)} & \cdots & a_{1m}^{(1)} & a_{1m+1}^{(1)} & \cdots & a_{1n}^{(1)}\\0 & 1 & \cdots & a_{2m}^{(2)} & a_{2m+1}^{(2)} & \cdots & a_{2n}^{(2)}\\\vdots & \vdots & & \vdots & \vdots & & \vdots\\0 & 0 & \cdots & 1 & a_{mm+1}^{(n)} & \cdots & a_{mn}^{(n)}\end{bmatrix}\begin{bmatrix}x_1\\x_2\\\vdots\\x_n\end{bmatrix}=\begin{bmatrix}b_1^{(1)}\\b_2^{(2)}\\\vdots\\b_m^{(n)}\end{bmatrix}\tag{11.1-23}$$

当 $m=n$ 时，有

$$\underline{A}^{(n)}\underline{X}=\underline{B}^{(n)}=\begin{bmatrix}1 & a_{12}^{(1)} & \cdots & a_{1n}^{(1)}\\0 & 1 & \cdots & a_{2n}^{(2)}\\\vdots & \vdots & & \vdots\\0 & 0 & \cdots & 1\end{bmatrix}\begin{bmatrix}x_1\\x_2\\\vdots\\x_n\end{bmatrix}=\begin{bmatrix}b_1^{(1)}\\b_2^{(2)}\\\vdots\\b_n^{(n)}\end{bmatrix}\tag{11.1-24}$$

此时系数矩阵变为对角元素为 1 的上三角阵。

2) 回代

由式(11.1-24)的最后一行，得到 x_n 的解

$$x_n=b_n^{(n)}\tag{11.1-25}$$

将上式代入式(11.1-24)的倒数第二式，得到 x_{n-1} 的解：

$$x_{n-1}=b_{n-1}^{(n-1)}-a_{(n-1)n}^{(n-1)}x_n\tag{11.1-26}$$

依次类推，回代到第 k 步，可得 x_{n-k+1} 的解：

$$x_{n-k+1}=b_{n-k+1}^{(n-k+1)}-\sum_{j=n-k+2}^{n}a_{(n-k+1)j}^{(n-k+1)}x_j\tag{11.1-27}$$

这样，通过 n 步回代便得到线性方程组(11.1-1)的解。

在高斯消去法中，每次消元的过程都要除一个系数，第 k 步为 $a_{kk}^{(k-1)}$，这个系数称为第 k 步的主元。如果该系数为零，那么求解过程终止，如果该系数较小，数值的除法将会带来较大的舍入误差，甚至导致错误的计算结果。为此，在进行消元步时，如果通过变换方程或变量的次序，寻找一个不为零且绝对值较大的系数作为除数，这样可将整个数值计算的误差降到最低，这种方法称为全主元高斯消去法。全主元高斯消去法是在高斯消去法进行第 k 步消元之前选择系数矩阵 $\underline{A}$ 的子阵(由第 k ～第 m 行，第 k ～第 n 列的元素组成的矩阵)中绝对值最大的系数作为主元。为了将选中的主元变换到 $a_{kk}^{(k-1)}$ 的位置，并且不改变原方程组的解，可以通过改变方程的次序(即 $\underline{A}^{+}$ 的行序)和改变变量在各方程中的位置(即 $\underline{A}^{+}$ 的列序与 $\underline{X}$ 中的元素位置)，这种变换的过程需要记录，以便把求得的解与原方程的解对应。例如，定义 $\underline{C}$ 为与 $\underline{X}$ 同维的矩阵：

$$\underline{C}=\begin{bmatrix}C_1 & C_2 & \cdots & C_n\end{bmatrix}^{\mathrm{T}}=\begin{bmatrix}1 & 2 & \cdots & n\end{bmatrix}^{\mathrm{T}} \tag{11.1-28}$$

在高斯消去法进行第 k 步消元之前进行选主元时，选择系数矩阵 $\underline{A}$ 的子阵中绝对值最大的系数 a_{rs} 作为主元，需要将 a_{rs} 变换到 $a_{kk}^{(k-1)}$ 的位置，在进行列变换时，即将 $\underline{A}^{+}$ 的第 s 列和第 k 列互换，与此同时 $\underline{X}$ 的第 s 行与第 k 行互换以保证变换前后方程组的解不变，用矩阵 $\underline{C}$ 来记录此过程，将 $\underline{C}$ 第 s 行与第 k 行互换。设 $\underline{X}$ 为原方程组的解，$\underline{Y}$ 为变换后的方程的解：

$$\underline{X}=\begin{bmatrix}x_1 & x_2 & \cdots & x_n\end{bmatrix}^{\mathrm{T}},\quad \underline{Y}=\begin{bmatrix}y_1 & y_2 & \cdots & y_n\end{bmatrix}^{\mathrm{T}}$$

则

$$x_i=y_{C_i}\quad (i=1,2,\cdots,n) \tag{11.1-29}$$

例题 11.1-2　用全主元高斯消去法解如下线性方程组：

$$\begin{cases}x_1+x_2+x_3=6\\ x_1+2x_2+x_3=8\\ 2x_1+x_2+x_3=7\end{cases}$$

解：

$$\underline{A}^{+}=\begin{bmatrix}\underline{A} & \underline{B}\end{bmatrix}=\begin{bmatrix}1 & 1 & 1 & 6\\ 1 & 2 & 1 & 8\\ 2 & 1 & 1 & 7\end{bmatrix},\quad \underline{C}=\begin{bmatrix}1\\2\\3\end{bmatrix}$$

第一步选主元和消元。

最大主元为 a_{22}，将 $\underline{A}^{+}$ 第的第一行与第二行互换，将 $\underline{A}^{+}$ 第一列与第二列互换，并将 $\underline{C}$ 的第一行与第二行互换，有

$$\underline{A}^{+(1)}=\begin{bmatrix}2 & 1 & 1 & 8\\ 1 & 1 & 1 & 6\\ 1 & 2 & 1 & 7\end{bmatrix},\quad \underline{C}=\begin{bmatrix}2\\1\\3\end{bmatrix}$$

进行消元，有

$$\underline{A}^{+(1)}=\begin{bmatrix}1 & 0.5 & 0.5 & 4\\ 0 & 0.5 & 0.5 & 2\\ 0 & 1.5 & 0.5 & 3\end{bmatrix},\quad \underline{C}=\begin{bmatrix}2\\1\\3\end{bmatrix}$$

第二步选主元和消元。

最大主元为 a_{32}，将第 $\underline{A}^{+(1)}$ 的第二行与第三行互换，有

$$\underline{A}^{+(2)}=\begin{bmatrix}1 & 0.5 & 0.5 & 4\\ 0 & 1.5 & 0.5 & 3\\ 0 & 0.5 & 0.5 & 2\end{bmatrix},\quad \underline{C}=\begin{bmatrix}2\\1\\3\end{bmatrix}$$

进行消元，有

$$\underline{A}^{+(2)}=\begin{bmatrix}1 & 0.5 & 0.5 & 4\\ 0 & 1 & \dfrac{1}{3} & 2\\ 0 & 0 & \dfrac{1}{3} & 1\end{bmatrix},\quad \underline{C}=\begin{bmatrix}2\\1\\3\end{bmatrix}$$

第三步选主元和消元，有

$$\underline{A}^{+(3)}=\begin{bmatrix}1 & 0.5 & 0.5 & 4\\ 0 & 1 & \dfrac{1}{3} & 2\\ 0 & 0 & 1 & 3\end{bmatrix},\quad \underline{C}=\begin{bmatrix}2\\1\\3\end{bmatrix}$$

从上式容易得出，变换后方程组的解为

$$\underline{Y}=\begin{bmatrix}y_1\\y_2\\y_3\end{bmatrix}=\begin{bmatrix}2\\1\\3\end{bmatrix}$$

则由式(11.1-29)可知，原方程组的解为

$$\underline{X}=\begin{bmatrix}x_1\\x_2\\x_3\end{bmatrix}=\begin{bmatrix}1\\2\\3\end{bmatrix}$$

需要注意的是：当系数矩阵的秩小于未知数的个数时，即式(11.1-12)，$R(\underline{A})=r<n$，方程组有无穷多解，此时仍可利用全主元高斯消去法进行求解，只是进行到第$r+1$步时，其主元为 0，这时消元终止，任意选定一组$(y_{r+1},y_{r+2},\cdots,y_n)$的值代入方程组，可求得$(y_1,y_2,\cdots,y_r)$的解，从而求得$\underline{X}$的解。如果取$(y_{r+1},y_{r+2},\cdots,y_n)$的值为以下单位阵($n-r$行$n-r$列)的一列：

$$\begin{bmatrix}1 & 0 & \cdots & 0\\ 0 & 1 & \cdots & 0\\ \vdots & \vdots & & \vdots\\ 0 & 0 & \cdots & 1\end{bmatrix}$$

取$n-r$次，即可求得$n-r$个$(y_1,y_2,\cdots,y_r)$的解，即可求得$n-r$个$\underline{X}$的解。这$n-r$个$\underline{X}$的解构成了原方程组的基础解系。

对于独立广义坐标的多刚体动力学方程，可利用泰勒（Taylor，1685～1731年)展开公式将其化为线性方程组，具体方法如下：

$$\underline{q}(t_{n+1})=\underline{q}(t_n)+h\dot{\underline{q}}(t_n)+\frac{h^2}{2}\ddot{\underline{q}}(t_n)+O(h^3) \tag{11.1-30}$$

其中，h为积分步长。去掉无穷小量，将式(11.1-30)代入动力学方程中，其中$\underline{q}(t_n)$、$\dot{\underline{q}}(t_n)$均为已知量，未知量为$\underline{q}(t_{n+1})$，式(11.1-30)可看作关于$\underline{q}(t_{n+1})$的线性方程组，利用高斯消去法即可求解。求得$\underline{q}(t_{n+1})$后，还需计算$\dot{\underline{q}}(t_{n+1})$，以备下一步计算使用。根据上一步长内的平均速度公式，有

$$\dot{\underline{q}}(t_{n+1})=2\left(\underline{q}(t_{n+1})-\underline{q}(t_n)\right)/h-\dot{\underline{q}}(t_n) \tag{11.1-31}$$

11.2　非线性方程组的解法

在运动学和动力学分析中经常遇到如下的非线性方程组：

$$\underline{\Phi}(\underline{x})=\underline{0} \tag{11.2-1}$$

其中共有 m 个方程，即

$$\underline{\Phi}(\underline{x})=\begin{bmatrix}\Phi_1(\underline{x}) & \Phi_2(\underline{x}) & \cdots & \Phi_m(\underline{x})\end{bmatrix}^{\mathrm{T}} \tag{11.2-2}$$

变量阵 $\underline{x}$ 为 n 阶列阵。

这种非线性方程组无法求得其解析解或者说精确解，只能通过一些方法求得其近似解。这些方法中最著名的是牛顿-拉弗森迭代法。下面先以一个变量一个非线性方程的简单情况介绍这种方法的实质。

考虑未知变量为 x 的一个非线性方程：

$$\Phi(x)=0 \tag{11.2-3}$$

记 $x=x^*$ 为式(11.2-3)的解，记 $x^{(i)}$ 为 x^* 的近似解。$\Phi(x)$ 在 $x=x^{(i)}$ 的泰勒展开为

$$\Phi(x)=\Phi(x^{(i)})+\Phi_x(x^{(i)})(x-x^{(i)})+0 \tag{11.2-4}$$

其中，$\Phi_x=\partial\Phi/\partial x$ 为 $\Phi(x)$ 的雅可比。令 $x=x^{(i+1)}$ 为改进的近似解，如果 $(x^{(i+1)}-x^{(i)})$ 为小量，式(11.2-4)中的高阶项忽略，有

$$\Phi(x^{(i+1)})\approx\Phi(x^{(i)})+\Phi_x(x^{(i)})(x^{(i+1)}-x^{(i)})=0 \tag{11.2-5}$$

如果 $\Phi_x(x^{(i)})\neq 0$，由式(11.2-5)可得

$$x^{(i+1)}=x^{(i)}-\frac{\Phi(x^{(i)})}{\Phi_x(x^{(i)})} \tag{11.2-6}$$

单变量单个方程的牛顿-拉弗森迭代法的求解过程如下。

(1) 设定式(11.2-3)的解的初始预估值为 $x^{(0)}$，其为迭代起点。

(2) 利用式(11.2-6)进行迭代，解算在迭代的第 $i(i=1,2,\cdots)$ 步中的解的近似值 $x^{(i)}$。

(3) 判断以下两式是否成立：

$$\begin{cases}\left|\Phi(x^{(i)})\right|<\varepsilon_1\\ \left|x^{(i+1)}-x^{(i)}\right|<\varepsilon_2\end{cases} \tag{11.2-7}$$

其中，ε_1 是方程的允许误差；ε_2 是解的允许误差。若式(11.2-7)成立，则迭代终止，此时的 $x^{(i+1)}$ 可认为是式(11.2-3)的解，若式(11.2-7)不成立，则继续第(2)过程的迭代，用 i+1 代替 i。

牛顿-拉弗森迭代法的几何意义如图 11-1 所示，它是一种收敛的情况，由 $x^{(0)}$ 迭代收敛于解 x^*。图 11-2 所示的是解处在 $\Phi(x)$ 的一个拐点的情况，结果可能发散。图 11-3 所示的是多解的情况，x_1^* 和 x_2^* 都是方程的解，至于收敛到哪个解与解的初始预估值 $x^{(0)}$ 有关。图 11-4 所示的是 $x^{(0)}$ 靠近局部极小或极大值的情况，结果将发散，不会收敛到期望的解。上述几种情况说明，牛顿-拉弗森迭代法的关键是如何选取适当的初值。

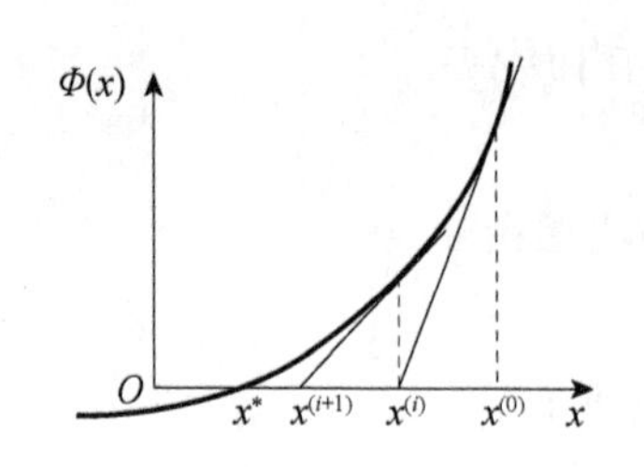

图 11-1　迭代收敛的情况

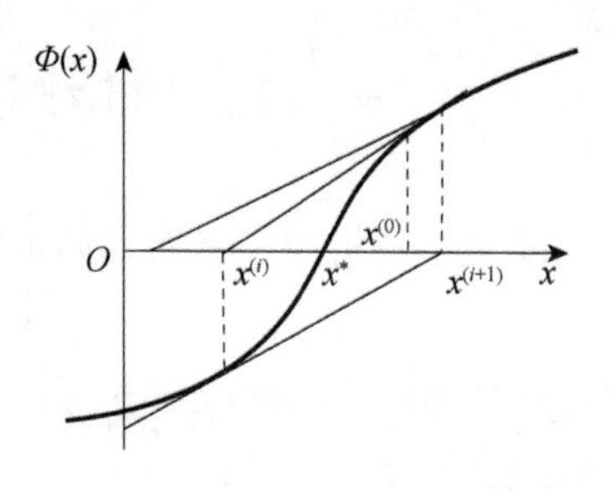

图 11-2　解在拐点的情况

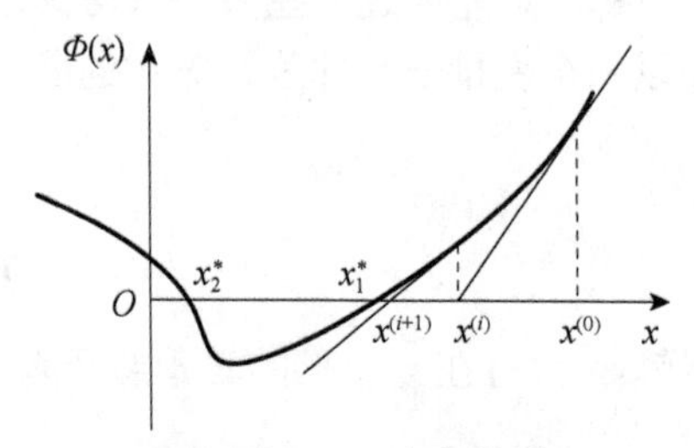

图 11-3　多解的情况

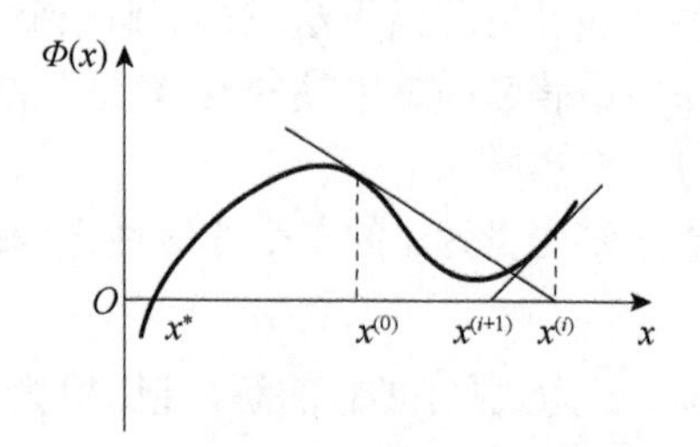

图 11-4　初值接近极值的情况

对于 m 个方程、n 个变量的一般非线性方程组(11.2-1)，牛顿-拉弗森迭代法可描述如下。

记 $\underline{x}=\underline{x}^*$ 为式(11.2-1)的解，记 $\underline{x^{(i)}}$ 为 $\underline{x}^*$ 的近似解。$\underline{\Phi}(\underline{x})$ 在 $\underline{x}=\underline{x^{(i)}}$ 的泰勒展开为

$$\underline{\Phi}(\underline{x})=\underline{\Phi}(\underline{x^{(i)}})+\underline{\Phi}_x(\underline{x^{(i)}})(\underline{x}-\underline{x^{(i)}})+0 \tag{11.2-8}$$

其中，$\underline{\Phi}_x=\partial\underline{\Phi}/\partial\underline{x}$ 为 $\underline{\Phi}(x)$ 的雅可比矩阵。令 $\underline{x}=\underline{x^{(i+1)}}$ 为改进的近似解，如果 $(\underline{x^{(i+1)}}-\underline{x^{(i)}})$ 为小量，式(11.2-8)中的高阶项忽略，有

$$\underline{\Phi}(\underline{x^{(i+1)}})\approx\underline{\Phi}(\underline{x^{(i)}})+\underline{\Phi}_x(\underline{x^{(i)}})(\underline{x^{(i+1)}}-\underline{x^{(i)}})=\underline{0} \tag{11.2-9}$$

令 $\underline{\Delta x^{(i)}}=\underline{x^{(i+1)}}-\underline{x^{(i)}}$，式(11.2-9)可写成关于 $\underline{\Delta x^{(i)}}$ 的线性方程组，即

$$\underline{\Phi}_x(\underline{x^{(i)}})\underline{\Delta x^{(i)}}=-\underline{\Phi}(\underline{x^{(i)}}) \tag{11.2-10}$$

如果 $\underline{\Phi}_x(\underline{x^{(i)}})$ 为非奇异阵，那么式(11.2-10)有唯一解，由此可得

$$\underline{x^{(i+1)}}=\underline{x^{(i)}}+\underline{\Delta x^{(i)}} \tag{11.2-11}$$

根据以上分析，多变量多个方程的牛顿-拉弗森迭代法的求解过程如下。

(1)设定式(11.2-1)的解的初始预估值为 $\underline{x^{(0)}}$，其为迭代起点。

(2)利用式(11.2-10)和式(11.2-11)进行迭代，解算在迭代的第 $i(i=1,2,\cdots)$ 步中的解的近似值 $\underline{x^{(i)}}$。

(3)判断以下各式是否成立：

$$\begin{cases}\left|\Phi_k(x^{(i)})\right|<\varepsilon_1\\ \left|x_s^{(i+1)}-x_s^{(i)}\right|<\varepsilon_2\end{cases}\quad(k=1,2,\cdots,m;s=1,2,\cdots,n) \tag{11.2-12}$$

其中，ε_1 是方程的允许误差；ε_2 是解的允许误差。若式(11.2-12)成立，则迭代终止，此时的 $\underline{x^{(i+1)}}$ 可认为是式(11.2-1)的解，若式(11.2-12)不成立，则继续第(2)过程的迭代，用 $i+1$ 代替 i。

对于带拉格朗日乘子的多刚体动力学方程，可利用泰勒展开公式将其化为非线性方程组，具体方法如下：

$$\underline{q_\pi}(t_{n+1})=\underline{q_\pi}(t_n)+h\underline{\dot{q}_\pi}(t_n)+\frac{h^2}{2}\underline{\ddot{q}_\pi}(t_n)+O(h^3) \tag{11.2-13}$$

其中，h 为积分步长。去掉无穷小量，将式(11.2-13)代入动力学方程，有

$$\begin{cases}\underline{m}\dfrac{2}{h^2}\underline{q_\pi}(t_{n+1})+\underline{\Phi_{q\pi}^{\mathrm{T}}}\underline{\lambda}-\underline{F}-\underline{m}\dfrac{2}{h^2}\left(\underline{q_\pi}(t_n)+h\underline{\dot{q}_\pi}(t_n)\right)=\underline{0}\\ \underline{\Phi}\left(\underline{q_\pi}(t_{n+1})\right)=\underline{0}\end{cases} \tag{11.2-14}$$

由 $t_n=0$，即初始时刻开始计算，式(11.2-14)中 $\underline{q_\pi}(t_n)$、$\underline{\dot{q}_\pi}(t_n)$ 均为已知量，未知量为 $\underline{q_\pi}(t_{n+1})$ 和 $\underline{\lambda}$，式(11.2-14)可看作关于 $\underline{q_\pi}(t_{n+1})$ 和 $\underline{\lambda}$ 的非线性方程组，利用牛顿–拉弗森迭代法即可求解。求得 $\underline{q_\pi}(t_{n+1})$ 后，还需计算 $\underline{\dot{q}_\pi}(t_{n+1})$，以备下一步计算使用。根据上一步长内的平均速度公式，有

$$\underline{\dot{q}_\pi}(t_{n+1})=2\left(\underline{q_\pi}(t_{n+1})-\underline{q_\pi}(t_n)\right)/h-\underline{\dot{q}_\pi}(t_n) \tag{11.2-15}$$

11.3　微分方程组的解法

在动态分析的有限元法中，得到动力学方程式(10.3-1)。该方程可变换为如下常微分方程组的初值问题：

$$\begin{cases}\underline{g}(t,\underline{\dot{x}})=\underline{f}(t,\underline{x}) & (t_0<t\leqslant t_e)\\ \underline{x}=\underline{x_0} & (t=t_0)\end{cases},\quad \begin{cases}\underline{\dot{x}}=\underline{f}(t,\underline{x}) & (t_0<t\leqslant t_e)\\ \underline{x}=\underline{x_0} & (t=t_0)\end{cases} \tag{11.3-1}$$

或

$$\begin{cases}\underline{\ddot{x}}=\underline{f}(t,\underline{x},\underline{\dot{x}}) & (t_0<t\leqslant t_e)\\ \underline{x}=\underline{x_0} & (t=t_0)\\ \underline{\dot{x}}=\underline{\dot{x}_0} & (t=t_0)\end{cases} \tag{11.3-2}$$

其中，t 为时间；t_0 为初始时间；t_e 为结束时间；$\underline{x}$ 为变量列阵；$\underline{x_0}$ 为变量列阵的初始值；函数 $\underline{f}$ 和 $\underline{g}$ 是关于 $\underline{x}$ 及其导数与时间的非线性函数。式(11.3-1)是一阶微分方程组，式(11.3-2)是二阶微分方程组，以上两类方程只有在极特殊情况下能够求得其解析解或精确解，大多数情况，只能求助数值方法，寻找方程精确解的近似值或称为数值解。

下面先以一阶微分方程为例，介绍求解常微分方程的初值问题的基本概念和基本方法。

11.3.1　微分方程的解法

1. 欧拉方法

对于如下的一阶微分方程：

$$\begin{cases}\dot{x}=f(t,x) & (t_0<t\leqslant t_e)\\ x=x_0 & (t=t_0)\end{cases} \tag{11.3-3}$$

其数值解就是在若干个时间离散点 $t_0,t_1,t_2,\cdots,t_e$ 处计算 $x(t)$ 的近似值 $x_0,x_1,x_2,\cdots,x_e$。时间间隔 $h_n=t_{n+1}-t_n$ 称为步长，一般取等步长，记为 h。这种方法称为初值问题的差分方法。该方法利用已知的或已求得 $x(t)$ 的 k 个先前的值 $x_n,x_{n-1},x_{n-2},\cdots,x_{n-k+1}$ 计算 x_{n+1}，计算公式可以通过化导数为差商、泰勒展开公式或数值积分等方法取得。

欧拉方法可以通过泰勒展开公式直接推导得到。将 $x(t_{n+1})$ 在 $x(t_n)$ 点展开，有

$$x(t_{n+1})=x(t_n)+h\dot{x}(t_n)+O(h^2)\approx x(t_n)+hf(t_n,x(t_n)) \tag{11.3-4}$$

用近似值 x_n、x_{n+1} 代替式(11.3-3)中的 $x(t_n)$、$x(t_{n+1})$，有

$$x_{n+1}=x_n+h\dot{x}_n=x_n+hf(t_n,x_n) \tag{11.3-5}$$

式(11.3-5)称为欧拉方法，它的几何意义如图 11-5 所示。

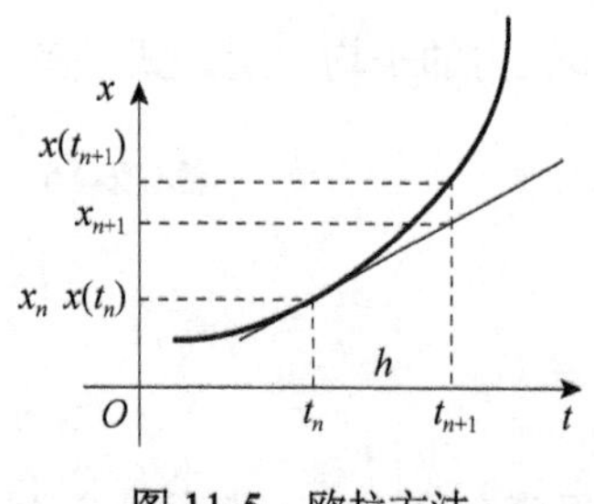

图 11-5　欧拉方法

由差分公式计算得到的解与原方程的精确解之间存在误差，误差从性质上分为离散误差与舍入误差两种。离散误差取决于计算方法，也就是说如果所有算术运算都是无限精确的，那么离散误差是唯一的误差。从本质上讲，这种误差是由于原微分方程与相应的差分计算公式间的差异造成的，所以它是一种方法误差。应该说，在步长趋近于零的极限情况下，式(11.3-3)的精确解应该满足差分公式。反过来由差分公式得到的解在极限情况下应该收敛于式(11.3-3)的解。前者称为数值方法的相容性，后者称为数值方法的收敛性。在一般情况下，步长为一定值，因此，精确解和数值解存在方法上的误差，也就是离散误差。

离散误差有局部和整体之分。局部离散误差 d_n 是指假设这一步前面的计算值精确(或者说以 $x_n=x(t_n)$ 为初始条件)且没有舍入误差的情况下，单步引起的误差：

$$d_n=x_{n+1}-x(t_{n+1}),\quad x_n=x(t_n) \tag{11.3-6}$$

整体离散误差 e_n 是指以 $x_0=x(t_0)$ 为初始条件的数值解与解析解之差：

$$e_n=x_n-x(t_n),\quad x_0=x(t_0) \tag{11.3-7}$$

对于 $f(t,x)=f(t)$ 的特殊情况，可以很容易看出局部离散误差与整体离散误差之间的差异。此时，精确解与用欧拉方法计算的数值解分别为

$$\begin{cases} x(t_n)=x_0+\int_{t_0}^{t_n}f(\tau)\mathrm{d}\tau \\ x_n\approx x_0+\sum_{i=0}^{n-1}[hf(t_i)] \end{cases} \tag{11.3-8}$$

则可知欧拉方法的局部离散误差和整体离散误差分别为

$$\begin{cases} d_n=hf(t_n)-\int_{t_n}^{t_{n+1}}f(\tau)\mathrm{d}\tau \\ e_n=\sum_{i=0}^{n-1}[hf(t_i)]-\int_{t_0}^{t_n}f(\tau)\mathrm{d}\tau \end{cases} \tag{11.3-9}$$

可见，对于这种特殊情况，整体离散误差为局部误差之和，即

$$e_n = \sum_{i=0}^{n-1} d_i \tag{11.3-10}$$

对于一般情况，$f(t,x)$ 与 x 有关，任一区间上的误差都取决于前一区间所计算的解。由微分方程本身的性态决定，整体误差或大于或小于局部误差之和。

评价某种数值方法精度的一个基本的概念是它的阶。对于某种数值方法若式(11.3-11)成立：

$$d_n = O(h^{r+1}) \tag{11.3-11}$$

则称这种数值方法是 r 阶的。例如，对于欧拉方法，考虑式(11.3-4)和式(11.3-6)，有

$$d_n = x_n + hf(t_n, x_n) - x(t_n) - hf(t_n, x(t_n)) - O(h^2) = O(h^2) \tag{11.3-12}$$

可知 $r=1$，所以欧拉方法是一阶的。将式(11.3-11)代入式(11.3-10)，可知整体离散误差近似为

$$e_n = nO(h^{r+1}) = O(h^r) \tag{11.3-13}$$

对于一阶的欧拉方法，如果将步长减为原来的 1/2，由式(11.3-12)可知，局部离散误差减为原来的 1/4；由于积分步数增加为原来的 1 倍，所以整体离散误差只减少为原来的 1/2。因此，选取高阶的算法对整体离散误差的减少是明显的。

选定一种离散公式后，在实际进行数值积分时还会因计算机和程序本身带来舍入误差。引起舍入误差的因素大致有计算机字长、机器所使用的数字系统、定点或浮点运算、数的运算次序、计算 $f(t,x)$ 所用的子程序的计算精确度等。由此可知，这种舍入误差在每一步计算中都会引入。通过减小步长可以使离散误差减小，但积分步数的增加使舍入误差增加。

2. *龙格-库塔方法*

龙格-库塔 (Runge-Kutta) 方法是一种求解式(11.3-3)的高精度单步方法。将 $x(t_{n+1})$ 在 $x(t_n)$ 点展开，有

$$x(t_{n+1}) = x(t_n) + h\dot{x}(t_n) + \frac{h^2}{2}\ddot{x}(t_n) + \cdots \tag{11.3-14}$$

取其展开式的部分和

$$S(t_n) = \sum_{k=0}^{r}\left[\frac{h^k}{k!}\frac{\mathrm{d}^k}{\mathrm{d}t^k}x(t_n)\right] \tag{11.3-15}$$

作为 $x(t_{n+1})$ 的近似。在这个过程中，需要计算各阶导数在 t_n 点的值，计算复杂且工作量大。

龙格-库塔方法是用 $f(t,x)$ 在一些点上的函数值的线性组合，来代替各阶导数值的线性组合而形成的方法。一般龙格-库塔方法可表示为

$$x_{n+1} = x_n + c_1K_1 + c_2K_2 + \cdots + c_nK_n = x_n + \sum_{i=1}^{n}(c_iK_i) \tag{11.3-16}$$

其中，

$$\begin{cases} K_1 = hf(t_n, x_n) \\ K_i = hf\left(t_n + a_ih, x_n + \sum_{j=1}^{i-1}(b_{ij}K_j)\right) \quad (i = 2,3,\cdots,n) \end{cases} \tag{11.3-17}$$

其中，$a_i\ (i=1,2,\cdots,n)$；$b_{ij}\ (i=2,3,\cdots,n;j=1,2,\cdots,n-1)$；$c_i\ (i=1,2,\cdots,n)$为待定系数。通过调整这些参数就可得到所要求精度的龙格-库塔方法。例如，若要构造r阶的龙格-库塔方法，利用局部离散误差和整体离散误差对时间步长的关系，只要式(11.3-11)成立，则该相应的方法便是r阶的。

对于式(11.3-16)，取$n=2$，有

$$x_{n+1}=x_n+c_1K_1+c_2K_2 \tag{11.3-18}$$

其中，

$$\begin{cases}K_1=hf(t_n,x_n)\\K_2=hf(t_n+a_2h,x_n+b_{21}K_1)\end{cases} \tag{11.3-19}$$

对式(11.3-9)中的第二式应用泰勒展开公式，有

$$\begin{aligned}K_2&=hf(t_n+a_2h,x_n+b_{21}hf(t_n,x_n))\\&=h[f(t_n,x_n)+a_2hf_t(t_n,x_n)+b_{21}hf(t_n,x_n)f_x(t_n,x_n)+O(h^3)]\end{aligned} \tag{11.3-20}$$

则式(11.3-18)可写成：

$$x_{n+1}=x_n+h(c_1+c_2)f(t_n,x_n)+h^2a_2c_2f_t(t_n,x_n)+h^2b_{21}c_2f(t_n,x_n)f_x(t_n,x_n)+O(h^3) \tag{11.3-21}$$

根据函数的全导数，有

$$\ddot{x}(t_n)=f_t(t_n,x_n)+f(t_n,x_n)f_x(t_n,x_n) \tag{11.3-22}$$

考虑式(11.3-22)，比较式(11.3-21)与式(11.3-14)，要使方法是二阶的，即$r=2$，需使

$$d_n=x_{n+1}-x(t_{n+1})=O(h^3) \tag{11.3-23}$$

只需使参数c_1、c_2、a_2、b_{21}满足下面的关系：

$$\begin{cases}c_1+c_2=1\\a_2c_2=\dfrac{1}{2}\\b_{21}c_2=\dfrac{1}{2}\end{cases} \tag{11.3-24}$$

式(11.3-24)有三个方程，四个未知数，故解不唯一，只要确定其中一个，即可解出另外三个。例如，取$a_2=1$，则$b_{21}=1$，$c_2=c_1=\dfrac{1}{2}$，则相应的二阶龙格-库塔方法为

$$x_{n+1}=x_n+\frac{1}{2}K_1+\frac{1}{2}K_2 \tag{11.3-25}$$

其中，

$$\begin{cases}K_1=hf(t_n,x_n)\\K_2=hf(t_n+h,x_n+K_1)\end{cases} \tag{11.3-26}$$

同理，取$n=4$可推导出相应的四阶龙格-库塔方法。最早最广泛应用的四阶龙格-库塔方法公式如下：

$$x_{n+1}=x_n+\frac{1}{6}(K_1+K_2+K_3+K_4) \tag{11.3-27}$$

其中，

$$\begin{cases} K_1 = hf(t_n, x_n) \\ K_2 = hf\left(t_n + \dfrac{h}{2}, x_n + \dfrac{K_1}{2}\right) \\ K_3 = hf\left(t_n + \dfrac{h}{2}, x_n + \dfrac{K_2}{2}\right) \\ K_4 = hf(t_n + h, x_n + K_3) \end{cases} \tag{11.3-28}$$

11.3.2　一阶微分方程组的解法

对于式(11.3-1)这样的一阶微分方程组，可根据前面的微分方程的解法进行求解。假设式(11.3-1)中的自变量有两个，即 $\underline{x} = [x \quad y]^{\mathrm{T}}$，则式(11.3-1)可写成：

$$\begin{cases} \dot{x} = f(t,x) & (t_0 < t \leqslant t_e) \\ x = x_0 & (t = t_0) \\ \dot{y} = g(t,y) & (t_0 < t \leqslant t_e) \\ y = y_0 & (t = t_0) \end{cases} \tag{11.3-29}$$

根据式(11.3-5)，式(11.3-29)的欧拉解法为

$$\begin{cases} x_{n+1} = x_n + hf(t_n, x_n) & (x_0\text{已知}) \\ y_{n+1} = y_n + hg(t_n, y_n) & (y_0\text{已知}) \end{cases} \tag{11.3-30}$$

根据式(11.3-27)，式(11.3-29)的龙格-库塔解法为

$$\begin{cases} x_{n+1} = x_n + \dfrac{1}{6}(K_1 + K_2 + K_3 + K_4) \\ y_{n+1} = y_n + \dfrac{1}{6}(M_1 + M_2 + M_3 + M_4) \end{cases} \tag{11.3-31}$$

其中，

$$\begin{cases} K_1 = hf(t_n, x_n, y_n) \\ M_1 = hg(t_n, x_n, y_n) \\ K_2 = hf\left(t_n + \dfrac{h}{2}, x_n + \dfrac{K_1}{2}, y_n + \dfrac{M_1}{2}\right) \\ M_2 = hg\left(t_n + \dfrac{h}{2}, x_n + \dfrac{K_1}{2}, y_n + \dfrac{M_1}{2}\right) \\ K_3 = hf\left(t_n + \dfrac{h}{2}, x_n + \dfrac{K_2}{2}, y_n + \dfrac{M_2}{2}\right) \\ M_3 = hg\left(t_n + \dfrac{h}{2}, x_n + \dfrac{K_2}{2}, y_n + \dfrac{M_2}{2}\right) \\ K_4 = hf(t_n + h, x_n + K_3, y_n + M_3) \\ M_4 = hg(t_n + h, x_n + K_3, y_n + M_3) \end{cases} \tag{11.3-32}$$

上面的方法可以推广到有多个自变量的式(11.3-1)。

11.3.3 高阶微分方程组的解法

对于式(11.3-2)这样的高阶微分方程组，可以通过降阶变换化为一阶微分方程组。例如，设有 2 阶微分方程为

$$\begin{cases} \ddot{x}(t) = f(t,x,\dot{x}) & (t_0 < t \leqslant t_e) \\ x = x_0, \dot{x} = \dot{x}_0 & (t = t_0) \end{cases} \tag{11.3-33}$$

设 $y = \dot{x}$，则式(11.3-33)可写成式(11.3-29)的形式：

$$\begin{cases} \dot{x} = y & (t_0 < t \leqslant t_e) \\ x = x_0 & (t = t_0) \\ \dot{y} = f(t,x,y) & (t_0 < t \leqslant t_e) \\ y = y_0 = \dot{x}_0 & (t = t_0) \end{cases} \tag{11.3-34}$$

式(11.3-34)可根据 11.3.2 节的知识进行求解。

设式(11.3-2)中的自变量有两个，即 $\underline{x} = \begin{bmatrix} x & y \end{bmatrix}^{\mathrm{T}}$，即

$$\begin{cases} \ddot{x} = f(t,x,\dot{x},y,\dot{y}) & (t_0 < t \leqslant t_e) \\ x = x_0, \dot{x} = \dot{x}_0 & (t = t_0) \\ \ddot{y} = g(t,x,\dot{x},y,\dot{y}) & (t_0 < t \leqslant t_e) \\ y = y_0, \dot{y} = \dot{y}_0 & (t = t_0) \end{cases} \tag{11.3-35}$$

设 $a = \dot{x}$、$b = \dot{y}$，则式(11.3-35)可写成：

$$\begin{cases} \dot{x} = a & (t_0 < t \leqslant t_e) \\ \dot{a} = f(t,x,a,y,b) & (t_0 < t \leqslant t_e) \\ \dot{y} = b & (t_0 < t \leqslant t_e) \\ \dot{b} = g(t,x,a,y,b) & (t_0 < t \leqslant t_e) \\ x = x_0, a = \dot{a}_0, y = y_0, b = b_0 & (t = t_0) \end{cases} \tag{11.3-36}$$

式(11.3-36)是由 4 个一阶微分方程组成的方程组，可根据 11.3.2 节知识求解。

11.4 矩阵特征问题的解法

在 104 节弹性体的固有特性分析时要计算矩阵的特征值，本节将介绍常用的四种计算矩阵特征值的数值方法。

11.4.1 对称矩阵的变换法

实对称矩阵的变换法基本思想是经过一系列正交相似变换(实对称矩阵相似对角化)，将刚度矩阵和质量矩阵化为对角阵。其步骤如下。

(1)化特征方程为标准型。

根据式(10.4-4)，设矩阵 $\underline{P}$ 为

$$\underline{P}=\underline{M}^{-1}\underline{K} \tag{11.4-1}$$

则式(10.4-4)化为标准型：

$$(\underline{P}-\lambda\underline{I})\underline{A}=\underline{0} \tag{11.4-2}$$

(2)寻找矩阵 $\underline{P}$ 的绝对值最大的非主对角元素设为 p_{uv}，构造如下正交矩阵对 $\underline{P}$ 进行相似变换：

$$\underline{S_i}=\begin{bmatrix} 1 & & & \vdots & & \vdots & & & \\ & \ddots & & \vdots & & \vdots & & & \\ & & 1 & \vdots & & \vdots & & & \\ & & & \cos\theta & \cdots & \sin\theta & & & \\ & & & & 1 & & & & \\ & & & \vdots & \ddots & \vdots & & & \\ & & & & 1 & & & & \\ & & & -\sin\theta & \cdots & \cos\theta & & & \\ & & & & & & 1 & & \\ & & & & & & & \ddots & \\ & & & & & & & & 1 \end{bmatrix} \begin{matrix} 1 \\ 2 \\ \vdots \\ u \\ \\ \vdots \\ \\ v \\ \\ \\ \\ \end{matrix} \tag{11.4-3}$$

（矩阵上方列标：$1\ \ 2\ \cdots\ u\ \cdots\ v$）

其中，$\underline{S_i}$ 的下标 i 表示对 $\underline{P}$ 的第 i 次变换，$\underline{S_i}$ 中除 p_{uu}、p_{uv}、p_{vu}、p_{vv} 为三角函数外和其余主对角元素为 1 外，其余元素都为零，式中的 θ 为

$$\theta=\frac{1}{2}\arctan\frac{2p_{uv}}{p_{vv}-p_{uu}} \tag{11.4-4}$$

用 $\underline{S_i}$ 对 $\underline{P}$ 进行如下相似变换：

$$\underline{P_{i+1}}=\underline{S_i}^{\mathrm{T}}\underline{P_i}\underline{S_i} \tag{11.4-5}$$

用 $\underline{S_i}$ 对 $\underline{P}$ 进行如下相似变换时，根据矩阵乘法，只有 $\underline{P}$ 的第 u 行、第 v 行、第 u 列、第 v 列的元素被改变，其他元素不变。由于 $\underline{P}$ 为实对称矩阵，通过直接计算，有

$$\begin{cases} p_{uu}^{i+1}=p_{uu}^{i}\cos^2\theta+p_{vv}^{i}\sin^2\theta+p_{uv}^{i}\sin(2\theta) \\ p_{vv}^{i+1}=p_{uu}^{i}\sin^2\theta+p_{vv}^{i}\cos^2\theta-p_{uv}^{i}\sin(2\theta) \\ p_{uv}^{i+1}=p_{vu}^{i+1}=0.5(p_{vv}^{i}-p_{uu}^{i})\sin(2\theta)+p_{uv}^{i}\cos(2\theta)=0 \\ p_{uk}^{i+1}=p_{ku}^{i+1}=p_{uk}^{i}\cos\theta+p_{vk}^{i}\sin\theta & (k\neq i,j;k=1,2,\cdots,n) \\ p_{vk}^{i+1}=p_{kv}^{i+1}=-p_{uk}^{i}\sin\theta+p_{vk}^{i}\cos\theta & (k\neq i,j;k=1,2,\cdots,n) \\ p_{kl}^{i+1}=p_{kl}^{i} & (k,l\neq i,j) \end{cases} \tag{11.4-6}$$

通过式(11.4-6)经计算，有

$$\begin{cases} (p_{uu}^{i+1})^2+(p_{vv}^{i+1})^2=(p_{uu}^{i})^2+(p_{vv}^{i})^2+2(p_{uv}^{i})^2 \\ (p_{uv}^{i+1})^2=(p_{vu}^{i+1})^2=0 \\ (p_{uk}^{i+1})^2+(p_{vk}^{i+1})^2=(p_{uk}^{i})^2+(p_{vk}^{i})^2 & (k\neq i,j;k=1,2,\cdots,n) \\ (p_{kl}^{i+1})^2=(p_{kl}^{i})^2 & (k\neq i,j;k=1,2,\cdots,n) \end{cases} \tag{11.4-7}$$

由于在正交变换下，矩阵元素的平方和不变，而从式(11.4-7)可看出被变换后，$\underline{P}$ 的主对角线元素的平方和增加了 $2(p_{uv}^i)^2$，而非主对角线元素的平方和减少了 $2(p_{uv}^i)^2$。因此，只要逐次地应用这种变换，就会使 $\underline{P}$ 的非主对角线元素化为零，从而使 $\underline{P}$ 化为对角阵。

这里需要说明的是：并不是对 $\underline{P}$ 的每一非对角线元素进行一次这样的变换就能得到对角阵，因为在下一次变换时，原来被化为零的非对角元素可能变为非零元素。

变换法是一种求实对称矩阵特征问题的有效方法，对于一般的实对称矩阵可省略第一步，直接进行第二步迭代。设迭代 m 次后 $\underline{P}$ 的非主对角线元素化为零时，所得到的对角阵的对角元素即是 $\underline{P}$ 的全部特征值，设矩阵 $\underline{B}$ 为

$$\underline{B}=\underline{S_1}\,\underline{S_2}\cdots\underline{S_m} \tag{11.4-8}$$

则 $\underline{B}$ 的各列即是 $\underline{P}$ 相应特征值的特征向量。

例题 11.4-1　用变换法求如下实对称矩阵

$$\underline{P}=\begin{bmatrix} \frac{3}{2} & \frac{\sqrt{2}}{4} & -\frac{\sqrt{2}}{4} \\ \frac{\sqrt{2}}{4} & \frac{9}{4} & \frac{3}{4} \\ -\frac{\sqrt{2}}{4} & \frac{3}{4} & \frac{9}{4} \end{bmatrix}$$

的特征值与特征向量。

解：第一次迭代，通过观察可知，$\underline{P}$ 的最大的非主对角元素为 $p_{uv}=p_{23}$，

$$\theta=\frac{1}{2}\arctan\frac{2p_{uv}}{p_{vv}-p_{uu}}=\frac{1}{2}\arctan\frac{2p_{23}}{p_{33}-p_{22}}=\frac{\pi}{4}$$

则 $\underline{S_1}$ 为

$$\underline{S_1}=\begin{bmatrix} 1 & 0 & 0 \\ 0 & \frac{\sqrt{2}}{2} & \frac{\sqrt{2}}{2} \\ 0 & -\frac{\sqrt{2}}{2} & \frac{\sqrt{2}}{2} \end{bmatrix},\quad \underline{S_1}^{\mathrm{T}}=\begin{bmatrix} 1 & 0 & 0 \\ 0 & \frac{\sqrt{2}}{2} & -\frac{\sqrt{2}}{2} \\ 0 & \frac{\sqrt{2}}{2} & \frac{\sqrt{2}}{2} \end{bmatrix}$$

则

$$\underline{P_2}=\underline{S_1}^{\mathrm{T}}\,\underline{P_1}\,\underline{S_1}=\begin{bmatrix} 1 & 0 & 0 \\ 0 & \frac{\sqrt{2}}{2} & -\frac{\sqrt{2}}{2} \\ 0 & \frac{\sqrt{2}}{2} & \frac{\sqrt{2}}{2} \end{bmatrix}\begin{bmatrix} \frac{3}{2} & \frac{\sqrt{2}}{4} & -\frac{\sqrt{2}}{4} \\ \frac{\sqrt{2}}{4} & \frac{9}{4} & \frac{3}{4} \\ -\frac{\sqrt{2}}{4} & \frac{3}{4} & \frac{9}{4} \end{bmatrix}\begin{bmatrix} 1 & 0 & 0 \\ 0 & \frac{\sqrt{2}}{2} & \frac{\sqrt{2}}{2} \\ 0 & -\frac{\sqrt{2}}{2} & \frac{\sqrt{2}}{2} \end{bmatrix}=\begin{bmatrix} \frac{3}{2} & \frac{1}{2} & 0 \\ \frac{1}{2} & \frac{3}{2} & 0 \\ 0 & 0 & 3 \end{bmatrix}$$

第二次迭代，通过观察可知，$\underline{P_2}$ 的最大的非主对角元素为 $p_{uv}=p_{12}$，

$$\theta=\frac{1}{2}\arctan\frac{2p_{uv}}{p_{vv}-p_{uu}}=\frac{1}{2}\arctan\frac{2p_{12}}{p_{22}-p_{11}}=\frac{\pi}{4}$$

则

$$\underline{S_2}=\begin{bmatrix}\frac{\sqrt{2}}{2} & \frac{\sqrt{2}}{2} & 0\\ -\frac{\sqrt{2}}{2} & \frac{\sqrt{2}}{2} & 0\\ 0 & 0 & 1\end{bmatrix},\quad \underline{S_2}^{\mathrm{T}}=\begin{bmatrix}\frac{\sqrt{2}}{2} & -\frac{\sqrt{2}}{2} & 0\\ \frac{\sqrt{2}}{2} & \frac{\sqrt{2}}{2} & 0\\ 0 & 0 & 1\end{bmatrix}$$

则

$$\underline{P_3}=\underline{S_2}^{\mathrm{T}}\underline{P_2}\,\underline{S_2}=\begin{bmatrix}\frac{\sqrt{2}}{2} & -\frac{\sqrt{2}}{2} & 0\\ \frac{\sqrt{2}}{2} & \frac{\sqrt{2}}{2} & 0\\ 0 & 0 & 1\end{bmatrix}\begin{bmatrix}\frac{3}{2} & \frac{1}{2} & 0\\ \frac{1}{2} & \frac{3}{2} & 0\\ 0 & 0 & 3\end{bmatrix}\begin{bmatrix}\frac{\sqrt{2}}{2} & \frac{\sqrt{2}}{2} & 0\\ -\frac{\sqrt{2}}{2} & \frac{\sqrt{2}}{2} & 0\\ 0 & 0 & 1\end{bmatrix}=\begin{bmatrix}1 & 0 & 0\\ 0 & 2 & 0\\ 0 & 0 & 3\end{bmatrix}$$

$\underline{P_3}$ 已经为对角阵，迭代终止，则可知 $\underline{P}$ 的特征值为 1、2、3。设

$$\underline{B}=\underline{S_1S_2}=\begin{bmatrix}1 & 0 & 0\\ 0 & \frac{\sqrt{2}}{2} & \frac{\sqrt{2}}{2}\\ 0 & -\frac{\sqrt{2}}{2} & \frac{\sqrt{2}}{2}\end{bmatrix}\begin{bmatrix}\frac{\sqrt{2}}{2} & \frac{\sqrt{2}}{2} & 0\\ -\frac{\sqrt{2}}{2} & \frac{\sqrt{2}}{2} & 0\\ 0 & 0 & 1\end{bmatrix}=\begin{bmatrix}\frac{\sqrt{2}}{2} & \frac{\sqrt{2}}{2} & 0\\ -\frac{1}{2} & \frac{1}{2} & \frac{\sqrt{2}}{2}\\ \frac{1}{2} & -\frac{1}{2} & \frac{\sqrt{2}}{2}\end{bmatrix}$$

则 $\underline{B}$ 的第一列为对应于特征值 1 的特征向量、第二列为对应于特征值 2 的特征向量、第三列为对应于特征值 3 的特征向量。

用变换法求得的结果精度都比较高，特别是求得的特征向量正交性很好，所以变换法是求实对称矩阵的全部特征值及对应特征向量的一个较好的方法。但由于上面介绍的变换法，每次迭代都选取绝对值最大的非对角线元素作为消去对象，花费很多机器时间。另外，当矩阵是稀疏矩阵时，进行正交相似变换后并不能保证其稀疏的性质，所以对阶数较高的矩阵不宜采用这种方法。

11.4.2　乘幂法

在实际工程应用中，往往只需要计算弹性体的最低频率(或前几个最低频率)及相应的振型，相应的数学问题变为求解矩阵的最大或最小(或前几个最大或最小)特征值以及特征向量的问题。

乘幂法是用于求大型稀疏矩阵的最大特征值的迭代方法，其特点是公式简单，易于上机

实现。

乘幂法的计算公式为　　$\underline{X_k} = \underline{P}\,\underline{X_{k-1}} \quad (k = 1, 2, \cdots)$　　(11.4-9)

其中，$\underline{X_k}$ 为迭代向量，其初始值可以任意选取，根据式(11.4-9)有

$$\underline{X_k} = \underline{P}(\underline{P}\,\underline{X_{k-2}}) = \underline{P}\,\underline{P}(\underline{P}\,\underline{X_{k-3}}) = \cdots = \underline{P}^k\,\underline{X_0} \tag{11.4-10}$$

设 $\underline{P}$ 有完全的特征向量系，且 $\lambda_1, \lambda_2, \cdots, \lambda_n$ 为 $\underline{P}$ 的 n 个特征值，满足：

$$|\lambda_1| \geqslant |\lambda_2| \geqslant \cdots \geqslant |\lambda_n| \tag{11.4-11}$$

$\underline{A_1}, \underline{A_2}, \cdots, \underline{A_n}$ 为对应的特征向量且线性无关。根据线性代数的知识，$\underline{X_0}$ 可由其线性表示，即

$$\underline{X_0} = a_1\underline{A_1} + a_2\underline{A_2} + \cdots + a_n\underline{A_n} = \sum_{i=1}^{n} a_i\underline{A_i} \tag{11.4-12}$$

将上式代入式(11.4-10)，有

$$\underline{X_k} = \underline{P}^k\,\underline{X_0} = \underline{P}^k\sum_{i=1}^{n} a_i\underline{A_i} = \sum_{i=1}^{n}[a_i(\underline{P}^k\,\underline{A_i})] \tag{11.4-13}$$

根据特征值的性质，有　　$\underline{P}^k\,\underline{A_i} = \lambda_i^k\,\underline{A_i}$　　(11.4-14)

将上式代入式(11.4-13)，有　　$\underline{X_k} = \sum_{i=1}^{n}(a_i\lambda_i^k\,\underline{A_i})$　　(11.4-15)

(1) 若 $\underline{P}$ 有唯一的最大特征值，即 $|\lambda_1| > |\lambda_2| \geqslant \cdots \geqslant |\lambda_n|$，设 $\lambda_1 \neq 0$，则有

$$\underline{X_k} = \lambda_1^k\left[a_1\underline{A_1} + \sum_{i=2}^{n}\left(a_i\frac{\lambda_i^k}{\lambda_1^k}\underline{A_i}\right)\right] \tag{11.4-16}$$

由于 $\dfrac{\lambda_i}{\lambda_1} < 1$，所以当 k 充分大时，有

$$\sum_{i=2}^{n}\left(a_i\frac{\lambda_i^k}{\lambda_1^k}\underline{A_i}\right) \approx 0 \tag{11.4-17}$$

此时，　　$\underline{X_k} = \lambda_1^k a_1\underline{A_1}$　　(11.4-18)

则　　$\dfrac{\underline{X_{k+1}}}{\underline{X_k}} = \dfrac{\lambda_1^{k+1}a_1\underline{A_1}}{\lambda_1^k a_1\underline{A_1}} = \lambda_1$　　(11.4-19)

当 k 充分大时，$\underline{X_k}$ 可认为是对应最大特征值 λ_1 的特征向量。

(2) 若 $\underline{P}$ 的最大特征值不唯一，且 $|\lambda_1| = |\lambda_2| \geqslant \cdots \geqslant |\lambda_n|$，可分为三种情况：① $\lambda_1 = \lambda_2$，② $\lambda_1 = \lambda_2$，③ λ_1, λ_2 互为共轭复根。

对于情况①，有　　$\underline{X_k} = \lambda_1^k\left[a_1\underline{A_1} + a_2\underline{A_2} + \sum_{i=3}^{n}\left(a_i\dfrac{\lambda_i^k}{\lambda_1^k}\underline{A_i}\right)\right]$　　(11.4-20)

由于 $\dfrac{\lambda_i}{\lambda_1} < 1$，所以当 k 充分大时，有

$$\sum_{i=3}^{n}\left(a_i \frac{\lambda_i^k}{\lambda_1^k}\underline{A_i}\right)\approx 0 \tag{11.4-21}$$

则
$$\frac{\underline{X_{k+1}}}{\underline{X_k}}=\frac{\lambda_1^{k+1}(a_1\underline{A_1}+a_2\underline{A_2})}{\lambda_1^k(a_1\underline{A_1}+a_2\underline{A_2})}=\lambda_1 \tag{11.4-22}$$

当 k 充分大时，$\underline{X_k}$ 可认为是对应最大特征值 λ_1 的特征向量。这种重最大特征值的情况，可推广至 $\underline{P}$ 有多重特征值的情况，上述结论仍然成立。

对于情况②，有
$$\underline{X_k}=\lambda_1^k\left[a_1\underline{A_1}+(-1)^k a_2\underline{A_2}+\sum_{i=3}^{n}\left(a_i\frac{\lambda_i^k}{\lambda_1^k}\underline{A_i}\right)\right] \tag{11.4-23}$$

当 k 充分大时，有
$$\frac{\underline{X_{k+2}}}{\underline{X_k}}=\frac{\lambda_1^{k+2}\left[a_1\underline{A_1}+(-1)^{k+2}a_2\underline{A_2}\right]}{\lambda_1^k\left(a_1\underline{A_1}+(-1)^k a_2\underline{A_2}\right)}=\lambda_1^2 \tag{11.4-24}$$

开方后，便得到 $\underline{P}$ 的两个最大特征值。对应于特征值 λ_1 的特征向量为

$$\underline{X_{k+1}}+\lambda_1\underline{X_k}=\lambda_1^{k+1}\left[a_1\underline{A_1}+(-1)^{k+1}a_2\underline{A_2}\right]+\lambda_1\lambda_1^k\left[a_1\underline{A_1}+(-1)^k a_2\underline{A_2}\right]=2\lambda_1^{k+1}a_1\underline{A_1} \tag{11.4-25}$$

对应于特征值 λ_2 的特征向量为

$$\underline{X_{k+1}}-\lambda_1\underline{X_k}=\lambda_1^{k+1}\left[a_1\underline{A_1}+(-1)^{k+1}a_2\underline{A_2}\right]-\lambda_1\lambda_1^k\left[a_1\underline{A_1}+(-1)^k a_2\underline{A_2}\right]=2(-1)^{k+1}\lambda_1^{k+1}a_2\underline{A_2} \tag{11.4-26}$$

由于本书研究的是实对称矩阵的特征值问题，特征值都为实数，对于情况③不予考虑。

在乘幂法分析过程中，迭代向量可能会出现绝对值非常大的现象，从而造成溢出的可能。为此需要对迭代向量进行规范化。令 $\max(\underline{X})$ 表示向量 $\underline{X}$ 分量中绝对值最大者。对任取初始向量 $\underline{X_0}$，对其规范化后为 $\underline{Y_0}$：

$$\underline{Y_0}=\underline{X_0}/\max(\underline{X_0}) \tag{11.4-27}$$

则改进的乘幂法的公式变为

$$\begin{cases}\underline{Y_k}=\underline{X_k}/\max(\underline{X_k})\\ \underline{X_{k+1}}=\underline{P}\underline{Y_k}\end{cases}\quad (k=0,1,2,\cdots) \tag{11.4-28}$$

11.4.3 反幂法

反幂法是用于求大型稀疏矩阵的最小特征值的迭代方法。根据矩阵的特征方程有

$$\underline{P}\underline{A}=\lambda\underline{A} \tag{11.4-29}$$

将式(11.4-29)两边左乘 $\underline{P}^{-1}$，再左乘 $1/\lambda$，有

$$\underline{P}^{-1}\underline{A}=\frac{1}{\lambda}\underline{A} \tag{11.4-30}$$

根据式(11.4-11)，可知：

$$\frac{1}{|\lambda_n|}\geqslant\frac{1}{|\lambda_{n-1}|}\geqslant\cdots\geqslant\frac{1}{|\lambda_1|} \tag{11.4-31}$$

则利用乘幂法，由式(11.4-28)，有

$$\underline{X}_{k+1} = \underline{P}^{-1}\underline{X}_k \tag{11.4-32}$$

可求得 $\underline{P}^{-1}$ 的最大特征值 $\dfrac{1}{\lambda_n}$，取倒数，即为 $\underline{P}$ 的按模最小特征值。

在应用式(11.4-32)迭代时，由于要计算 $\underline{P}$ 的逆矩阵 $\underline{P}^{-1}$，一方面，计算复杂、麻烦；另一方面，有时会破坏 $\underline{P}$ 的稀疏性，故改写为

$$\underline{P}\underline{X}_{k+1} = \underline{X}_k \tag{11.4-33}$$

由于反幂法每迭代一次都要解一个线性方程组，且系数矩阵 $\underline{P}$ 是不变的，故可利用矩阵的三角分解 $\underline{P} = \underline{L}\underline{U}$，$\underline{L}$ 为下三角阵，$\underline{U}$ 为上三角阵，则迭代公式变为

$$\begin{cases} \underline{Y}_k = \underline{X}_k / \max(\underline{X}_k) \\ \underline{L}\underline{Z}_k = \underline{Y}_k \\ \underline{U}\underline{X}_{k+1} = \underline{Z}_k \end{cases} \quad (k = 0,1,2,\cdots) \tag{11.4-34}$$

杜利特尔(Doolittle)三角分解方法如下。

矩阵 $\underline{P}$ 可利用该方法分解为下三角阵 $\underline{L}$ 与上三角阵 $\underline{U}$ 的乘积，即

$$\underline{P} = \underline{L}\underline{U} = \begin{bmatrix} p_{11} & p_{12} & \cdots & p_{1n} \\ p_{21} & p_{22} & \cdots & p_{2n} \\ \vdots & \vdots & & \vdots \\ p_{n1} & p_{n2} & \cdots & p_{nn} \end{bmatrix} = \begin{bmatrix} 1 & 0 & \cdots & 0 \\ l_{21} & 1 & \cdots & 0 \\ \vdots & \vdots & & \vdots \\ l_{n1} & l_{n2} & \cdots & 1 \end{bmatrix} \begin{bmatrix} u_{11} & u_{12} & \cdots & u_{1n} \\ 0 & u_{22} & \cdots & u_{2n} \\ \vdots & \vdots & & \vdots \\ 0 & 0 & \cdots & u_{nn} \end{bmatrix} \tag{11.4-35}$$

下面给出 $\underline{L}$ 和 $\underline{U}$ 的元素 l_{ij}、$u_{ij}\,(i, j = 1,2,\cdots,n)$ 的计算方法。

通常三角分解计算需开设三个二维数组存放 P、L 和 U。这里给出一个计算机存储的紧凑格式。

利用矩阵相乘，两边对应元素位置相等，用 U 的各列依次乘 L 的第一行，可确定 U 的第一行元素：

$$u_{1j} = p_{1j} \quad (j = 1,2,\cdots,n) \tag{11.4-36}$$

用 $\underline{U}$ 的第一列去乘 $\underline{L}$ 的各行，可确定 $\underline{L}$ 的第一列元素：

$$l_{i1} = p_{1j} / u_{11} = \quad (i = 1,2,\cdots,n) \tag{11.4-37}$$

用求出的 $\underline{U}$ 的第一行元素和 $\underline{L}$ 的第一列元素代替矩阵 $\underline{P}$ 中相应位置的元素，有

$$\underline{P} = \begin{bmatrix} u_{11} & u_{12} & \cdots & u_{1n} \\ l_{21} & p_{22} & \cdots & p_{2n} \\ \vdots & \vdots & & \vdots \\ l_{n1} & p_{n2} & \cdots & p_{nn} \end{bmatrix} \tag{11.4-38}$$

然后，用 $\underline{U}$ 的第 j 列 $(j = 2,3,\cdots,n)$ 依次乘 $\underline{L}$ 的第二行，可求出 $\underline{U}$ 的第二行元素，再用 $\underline{U}$ 的第二列依次乘 $\underline{L}$ 的第 i 行 $(i = 2,3,\cdots,n)$，求出 $\underline{L}$ 的第二列元素。将 $\underline{U}$ 的第二行元素和 $\underline{L}$ 的第二列元素分别存入 $\underline{P}$ 的相应位置，依次类推，设已求出 $\underline{U}$ 的前 $r-1$ 行和 $\underline{L}$ 的前 $r-1$ 列元素，有

$$
\begin{cases}
p_{rj}=\sum_{k=1}^{r-1}(l_{rk}u_{kj})+u_{rj} & (j=r,r+1,\cdots,n) \\
p_{ir}=\sum_{k=1}^{r-1}(l_{ik}u_{kr})+l_{ir}u_{rr} & (i=r,r+1,\cdots,n)
\end{cases}
\tag{11.4-39}
$$

由式(11.4-39)，可解出 $\underline{U}$ 的第 r 行元素和 $\underline{L}$ 的第 r 列元素：

$$
\begin{cases}
u_{rj}=p_{rj}-\sum_{k=1}^{r-1}(l_{rk}u_{kj}) & (j=r,r+1,\cdots,n) \\
l_{ir}=\left[p_{ir}-\sum_{k=1}^{r-1}(l_{ik}u_{kr})\right]/u_{rr} & (i=r,r+1,\cdots,n)
\end{cases}
\tag{11.4-40}
$$

当 $\underline{U}$ 和 $\underline{L}$ 的元素全部确定下来时，$\underline{P}$ 就已完全被两者的元素占满，形如

$$
\underline{P}=\begin{bmatrix}
u_{11} & u_{12} & \cdots & u_{1n} \\
l_{21} & u_{22} & \cdots & u_{2n} \\
\vdots & \vdots & & \vdots \\
l_{n1} & l_{n2} & \cdots & u_{nn}
\end{bmatrix}
\tag{11.4-41}
$$

11.4.4　子空间迭代法

在有限元分析中一般不需要求解系统所有的特征值和特征向量，而只需求解部分低阶的特征值和特征向量，子空间迭代法是公认的高效的求解算法。子空间迭代法可认为是反幂法的推广。

首先介绍线性无关向量组的 QR 分解。根据施密特(Schmidt)正交化的原理，设线性无关向量组组成的矩阵 $\underline{X}$ 为

$$
\underline{X}=\begin{bmatrix}\underline{\alpha_1} & \underline{\alpha_2} & \cdots & \underline{\alpha_n}\end{bmatrix}
\tag{11.4-42}
$$

其中，$\underline{\alpha_1},\underline{\alpha_2},\cdots,\underline{\alpha_n}$ 线性无关，有

$$
\underline{X}=\begin{bmatrix}\underline{\alpha_1} & \underline{\alpha_2} & \cdots & \underline{\alpha_n}\end{bmatrix}=\begin{bmatrix}\underline{\beta_1} & \underline{\beta_2} & \cdots & \underline{\beta_n}\end{bmatrix}
\begin{bmatrix}
\sqrt{\underline{\beta_1'}^{\mathrm{T}}\underline{\beta_1'}} & \underline{\alpha_2}^{\mathrm{T}}\underline{\beta_1} & \cdots & \underline{\alpha_n}^{\mathrm{T}}\underline{\beta_1} \\
0 & \sqrt{\underline{\beta_2'}^{\mathrm{T}}\underline{\beta_2'}} & \cdots & \underline{\alpha_n}^{\mathrm{T}}\underline{\beta_2} \\
\vdots & \vdots & & \vdots \\
0 & 0 & \cdots & \sqrt{\underline{\beta_n'}^{\mathrm{T}}\underline{\beta_n'}}
\end{bmatrix}=\underline{QR}
\tag{11.4-43}
$$

其中，$\underline{Q}$ 为单位正交矩阵；$\underline{R}$ 为上三角阵。以上即是线性无关向量组的 QR 分解，将其分解为单位正交矩阵与上三角阵的乘积。

子空间迭代法的求解步骤如下。

(1) 取 p 个线性无关的向量 $\underline{x_{01}},\underline{x_{02}},\cdots,\underline{x_{0p}}$，构成一个 n 行 p 列的初始矩阵 $\underline{X_0}$：

$$
\underline{X_0}=\begin{bmatrix}\underline{x_{01}} & \underline{x_{02}} & \cdots & \underline{x_{0p}}\end{bmatrix}
\tag{11.4-44}
$$

(2) 用 $\underline{P}^{-1}$ 对式(11.4-44)进行迭代：

$$\underline{X_1} = \underline{P}^{-1}\underline{X_0} \tag{11.4-45}$$

根据反幂法的分析可知，如果用式(11.4-45)进行多次(k 次)迭代，$\underline{X_k}$ 的各列将全部收敛于最低阶特征向量，而目标是要得到前 p 阶特征向量和特征值，所以需要采取措施使 $\underline{X_k}$ 的每列收敛于不同的特征向量。本书中使用的办法是利用线性无关向量组的 QR 分解对 $\underline{X_k}$ 进行正交化处理，常用的还有瑞利-里茨（Rayleigh-Ritz）法等。对 $\underline{X_1}$ 进行 QR 分解，有

$$\underline{X_1} = \underline{Q}\underline{R} \tag{11.4-46}$$

然后将 $\underline{Q}$ 赋给 $\underline{X_1}$：

$$\underline{X_1} = \underline{Q} \tag{11.4-47}$$

(3) 考虑式(11.4-34)，若已知第 k 步迭代近似矩阵为 $\underline{X_k}$，则子空间迭代法的公式为

$$\begin{cases} \underline{Y_k} = \left[\underline{x_{k1}} / \max(\underline{x_{k1}}) \quad \underline{x_{k2}} / \max(\underline{x_{k2}}) \quad \cdots \quad \underline{x_{kp}} / \max(\underline{x_{kp}})\right] \\ \underline{L}\underline{Z_k} = \underline{Y_k} \\ \underline{U}\underline{X_{k+1}} = \underline{Z_k} \\ \underline{X_{k+1}} = \underline{Q} \end{cases} \quad (k = 0,1,2,\cdots) \tag{11.4-48}$$

第 12 章　附　　录

12.1　行　列　式

行列式是一种常用的数学工具，在数学和其他应用学科以及工程技术中有着广泛的应用。

12.1.1　行列式的概念

将 n^2 个数 a_{ij} $(i,j=1,2,\cdots,n)$ 排成如下形式：

$$D=\begin{vmatrix} a_{11} & a_{12} & \cdots & a_{1n} \\ a_{21} & a_{22} & \cdots & a_{2n} \\ \vdots & \vdots & & \vdots \\ a_{n1} & a_{n2} & \cdots & a_{nn} \end{vmatrix} \tag{12.1-1}$$

称为一个 n 阶行列式。

n 阶行列式中取自不同行又不同列的 n 个元素的乘积 $a_{i1j1}a_{i2j2}\cdots a_{injn}$ 称为该行列式的一个均匀分布乘积项，简称均布项。排列 $i_1i_2\cdots i_n$ 称为它的行标排列，排列 $j_1j_2\cdots j_n$ 称为它的列标排列。一个均布项中诸元素互换位置得到的所有均布项都视为同一个均布项。因此，n 阶行列式中共有 $n!$ 个不同的均布项。

n 阶行列式的值定义为

$$D=\sum(-1)^{\tau1+\tau2}a_{i1j1}a_{i2j2}\cdots a_{injn} \tag{12.1-2}$$

其中，$a_{i1j1}a_{i2j2}\cdots a_{injn}$ 是 D 的均布项；$\sum$ 表示对 D 中所有 $n!$ 个不同的均布项求和，$\tau_1=\tau(i_1i_2\cdots i_n)$；$\tau_2=\tau(j_1j_2\cdots j_n)$；$(-1)^{\tau1+\tau2}$ 称为均布项 $a_{i1j1}a_{i2j2}\cdots a_{injn}$ 的符号因子。

$\tau(\cdot)$ 称为求逆序数算子，是求一个排列中出现数字大小次序颠倒的个数。例如，求一个 5 级排列 31542 的逆序数：

$$\tau(31542)=0+1+0+1+3=5$$

分析过程：数字 3 排在首位，其前面没有比它大的数字，故不产生逆序，对应的逆序为 0；数字 1 排在第二位，它前面有一个数字 3 比它大，故产生一个逆序，对应的逆序为 1；数字 5 排在第三位，其前面没有比它大的数字，故不产生逆序，对应的逆序为 0；数字 4 排在第四位，它前面有一个数字 5 比它大，故产生一个逆序，对应的逆序为 1；数字 2 排在第五位，它前面有 3 个数字 3、5、4 比它大，故产生三个逆序，对应的逆序为 3。所以总的逆序数为 5。

12.1.2　行列式的性质

根据行列式值(12.1-2)的定义，可以得到行列式的性质。

(1) 对角行列式和上(下)三角行列式的值为主对角线元素的乘积，即

$$D=\begin{vmatrix} a_{11} & 0 & \cdots & 0 \\ 0 & a_{22} & \cdots & 0 \\ \vdots & \vdots & & \vdots \\ 0 & 0 & \cdots & a_{nn} \end{vmatrix}=\begin{vmatrix} a_{11} & a_{12} & \cdots & a_{1n} \\ 0 & a_{22} & \cdots & a_{2n} \\ \vdots & \vdots & & \vdots \\ 0 & 0 & \cdots & a_{nn} \end{vmatrix}=\begin{vmatrix} a_{11} & 0 & \cdots & 0 \\ a_{21} & a_{22} & \cdots & 0 \\ \vdots & \vdots & & \vdots \\ a_{n1} & a_{n2} & \cdots & a_{nn} \end{vmatrix}=a_{11}a_{22}\cdots a_{nn} \quad (12.1\text{-}3)$$

(2) 行列式转置，其值不变，即

$$D=\begin{vmatrix} a_{11} & a_{12} & \cdots & a_{1n} \\ a_{21} & a_{22} & \cdots & a_{2n} \\ \vdots & \vdots & & \vdots \\ a_{n1} & a_{n2} & \cdots & a_{nn} \end{vmatrix}=\begin{vmatrix} a_{11} & a_{21} & \cdots & a_{n1} \\ a_{12} & a_{22} & \cdots & a_{n2} \\ \vdots & \vdots & & \vdots \\ a_{1n} & a_{2n} & \cdots & a_{nn} \end{vmatrix} \quad (12.1\text{-}4)$$

(3) 行列式某行(列)的元素遍乘数 k，则行列式的值也随之 k 倍，即

$$D=\begin{vmatrix} a_{11} & a_{12} & \cdots & a_{1n} \\ a_{21} & a_{22} & \cdots & a_{2n} \\ \vdots & \vdots & & \vdots \\ a_{n1} & a_{n2} & \cdots & a_{nn} \end{vmatrix}\Rightarrow\begin{vmatrix} a_{11} & a_{12} & \cdots & a_{1n} \\ ka_{21} & ka_{22} & \cdots & ka_{2n} \\ \vdots & \vdots & & \vdots \\ a_{n1} & a_{n2} & \cdots & a_{nn} \end{vmatrix}=kD \quad (12.1\text{-}5)$$

(4) 行列式具有分行(列)可加性，即

$$\begin{vmatrix} a_{11} & a_{12} & \cdots & a_{1n} \\ a_{21}+b_{21} & a_{22}+b_{22} & \cdots & a_{2n}+b_{2n} \\ \vdots & \vdots & & \vdots \\ a_{n1} & a_{n2} & \cdots & a_{nn} \end{vmatrix}=\begin{vmatrix} a_{11} & a_{12} & \cdots & a_{1n} \\ a_{21} & a_{22} & \cdots & a_{2n} \\ \vdots & \vdots & & \vdots \\ a_{n1} & a_{n2} & \cdots & a_{nn} \end{vmatrix}+\begin{vmatrix} a_{11} & a_{12} & \cdots & a_{1n} \\ b_{21} & b_{22} & \cdots & b_{2n} \\ \vdots & \vdots & & \vdots \\ a_{n1} & a_{n2} & \cdots & a_{nn} \end{vmatrix}$$

$$\begin{vmatrix} a_{11} & a_{12}+b_{12} & \cdots & a_{1n} \\ a_{21} & a_{22}+b_{22} & \cdots & a_{2n} \\ \vdots & \vdots & & \vdots \\ a_{n1} & a_{n2}+b_{n2} & \cdots & a_{nn} \end{vmatrix}=\begin{vmatrix} a_{11} & a_{12} & \cdots & a_{1n} \\ a_{21} & a_{22} & \cdots & a_{2n} \\ \vdots & \vdots & & \vdots \\ a_{n1} & a_{n2} & \cdots & a_{nn} \end{vmatrix}+\begin{vmatrix} a_{11} & b_{12} & \cdots & a_{1n} \\ a_{21} & b_{22} & \cdots & a_{2n} \\ \vdots & \vdots & & \vdots \\ a_{n1} & b_{n2} & \cdots & a_{nn} \end{vmatrix} \quad (12.1\text{-}6)$$

(5) 互换行列式的两行(列)，行列式变号，即

$$\begin{vmatrix} a_{11} & a_{12} & \cdots & a_{1n} \\ a_{21} & a_{22} & \cdots & a_{2n} \\ \vdots & \vdots & & \vdots \\ a_{n1} & a_{n2} & \cdots & a_{nn} \end{vmatrix}=-\begin{vmatrix} a_{21} & a_{22} & \cdots & a_{2n} \\ a_{11} & a_{12} & \cdots & a_{1n} \\ \vdots & \vdots & & \vdots \\ a_{n1} & a_{n2} & \cdots & a_{nn} \end{vmatrix} \quad (12.1\text{-}7)$$

(6) 行列式中有两行(列)完全相同，或成比例，则行列式为零，即

$$\begin{vmatrix} a_{11} & a_{12} & \cdots & a_{1n} \\ ka_{11} & ka_{12} & \cdots & ka_{1n} \\ \vdots & \vdots & & \vdots \\ a_{n1} & a_{n2} & \cdots & a_{nn} \end{vmatrix}=0 \quad (12.1\text{-}8)$$

(7) 把行列式某行(列)的若干倍加于另一行(列)，行列式的值不变，即

$$\begin{vmatrix} a_{11} & a_{12} & \cdots & a_{1n} \\ a_{21} & a_{22} & \cdots & a_{2n} \\ \vdots & \vdots & & \vdots \\ a_{n1} & a_{n2} & \cdots & a_{nn} \end{vmatrix} = \begin{vmatrix} a_{11} & a_{12} & \cdots & a_{1n} \\ ka_{11}+a_{21} & ka_{12}+a_{22} & \cdots & ka_{1n}+a_{2n} \\ \vdots & \vdots & & \vdots \\ a_{n1} & a_{n2} & \cdots & a_{nn} \end{vmatrix} \tag{12.1-9}$$

12.1.3 行列式的展开定理

根据行列式值的定义式(12.1-2)，并利用行列式的性质，可以计算行列式的值。但对于高阶行列式，计算仍很麻烦。而利用行列式的展开定理，可以把高阶行列式化为低阶行列式，从而给计算带来更大的方便。为此，先引入子式、余子式和代数余子式的概念。

在 n 阶行列式中，任意取定 k 行 ($i_1,i_2,\cdots,i_k$行) 和 k 列 ($j_1,j_2,\cdots,j_k$列)，这些行和列相交位置的元素按原有次序形成的 k 阶行列式 M 称为行列式 D 的 k 阶子式。在 D 中划去形成 M 的那些行和列，余下元素按原有次序形成的 n-k 阶子式 $\bar{M}$ 称为子式 M 的余子式。事实上，M 与 $\bar{M}$ 互为余子式。余子式 $\bar{M}$ 乘以一个符号系数，记

$$A=(-1)^{i1+i2+\cdots+ik+j1+j2+\cdots+jk}\bar{M} \tag{12.1-10}$$

则 A 称为 M 的代数余子式。

行列式的展开定理：行列式的值等于它的任一行(列)的各元素与其对应的代数余子式乘积之和，即

$$D=a_{i1}A_{i1}+a_{i2}A_{i2}+\cdots+a_{in}A_{in} \quad (i=1,2,\cdots,n) \tag{12.1-11}$$

其中，A_{ij} $(i,j=1,2,\cdots,n)$ 表示第 i 行 j 列元素的代数余子式。

行列式展开定理的推论：行列式任一行(列)的元素与另一行(列)对应元素的代数余子式乘积之和等于零，即

$$\begin{cases} a_{i1}A_{j1}+a_{i2}A_{j2}+\cdots+a_{in}A_{jn}=0 & (i\neq j) \\ a_{1i}A_{1j}+a_{2i}A_{2j}+\cdots+a_{ni}A_{nj}=0 & (i\neq j) \end{cases} \tag{12.1-12}$$

12.2 矩 阵

12.2.1 矩阵的定义与运算

1. 矩阵的定义

将 $m\times n$ 个标量排列成如下 m 行、n 列的表，将其定义为矩阵，用一字母下加一横线来表示，即

$$\underline{A}=\begin{bmatrix} a_{11} & a_{12} & \cdots & a_{1n} \\ a_{21} & a_{22} & \cdots & a_{2n} \\ \vdots & \vdots & & \vdots \\ a_{m1} & a_{m2} & \cdots & a_{mn} \end{bmatrix} \tag{12.2-1}$$

其中，a_{ij} 表示矩阵 $\underline{A}$ 的第 i 行、第 j 列元素。

将矩阵$\underline{A}$的第i行变为第i列，这样得到的n行、m列新矩阵，称为原矩阵的转置矩阵，记为$\underline{A}^{\mathrm{T}}$。

所有元素为零的矩阵称为零矩阵，记为$\underline{0}$。

行与列的个数均为n的矩阵称为n阶方阵。只有对角元素为非零元素的方阵称为对角阵，例如对角阵$\underline{A}$：

$$\underline{A}=\begin{bmatrix} a_{11} & 0 & \cdots & 0 \\ 0 & a_{22} & \cdots & 0 \\ \vdots & \vdots & & \vdots \\ 0 & 0 & \cdots & a_{nn} \end{bmatrix} \tag{12.2-2}$$

对角元素均为1的对角阵称为单位阵，记为$\underline{I}_n$或$\underline{I}$。

矩阵的对角元素的和称为该矩阵的迹(Trace)，记为$\mathrm{tr}(\underline{A})$：

$$\mathrm{tr}(\underline{A})=\sum_{i=1}^{n} a_{ii} \tag{12.2-3}$$

若方阵$\underline{A}$的所有元素满足$a_{ij}=a_{ji}$，则称方阵$\underline{A}$为对称矩阵，有

$$\underline{A}=\underline{A}^{\mathrm{T}} \tag{12.2-4}$$

若方阵$\underline{A}$的所有元素满足$a_{ij}=-a_{ji}$，则称方阵$\underline{A}$为反对称矩阵，有

$$\underline{A}=-\underline{A}^{\mathrm{T}} \tag{12.2-5}$$

显然，对于反对称阵，其对角元素a_{ii}均为零。

将矩阵的定义加以推广，矩阵的元素可以不是标量而是矩阵，即

$$\underline{A}=\begin{bmatrix} \underline{A_{11}} & \underline{A_{12}} & \cdots & \underline{A_{1n}} \\ \underline{A_{21}} & \underline{A_{22}} & \cdots & \underline{A_{2n}} \\ \vdots & \vdots & & \vdots \\ \underline{A_{m1}} & \underline{A_{m2}} & \cdots & \underline{A_{mn}} \end{bmatrix} \tag{12.2-6}$$

其中，各行的矩阵元素的行阶数相等，各列的矩阵元素的列阶数分别相等。矩阵元素$\underline{A_{ij}}$称为矩阵$\underline{A}$的分块阵。

只有一行的矩阵称为行阵，只有一列的矩阵称为列阵。

2. 矩阵的运算

1)矩阵的相等

两个矩阵$\underline{A}$与$\underline{B}$，如果对应的行和列的元素相等，即有$a_{ij}=b_{ij}$，则称这两个矩阵相等，记为

$$\underline{A}=\underline{B} \tag{12.2-7}$$

2)矩阵的数乘

标量α与矩阵$\underline{A}$的积为一同阶的新矩阵，记为$\underline{C}$，$\underline{C}$的各元素为标量α与$\underline{A}$的对应元素的乘积，即

$$\begin{bmatrix} c_{11} & c_{12} & \cdots & c_{1n} \\ c_{21} & c_{22} & \cdots & c_{2n} \\ \vdots & \vdots & & \vdots \\ c_{m1} & c_{m2} & \cdots & c_{mn} \end{bmatrix} = \underline{C} = \alpha \underline{A} = \begin{bmatrix} \alpha a_{11} & \alpha a_{12} & \cdots & \alpha a_{1n} \\ \alpha a_{21} & \alpha a_{22} & \cdots & \alpha a_{2n} \\ \vdots & \vdots & & \vdots \\ \alpha a_{m1} & \alpha a_{m2} & \cdots & \alpha a_{mn} \end{bmatrix} \tag{12.2-8}$$

3) 矩阵的加减法

两个矩阵$\underline{A}$与$\underline{B}$（$\underline{A}$与$\underline{B}$应为同阶矩阵）的和或差为一同阶的新矩阵，记为$\underline{C}$，$\underline{C}$的各元素为$\underline{A}$与$\underline{B}$的对应元素的和或差，即

$$\begin{bmatrix} c_{11} & c_{12} & \cdots & c_{1n} \\ c_{21} & c_{22} & \cdots & c_{2n} \\ \vdots & \vdots & & \vdots \\ c_{m1} & c_{m2} & \cdots & c_{mn} \end{bmatrix} = \underline{C} = \underline{A} \pm \underline{B} = \begin{bmatrix} a_{11} \pm b_{11} & a_{12} \pm b_{12} & \cdots & a_{1n} \pm b_{1n} \\ a_{21} \pm b_{21} & a_{22} \pm b_{22} & \cdots & a_{2n} \pm b_{2n} \\ \vdots & \vdots & & \vdots \\ a_{m1} \pm b_{m1} & a_{m2} \pm b_{m2} & \cdots & a_{mn} \pm b_{mn} \end{bmatrix} \tag{12.2-9}$$

矩阵的加减法运算遵循交换律和结合律，即

$$\underline{A} \pm \underline{B} = \underline{B} \pm \underline{A} \tag{12.2-10}$$

$$\underline{A} \pm \underline{B} \pm \underline{C} = (\underline{A} \pm \underline{B}) \pm \underline{C} = \underline{A} \pm (\underline{B} \pm \underline{C}) \tag{12.2-11}$$

矩阵的加减法的转置运算为

$$(\underline{A} \pm \underline{B})^{\mathrm{T}} = \underline{A}^{\mathrm{T}} \pm \underline{B}^{\mathrm{T}} \tag{12.2-12}$$

4) 矩阵的乘法

两个矩阵$\underline{A}$与$\underline{B}$（$\underline{A}$的列数与$\underline{B}$的行数应相等，设为s）的积为一新矩阵，记为$\underline{C}$，$\underline{C}$的行数等于$\underline{A}$的行数，$\underline{C}$的列数等于$\underline{B}$的列数。将$\underline{A}$写成一列的分块矩阵，将$\underline{B}$写成一行的分块矩阵，即

$$\underline{A} = \begin{bmatrix} \underline{a_1} \\ \underline{a_2} \\ \vdots \\ \underline{a_m} \end{bmatrix}, \quad \underline{B} = \begin{bmatrix} \underline{b_1} & \underline{b_2} & \cdots & \underline{b_n} \end{bmatrix} \tag{12.2-13}$$

其中，

$$\underline{a_i} = \begin{bmatrix} a_{i1} & a_{i2} & \cdots & a_{is} \end{bmatrix}, \quad \underline{b_i} = \begin{bmatrix} b_{1i} \\ b_{2i} \\ \vdots \\ b_{si} \end{bmatrix} \tag{12.2-14}$$

则$\underline{C}$的各元素$c_{ij} = \underline{a_i}\,\underline{b_i}$，即

$$\begin{bmatrix} c_{11} & c_{12} & \cdots & c_{1n} \\ c_{21} & c_{22} & \cdots & c_{2n} \\ \vdots & \vdots & & \vdots \\ c_{m1} & c_{m2} & \cdots & c_{mn} \end{bmatrix} = \underline{C} = \underline{A}\,\underline{B} = \begin{bmatrix} \underline{a_1} \\ \underline{a_2} \\ \vdots \\ \underline{a_m} \end{bmatrix} \begin{bmatrix} \underline{b_1} & \underline{b_2} & \cdots & \underline{b_n} \end{bmatrix} = \begin{bmatrix} \underline{a_1}\,\underline{b_1} & \underline{a_1}\,\underline{b_2} & \cdots & \underline{a_1}\,\underline{b_n} \\ \underline{a_2}\,\underline{b_1} & \underline{a_2}\,\underline{b_2} & \cdots & \underline{a_2}\,\underline{b_n} \\ \vdots & \vdots & & \vdots \\ \underline{a_m}\,\underline{b_1} & \underline{a_m}\,\underline{b_2} & \cdots & \underline{a_m}\,\underline{b_n} \end{bmatrix} \tag{12.2-15}$$

矩阵的乘积不遵循交换律，即一般$\underline{A}\underline{B} \neq \underline{B}\underline{A}$，但矩阵的乘积遵循分配率和结合律，即

$$(\underline{A} \pm \underline{B})\underline{C} = \underline{A}\underline{C} \pm \underline{B}\underline{C} \tag{12.2-16}$$

$$\underline{A}\underline{B}\underline{C} = (\underline{A}\underline{B})\underline{C} = \underline{A}(\underline{B}\underline{C}) \tag{12.2-17}$$

矩阵的乘法的转置运算为

$$(\underline{A}\underline{B})^{\mathrm{T}} = \underline{B}^{\mathrm{T}}\underline{A}^{\mathrm{T}} \tag{12.2-18}$$

12.2.2　矩阵的线性相关性和秩

对于n个列阵$\underline{a_i}$ $(i=1,2,\cdots,n)$，如果存在n个不同时为零的常数α_i $(i=1,2,\cdots,n)$，使得式(12.2-19)成立，则称这n个列阵线性相关:

$$\sum_{i=1}^{n} \alpha_i \underline{a_i} = \underline{0} \tag{12.2-19}$$

否则，当且仅当α_i $(i=1,2,\cdots,n)$同时为零时，式(12.2-19)才成立，则称这n个列阵线性无关。若n个列阵$\underline{a_i}$线性相关，其中最多有r个列阵线性无关，则称这r个列阵是n个列阵的极大无关组。将上述定义加以推广到矩阵，考虑m行、n列矩阵$\underline{A}$，将其表示为式(12.2-13)，如果存在一常值列矩阵$\underline{\alpha} = [\alpha_1 \quad \alpha_2 \quad \cdots \quad \alpha_m]^{\mathrm{T}} \neq \underline{0}$，使得式(12.2-20)成立，则称矩阵$\underline{A}$的各行阵线性相关：

$$\underline{A}^{\mathrm{T}}\underline{\alpha} = \begin{bmatrix} \underline{a_1}^{\mathrm{T}} & \underline{a_2}^{\mathrm{T}} & \cdots & \underline{a_m}^{\mathrm{T}} \end{bmatrix} \begin{bmatrix} \alpha_1 \\ \alpha_2 \\ \vdots \\ \alpha_m \end{bmatrix} = \sum_{i=1}^{m} \alpha_i \underline{a_i}^{\mathrm{T}} = \underline{0} \tag{12.2-20}$$

否则，当且仅当$\underline{\alpha} = \underline{0}$时，式(12.2-20)才成立，则称矩阵$\underline{A}$的各行矩阵线性无关。

同样，将m行、n列矩阵$\underline{A}$表示为行矩阵，即

$$\underline{A} = \begin{bmatrix} \underline{a_1} & \underline{a_2} & \cdots & \underline{a_n} \end{bmatrix}$$

如果存在一常值列矩阵$\underline{\beta} = [\beta_1 \quad \beta_2 \quad \cdots \quad \beta_n]^{\mathrm{T}} \neq \underline{0}$，使得式(12.2-21)成立，则称矩阵$\underline{A}$的各列阵线性相关：

$$\underline{A}\underline{\beta} = \begin{bmatrix} \underline{a_1} & \underline{a_2} & \cdots & \underline{a_n} \end{bmatrix} \begin{bmatrix} \beta_1 \\ \beta_2 \\ \vdots \\ \beta_n \end{bmatrix} = \sum_{i=1}^{n} \beta_i \underline{a_i} = \underline{0} \tag{12.2-21}$$

否则，当且仅当$\underline{\beta} = \underline{0}$时，式(12.2-21)才成立，则称矩阵$\underline{A}$的各列矩阵线性无关。

矩阵的最大的线性无关的行(列)的个数定义为该矩阵的行(列)的秩，用$R(\underline{A})$表示。任何矩阵的行秩等于列秩，故行或列的秩又称为该矩阵的秩。行(列)阵线性无关的方阵称为满秩方阵，又称为非奇异阵。不满秩的方阵称为奇异阵。

12.2.3 矩阵的逆矩阵

对于非奇异阵存在一个逆矩阵，记为$\underline{A}^{-1}$，使得

$$\underline{A}\underline{A}^{-1}=\underline{A}^{-1}\underline{A}=\underline{I} \tag{12.2-22}$$

将上式进行转置运算，可得

$$(\underline{A}\underline{A}^{-1})^{\mathrm{T}}=(\underline{A}^{-1})^{\mathrm{T}}\underline{A}^{\mathrm{T}}=\underline{I}\Rightarrow(\underline{A}^{\mathrm{T}})^{-1}=(\underline{A}^{-1})^{\mathrm{T}} \tag{12.2-23}$$

若矩阵$\underline{A}$、$\underline{B}$均为非奇异阵，则

$$\underline{A}\underline{B}\underline{B}^{-1}\underline{A}^{-1}=\underline{I}\Rightarrow(\underline{A}\underline{B})^{-1}=\underline{B}^{-1}\underline{A}^{-1} \tag{12.2-24}$$

满足如下等式的非奇异阵$\underline{A}$称为正交阵：

$$\underline{A}^{-1}=\underline{A}^{\mathrm{T}} \tag{12.2-25}$$

由逆矩阵的定义可知：

$$\underline{A}\underline{A}^{\mathrm{T}}=\underline{A}^{\mathrm{T}}\underline{A}=\underline{I} \tag{12.2-26}$$

n阶方阵$\underline{A}$可逆的充分必要条件是$|\underline{A}|\neq 0$，并且

$$\underline{A}^{-1}=\frac{\underline{A}^{*}}{|\underline{A}|} \tag{12.2-27}$$

其中，

$$\underline{A}^{*}=\begin{bmatrix} A_{11} & A_{21} & \cdots & A_{n1} \\ A_{12} & A_{22} & \cdots & A_{n2} \\ \vdots & \vdots & & \vdots \\ A_{1n} & A_{2n} & \cdots & A_{nn} \end{bmatrix} \tag{12.2-28}$$

其中，$A_{ij}\ (i,j=1,2,\cdots,n)$为$a_{ij}$在$|\underline{A}|$中的代数余子式。式(12.2-27)可根据行列式的展开定理式(12.1-11)和式(12.1-12)进行证明。

12.2.4 矩阵的特征值与特征向量

方阵的特征值与特征向量问题，不仅在数学领域中占有重要地位，而且在工程技术领域(如振动问题、稳定性问题)中具有重要的理论意义和应用价值。

如下齐次线性方程组称为n阶方阵$\underline{A}$的特征方程：

$$(\lambda\underline{I}-\underline{A})\underline{X}=\underline{0} \tag{12.2-29}$$

其中，λ称为$\underline{A}$的特征值；

$$\underline{X}=\begin{bmatrix} x_1 & x_2 & \cdots & x_n \end{bmatrix}^{\mathrm{T}} \tag{12.2-30}$$

称为$\underline{A}$对应特征值λ的特征向量。

n阶方阵$\underline{A}$的特征方程有非零解的充分必要条件是

$$|\lambda\underline{I}-\underline{A}|=0 \tag{12.2-31}$$

其中，$|\lambda\underline{I}-\underline{A}|$称为$\underline{A}$的特征多项式。

根据代数学基本定理(在复数域上，n次代数方程恰有n个根)可知：在复数域上，n阶方阵$\underline{A}$恰有n个特征值(重根按重数计算个数)。

由齐次线性方程组的知识可知，n 阶方阵 $\underline{A}$ 对应于任一特征值 λ 的特征向量有无穷多个，它们恰是齐次线性方程组的全部非零解向量。

设 n 阶方阵 $\underline{A}$ 的全部互异特征值为 $\lambda_1,\lambda_2,\cdots,\lambda_t(t\leqslant n)$，它们作为特征根的重数分别为 $n_1,n_2,\cdots,n_t$，有 $n_1+n_2+\cdots+n_t=n$。设对应于特征值 λ_i 的特征向量的极大无关组为 $\underline{X_{i1}},\underline{X_{i2}},\cdots,\underline{X_{im_i}}(m_i\leqslant n_i)$。$\underline{A}$ 的所有特征值的特征向量的极大无关组放在一起，称为 $\underline{A}$ 的特征向量系，则 $m_1+m_2+\cdots+m_t=n$，则称 $\underline{A}$ 的特征向量系是完全的，否则称其是不完全的。则 $\underline{A}$ 的特征向量系是完全的，则有

$$\underline{AP}=\underline{P}\begin{bmatrix}\lambda_1&&&&&\\&\ddots&&&&\\&&\lambda_1&&&\\&&&\ddots&&\\&&&&\lambda_t&\\&&&&&\ddots&\\&&&&&&\lambda_t\end{bmatrix}\Rightarrow\underline{P}^{-1}\underline{AP}=\begin{bmatrix}\lambda_1&&&&&\\&\ddots&&&&\\&&\lambda_1&&&\\&&&\ddots&&\\&&&&\lambda_t&\\&&&&&\ddots&\\&&&&&&\lambda_t\end{bmatrix}\tag{12.2-32}$$

其中，

$$\underline{P}=\left[\underline{X_{11}}\ \cdots\ \underline{X_{1m}}\ \cdots\ \underline{X_{t1}}\ \cdots\ \underline{X_{tm}}\right]\tag{12.2-33}$$

对于 n 阶实对称矩阵 $\underline{A}$，必有 n 阶正交矩阵 $\underline{P}$，使

$$\underline{P}^{-1}\underline{AP}=\underline{P}^{\mathrm{T}}\underline{AP}=\begin{bmatrix}\lambda_1&&&&&\\&\ddots&&&&\\&&\lambda_1&&&\\&&&\ddots&&\\&&&&\lambda_t&\\&&&&&\ddots&\\&&&&&&\lambda_t\end{bmatrix}\tag{12.2-34}$$

实对称矩阵的特征向量系是完全的。因此，对于每个特征值 λ_i，$\underline{A}$ 的对应于 λ_i 的特征向量中必可找到 n_i 个线性无关的，设其为 $\underline{X_{i1}},\underline{X_{i2}},\cdots,\underline{X_{in_i}}$，将这 n_i 个线性无关的特征向量按施密特单位正交化法求出一个与之等价的单位正交向量组，设为 $\underline{\beta_{i1}},\underline{\beta_{i2}},\cdots,\underline{\beta_{in_i}}$，它们仍是 $\underline{A}$ 的对应于 λ_i 的特征向量。由于实对称矩阵对应于不同特征值的特征向量正交，所以，把 $\underline{A}$ 的各个互异特征值的单位正交特征向量组合起来的向量组：

$$\underline{\beta_{11}},\underline{\beta_{12}},\cdots,\underline{\beta_{1n_1}},\underline{\beta_{21}},\underline{\beta_{22}},\cdots,\underline{\beta_{2n_2}},\cdots,\underline{\beta_{t1}},\underline{\beta_{t2}},\cdots,\underline{\beta_{tn_t}}\tag{12.2-35}$$

仍是一个单位正交向量组。则

$$\underline{P}=\left[\underline{\beta_{11}}\ \ \underline{\beta_{12}}\ \cdots\ \underline{\beta_{1n_1}}\ \ \underline{\beta_{21}}\ \ \underline{\beta_{22}}\ \cdots\ \underline{\beta_{2n_2}}\ \cdots\ \underline{\beta_{t1}}\ \ \underline{\beta_{t2}}\ \cdots\ \underline{\beta_{tn_t}}\right]\tag{12.2-36}$$

按施密特单位正交化方法，可以把一组线性无关的实向量 $\underline{\alpha_1},\underline{\alpha_2},\cdots,\underline{\alpha_n}$ 单位正交化，即找到与之等价的单位正交向量组 $\underline{\beta_1},\underline{\beta_2},\cdots,\underline{\beta_n}$，具体步骤如下。

(1) 令 $\underline{\beta}_1'=\underline{\alpha}_1$。

(2) 令 $\underline{\beta}_2'=k_{12}\underline{\beta}_1'+\underline{\alpha}_2$，其中，$k_{12}$为待定系数，为保证$\underline{\beta}_1'$、$\underline{\beta}_2'$正交，即$\underline{\beta}_2'^{\mathrm{T}}\underline{\beta}_1'=0$，则

$$k_{12}=-\frac{\underline{\alpha}_2^{\mathrm{T}}\underline{\beta}_1'}{\underline{\beta}_1'^{\mathrm{T}}\underline{\beta}_1'} \tag{12.2-37}$$

(3) 令 $\underline{\beta}_3'=k_{13}\underline{\beta}_1'+k_{23}\underline{\beta}_2'+\underline{\alpha}_3$，其中，$k_{13}$、$k_{23}$为待定系数，为保证$\underline{\beta}_1'$、$\underline{\beta}_2'$、$\underline{\beta}_3'$正交，即$\underline{\beta}_3'^{\mathrm{T}}\underline{\beta}_1'=0$，$\underline{\beta}_3'^{\mathrm{T}}\underline{\beta}_2'=0$，则

$$k_{13}=-\frac{\underline{\alpha}_3^{\mathrm{T}}\underline{\beta}_1'}{\underline{\beta}_1'^{\mathrm{T}}\underline{\beta}_1'},\quad k_{23}=-\frac{\underline{\alpha}_3^{\mathrm{T}}\underline{\beta}_2'}{\underline{\beta}_2'^{\mathrm{T}}\underline{\beta}_2'} \tag{12.2-38}$$

(4) 类推可得到一般性结论：当已求得正交组$\underline{\beta}_1',\underline{\beta}_2',\cdots,\underline{\beta}_j'$与$\underline{\alpha}_1,\underline{\alpha}_2,\cdots,\underline{\alpha}_j$等价时，求$\underline{\beta}_t'\ t=(j+1)$，

可令

$$\underline{\beta}_t'=k_{1t}\underline{\beta}_1'+k_{2t}\underline{\beta}_2'+\cdots+k_{jt}\underline{\beta}_j'+\underline{\alpha}_t \tag{12.2-39}$$

其中，

$$k_{it}=-\frac{\underline{\alpha}_t^{\mathrm{T}}\underline{\beta}_i'}{\underline{\beta}_i'^{\mathrm{T}}\underline{\beta}_i'}\qquad (i=1,2,\cdots,j) \tag{12.2-40}$$

将以上办法依次进行到第 n 步，得到正交向量组$\underline{\beta}_1',\underline{\beta}_2',\cdots,\underline{\beta}_n'$，再将其单位化，即

$$\underline{\beta}_i=\frac{1}{\sqrt{\underline{\beta}_i'^{\mathrm{T}}\underline{\beta}_i'}}\underline{\beta}_i'\qquad (i=1,2,\cdots,n) \tag{12.2-41}$$

则可得到与$\underline{\alpha}_1,\underline{\alpha}_2,\cdots,\underline{\alpha}_n$等价的单位正交向量组$\underline{\beta}_1,\underline{\beta}_2,\cdots,\underline{\beta}_n$。

12.2.5 矩阵导数

1. 矩阵对时间的导数

若矩阵的元素是时间的函数，则它对时间的导数定义为

$$\frac{\mathrm{d}}{\mathrm{d}t}\underline{A}=\dot{\underline{A}}=\begin{bmatrix}\frac{\mathrm{d}}{\mathrm{d}t}a_{11} & \frac{\mathrm{d}}{\mathrm{d}t}a_{12} & \cdots & \frac{\mathrm{d}}{\mathrm{d}t}a_{1n}\\ \frac{\mathrm{d}}{\mathrm{d}t}a_{21} & \frac{\mathrm{d}}{\mathrm{d}t}a_{22} & \cdots & \frac{\mathrm{d}}{\mathrm{d}t}a_{2n}\\ \vdots & \vdots & & \vdots\\ \frac{\mathrm{d}}{\mathrm{d}t}a_{m1} & \frac{\mathrm{d}}{\mathrm{d}t}a_{m2} & \cdots & \frac{\mathrm{d}}{\mathrm{d}t}a_{mn}\end{bmatrix}=\begin{bmatrix}\dot{a}_{11} & \dot{a}_{12} & \cdots & \dot{a}_{1n}\\ \dot{a}_{21} & \dot{a}_{22} & \cdots & \dot{a}_{2n}\\ \vdots & \vdots & & \vdots\\ \dot{a}_{m1} & \dot{a}_{m2} & \cdots & \dot{a}_{mn}\end{bmatrix} \tag{12.2-42}$$

根据上式，并考虑微分的性质，可得如下运算关系式：

$$\frac{\mathrm{d}}{\mathrm{d}t}(\alpha\underline{A})=\dot{\alpha}\underline{A}+\alpha\dot{\underline{A}} \tag{12.2-43}$$

$$\frac{\mathrm{d}}{\mathrm{d}t}(\underline{A}+\underline{B})=\dot{\underline{A}}+\dot{\underline{B}} \tag{12.2-44}$$

$$\frac{\mathrm{d}}{\mathrm{d}t}(\underline{A}\underline{B}) = \dot{\underline{A}}\underline{B} + \underline{A}\dot{\underline{B}} \tag{12.2-45}$$

2. 标量函数对列阵的偏导数

对于列阵 $\underline{q} = \begin{bmatrix} q_1 & q_2 & \cdots & q_n \end{bmatrix}^{\mathrm{T}}$ 和以这组变量为自变量的标量函数 $\Phi(\underline{q})$，定义 $\Phi(\underline{q})$ 对列阵 $\underline{q}$ 的偏导数为

$$\frac{\partial}{\partial \underline{q}}\Phi(\underline{q}) = \Phi_q = \begin{bmatrix} \frac{\partial}{\partial q_1}\Phi & \frac{\partial}{\partial q_2}\Phi & \cdots & \frac{\partial}{\partial q_n}\Phi \end{bmatrix} \tag{12.2-46}$$

3. 列阵对列阵的偏导数

对于两个列阵 $\underline{\Phi} = \begin{bmatrix} \Phi_1 & \Phi_2 & \cdots & \Phi_n \end{bmatrix}^{\mathrm{T}}$ 与 $\underline{q} = \begin{bmatrix} q_1 & q_2 & \cdots & q_n \end{bmatrix}^{\mathrm{T}}$，其中，$\Phi_i\ (i = 1, 2, \cdots, m)$ 是以 $\underline{q}$ 为自变量的标量函数，定义 $\underline{\Phi}$ 对 $\underline{q}$ 的偏导数为

$$\frac{\partial}{\partial \underline{q}}\underline{\Phi}(\underline{q}) = \underline{\Phi}_q = \begin{bmatrix} \frac{\partial}{\partial q_1}\Phi_1 & \frac{\partial}{\partial q_2}\Phi_1 & \cdots & \frac{\partial}{\partial q_n}\Phi_1 \\ \frac{\partial}{\partial q_1}\Phi_2 & \frac{\partial}{\partial q_2}\Phi_2 & \cdots & \frac{\partial}{\partial q_n}\Phi_2 \\ \vdots & \vdots & & \vdots \\ \frac{\partial}{\partial q_1}\Phi_m & \frac{\partial}{\partial q_2}\Phi_m & \cdots & \frac{\partial}{\partial q_n}\Phi_m \end{bmatrix} \tag{12.2-47}$$

其中，$\underline{\Phi}_q$ 为 m 行、n 列矩阵。

例题 12.2-1　定义由两个变量 x 与 y 构成的列阵 $\underline{q} = \begin{bmatrix} x & y \end{bmatrix}^{\mathrm{T}}$。有标量函数 $\Phi(\underline{q}) = \sin x + 2y$ 与三维列阵 $\underline{\Phi} = \begin{bmatrix} x+y & x-y & 2xy \end{bmatrix}^{\mathrm{T}}$。分别求它们对 $\underline{q}$ 的偏导数。

解：

$$\Phi_q = \begin{bmatrix} \frac{\partial}{\partial x}\Phi & \frac{\partial}{\partial y}\Phi \end{bmatrix} = \begin{bmatrix} \cos x & 2 \end{bmatrix}$$

$$\underline{\Phi}_q = \begin{bmatrix} \frac{\partial}{\partial x}\Phi_1 & \frac{\partial}{\partial y}\Phi_1 \\ \frac{\partial}{\partial x}\Phi_2 & \frac{\partial}{\partial y}\Phi_2 \\ \frac{\partial}{\partial x}\Phi_3 & \frac{\partial}{\partial y}\Phi_3 \end{bmatrix} = \begin{bmatrix} 1 & 1 \\ 1 & -1 \\ 2y & 2x \end{bmatrix}$$

参 考 文 献

[1] 刘延柱, 潘振宽, 戈新生. 多体系统动力学[M]. 2 版. 北京: 高等教育出版社, 2014: 1-90.

[2] 洪嘉振. 计算多体系统动力学[M]. 北京: 高等教育出版社, 1999: 1-72.

[3] 袁士杰, 吕哲勤. 多刚体系统动力学[M]. 北京: 北京理工大学出版社, 1992: 73-98.

[4] 休斯敦, 刘又午. 多体系统动力学: 上册[M]. 天津: 天津大学出版社, 1987: 1-90.

[5] 休斯敦, 刘又午. 多体系统动力学: 下册[M]. 天津: 天津大学出版社, 1991: 1-90.

[6] 陆佑方. 柔性多体系统动力学[M]. 北京: 高等教育出版社, 1996: 1-20.

[7] 齐朝晖. 多体系统动力学[M]. 北京: 科学出版社, 2008: 1-90.

[8] 芮筱亭. 多体系统传递矩阵法及其应用[M]. 北京: 科学出版社, 2008: 1-10.

[9] 霍伟. 机器人动力学与控制[M]. 北京: 高等教育出版社, 2005: 16-125.

[10] WITTENBURG J. Dynamics of Multibody Systems[M]. 2nd ed. Berlin: Springer, 2008: 9-132.

[11] ROBERSON R E, SCHWERTASSEK R. Dynamics of Multibody System[M]. Berlin: Springer, 1988: 1-20.

[12] SCHIEHLEN W. Multibody Systems Handbook[M]. Berlin: Springer, 1990: 1-20.

[13] HAUG E J. Computer Aided Analysis and Optimization of Mechanical System Dynamics[M]. Berlin: Springer, 1984: 1-20.

[14] 陈立平. 机械系统动力学分析及 ADAMS 应用教程[M]. 北京: 清华大学出版社, 2005: 1-20.

[15] 范成建, 熊光明, 周明飞. 虚拟样机软件 MSC. ADAMS 应用与提高[M]. 北京: 机械工业出版社, 2006: 1-20.

[16] 庄茁. 基于 ABAQUS 的有限元分析和应用[M]. 北京: 清华大学出版社, 2009: 1-20.

[17] WEBER B. Symbolische Programmierung in der Mehrkörperdynamik[M]. Karlsruhe: Karlsruhe University, 1993: 1-20.

[18] WOLZ U. Dynamik von Mehrkörpersystemen-Theorie und Symbolische Programmierung [M]. Karlsruhe: Karlsruhe University, 1985: 1-20.

[19] 蒋玉川, 李章政. 弹性力学与有限元法[M]. 北京: 化学工业出版社, 2010: 1-20.

[20] 杜平安, 甘娥中, 于亚婷. 有限元法——原理、建模及应用[M]. 北京: 国防工业出版社, 2004: 1-20.

[21] 黄万风, 戴天时. 线性代数与空间解析几何[M]. 吉林: 东北师范大学出版社, 1999: 1-150.

[22] 戴天时. 矩阵论[M]. 吉林: 吉林科学技术出版社, 2000: 166-178.

[23] 徐涛. 数值计算方法[M]. 吉林: 吉林科学技术出版社, 1998: 137-144.

[24] 张雄, 王天舒. 计算动力学[M]. 北京: 清华大学出版社, 2007: 58-123.